教育部高等学校电子信息类专业教学指导委员会规划教材

高等学校电子信息类专业系列教材

Fundamentals of Microelectronic Device

微电子器件基础教程

郭业才　主编
Guo Yecai

U0303190

清华大学出版社

北京

内 容 简 介

本书主要内容为微电子器件的基础理论,全书共分 7 章,具体包括半导体材料、载流子输运现象、PN结、双极型晶体管、MOSFET、异质结双极型晶体管等。各学校可根据学生知识背景和教学要求,对教学内容做出适当安排。

本书可作为电子信息类、自动化类、仪器类、电气类、计算机类等专业本科生教材,也可作为相关专业科研人员和工程技术人员的参考用书。

图书在版编目(CIP)数据

微电子器件基础教程/郭业才主编.—北京:清华大学出版社,2020.1(2024.8重印)
高等学校电子信息类专业系列教材
ISBN 978-7-302-53822-6

Ⅰ.①微… Ⅱ.①郭… Ⅲ.①微电子技术-电子器件-高等学校-教材 Ⅳ.①TN4

中国版本图书馆 CIP 数据核字(2019)第 205777 号

责任编辑:曾　珊
封面设计:李召霞
责任校对:时翠兰
责任印制:曹婉颖

出版发行:清华大学出版社
　　　网　　　址:https://www.tup.com.cn,https://www.wqxuetang.com
　　　地　　　址:北京清华大学学研大厦 A 座　　　　邮　　编:100084
　　　社 总 机:010-83470000　　　　　　　　　　邮　　购:010-62786544
　　　投稿与读者服务:010-62776969,c-service@tup.tsinghua.edu.cn
　　　质量反馈:010-62772015,zhiliang@tup.tsinghua.edu.cn
　　　课件下载:https://www.tup.com.cn,010-83470236
印 刷 者:三河市龙大印装有限公司
经　　销:全国新华书店
开　　本:185mm×260mm　　印　张:20.75　　　　字　　数:499 千字
版　　次:2020 年 2 月第 1 版　　　　　　　　　　印　　次:2024 年 8 月第 4 次印刷
定　　价:69.00 元

产品编号:063066-02

序

FOREWORD

我国电子信息产业销售收入总规模在 2013 年已经突破 12 万亿元,行业收入占工业总体比重已经超过 9％。电子信息产业在工业经济中的支撑作用凸显,更加促进了信息化和工业化的高层次深度融合。随着移动互联网、云计算、物联网、大数据和石墨烯等新兴产业的爆发式增长,电子信息产业的发展呈现了新的特点,电子信息产业的人才培养面临着新的挑战。

(1) 随着控制、通信、人机交互和网络互联等新兴电子信息技术的不断发展,传统工业设备融合了大量最新的电子信息技术,它们一起构成了庞大而复杂的系统,派生出大量新兴的电子信息技术应用需求。这些"系统级"的应用需求,迫切要求具有系统级设计能力的电子信息技术人才。

(2) 电子信息系统设备的功能越来越复杂,系统的集成度越来越高。因此,要求未来的设计者应该具备更扎实的理论基础知识和更宽广的专业视野。未来电子信息系统的设计越来越要求软件和硬件的协同规划、协同设计和协同调试。

(3) 新兴电子信息技术的发展依赖于半导体产业的不断推动,半导体厂商为设计者提供了越来越丰富的生态资源,系统集成厂商的全方位配合又加速了这种生态资源的进一步完善。半导体厂商和系统集成厂商所建立的这种生态系统,为未来的设计者提供了更加便捷却又必须依赖的设计资源。

教育部 2012 年颁布了新版《高等学校本科专业目录》,将电子信息类专业进行了整合,为各高校建立系统化的人才培养体系,培养具有扎实理论基础和宽广专业技能的、兼顾"基础"和"系统"的高层次电子信息人才给出了指引。

传统的电子信息学科专业课程体系呈现"自底向上"的特点,这种课程体系偏重对底层元器件的分析与设计,较少涉及系统级的集成与设计。近年来,国内很多高校对电子信息类专业课程体系进行了大力度的改革,这些改革顺应时代潮流,从系统集成的角度,更加科学合理地构建了课程体系。

为了进一步提高普通高校电子信息类专业教育与教学质量,贯彻落实《国家中长期教育改革和发展规划纲要(2010—2020 年)》和《教育部关于全面提高高等教育质量若干意见》(教高【2012】4 号)的精神,教育部高等学校电子信息类专业教学指导委员会开展了"高等学校电子信息类专业课程体系"的立项研究工作,并于 2014 年 5 月启动了《高等学校电子信息类专业系列教材》(教育部高等学校电子信息类专业教学指导委员会规划教材)的建设工作。其目的是为推进高等教育内涵式发展,提高教学水平,满足高等学校对电子信息类专业人才培养、教学改革与课程改革的需要。

本系列教材定位于高等学校电子信息类专业的专业课程,适用于电子信息类的电子信息工程、电子科学与技术、通信工程、微电子科学与工程、光电信息科学与工程、信息工程及其相近专业。经过编审委员会与众多高校多次沟通,初步拟定分批次(2014—2017 年)建设约 100 门课程教材。本系列教材将力求在保证基础的前提下,突出技术的先进性和科学的前沿性,体现创新教学和工程实践教学;将重视系统集成思想在教学中的体现,鼓励推陈出新,采用"自顶向下"的方法编写教材;将注重反映优秀的教学改革成果,推广优秀的教学经验与理念。

为了保证本系列教材的科学性、系统性及编写质量,本系列教材设立顾问委员会及编审委员会。顾问委员会由教指委高级顾问、特约高级顾问和国家级教学名师担任,编审委员会由教育部高等学校电子信息类专业教学指导委员会委员和一线教学名师组成。同时,清华大学出版社为本系列教材配置优秀的编辑团队,力求高水准出版。本系列教材的建设,不仅有众多高校教师参与,也有大量知名的电子信息类企业支持。在此,谨向参与本系列教材策划、组织、编写与出版的广大教师、企业代表及出版人员致以诚挚的感谢,并殷切希望本系列教材在我国高等学校电子信息类专业人才培养与课程体系建设中发挥切实的作用。

吕志伟 教授

前言
PREFACE

微电子元器件是利用微电子工艺技术实现微型化电子系统芯片和器件,使电路与器件的性能和可靠性大幅度提高,体积和成本大幅度降低。微电子器件主要包括半导体器件和半导体集成电路。半导体集成电路是在半导体器件基础上发展起来的。在半导体器件中,晶体管是最重要和应用最广泛的电子器件,在此基础上发展起来的集成电路已在通信、智能卡、计算机、多媒体、导航、消费电子和军工等领域得到广泛应用,推动着科学技术的发展,这导致集成电路设计技术成为电子信息类专业人才的必备知识结构和要求。因此,《普通高等学校本科专业类教学质量国家标准》(高等教育出版社,2018 年出版)明确将"微电子器件"作为电子信息类专业的一门核心基础课程。

本书作者担任"微电子器件"基础课程教学任务 10 余年,在教学讲义和积累的教学经验基础上,根据电子信息类专业教学质量国家标准,编写了《微电子器件基础教程》。本书坚持以能力为重构建内容体系,内容主要针对 PN 结器件、双极型晶体管和 MOSFET 三种基本器件,从微观机制和宏观结构入手,定性定量分析相结合,深耕器件本质,论述器件内部载流子运动规律和电荷变化规律,以及器件性能与器件参数、材料性质与工艺参数等因素间的关系;倡导启发思维,在定量分析过程中,定性描述推导过程,简化繁杂推导细节,给出最终推导结论;注重学思互融,针对主要知识点,辅以大量例题,帮助学生边学习边思考,助推学生消化吸收,巩固学习效果。

本书主要有半导体材料、载流子输运现象、PN 结、双极型晶体管、MOSFET 及异质结双极型晶体管等内容。这些内容为微电子器件的研究、设计、制造和应用奠定了理论基础。学生要真正掌握集成电路设计技术,必须对微电子器件的结构、工作原理及其特性有一定的理解。学习本课程只需具有普通物理和电子电路基础即可。

本书可作为电子信息类专业教材,也可作为自动化类、仪器类、电气类、计算机类等专业教学参考书。考虑各专业学生知识背景不同,各学校在使用本书时可根据具体要求做出适当安排。

在本书的编写过程中,参考了大量国内外有关微电子器件及相关方面的传统教材和新教材,主要文献资料已详列于书后,但难免有未顾及的,在此一并表示衷心感谢。

本书的出版得到了南京信息工程大学教材出版基金(14JCLX016)的支持,也得到了同行、学生和清华大学出版社的大力支持。谨此表示诚挚的谢意!

由于作者水平有限,书中不当之处在所难免,敬请广大读者提出宝贵意见!

作者

目 录
CONTENTS

第 1 章　半　导　体

本章讨论了固态材料按电阻率进行的分类（绝缘体、半导体和导体）及半导体材料的晶体结构；分析了元素半导体和化合物半导体的特点及半导体的缺陷，给出了能级与能带的概念，分析了禁带、半满带与满带的特点及禁带宽度及其对电导率的影响；分析了本征半导体、杂质半导体及相应的载流子浓度，讨论了本征载流子浓度随温度变化的特性；分析了本征费米能级的特点，讨论了费米能级随杂质浓度的变化关系及费米能级对载流子浓度的影响；讨论了简并与非简并半导体的特点，分析了简并半导体中载流子浓度。

自然界物质有气态、液态、固态和等离子体态等几种形态。根据电阻率不同，固态材料通常可分为三类：绝缘体、半导体及导体。图 1.1 给出了这三类中一些重要材料的电导率 σ 或对应电阻率 $\rho = 1/\sigma$ 的范围。

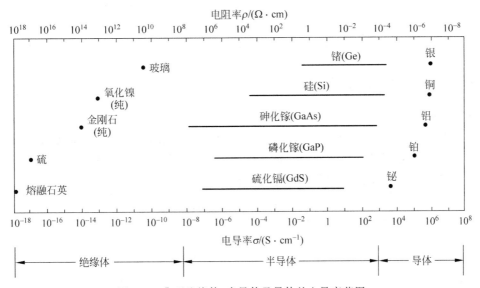

图 1.1　典型绝缘体、半导体及导体的电导率范围

绝缘体如熔融石英及玻璃有很低的电导率，大约为 $10^{-18} \sim 10^{-8}\,\mathrm{S/cm}$；而导体如铝及银有较高的电导率，一般为 $10^4 \sim 10^6\,\mathrm{S/cm}$；半导体的电导率则介于绝缘体及导体之间。它易受温度、照光、磁场及微量杂质原子（一般而言，大约 1kg 的半导体材料中，约有 $1\mu g \sim 1g$ 的杂质原子）的影响。半导体对电导率的高灵敏度特性使其成为各种电子应用中最重要的

材料之一。半导体材料的种类很多,可分为元素半导体和化合物半导体两类。

1.1 半导体材料

1.1.1 元素半导体

元素半导体是由元素周期表中单一原子所组成的半导体,如表 1.1 所示。周期表第Ⅳ族中的元素如硅(Si)、锗(Ge)都是元素半导体。现今,硅为半导体制造的主要材料,主要因为:①硅器件在温室下有较佳的特性,且高品质的硅氧化层可由热生长的方式产生;②可用于制造器件等级的硅材料远比其他半导体材料价格低廉;③在二氧化硅及硅酸盐中的硅含量占地表的 25%,仅次于氧;④硅是周期表中被研究最多且技术最成熟的半导体元素。

表 1.1　周期表中与半导体相关的部分

周期	Ⅱ	Ⅲ	Ⅳ	Ⅴ	Ⅵ
2		B 硼	C 碳	N 氮	
3	Mg 镁	Al 铝	Si 硅	P 磷	S 硫
4	Zn 锌	Ga 镓	Ge 锗	As 砷	Se 硒
5	Cd 镉	In 铟	Sn 锡	Sb 锑	Te 碲
6	Hg 汞		Pb 铅		

1.1.2 化合物半导体

化合物半导体,如表 1.2 所示。它包括二元、三元及四元化合物半导体。二元化合物半导体由周期表中的两种元素组成。例如,化合物半导体砷化镓(GaAs)由Ⅲ族元素镓(Ga)及Ⅴ族元素砷(As)所组成。许多化合物半导体具有与硅不同的电和光的特性。这些半导体,特别是砷化镓(GaAs),主要用于高速光电器件。

表 1.2　半导体材料

总 体 分 类	半导体	
	符号	名称
元素半导体	Si	硅
	Ge	锗
二元化合物半导体		
Ⅳ-Ⅳ----------------------------	SiC	碳化硅
Ⅲ-Ⅴ----------------------------	AlP	磷化铝
	AlAs	砷化铝
	AlSb	锑化铝

总 体 分 类	半导体	
	符号	名称
	GaN	氮化镓
	GaP	磷化镓
	GaAs	砷化镓
	GaSb	锑化镓
	InP	磷化铟
	InAs	砷化铟
	InSb	锑化铟
II-VI————————————	ZnO	氧化锌
	ZnS	硫化锌
	ZnSe	硒化锌
	ZnTe	碲化锌
	CdS	硫化镉
	CdTe	碲化镉
	CdSe	硒化镉
	HgS	硫化汞
IV-VI————————————	PbS	硫化铅
	PbSe	硒化铅
	PbTe	碲化铅
三元化合物半导体	$AlGa_{11}As$	砷化镓铝
	$AlIn_{11}As$	砷化铟铝
	$GaAs_{1-x}P_x$	磷化砷镓
	$Ga_xIn_{1-x}As$	砷化铟镓
	$Ga_xIn_{1-x}P$	磷化铟镓
四元氧化物半导体	$Al_xGa_{1-x}As_ySb_{1-y}$	锑化砷镓铝
	$Ga_xIn_{1-x}As_{1-y}P_y$	磷化砷铟镓

1.2　半导体材料的晶体结构

这里所讨论的半导体材料是单晶体,它由原子在三维空间周期性地排列构成。晶体中原子的周期性排列称为晶格。在晶体中原子并不会偏离固定位置太远。当原子热振动时,会以此中心位置作微幅振动。对半导体晶体而言,通常会用一个单胞或晶胞来代表整个晶格,将此单胞向晶体的四面八方连续延伸,即可产生整个晶格。

1.2.1　单胞

一个简单的三维空间单胞,如图1.2所示。此单胞与晶格的关系可用三个向量 a、b 及 c 表示,它们彼此之间不需正交,而且在长度上不一定相同。每个三维空间晶体中的等效晶格点的向量组为

$$R = ma + nb + pc$$

式中，m、n 及 p 是整数。

基本的立方晶体单胞，有 5 种形式，如图 1.3 所示。

图 1.3(a)是一个简单的立方晶格。在立方晶格的每一个顶点，都有一个原子，且每个原子都有 6 个等距的最邻近原子。参数 a 称为晶格常数。在周期表中只有钋属于简单立方晶格。

图 1.3(b)是一个体心立方晶格。除了晶胞顶点的 8 个原子外，在晶胞中心还有一个原子。在体心立方晶格中，每个原子有 8 个最邻近原子。钠及钨属于体心立方结构。

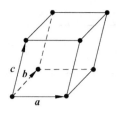

图 1.2　一个广义的原始单胞

图 1.3(c)是面心立方晶格。除了 8 个顶点的原子外，还有 6 个原子在 6 个面的中心。在此结构中，每个原子有 12 个最邻近原子。很多元素具有面心立方结构，包括铝、铜、金及铂。

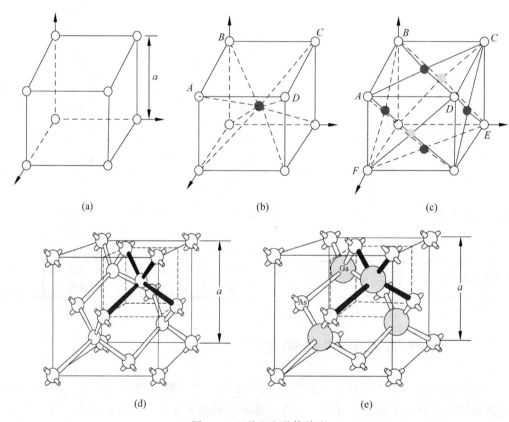

图 1.3　五种立方晶体单胞

(a) 简单立方；(b) 体心立方；(c) 面心立方；(d) 金刚石晶格；(e) 闪锌矿晶格

图 1.3(d)是金刚石晶格结构。例如，元素半导体硅和锗的晶体结构就是此结构，属于面心立方体家族，而且可被视为两个相互套构的面心立方副晶格，此两个副晶格偏移的距离为立方体体对角线的 $1/4$（$a\sqrt{3}/4$ 的长度）。此两个副晶格中的两组原子虽然在化学结构上相同，但从晶格观点看却不同。例如，由图 1.3(d)知，如果一顶点原子在体对角线方向上有一个最邻近的原子，而相反方向没有，则需要两组这样的原子才能构成一个单胞。从另一种观点看，一个金刚石晶格单胞也可视为一个四面体；其中，每个原子分别具有位于 4 个角落

的 4 个等距最邻近原子,如图 1.3(d)中由粗黑键所连接的圆球体。

图 1.3(e)是闪锌矿晶体结构。大部分的 Ⅲ-Ⅴ族化合物半导体(如 GaAs)具有闪锌矿晶体结构。它与金刚石的晶格结构类似,只是两个相互套构的面心立方副晶格中的组成原子不同。其中,一个副晶格为Ⅲ族原子(Ga),另一个副晶格为Ⅴ族原子(As)。

【例 1.1】 假使将圆球放入一体心立方晶格中,并使中心圆球与立方体 8 个顶点的圆球紧密接触,试计算这些圆球占此体心立方单胞的空间比率。

解:在体心立方单胞中,每个角落的圆球与邻近的 8 个单胞共用,因此每个单胞各有 8 个 1/8 个顶点圆球和 1 个中心圆球,得

每单胞中的圆球(原子)数=(1/8)×8(角落)+1(中心)=2;

相邻两原子距离=$a\sqrt{3}/2$;

每个圆球半径=$a\sqrt{3}/4$;

每个圆球体积=$4\pi/3 \times (a\sqrt{3}/4)^3 = \pi a^3/16$;

单胞中所能填的最大空间比率=圆球数×每个圆球体积/每个单胞总体积

$$= 2\pi a^3 \sqrt{3}/(16a^3) = \pi\sqrt{3}/8 \approx 0.68。$$

因此,整个体心立方单胞有 68% 为圆球所占据,32% 的体积是空的。

【例 1.2】 硅在 300K 时,晶格常数为 5.43Å。请计算出每个立方厘米体积中硅原子数及常温下的硅原子密度。

解:因每个单胞中有 8 个原子,故每立方厘米体积中硅原子数为

$$8/a^3 = 8/(5.43 \times 10^{-8})^3 = 5 \times 10^{22} \text{cm}^{-3}$$

原子密度=每立方厘米中的原子数×每摩原子质量 / 阿伏伽德罗常数

$$= 5 \times 10^{22} \times 28.09/(6.02 \times 10^{23})$$

$$= 2.33\text{g/cm}^3$$

1.2.2 晶面及密勒指数

图 1.3(c)的 ABCD 平面中有 4 个原子,而在 ACEF 平面中有 5 个原子(4 个原子在顶点,一个原子在中心),这两个平面的原子空间不同。因此,沿着不同平面的晶体特性不同,且电特性及其他器件特性与晶体方向有着重要的关系。密勒指数是界定一晶格中不同平面的简单方法。这些指数的确定步骤为:

(1) 确定某平面在直角坐标系三个轴上的截点,并以晶格常数为单位测得相应的截距;

(2) 取截距的倒数,然后约简为三个没有公约数的整数,即将其化简成最简单的整数比;

(3) 将此结果用"(hkl)"表示为此平面的密勒指数。

【例 1.3】 求图 1.4 所示的平面的密勒指数。

解:平面在沿着三个坐标轴方向的三个截距分别为 a、$3a$、$2a$。这些截距的倒数依次为 $\frac{1}{a}$、$\frac{1}{3a}$ 及 $\frac{1}{2a}$;这三个数的最简单整数比为 6:2:3(每个分数乘 $6a$ 所得)。因此这个平面可以表示为(623)平面。

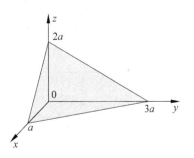

图 1.4 一个(623)平面

图 1.5 显示了一立方晶体中重要平面的密勒指数。

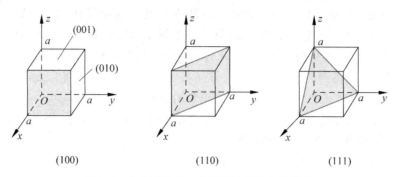

图 1.5　立方晶体中一些重要平面的密勒指数

以下是一些其他规定。

(1) $(\bar{h}kl)$ 代表在 x 轴上截距为负的平面,如 $(\bar{1}00)$。

(2) $\{hkl\}$ 代表相对称的平面群。例如,在立方对称平面中,用 $\{100\}$ 表示 (100),(010),(001),$(\bar{1}00)$,$(0\bar{1}0)$,$(00\bar{1})$ 6 个平面。

(3) $[hkl]$ 代表一个晶体的方向。例如,用 $[100]$ 表示 x 轴方向;$[100]$ 方向定义为垂直于 (100) 平面的方向,而 $[111]$ 为垂直于 (111) 平面的方向。

(4) $<hkl>$ 代表等效方向的所有方向组。例如,$<100>$ 代表 $[100]$,$[010]$,$[001]$,$[\bar{1}00]$,$[0\bar{1}0]$,$[00\bar{1}]$ 等 6 个等效方向的族群。

1.2.3　共价键

在金刚石晶格中,每个原子被 4 个最邻近的原子所包围,如图 1.6 所示。图 1.6 表明,每个原子在外围轨道有 4 个电子,且与 4 个最邻近原子共用这 4 个价电子,这种共用电子的结构称为共价键。硅单晶中,键与键之间的夹角为 $109°28'$。每个电子对组成一个共价键。

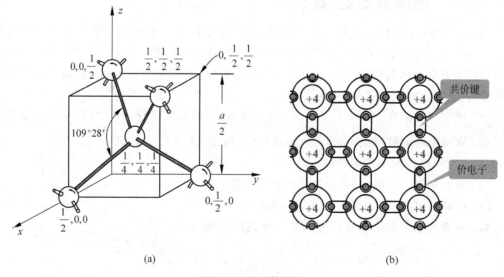

图 1.6　四面体结构

(a) 四面体结构;(b) 四面体结构的二维空间结构简图

两个相同元素的原子间或具有相似外层电子结构的不同元素原子之间产生共价键,每个原子核拥有每个电子的时间相同。然而,这些电子大部分的时间是存在于两个原子核间,原子核对电子的吸引力使得两个原子结合在一起。

具有四面体结构的化合物半导体,如砷化镓中的主要结合也是共价键,但在砷化镓中存在微量离子键成分,即 Ga^+ 离子与其 4 个邻近 As^- 离子或者 As^- 离子与其邻近 Ga^+ 离子间的静电吸引力。以电子观点来说,每对共价键电子存在于 As 原子的时间比在 Ga 原子中稍长。

低温时,电子被束缚在四面体晶格中,无法作电的传导。高温时,热振动可以打断共价键。当一个键被打断或部分被打断时,所产生的自由电子可以参与电的传导。图 1.7(a)表明,当一个硅中价电子变成自由电子时,会在原处产生一个空缺,此空缺可由邻近的一个电子填满,从而使空缺位置移动。图 1.7(b)表示,空缺由位置 A 移动到位置 B。因此,可以把这个空缺想象成一种如电子般的粒子,这个虚构的粒子称为空穴,它带正电,在电场中的移动方向与电子相反。

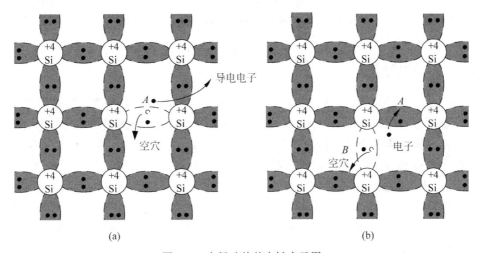

图 1.7　本征硅的基本键表示图

(a) 在位置 A 的断键,形成一个传导电子及一个空穴;(b) 在位置 B 的断键

1.3　半导体中的缺陷

实际的半导体中存在各种晶体缺陷,它们对半导体的物理、化学性质起着显著的甚至是决定性的作用。这里简要介绍几种主要的晶体缺陷。

1.3.1　点缺陷

一定温度下,格点原子在平衡位置附近振动,其中某些原子能够获得较大的热运动能量,克服周围原子化学键束缚而挤入晶体原子间的空隙位置,形成间隙原子,原先所处的位置相应成为空位。例如,硅中的硅间隙原子和空位,砷化镓中的镓空位和镓间隙原子或砷空位和砷间隙原子等,如图 1.8 所示。这种间隙原子和空位成对出现的缺陷称为弗伦克尔缺陷。由于原子挤入间隙位置需要较大的能量,所以常常是表面附近的原子 A 和 B 依靠热运动能量运动到外面新的一层格点位置上,而 A 和 B 处的空位由晶体内部原子逐次填充,从而在晶体内部形成空位,而表面则产生新原子层,如图 1.9 所示。这种晶体内部产生空位而没有间隙原子的缺陷称为肖特基缺陷。

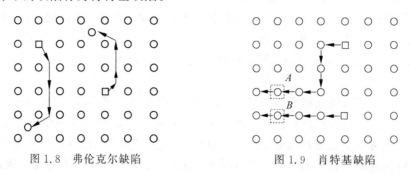

图 1.8　弗伦克尔缺陷　　　　　　　　图 1.9　肖特基缺陷

　　肖特基缺陷和弗伦克尔缺陷统称点缺陷,它们依靠热运动不断地产生和消失,在一定温度下达到动态平衡,使缺陷具有一定的平衡浓度值。虽然这两种点缺陷同时存在但由于在 Si、Ge 中形成间隙原子一般需要较大的能量,所以肖特基缺陷存在的可能性远比弗伦克尔缺陷大,因此 Si、Ge 中空位是主要的点缺陷。

1.3.2　线缺陷

　　晶体中的另一种缺陷是位错,它是一种线缺陷。半导体单晶制备和器件生产的许多步骤都在高温下进行,因而在晶体中会产生一定的应力。在应力作用下晶体的一部分原子相对于另一部分原子会沿着某一晶面发生移动,如图 1.10(a)所示。这种相对移动称为滑移,在其上产生滑移的晶面称为滑移面,滑移的方向称为滑移向。实验证明,滑移运动所需应力并不很大,因为参加滑移的所有原子并非整体同时进行相对移动,而是左端原子先发生移动并推动相邻原子发生移动,然后再逐次推动右端的原子,最终是上下两部分原子整体相对滑移了一个原子间距 b,如图 1.10(b)所示。这时虽然在晶体两侧表面产生小台阶,但由于内部原子都相对移动了一个原子间距,因此晶体内部原子相互排列位置并没有发生畸变。

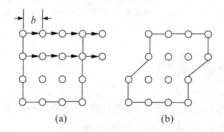

图 1.10　应力作用下晶体沿某一晶面的滑移

(a) 晶面发生移动;(b) 滑移了一个原子间距 b

　　在上述逐级滑移中会因为应力变小而使滑移中途停止,就出现了如图 1.11(a)所示的情况。

　　在应力作用下晶体上半部分相对于下半部分沿 $ABCD$ 面发生滑移,开始时 $BGHC$ 面上原子沿着 $ABCD$ 晶面向右滑移一个原子间距,被推到 $B'G'H'C'$ 面上的原子位置,右面相邻的原子面作为滑移的前沿逐次向右蠕动。如果中途应力变小使滑移中止,滑移的最前端

原子面 $AEFD$ 左侧原子都完成了一个原子间距的移动,而右侧原子都没有移动,其结果是好像有一个多余的半晶面 $AEFD$ 插在晶体中,如图 1.11(b) 所示。在 AD 线周围晶格产生畸变,而距 AD 线较远处似乎没有影响,原子仍然规则排列,这种缺陷称为位错,它是一种发生在 AD 线附近的线缺陷,AD 线称为位错线。图 1.11 中滑移方向 BA 与位错方向 AD 垂直,称为棱位错。又因为多余的半晶面 $AEFD$,像刀一样插入晶体,故称该位错为刃形位错。棱形错位产生了多余半晶面,在 Si、Ge 晶体中位错线 AD 上的每个原子周围只有三个原子与之构成共价键,还存在一个悬挂键,这些非饱和共价键可以接受或释放电子从而影响半导体器件的性能。

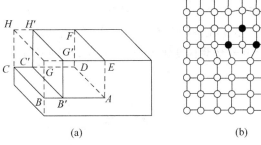

图 1.11 刃形位错

(a) 滑移;(b) 位错

图 1.12 为螺旋位错的滑移是沿 BC 方向,而原子移动沿 BA 方向传递,位错线 AD 和滑移方向平行。与刃形位错不同的是,这时晶体中与位错线 AD 垂直的晶面族不再是一个个平行面,而是相互连接、延续不断形成一个整体的螺旋面。

半导体中往往包含很多彼此平行的位错线,它们一般从晶体一端延伸到另一端,与表面相交。半导体中还存在因原子排列次序的错乱而形成的一种面缺陷,称为层错。Si 晶体中常见的层错有外延层错和热氧化层错,这里就不赘述了。

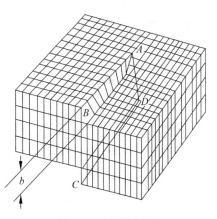

图 1.12 螺旋位错

1.4 能级与能带

1.4.1 能级

1. 单原子能级

对于一个孤立的单原子而言,电子的能级是分离的。例如,孤立氢原子的玻尔能级模型

$$E_n = -\frac{m_n q^4}{8\varepsilon_0^2 h^2 n^2} = -\frac{13.6}{n^2} \text{eV} \tag{1.4.1}$$

式中,m_n 是自由电子质量;q 是电荷量;ε_0 是真空介电常数;h 是普朗克常数;n 是正整数,称为主量子数,主量子数高时($n \geqslant 2$),由于角量子数($l = 0, 1, 2, \cdots, n-1$)的关系,能级

会因而分裂；eV 是能量单位，1eV 等于 1.6×10^{-19}C 与 1V 的乘积，或 1.6×10^{-19}J。最底层能级的能量（$n=1$）为 -13.6eV，第二层的能量为 -3.4eV（$n=2$），其余以此类推。

2. 多个原子能级

原子结合成晶体之前，单个原子中的电子分别在各自的电子轨道上做圆周运动，形成所谓的电子壳层，不同壳层的电子分别用 $1s,2s,2p,3s,3p,3d,4s,\cdots$ 表示，每一支壳层对应于确定的能量。原子结合形成晶体时，不同原子的各电子壳层之间就有一定程度的交叠，电子不再局限于某一个原子上，可以从一个原子转移到另一个原子，因而电子可以在晶体中运动，这种运动称为电子的共有化运动。因为各原子中只有相似壳层上的电子才具有相同的能量，所以电子只能在相似壳层之间转移，如图 1.13 所示。共有化运动就是由不同原子相似壳层之间的交叠引起的。原子结合成晶体后，只能引起与能级电子相应的共有化运动。例如，$2p$ 能级只能引起与 $2p$ 电子相关的共有化运动，$3s$ 能级只能引起与 $3s$ 电子相关的共有化运动……。由于外壳层电子交叠程度比内壳层深，所以外壳层电子的共有化运动更为显著。

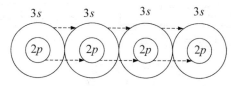

图 1.13　电子共有化运动示意图

3. 能带

晶体中每立方厘米内有 $10^{20}\sim10^{23}$ 个原子，这是一个很大的数值。当 N 个原子相距很远尚未结合成晶体时，每个原子的能级都和孤立原子一样，具有相同的能量，能级是 N 度简并的（不计原子本身的简并），也就是说，这 N 个能级上的电子都具有相同的能量。当 N 个原子互相靠近结合成晶体后，每个电子都要受到周围原子势场的作用，结果每一个 N 度简并的能级都分裂成 N 个彼此相距很近的能级，这 N 个能级就组成了一个能带。能带中的电子不再属于某一个原子，而是在晶体中作共有化运动。能级分裂成的能带称为允带，允带之间称为禁带，如图 1.14 所示。内壳层电子的轨道交叠很浅，共有化运动很弱，能级分裂得很小，能带很窄。外壳层电子轨道交叠很深，共有化运动显著，能级分裂得很厉害，能带较宽，图 1.14 也显示了这种差别。

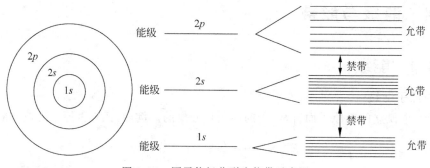

图 1.14　原子能级分裂为能带示意图

　　一个能带所包含的能级数与孤立原子的简并度有关。不计自旋转,s 能级没有简并,而 p 能级是三度简并的。所以,当 N 个原子结合成晶体后,s 能级就分裂成 N 个十分靠近的能级,形成的能带中共包含 N 个共有化运动状态,而 p 能级则分裂成 $3N$ 个十分靠近的能级,形成的能带中共包含 $3N$ 个共有化运动状态。

　　实际的晶体,N 很大,能级又靠得很近,所以能带中的能级可以视为准连续的。

　　半导体中实际能带的分裂更为复杂。图 1.15(a)为拥有 14 个电子的孤立硅原子。其中,10 个都处于靠近核的深层能级;其余 4 个价电子受原子核的束缚相当微弱,通常参与化学作用。因为 2 个内层价电子被完全占据,且与原子核紧密束缚,所以只考虑 $n=3$ 能级上的价电子,其中每个原子的 $3s$ 能级($n=3,l=0$)有 2 个允许的量子态。此态在 $T=0$K 时将有 2 个价电子;而 $3p$($n=3,l=1$)能级有 6 个允许的量子态。对个别硅原子而言,此态拥有剩下的 2 个价电子。当原子与原子间的距离缩短时,N 个硅原子的 $3s$ 及 $3p$ 将彼此交互作用及重叠。在平衡状态下的原子间距时,能带将再度分裂,使得每个原子在较低能带有 4 个量子态,而在较高能带也有 4 个量子态。在绝对零度时,电子占据最低能级,因此在较低能带(即价带)的所有能级将被电子填满,而在较高能带(即导带)的所有能级将没有电子。

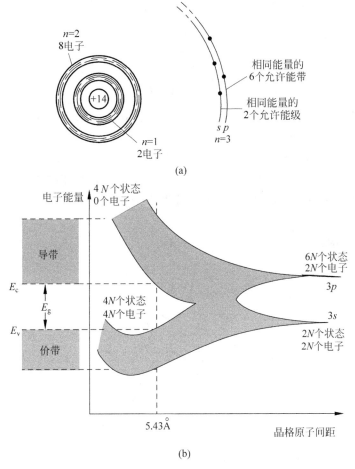

图 1.15　孤立硅原子及其能级分裂

(a) 孤立硅原子;(b) $3s$ 和 $3p$ 态分裂

导带的底部称为 E_c，价带的顶部称为 E_v。导带底部 E_c 与价带顶部 E_v 间的禁止能量间隔称为禁带宽度 E_g，如图 1.15(b) 最左边所示。在物理意义上，E_g 代表将半导体价带中的电子断键变成自由电子，并将此自由电子送到导带，而在价带中留下一个空穴所需的能量。

1.4.2 能量-动能

一个自由电子的动能为

$$E = \frac{p^2}{2m_n} \tag{1.4.2}$$

式中，p 为动量，m_n（下标符号 n 表示电子）表示自由电子质量。E-p 图为图 1.16 所示的抛物线图。

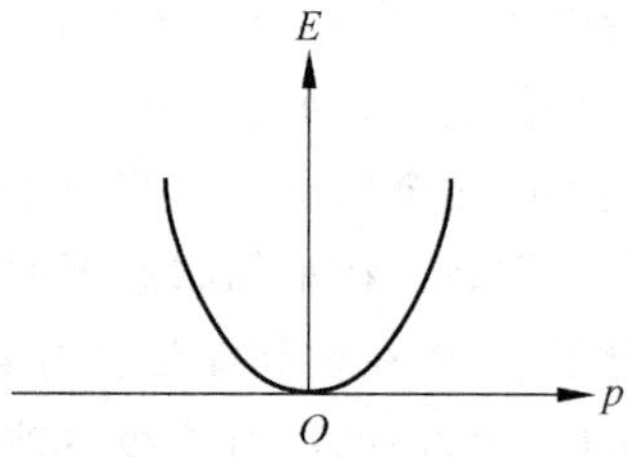

在半导体晶体中，导带中的电子是准自由电子，虽可在晶体中自由移动，但因为原子核的周期性电势能，式 (1.4.2) 不再适合。为了在半导体中使式 (1.4.2) 也适用，需将其中的自由电子质量换成电子有效质量 m_n^*，即

$$E = \frac{p^2}{2m_n^*} \tag{1.4.3}$$

图 1.16　一自由电子的能量（E）与动量（p）的抛物曲线图

电子有效质量由半导体的特性而定，可由式 (1.4.3) 对 p 二次微分，得

$$m_n^* \equiv \left(\frac{\mathrm{d}^2 E}{\mathrm{d}p^2}\right)^{-1} \tag{1.4.4}$$

如果抛物线的曲率小，对应的二次微分就大，则电子有效质量就小。对于空穴而言，空穴有效质量表示为 m_p^*（下标符号 p 表示空穴）。图 1.17 为一特殊半导体的简单能量与动量关系，其中导带中电子的有效质量 $m_n^* = 0.25m_n$（上抛物线），而价带中空穴的有效质量 $m_p^* = m_n$（下抛物线）。根据图 1.17，电子能量可由上半部抛物线得出；而空穴能量可由下半部抛物线得出，两抛物线在 $p=0$ 时的间距为禁带宽度 E_g。

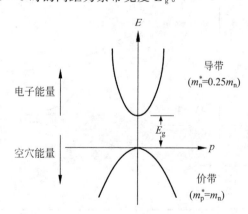

图 1.17　一特定 $m_n^* = 0.25m_n$ 且 $m_p^* = m_n$ 的半导体能量与动能图

硅及砷化镓的实际能量与动能关系式（也称为能带图）更为复杂，如图 1.18 所示。大致而言，图 1.18 的特性与图 1.17 类似。首先，在导带底部与价带顶部之间存在一禁带宽度 E_g。其次，在导带最低处与价带最高处附近，E-p 曲线为抛物线。对硅而言，图 1.18(a) 中

价带顶部发生在 $p=0$,而导带的最低处则发生在沿[100]方向的 $p=p_c$。因此,当电子从硅的价带顶部激发到导带最低点时,不仅需要转换能量($\geqslant E_g$),也需要转换动量($\geqslant p_c$),这种禁带属于间接禁带。对砷化镓而言,图 1.18(b)中价带顶部与导带最低处发生在相同动量处($p=0$)。因此,当电子从价带转换到导带时,不需要动量转换,这种禁带属于直接禁带。

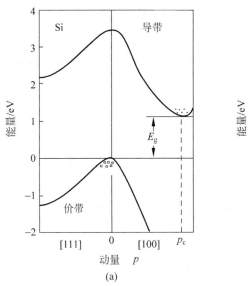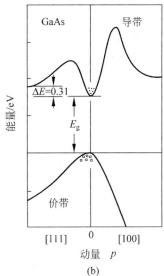

图 1.18 硅及砷化镓的实际能带结构

圆圈(∘)—价带中的空穴;黑点(•)—导带中的电子

(a) 硅的能带结构;(b) 砷化镓的能带结构

砷化镓也因而被称为直接禁带半导体,而硅被称为间接禁带半导体,因为硅中的电子在能带间转移时,需要动量转换。直接与间接禁带结构的差异在发光二极管与激光等中有重要的应用。这些应用需要直接禁带半导体产生有效光子。利用式(1.4.4),从图 1.18 中可求得有效质量。例如,砷化镓有一非常窄的导带抛物线,其电子有效质量为 $0.063m_n$;而硅有一较宽的导带抛物线,其电子有效质量为 $0.19m_n$。

1.4.3 固态材料的传导

图 1.1 显示了导体、半导体及绝缘体电导率的巨大差异,这种差异可由它们的能带作定性解释。可以发现,电子在最高能带或最高两能带的占有率决定了此固体的导电性。图 1.19 显示了金属、半导体及绝缘体在能带上的差异。

图 1.19(a)给出了导体能带的部分填满(上图,如铜(Cu))与价带重叠(下图,如锌(Zn)或铅(Pb))两种情况,其特点是:根本没有禁带存在。部分填满的导带最高处的电子或价带顶部的电子在获得动能时(如从一外加电场),可移动到下一个较高能级。对导体而言,接近占满电子的能级处尚有许多未被占据的能级,因此只要有一个微小的外加电场,电子就可自由移动,故导体可以轻易传导电流。

图 1.19(b)是半导体的能带。其特点是:禁带宽度比较小(一般在 1eV 左右)。由于半导体的禁带比较窄,因此在一定温度(室温)下,一部分满带的电子就可能会激发到导带中去,半导体的许多性质也都与这一点有关。在绝对零度 $T=0K$ 时,所有电子都位于价带,

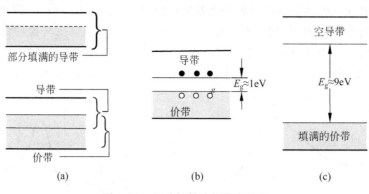

图 1.19　三种材料的能带表示图
（a）导体；（b）半导体；（c）绝缘体

而导带中并无电子，因此半导体在低温时是不良导体。在室温及正常气压下，硅的 E_g 值为 1.12eV，而砷化镓的 E_g 值为 1.42eV。因此，在室温下，热能 kT 占 E_g 的一定比例，有些电子可从价带热激发到导带。因为导带中有许多未被占据的能级，故只要小的外加能量，就可轻易移动这些电子，产生可观的传导电流。

图 1.19（c）是绝缘体的能带。其特点是：禁带宽度比较大（例如，典型的绝缘体金刚石的禁带宽度为 6～7eV）。在室温或接近室温时，并无自由电子参与传导。图 1.19（c）表明，电子完全占满价带中的能级，而导带中的能级则是空的。热能 kT 或外加电场能量并不足以使价带顶端的电子激发到导带。因此，虽然绝缘体的导带有许多空的能级可以接受电子，但实际上几乎没有电子可以占据导带上的能级，对电导的贡献很小，造成很大的电阻，无法传导电流。

1.4.4　满带电子和半满带电子的特性

1. 金属中电子的运动

从图 1.19 知，金属的价电子所在的能带只有一部分能级是被电子填充的，故称为半满带。在没有外加电压作用时，金属中的电子处于热平衡态，不形成电流，但金属中的价电子并没有停止共有化运动。因为电子热运动的方向是随机的，一会儿向左，一会儿向右。大量电子在一段时间内向各个方向热运动的机会相等，作用相互抵消，并不产生电子的迁移，所以尽管电子在不停地运动，却不能形成电流。当在金属两端加上一定电压时，金属内部就形成一个电场，使做热运动的价电子在这个电场的作用下又叠加了定向运动，在叠加了定向运动之后，电子在正负方向就不再互相抵消，从而形成了金属中沿电场方向的电流。在叠加了电场作用下的定向运动之后，电子的运动速度增加了，运动的能量也增加了，从能带论的观点看，就是电子从外电场吸收一定的能量后从原来低的能级跃迁到了高的能级。

2. 半满带中电子的导电性

从上面的讨论可知，金属中要形成电流，电子的运动状态就必须发生改变。根据泡利不相容原理，晶体中每个能级只能容纳自旋方向相反的两个电子。如果某个能级上已经有了两个电子，其他电子就不允许再进入这个能级了。因此，要改变电子的运动状态，就必须满足两个条件：①必须有外界作用使电子运动状态改变；②高的能级必须是空着的，以接受低能级来的电子。显然，对于金属来说，这两个条件都满足。因为金属的价电子处于半满

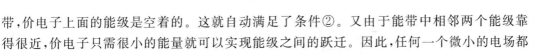

带,价电子上面的能级是空着的。这就自动满足了条件②。又由于能带中相邻两个能级靠得很近,价电子只需很小的能量就可以实现能级之间的跃迁。因此,任何一个微小的电场都足以提供价电子跃迁所需要的能量。所以,只要有外加电场,金属中的电子就可以在电场的作用下改变运动状态,产生定向运动并形成电流。因此,半满带的电子能够导电。

3. 满带中电子的不导电性

从图 1.19 知:

(1) 绝缘体有一个被电子填满的满带。由于价电子运动轨道的交叠,绝缘体满带中的电子也可以在整个晶体中作共有化运动。那么为什么绝缘体不能导电呢?按能带论的观点,在热平衡条件下,满带电子虽然可以作共有化运动,但电子在各个方向上运动的概率相同,所以不形成电流。当将一块绝缘体置于一个电场中,满带的电子会在外电场作用下,提高速度、增加能量,发生运动状态的变化,势必从原来较低的能级跃迁到较高的新能级,但由于满带中所有能级都被电子占据,即没有空的能级,不能提供接受来自低能级电子的空能级,无法完成满带电子的跃迁,所以绝缘体中的电子不能传导电流。

(2) 当一块绝缘体两端所加电压高到一定程度时,发生击穿就形成很大的电流。这是因为满带电子从外电场吸收了足以使满带电子跨过绝缘体的禁带而直接进入导带的能量时,跃迁到导带的电子可以自由地改变运动状态,并在电场的作用下作定向运动。同时,满带电子离开满带后,原来的满带也变成了半满带。满带中的电子就可以吸收外电场的能量跃迁进入这些空的能级。这样,满带中的电子也出现了定向运动,所以,绝缘体在击穿时可以形成很大的电流。

1.5 本征半导体及载流子浓度

半导体中的电子和空穴均对电流有贡献,统称为载流子。电子和空穴的浓度与状态函数及费米分布函数有关。下面从本征半导体概念出发,讨论这些关系。

1.5.1 本征半导体及导电机构

本征半导体是晶体中不含杂质和晶格缺失的纯净半导体。其特点是,禁带中有能级。温度在绝对零度,同时又无外界(如光、磁、电等)作用时,本征半导体的价带填满了电子,导带则全部空着,可以用图 1.20(a)表示。这种情况与绝缘体的能带十分相似。所以,本征半导体在绝对 0K 时不导电。本征半导体中,电子的允许能量状态要么处于价带,要么处于导带。如果一个电子的能量处于价带,那么这个电子就是价键上的电子;如果处于导带,则是脱离了共价键束缚的可以传导的自由电子。图 1.20(b)显示 $T>0K$ 时本征半导体的能带。可以看出,由于热激发,部分价带电子已经进入了导带。这样,导带和价带都是半满带,因此,导带电子和价带电子都可以导电。当一个电子从价带跃迁到导带的同时,价带中就产生了一个空能量状态,称为空穴。因此,在本征半导体中,热能会使电子和空穴成对产生,导带中电子数量与价带中空穴数量相等。它们在外加场的作用下,产生定向运动形成电流。因此,把这两种荷载电流的粒子称为半导体的两种载流子。现以 n_0 表示导带电子或平衡电子浓度,以 p_0 表示价带空穴或平衡空穴浓度,以 n_i 表示本征载流子浓度,对本征半导体而言,有

$$n_0 = p_0 = n_i$$

(1.5.1)

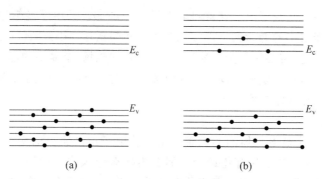

图 1.20 本征半导体填充能带情况

(a) $T=0\mathrm{K}$；(b) $T>0\mathrm{K}$

1.5.2 载流子的统计分布

导带中的电子(关于能量)浓度分布为导带中允许的能态密度与某个能态被电子占据的概率的乘积,即

$$n(E)=g_c(E)f_F(E) \tag{1.5.2}$$

式中,$f_F(E)$是费米-狄拉克分布函数;$g_c(E)$是导带中的态密度函数(简称态密度),在整个导带能量范围对式(1.5.2)积分,可得导带中单位体积的总电子浓度。

同理,价带中的空穴(与能量相关)浓度分布为价带中允许的能态密度与某个能态不被电子占据的概率的乘积,即

$$p(E)=g_v(E)[1-f_F(E)] \tag{1.5.3}$$

在整个价带能量范围对式(1.5.3)积分,可得价带中单位体积的总空穴浓度。式中,$g_v(E)$是价带中的态密度。

为了求出热平衡电子浓度和空穴浓度,需要确定费米能级 E_F 相对于导带底 E_c 和价带顶 E_v 的位置及 $g_v(E)$、$g_c(E)$ 的表达式。

1. 本征半导体费米能级位置定性分析

导带态密度 $g_c(E)$、价带态密度 $g_v(E)$ 以及 $T>0\mathrm{K}$ 时及 E_F 近似位于 E_c 和 E_v 之间二分之一处的费米-狄拉克分布函数曲线,如图 1.21(a)所示。此时,如果假设电子和空穴的有效质量相等,则 $g_c(E)$ 和 $g_v(E)$ 关于禁带能量(E_c 和 E_v 之间二分之一处的能量)对称。研究表明,$E>E_F$ 时的 $f_F(E)$ 与 $E<E_F$ 的 $1-f_F(E)$ 关于能量 $E=E_F$ 对称。这就意味着,$E=E_F+\mathrm{d}E$ 时的 $f_F(E)$ 和 $E=E_F-\mathrm{d}E$ 时的 $1-f_F(E)$ 相等。

图 1.21(b)为图 1.21(a)中导带能量 E_c 上方的 $f_F(E)$ 和 $g_c(E)$ 的放大图。图 1.21(c)为图 1.21(a)中价带能量 E_v 下方的 $[1-f_F(E)]$ 和 $g_v(E)$ 的放大图。图中曲线下包围的面积分别代表导带电子总浓度和价带电子总浓度。由此可见,如果 $g_c(E)$ 和 $g_v(E)$ 对称,那么为了使电子浓度和空穴浓度相等,费米能级将必然位于禁带之中。如果电子和空穴的有效质量并不精确相等,那么有效态密度 $g_c(E)$ 和 $g_v(E)$ 将不会关于禁带中央精确对称。本征半导体的费米能级将从禁带中央轻微移动,以保持电子和空穴浓度相等。

2. 费米-狄拉克分布函数

晶体中的电子,一方面会不断从热运动中获得能量跃迁到更高的能级,从而产生新的载

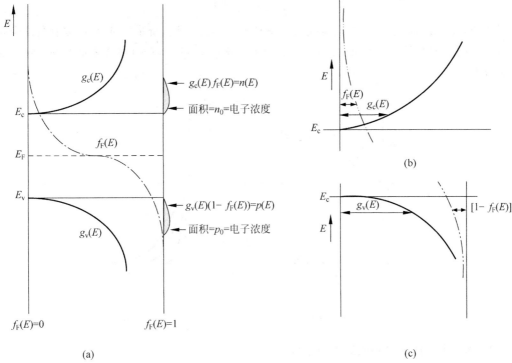

图 1.21 导带态密度

(a) 态密度函数、费米-狄拉克分布函数,以及 E_F 位于禁带中央附近时表示电子和空穴浓度面积;(b) 导带边缘的放大图;(c) 价带边缘的放大图

流子;另一方面,又会不断通过释放能量由高的能级跃迁到低的能级上,使载流子复合消失。在一定温度下,达到热平衡时,每一个能级都有一定的概率被电子占据,也有一定的概率被空着。根据电子的统计分部规律,在绝对温度为 T 的半导体内,达到热平衡时,能量为 E 的能级被电子占据的概率为

$$f_F(E) = \frac{1}{1 + e^{\frac{E-E_F}{kT}}} \tag{1.5.4}$$

式中,$f_F(E)$ 为费米-狄拉克分布函数;E_F 称为费米能级;k 是玻尔兹曼常量。当 $E-E_F > 3kT$ 时分母中的指数项远大于 1,此时,电子占据能量为 E 的能级的概率近似写为

$$f_F(E) = e^{-\frac{E-E_F}{kT}} = e^{\frac{E_F}{kT}} e^{\frac{-E}{kT}} = A e^{-\frac{E}{kT}} \tag{1.5.5}$$

式(1.5.5)就是玻耳兹曼分布函数,玻尔兹曼统计分布只适用于杂质浓度较低($\leqslant 10^{17} \mathrm{cm}^{-3}$)的半导体。通常,将服从玻尔兹曼统计分布的半导体称为非简并半导体。在价带中,空穴占据能级 E 的概率就是指能级未被电子占据的概率。若电子占据能级 E 的概率为 $f_F(E)$,则能级 E 被空穴占据的概率为

$$1 - f_F(E) = \frac{e^{\frac{E-E_F}{kT}}}{1 + e^{\frac{E-E_F}{kT}}} \tag{1.5.6}$$

式(1.5.6)分母中的指数项远小于 1,可以忽略,于是

$$1 - f_F(E) = e^{\frac{E-E_F}{kT}} \qquad (1.5.7)$$

该式说明,能级越低,空穴占据该能级的概率越小。换句话说,价带空穴主要集中在价带顶附近。不同温度时的费米分布,如图 1.22 所示。该图表明,$f_F(E)$ 在费米能量 E_F 附近成对称分布。

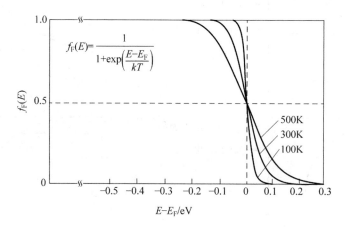

图 1.22 不同温度下费米分布函数 $f_F(E)$-$(E$-$E_F)$图

3. 本征半导体的热平衡载流子浓度

前面分析知,本征半导体的费米能级 E_i 位于禁带中央能量附近。在推导热平衡电子浓度 n_0 和空穴浓度 p_0 的方程时,将作适当的简化。现假定费米能级 E_i 始终位于禁带中。

1) 热平衡电子浓度 n_0

对式(1.5.2)在导带能量范围积分,则热平衡电子浓度为

$$n_0 = \int_{E_c} g_c(E) f_F(E) \mathrm{d}E \qquad (1.5.8)$$

积分下限为 E_c,积分上限为允许的导带能量的最大值。但是,如图 1.21(a)所示由于费米概率分布函数随能量增加而迅速趋近于零,因此可以把积分上限设为无穷大。

将玻尔兹曼近似代入式(1.5.8)得,导带的热平衡电子浓度为

$$n_0 = \int_{E_c}^{\infty} \frac{4\pi(2m_n^*)^{\frac{3}{2}}}{h^3} \sqrt{E - E_c} \exp\left[\frac{-(E - E_F)}{kT}\right] \mathrm{d}E \qquad (1.5.9)$$

设

$$\eta = \frac{E - E_c}{kT} \qquad (1.5.10)$$

则式(1.5.9)变为

$$n_0 = \frac{4\pi(2m_n^*)^{\frac{3}{2}}}{h^3} \exp \sqrt{E - E_c} \int_0^{\infty} \eta^{\frac{1}{2}} \exp(-\eta) \mathrm{d}\eta \qquad (1.5.11)$$

式中,积分项为伽马函数

$$\int_0^{\infty} \eta^{\frac{1}{2}} \exp(-\eta) \mathrm{d}\eta = \frac{1}{2}\sqrt{\pi} \qquad (1.5.12)$$

则式(1.5.11)变为

$$n_0 = N_c \exp\left[\frac{-(E_c - E_F)}{kT}\right] \tag{1.5.13}$$

式中

$$N_c = 2\left(\frac{2\pi m_n^* kT}{h^2}\right)^{3/2} \tag{1.5.14}$$

称 N_c 为导带有效状态密度。若 $m_n^* = m_n$，则 $T = 300\text{K}$ 时有效密度函数值 $N_c = 2.5 \times 10^{19}\ \text{cm}^{-3}$，这是大多数半导体中 N_c 的数量级。如果电子的有效质量大于或小于 m_n，则有效状态密度 N_c 也会相应地变化，但其数量级不变。

【例 1.4】 求导带中某个状态被电子占据的概率，并计算 $T = 300\text{K}$ 时硅中的热平衡电子浓度。设费米能级位于导带下方 0.25eV 处。$T = 300\text{K}$ 时硅中的 $N_c = 2.8 \times 10^{19}\text{cm}^{-3}$。

解：能量 $E = E_c + \dfrac{kT}{2}$ 的量子态被电子占据的概率为

$$f_F(E) = \frac{1}{1 + \exp\left(\dfrac{E - E_F}{kT}\right)} \approx \exp\left[\frac{-(E - E_F)}{kT}\right] = \exp\left[\frac{-(E_c + kT/2 - E_F)}{kT}\right]$$

或

$$f_F(E) = \exp\left[\frac{-0.25 + (0.0259/2)}{0.0259}\right] = 3.90 \times 10^{-3}$$

得电子浓度为

$$n_0 = N_c \exp\left[\frac{-(E_c - E_F)}{kT}\right] = (2.8 \times 10^{19})\exp\frac{-0.25}{0.0259} = 1.80 \times 10^{15}\text{cm}^{-3}$$

该例表明，某个能级被占据的概率非常小，但因为有大量能级的存在，电子的浓度值是合理的。

2）热平衡空穴浓度

在价带能量范围对式(1.5.3)积分，得价带中的热平衡空穴浓度为

$$p_0 = \int g_v(E)[1 - f_F(E)]\,\mathrm{d}E \tag{1.5.15}$$

将玻耳兹曼近似式(1.5.7)代入式(1.5.15)得，价带中的热平衡空穴浓度为

$$p_0 = \int_{-\infty}^{E_v} \frac{4\pi(2m_p^*)^{3/2}}{h^3}\sqrt{E_v - E}\exp\left[\frac{-(E_F - E)}{kT}\right]\mathrm{d}E \tag{1.5.16}$$

因为指数项衰减很快，所以其中的积分下限可以用负无穷来替代价带底，对式(1.5.16)再次做变量代换简化求解。设

$$\eta' = \frac{E_v - E}{kT} \tag{1.5.17}$$

则式(1.5.16)变为

$$p_0 = \frac{-4\pi(2m_p^* kT)^{3/2}}{h^3}\exp\left[\frac{-(E_F - E_v)}{kT}\right]\int_{+\infty}^{0}(\eta')^{1/2}\exp(-\eta')\mathrm{d}\eta' \tag{1.5.18}$$

式中，负号来源于微分 $\mathrm{d}E = -kT\mathrm{d}\eta'$。注意，当 $E = -\infty$ 时，η' 的下限为 $+\infty$。如果改变积分次序，又将引入另一个负号。由式(1.5.12)，式(1.5.18)变为

$$p_0 = N_v \exp\left[\frac{-(E_F - E_v)}{kT}\right] \tag{1.5.19}$$

式中

$$N_v = 2 \left(\frac{2\pi m_p^* kT}{h^2} \right)^{3/2} \tag{1.5.20}$$

称为价带有效状态变量。$T = 300\text{K}$ 时,对于大多数半导体,N_v 的数量级也为 $10^{19}\,\text{cm}^{-3}$。

【例 1.5】 求 $T = 400\text{K}$ 时硅的热平衡空穴浓度。设费米能级处于价带能级上方 0.27eV 处。$T = 300\text{K}$ 时,硅中的 $N_v = 1.04 \times 10^{19}\,\text{cm}^{-3}$。

解: $T = 300\text{K}$ 时,$N_v = (1.04 \times 10^{19}) \left(\frac{400}{300} \right)^{3/2} = 1.60 \times 10^{19}\,\text{cm}^{-3}$

和

$$kT = (0.0259) \left(\frac{400}{300} \right) = 0.03453\text{eV}$$

得空穴浓度为

$$p_0 = N_v \exp \left[\frac{-(E_F - E_v)}{kT} \right] = (1.60 \times 10^{19}) \exp \left(\frac{-0.27}{0.03453} \right) = 6.43 \times 10^{15}\,\text{cm}^{-3}$$

该例表明:任意温度下的该参数值,都能利用 $T = 300\text{K}$ 时 N_v 的取值及其对温度的依赖关系求出。

恒定温度的给定半导体材料,其有效状态密度值 N_c 和 N_v 是常数。表 1.3 给出了硅、砷化镓和锗的有效状态密度及有效质量。注意,砷化镓的 N_c 小于典型值 $10^{19}\,\text{cm}^{-3}$,这是因为砷化镓电子有效质量小。

导带电子和价带空穴的热平衡浓度都直接与有效状态密度和费米能级有关。

表 1.3 有效状态密度和有效质量

半导体	N_c/cm^{-3}	N_v/cm^{-3}	m_n^*/m_n	m_p^*/m_n
Si	2.8×10^{19}	1.04×10^{19}	1.080	0.56
GaAs	4.7×10^{17}	7.0×10^{18}	0.067	0.48
Ge	1.04×10^{19}	6.0×10^{18}	0.550	0.37

1.5.3 本征载流子浓度

1. 本征费米能级

本征半导体中,导带中的电子浓度等于价带中的空穴浓度。本征半导体中的电子浓度和空穴浓度分别为 n_i、p_i。通常称它们是本征电子浓度和本征空穴浓度。因为 $n_i = p_i$,所以通常简单地用 n_i 表示本征载流子密度,它是指本征电子浓度或本征空穴浓度。

本征半导体的费米能级称为本征费米能级,或 $E_F = E_{Fi}$。若将式(1.5.13)和式(1.5.19)应用到本征半导体,则

$$n_0 = n_i = N_c \exp \left[\frac{-(E_c - E_{Fi})}{kT} \right] \tag{1.5.21}$$

和

$$p_0 = p_i = n_i = N_v \exp \left[\frac{-(E_{Fi} - E_v)}{kT} \right] \tag{1.5.22}$$

若将式(1.5.21)和式(1.5.22)相乘,则

$$n_i^2 = N_c N_v \exp\left[\frac{-(E_c - E_{Fi})}{kT}\right] \exp\left[\frac{-(E_{Fi} - E_v)}{kT}\right] \quad (1.5.23)$$

或

$$n_i^2 = N_c N_v \exp\left[\frac{-(E_c - E_v)}{kT}\right] = N_c N_v \exp\left[\frac{-E_g}{kT}\right] \quad (1.5.24)$$

式中,E_g 为禁带宽度。对于给定的半导体材料,当温度恒定时,n_i 为定值,与费米能级无关。

　　$T = 300K$ 时,砷化镓、锗的本征载流子浓度公认值如表 1.4 所示。由式(1.5.24)计算的理论值与公认值可能有差别。很多情况下,这种差别并不明显。

表 1.4　$T = 300K$ 时的 n_i 公认值

半导体	本征载流子浓度 n_i/cm^{-3}
Si	1.5×10^{10}
GaAs	1.8×10^6
Ge	2.4×10^{13}

　　【例 1.6】　计算 $T = 250K$ 和 $T = 400K$ 时砷化镓中的本征载流子浓度。$T = 300K$ 时,砷化镓中的 $N_c = 2.8 \times 10^{19} \text{cm}^{-3}$,$N_v = 1.04 \times 10^{19} \text{cm}^{-3}$,它们均与 $T^{3/2}$ 成正比。设砷化镓的禁带宽度为 1.12eV,在温度范围内不随温度变化。

　　解:由式(1.5.24),$T = 250K$ 时,有

$$n_i^2 = (2.8 \times 10^{19})(1.04 \times 10^{19})\left(\frac{250}{300}\right)^3 \exp\left[\frac{-1.12}{(0.0259)(250/300)}\right]$$
$$= 4.90 \times 10^{15}$$

因此

$$n_i = 7.0 \times 10^7 \text{cm}^{-3}$$

$T = 400K$ 时,有

$$n_i^2 = (2.8 \times 10^{19})(1.04 \times 10^{19})\left(\frac{400}{300}\right)^3 \exp\left[\frac{-1.12}{(0.0259)(400/300)}\right]$$
$$= 5.67 \times 10^{24}$$

因此

$$n_i = 2.38 \times 10^{12} \text{cm}^{-3}$$

　　该例说明,当温度上升 150℃ 时,本征载流子浓度增大 4 个数量级以上。

　　利用式(1.5.24)得到的硅、砷化镓和锗的 n_i 关于温度的函数曲线,如图 1.23 所示。对于这些半导体材料,随着温度在适当范围内变化,n_i 的值可以很容易地改变几个数量级。

　　2. 本征费米能级位置

　　由前面分析知,本征半导体的费米能级位于禁带中央附近,现具体计算本征费米能级的具体位置。由于电子浓度与空穴浓度相等,即式(1.5.21)和式(1.5.22)相等,得

$$N_c \exp\left[\frac{-(E_c - E_{Fi})}{kT}\right] = N_v \exp\left[\frac{-(E_{Fi} - E_v)}{kT}\right] \quad (1.5.25)$$

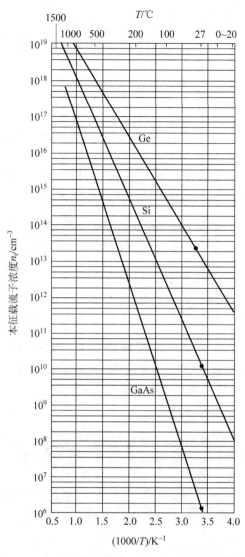

图 1.23 硅、砷化镓和锗的 n_i 关于温度的函数曲线图

求解 E_{Fi}，有

$$E_{Fi} = \frac{1}{2}(E_c + E_v) + \frac{1}{2}kT\ln\left(\frac{N_v}{N_c}\right) \tag{1.5.26}$$

将式(1.5.14)和式(1.5.20)代入式(1.5.26)，得

$$E_{Fi} = \frac{1}{2}(E_c + E_v) + \frac{3}{4}kT\ln\left(\frac{m_p^*}{m_n^*}\right) \tag{1.5.27}$$

第一项 $\frac{1}{2}(E_c + E_v)$ 是 E_c 和 E_v 之间的精确中间能量值，即禁带中央，记为 E_{mid}。

$$E_{mid} = \frac{1}{2}(E_c + E_v)$$

则

$$E_{\text{Fi}} - E_{\text{mid}} = \frac{3}{4}kT\ln\left(\frac{m_{\text{p}}^*}{m_{\text{n}}^*}\right) \tag{1.5.28}$$

如果电子和空穴有效质量相等,即 $m_{\text{p}}^* = m_{\text{n}}^*$,则本征费米能级精确位于禁带中央。若 $m_{\text{p}}^* > m_{\text{n}}^*$,本征费米能级位置会稍微高于禁带中央;若 $m_{\text{p}}^* < m_{\text{n}}^*$,本征费米能级位置会稍微低于禁带中央。因为状态密度与载流子有效质量直接相关,有效质量越大意味着状态密度也越大。因此,本征费米能级位置也必定将随状态密度的变化而发生移动,以保持电子和空穴数量相等。

【例 1.7】 $T = 300\text{K}$ 时,计算硅中的本征费米能级相对于禁带中央的位置。已知硅中载流子有效质量分别为 $m_{\text{n}}^* = 1.08m_{\text{n}}$,$m_{\text{p}}^* = 0.56m_{\text{n}}$。

解:本征费米能级相对于禁带中央的位置为

$$E_{\text{Fi}} - E_{\text{mid}} = \frac{3}{4}kT\ln\left(\frac{m_{\text{p}}^*}{m_{\text{n}}^*}\right) = \frac{3}{4}(0.0259)\ln\left(\frac{0.56}{1.08}\right) = -0.0128\text{eV} = -12.8\text{meV}$$

该例说明:硅的本征费米能级位于禁带中央以下 12.8meV。12.8meV 与硅的禁带宽度的一半(560meV)相比可以忽略。所以,在很多情况下,可以简单地近似认为本征费米能级位于禁带中央。

1.6 杂质半导体及载流子浓度

本征半导体是一种有趣的材料,只要在掺入少量、定量的特定掺杂质原子后,就显示半导体的真正能力,能明显地改变半导体的电化学特性。掺入杂质的半导体称为非本征半导体,它是制造各种半导体器件的基础。半导体中的杂质可以分为施主杂质和受主杂质,也可分为浅能级杂质和深能级杂质。浅能级杂质可以改变半导体的导电类型和载流子浓度;深能级杂质可以在半导体中引入复合中心。

1.6.1 杂质半导体

1. N 型半导体与施主杂质

如果在硅晶体中掺入少量的 V 族元素的磷原子,那么磷原子就会取代硅原子的位置,成为硅晶体中的施主杂质。磷是 5 价的,外层有 5 个价电子,磷原子取代硅原子后,外层的 4 个价电子和周围的 4 个硅原子各提供的一个价电子形成 4 个共价键后,还多出一个电子。同时,在磷原子所在处也多出一个正电荷 $+q$,称这个正电荷为正电中心,即磷离子 P^+,如图 1.24(a)所示。

也可以说,磷原子占据硅原子的位置后,相当于形成了一个正电中心,并产生了一个多余的电子,该电子被束缚在正电中心 P^+ 的周围,如同氢原子核对其外层电子的束缚,但这种束缚作用比其共价键的束缚作用要弱得多。只需很小的能量(0.044eV),束缚电子就可以挣脱正电中心的束缚,成为晶体中可以导电的自由电子,而正电中心则是晶体中位于晶格格点、不能移动的正离子。上述多余电子脱离正电中心的束缚成为晶体中自由电子的过程称为杂质电离。杂质电离所需要的能量称为杂质电离能。一般来说,硅晶体中杂质的电离能比硅的禁带宽度 E_{g}(室温下为 1.12eV)要小得多。V 族杂质在硅、锗晶体中能给出导电电子并形成正电中心,称这种杂质为施主杂质或 N 型杂质。称掺有施主杂质的半导体为 N

型半导体或电子型半导体,施主杂质释放电子的过程称为施主电离,施主电离所需要的能量称为施主电离能。图 1.24(b)给出了所设想的能带图,E_D 表示施主能级,位于导带底 E_c 的下方,由于杂质原子对束缚电子的束缚能很小,所以被正电中心束缚的电子能级应略低于导带底电子的能量 E_c,紧挨着导带底。这时施主电离过程,如图 1.24(c)能带图所示。施主能级被电子占据时是电中性的(图 1.24(b)中的 A),它上面的电子一般是不参与导电的,施主电离后,导带增加了一个能传导的电子,导带底 E_c 与施主能级 E_D 之差称为施主电离能,用 ΔE_D 表示,如图 1.24(c)所示。

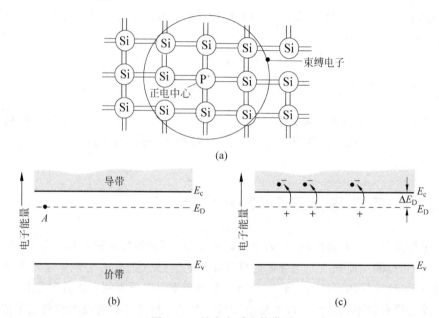

图 1.24　施主杂质和能带图

(a)原子平面图;(b)分立的施主能级能带图;(c)施主能级电离能带图

2. P 型半导体与受主杂质

当Ⅲ族元素的原子(如硼)取代硅晶体中硅原子的位置后,就成为硅晶体中的受主杂质。因为硼是 3 价的,外层只有 3 个价电子,当硼原子与周围的 4 个硅原子形成共价键后还缺少一个电子。为了使硼原子周围的共价键饱和,必须从周围的共价键上夺取一个电子,硼原子夺取电子的过程可以看成被受主束缚的空穴挣脱受主束缚的过程,它也需要吸收一定的能量,并在禁带中引入受主能级 E_A(图 1.25(b)中的 A)。从能带图上看,就是价带的电子跃迁到受主能级上。这一过程称为受主电离,受主电离所需要的能量称为受主电离能,用 ΔE_A 表示如图 1.25(c)所示。受主电离后可以向价带提供一个空穴,同时受主能级则被电子占据。受主能级未被电子占据时是电中性的,被电子占据以后就成为负电中心,如图 1.25(a)所示。

掺有受主杂质的半导体称为 P 型半导体或空穴型半导体。

P 型半导体和 N 型半导体,称为非本征半导体。前面提到的施主能级或受主能级,它们离导带底或价带顶都很近,称它们为浅能级。除Ⅲ、Ⅴ族杂质在 Si、Ge 禁带中产生浅杂质能级外,实验表明掺入其他各族元素也会在 Si、Ge 禁带中产生能级,但非Ⅲ、Ⅴ族元素在 Si、Ge 禁带中产生的施主能级 E_D 距导带底 E_c 较远,产生的受主能级 E_A 距价带顶 E_v 较远,

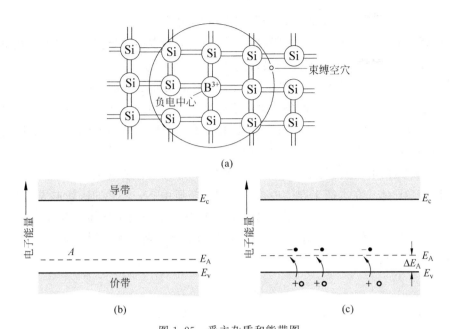

图 1.25 受主杂质和能带图

(a) 原子平面图；(b) 分立的受主能级能带图；(c) 受主能级电离能带图

这种杂质能级称为深能级。深能级杂质可以多次电离，每一次电离相应有一个能级，有的杂质既引入施主能级又引入受主能级。

金(Au)在 Ge 中产生的能级情况如图 1.26 所示。图中 E_i 表示禁带中线位置，E_i 以上标明的是杂质能级距导带底 E_c 的距离，E_i 以下标出的是杂质能级距价带顶 E_v 的距离。位于格点位置上的中性金原子 Au^0 的一个价电子可以电离释放到导带，形成施主能级 E_D，其电离能 $\Delta E_D = E_c - E_D$，从而成为带一个正电荷的单重电施主离化态 Au^+。这个价电子因受共价键束缚，它的电离能仅略小于禁带宽度 E_g，所以施主

E_c	
E_{A3} ————————	0.04eV
E_{A2} ————————	0.20eV
E_i ————————	
E_{A1} ————————	0.15eV
E_D ————————	0.04eV
E_v	

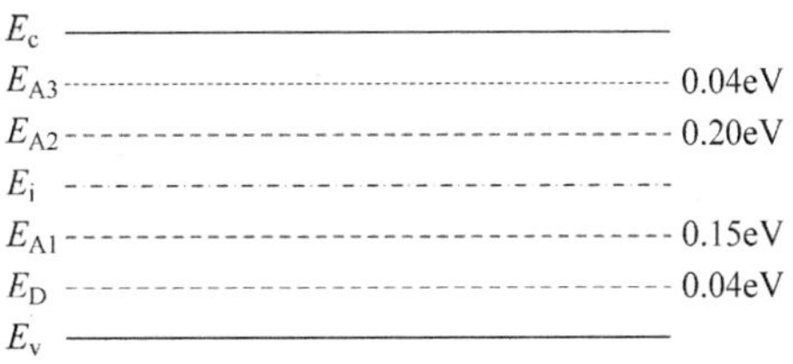

图 1.26 Au 在 Ge 中的能级

能级 E_D 很接近 $E_v(E_v + 0.04\text{eV})$。另外，中性 Au^0 为与周围四个 Ge 原子形成共价键，还可以依次由价带再接受三个电子，分别形成 E_{A1}，E_{A2}，E_{A3} 三个受主能级。价带激发一个电子给 Au^0 使之成为单重电受主离化态 Au^-，相应的电离能 $\Delta E_{A1} = E_{A1} - E_v$；从价带再激发一个电子给 Au^- 使之成为二重电受主离化态 Au^-，所需能量 $\Delta E_{A2} = E_{A2} - E_v$；从价带再激发第三个电子给 Au^- 使之成为三重电受主离化态 Au^-，所需能量 $\Delta E_{A3} = E_{A3} - E_v$。由于电子间存在库仑斥力，Au 在接受价带电子过程中所需要的电离能越来越大，也就是 $E_{A3} > E_{A2} > E_{A1}$。Si、Ge 中其他一些深能级杂质引入的深能级也可以类似地作出解释。深能级杂质对半导体中载流子浓度和导电类型的影响不像浅能级杂质那样显著，其浓度通常也较低，主要起复合中心的作用。

3. 补偿半导体与混合杂质

半导体中的杂质浓度是指半导体中单位体积内所掺有的杂质原子总数。因为半导体硅

中原子的浓度约为 10^{22}cm^{-3},而杂质原子的浓度通常小于 10^{17}cm^{-3},二者相差几个数量级。所以,杂质原子的数量在基质原子中所占的比例是一个非常小的数值。尽管所占比例很小,但杂质原子对半导体的导电性能影响很大。

在热平衡条件下,半导体处于电中性状态。电子是分布在不同的能量状态中,产生正负电荷,但净电荷密度为零。电中性条件决定了热平衡状态电子浓度和空穴浓度是杂质浓度的函数。如果用 N_D 表示施主杂质浓度,N_A 表示受主杂质浓度,则导带的电子浓度 n_0 和价带的空穴浓度 p_0 均是 N_A 与 N_D 的函数。

向本征半导体同时掺入的施主杂质和受主杂质,称为混合杂质,掺入混合杂质后的半导体,称为补偿半导体。在本征半导体中掺入的混合杂质中 $N_D > N_A$ 时,就形成了 N 型或电子型补偿半导体;当 $N_D < N_A$ 时,就形成了 P 型或空穴型补偿半导体;当 $N_D = N_A$ 时,就形成了完全补偿半导体,它具有本征半导体特征,但它属于杂质半导体。补偿半导体的能带图,如图 1.27 所示。

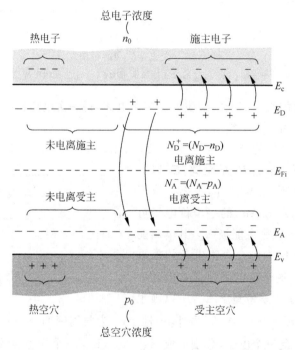

图 1.27　电离与非电离的施主与受主补偿半导体能带图

在补偿半导体中,将确定以施主浓度和受主浓度为函数的电子浓度和空穴浓度。

用正负电荷密度相等表示电中性条件,则

$$n_0 + N_A^- = p_0 + N_D^+ \tag{1.6.1}$$

或

$$n_0 + (N_A - p_A) = p_0 + (N_D - n_D) \tag{1.6.2}$$

式中,n_0 和 p_0 分别是热平衡电子浓度和空穴浓度。参数 n_D 是施主能量状态中的电子密度,于是 $N_D^+ = N_D - n_D$ 是带正电的施主能态的浓度。同样,p_A 是受主能态中的空穴密度,于是 $N_A^- = N_A - p_A$ 是带负电的受主能态的浓度。

1) 热平衡电子浓度

如果完全电离,则 n_D 和 p_A 均为零,而式(1.6.2)变为

$$n_0 + N_A = p_0 + N_D \tag{1.6.3}$$

如果用 n_i^2/n_0 表示 p_0,那么式(1.6.3)可写为

$$n_0 + N_A = \frac{n_i^2}{n_0} + N_D \tag{1.6.4a}$$

将其改写为

$$n_0^2 - (N_D - N_A)n_0 - n_i^2 = 0 \tag{1.6.4b}$$

解得

$$n_0 = \frac{N_D - N_A}{2} + \sqrt{\left(\frac{N_D - N_A}{2}\right)^2 + n_i^2} \tag{1.6.5}$$

因为二次方程必定取正号,所以,本征半导体条件下 $N_A = N_D = 0$ 时,电子浓度也必须是正值,即 $n_0 = n_i$。可用式(1.6.5)计算 $N_D > N_A$ 时半导体的电子浓度。虽然式(1.6.5)是根据补偿半导体推导的,但它也适用于 $N_A = 0$ 的情况。

【例1.8】 给定杂质浓度条件下,计算 $T = 300K$ 时热平衡电子浓度和空穴浓度。(1)N 型硅杂质浓度 $N_D = 10^{16} \text{cm}^{-3}$ 和 $N_A = 0$;(2)$N_D = 5 \times 10^{15} \text{cm}^{-3}$ 和 $N_A = 2 \times 10^{15} \text{cm}^{-3}$,$n_i = 1.5 \times 10^{10} \text{cm}^{-3}$。

解:(1)根据式(1.6.5),多数热平衡载流子电子浓度为

$$n_0 = \frac{10^{16}}{2} + \sqrt{\left(\frac{10^{16}}{2}\right)^2 + (1.5 \times 10^{10})^2} \approx 10^{16} \text{cm}^{-3}$$

少数热平衡载流子空穴浓度为

$$p_0 = \frac{n_i^2}{n_0} = \frac{(1.5 \times 10^{10})^2}{10^{16}} = 2.25 \times 10^4 \text{cm}^{-3}$$

(2)根据式(1.6.5),多数热平衡载流子电子浓度为

$$n_0 = \frac{5 \times 10^{15} - 2 \times 10^{15}}{2} + \sqrt{\left(\frac{5 \times 10^{15} - 2 \times 10^{15}}{2}\right)^2 + (1.5 \times 10^{10})^2} \approx 3 \times 10^{15} \text{cm}^{-3}$$

少数热平衡载流子空穴浓度为

$$p_0 = \frac{n_i^2}{n_0} = \frac{(1.5 \times 10^{10})^2}{3 \times 10^{15}} = 7.5 \times 10^4 \text{cm}^{-3}$$

该例说明,当 $N_D - N_A \gg n_i$ 时,热平衡多数载流子电子浓度基本等于掺杂施主浓度。热平衡载流子和少数载流子浓度相差许多数量级。

【例1.9】 给定杂质浓度条件下,试计算 $T = 250K$ 和 $T = 400K$ 时热平衡电子浓度和空穴浓度,已知 N 型硅杂质浓度 $N_D = 7 \times 10^{15} \text{cm}^{-3}$ 和 $N_A = 3 \times 10^{15} \text{cm}^{-3}$。

解: 由于温度不同,导致本征载流子浓度不同。先计算本征载流子浓度,再将其及已知条件代入式(1.6.5),得

(1) $n_0 = 4 \times 10^{15} \text{cm}^{-3}$,$p_0 = 1.225 \text{cm}^{-3}$;

(2) $n_0 = 4 \times 10^{15} \text{cm}^{-3}$,$p_0 = 1.416 \times 10^9 \text{cm}^{-3}$。

由例1.9知,随着施主杂质原子的增加,导带中电子浓度增加并超过了本征载流子浓度,同时少数载流子空穴浓度减少且低于本征载流子浓度。特别需注意的是,随着施主杂质

原子的加入,相应的电子就在有效能量状态中重新分布。图 1.28 为这种物理重新分布的示意图。一些施主电子将落入价带中的空状态,抵消了一部分本征空穴,少数载流子空穴浓度因此降低了。同时,由于重新分布,导带的净电子浓度也并不简单地等于施主浓度加上本征电子浓度。

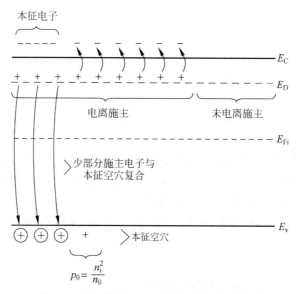

图 1.28　掺入施主后电子重新分布的能带图

本征载流子浓度 n_i 是温度的强函数。随着温度的增加,热生出了额外的电子空穴对,导致式(1.6.5)中的 n_i^2 项开始占据主导地位。半导体最终将失去它的非本征特性。图 1.29 显示了掺杂施主浓度为 $5 \times 10^{14} \, \mathrm{cm}^{-3}$ 的硅中的电子浓度与温度的关系。随着温度的增加,可以看到本征浓度从何处开始占据主导地位,图中也显示了部分电离及低温束缚态。

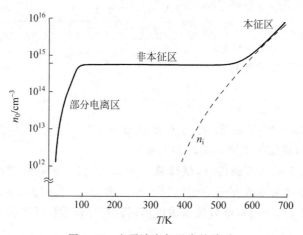

图 1.29　电子浓度与温度的关系

2) 热平衡空穴浓度

将式(1.6.3)改写为

$$\frac{n_i^2}{p_0} + N_A = p_0 + N_D \tag{1.6.6a}$$

或

$$p_0^2 - (N_A - N_D)p_0 - n_i^2 = 0 \tag{1.6.6b}$$

由二次方程,可得出空穴浓度为

$$p_0 = \frac{N_A - N_D}{2} + \sqrt{\left(\frac{N_A - N_D}{2}\right)^2 + n_i^2} \tag{1.6.7}$$

式中,二次方程必须取正号。可用式(1.6.7)计算 $N_A > N_D$ 时半导体热平衡多数载流子空穴的浓度,它也适用于 $N_D = 0$ 的情况。

【例 1.10】 计算 P 型补偿半导体热平衡状态电子的浓度和空穴的浓度。

假设 $T = 300\text{K}$,硅的杂质浓度 $N_D = 3 \times 10^{15} \text{ cm}^{-3}$,$N_A = 10^{16} \text{ cm}^{-3}$。本征载流子浓度 $n_i = 1.5 \times 10^{10} \text{ cm}^{-3}$。

解:由于 $N_A > N_D$,热平衡多数载流子空穴浓度由式(1.6.7)得

$$p_0 = \frac{10^{16} - 3 \times 10^{15}}{2} + \sqrt{\left(\frac{10^{16} - 3 \times 10^{15}}{2}\right)^2 + (1.5 \times 10^{10})^2} \approx 7 \times 10^{15} \text{ cm}^{-3}$$

少数载流子电子浓度为

$$n_0 = \frac{n_i^2}{p_0} = \frac{(1.5 \times 10^{10})^2}{7 \times 10^{15}} = 3.21 \times 10^4 \text{ cm}^{-3}$$

本例说明,在杂质完全电离且 $(N_A - N_D) \gg n_i$ 的条件下,多数载流子空穴浓度近似为受主杂质浓度和施主杂质浓度的差值。

此外,应当注意,对于杂质补偿 P 型半导体,少数载流子电子浓度表示为

$$n_0 = \frac{n_i^2}{p_0} = \frac{n_i^2}{N_A - N_D}$$

式(1.6.5)和式(1.6.7)分别用来计算 N 型半导体材料中多数载流子电子的浓度和 P 型半导体材料中多数载流子空穴的浓度。理论上,N 型半导体材料中少数载流子空穴浓度也可以由式(1.6.7)计算。但是,需要在 10^{16} cm^{-3} 上减去两个数量级,例如得到一个以 10^4 cm^{-3} 为量级的数值实际上是不可能的。在多数载流子浓度已经确定的条件下,可由 $n_0 p_0 = n_i^2$ 计算少数载流子的浓度。

4. 半导体型态判断

在半导体能带图中常常用费米能级 E_F 判断该半导体是 N 型半导体还是 P 型半导体,并用它来计算载流子浓度。费米能级是电子统计规律的一个基本概念,其大小反映了半导体中电子填充能带的水平。它不是能带中电子的一个真实能级,其大小反映了半导体中电子填充能带水平的高低。在一些实际问题中,费米能级的应用主要是说明,E_F 以下的能级基本上是被电子填满的,而 E_F 以上的能级基本上是空的。也就是说,E_F 是基本上填满和基本上空的能级分界线。图 1.30 给出了从重掺杂 P 型半导体到重掺杂 N 型半导体,5 种不同掺杂情况下费米能级的位置。图 1.30 中本征半导体的费米能级 E_i 基本位于禁带中央,这种情况下,价带基本填满,导带基本是空的;N 型半导体的费米能级均在 E_i 的上方,而重掺杂 N 型半导体的费米能级又高于轻掺杂 N 型半导体的费米能级;P 型半导体的费米能级均低于 E_i,而重掺杂的 P 型半导体,其费米能级又低于轻掺杂 P 型半导体的费米能级。

图 1.30 表明,从重掺杂 P 型到重掺杂 N 型,电子填充能带的水平是逐渐升高的,所以其费米能级也逐步提高。

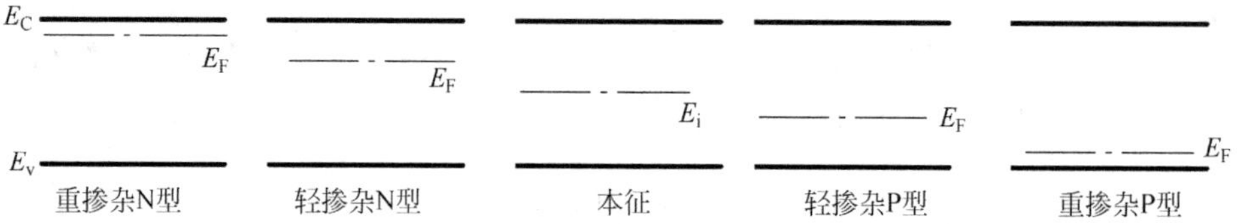

图 1.30 费米能级与杂质浓度和导电类型的关系

1.6.2 电离能

杂质电离所需的能量称为电离能,可用玻尔原子模型进行计算。

对于施主杂质原子,假定施主原子绕嵌入半导体中施主离子或正电中心作匀速圆周运动,并由于电子和离子间的库仑引力提供轨道电子的向心力。因此

$$\frac{q^2}{4\pi\varepsilon_s r_n^2} = \frac{m_n^* v^2}{r_n} \tag{1.6.8}$$

式中,v 代表速度,r_n 代表轨道半径,ε_s 是半导体的介电常数。设角动量是量子化的,则

$$m_n^* r_n v = nh \tag{1.6.9}$$

式中,n 为正整数。将式(1.6.9)解出的 v 代入式(1.6.8),得

$$r_n = \frac{n^2 h^2 4\pi\varepsilon_s}{m_n^* q^2} \tag{1.6.10}$$

式(1.6.10)表明,半径的量子化是角动量量子化引起的。玻尔半径为

$$a_0 = \frac{4\pi\varepsilon_0 h^2}{m_n q^2} = 0.53\text{Å} \tag{1.6.11}$$

利用玻尔半径,将施主轨道半径归一化后,得

$$\frac{r_n}{a_0} = n^2 \varepsilon_r \left(\frac{m_n}{m_n^*}\right) \tag{1.6.12}$$

式中,ε_r 为半导体材料的相对介电常数。

考虑 $n=1$ 时的最低能量状态,硅的相对介电常数 $\varepsilon_r = 11.7$,$m_n^*/m_n = 0.26$,得

$$\frac{r_1}{a_0} = 45 \tag{1.6.13a}$$

或

$$r_1 = 23.9\text{Å} \tag{1.6.13b}$$

这一半径近似等于硅晶格常数的 4 倍。硅的每个晶胞中含有 8 个原子,所以施主电子的轨道半径包含了许多硅原子,施主电子并未紧密束缚于施主原子。

轨道电子的总能量为

$$E = E_T + E_v \tag{1.6.14}$$

式中,E_T 表示电子动能,E_v 表示电子势能。动能为

$$E_T = \frac{1}{2} m_n^* v^2 \tag{1.6.15}$$

将用式(1.6.9)得到的 v 和用式(1.6.10)得到的半径 r_n 代入式(1.6.15),得

$$E_T = \frac{m_n^* q^4}{2(nh)^2 (4\pi\varepsilon_s)^2} \qquad (1.6.16)$$

势能为

$$E_v = \frac{-q^2}{4\pi\varepsilon r_n} = \frac{m_n^* q^4}{(nh)^2 (4\pi\varepsilon_s)^2} \qquad (1.6.17)$$

总能量为动能与势能之和,所以有

$$E = E_T + E_v = \frac{-m_n^* q^4}{2(nh)^2 (4\pi\varepsilon_s)^2} \qquad (1.6.18)$$

对于氢原子,$m_n^* = m_n$,$\varepsilon_s = \varepsilon_0$。处于最低能态的氢原子的电离能 $E = -13.6\mathrm{eV}$。在硅中,电离能 $E = -25.8\mathrm{meV}$,它比硅的禁带宽度小很多。这一能量近似等于施主原子的电离能,或者说激发施主电子进入导带所需的能量。

对于普通施主杂质,如硅和锗中的磷或砷,氢模型十分有效地给出了电离能的数量级。此模型可用来推算浅能级杂质的电离能,对于深能级杂质的电离能无法精确地解释。图 1.31 给出了对含不同杂质的硅和砷化镓所推算的电离能大小。值得一提的是,单一原子中有可能形成许多能级。例如,氧在硅的禁带中形成两个施主能级和两个受主能级。

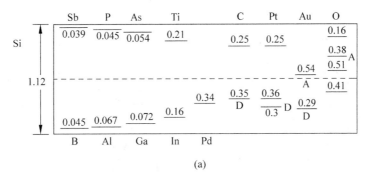

(a)

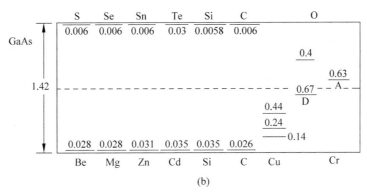

(b)

图 1.31　杂质电离能

(a) 硅中的杂质电离能；(b) 砷化镓中的杂质电离能

1.6.3　双性杂质

前面以硅为例论述了Ⅳ族元素半导体中的施主杂质和受主杂质。对于砷化镓等化合物

半导体的情况则更加复杂：①Ⅱ族元素。如铍、锌和镉，能够作为替位杂质进入晶格中，代替Ⅲ族元素镓成为受主杂质。②Ⅵ族元素。如硒和碲，也作为替位杂质进入晶格中，代替Ⅴ族元素砷成为施主杂质。这些杂质相应的电离能小于硅中杂质的电离能，而且电子有效质量小于空穴有效质量，因此砷化镓中施主电离能也比受主电离能小。③Ⅳ族元素。如硅和锗，也可以成为砷化镓中的杂质原子。如果一个硅原子替代了一个镓原子，则硅杂质将起施主作用；如果一个硅原子代替了一个砷原子，于是硅杂质将起受主作用。锗原子作为杂质也是同样的道理，这种杂质称为双性杂质。在砷化镓的实验中发现，锗主要表现为受主杂质，而硅主要表现为施主杂质。

1.6.4 电子和空穴的平衡状态分布

在半导体中加入施主或受主杂质原子将改变半导体中电子和空穴浓度分布。由于费米能级与浓度分布函数有关，因此它也会随着掺入杂质浓度而改变。如果费米能级偏离了禁带中央，那么导带中电子浓度和价带中空穴浓度就都将会发生变化，如图1.32所示。该图表明，当 $E_F > E_{Fi}$ 时，电子浓度高于空穴浓度，半导体为N型，掺入的是施主杂质；而 $E_F < E_{Fi}$ 时，空穴浓度高于电子浓度，半导体为P型，掺入的是受主杂质。

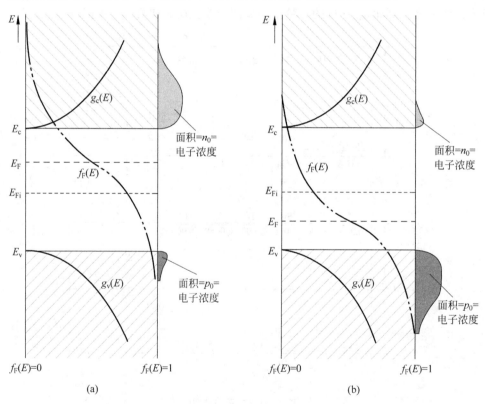

图1.32 状态函数密度、费米-狄拉克分布函数以及电子浓度和空穴浓度

(a) $E_F > E_{Fi}$；(b) $E_F < E_{Fi}$

半导体中的费米能级随着电子浓度 n_0 和空穴浓度 p_0 的变化而改变，也就是随着施主和受主杂质的掺入而改变。在N型半导体中，$n_0 > p_0$，电子是多数载流子，而空穴是少数载

流子;在 P 型半导体中,$p_0 > n_0$,空穴是多数载流子,而电子是少数载流子。

图 1.32 表明,n_0 和 p_0 是关于 E_F 的函数。随着 E_F 变得高于或低于 E_{Fi},导带和价带中的概率 $f_F(E)$ 和态密度 $g_c(E)$ 的交叠也在不断地变化。当 E_F 高于 E_{Fi} 时,导带中的概率增加,同时价带中空状态(空穴)的概率 $1 - f_F(E)$ 降低;当 E_F 低于 E_{Fi} 时,情况恰好相反。

如果在式(1.5.13)的指数项上加上本征费米能级,再减去本征费米能级,则有

$$n_0 = N_c \exp\left[\frac{-(E_c - E_{Fi}) + (E_F - E_{Fi})}{kT}\right] \tag{1.6.19a}$$

或

$$n_0 = N_c \exp\left[\frac{-(E_c - E_{Fi})}{kT}\right] \exp\left[\frac{E_F - E_{Fi}}{kT}\right] \tag{1.6.19b}$$

由本征载流子浓度式(1.5.21)进一步,得热平衡电子浓度为

$$n_0 = n_i \exp\left(\frac{E_F - E_{Fi}}{kT}\right) \tag{1.6.20}$$

同样,热平衡空穴浓度为

$$p_0 = n_i \exp\left(\frac{-(E_F - E_{Fi})}{kT}\right) \tag{1.6.21}$$

式(1.6.20)和式(1.6.21)表明,随着费米能级偏离本征费米能级,n_0 和 p_0 也偏离了 n_i;如果 $E_F > E_{Fi}$,就有 $n_0 > n_i$ 和 $p_0 < n_i$,所以 $n_0 > p_0$。同样,在 $E_F < E_{Fi}$ 时,就有 $p_0 > n_i$,$n_0 < n_i$,所以 $p_0 > n_0$。

由式(1.6.20)和式(1.6.21)相乘,得

$$n_0 p_0 = N_c N_v \exp\left(\frac{-(E_c - E_F)}{kT}\right) \exp\left(\frac{-(E_F - E_v)}{kT}\right) \tag{1.6.22}$$

该式也可写为

$$n_0 p_0 = N_c N_v \exp\left(\frac{-E_g}{kT}\right) \tag{1.6.23}$$

式(1.6.22)是由费米能级的一般值推导出来的,n_0 的值和 p_0 的值不必相等。然而式(1.6.22)却与本征半导体情况下得到的式(1.4.25)严格等价。对于热平衡状态下的半导体,有

$$n_0 p_0 = n_i^2 \tag{1.6.24}$$

式(1.6.24)说明,对于某一温度下的给定半导体材料,其 n_0 和 p_0 的乘积总是一个常数。虽然这个等式简单,但它是热平衡半导体的一个基本公式,是基于玻尔兹曼近似得到的。如果玻尔兹曼近似不成立,那么式(1.6.24)也就不成立。

严格说来,热平衡状态下的非本征半导体并不存在本征载流子浓度,虽然它包含了一定的热生载流子。本征电子浓度和空穴浓度因施主和受主的掺杂而改变。然而,仍可将式(1.6.24)中的本征载流子浓度 n_i 简单看作是半导体材料的一个参数。

1.7 简并半导体及其浓度

1.7.1 非简并与简并半导体

在讨论向半导体中掺入杂质原子时,要求掺入杂质原子的浓度与晶体或半导体原子的

浓度相比是很小的,这些少量的杂质原子的扩散速度足够快,使得施主电子或受主空穴间不存在相互作用,掺入杂质会在 N 型半导体中引入分立的、无相互作用的施主能级,在 P 型半导体中引入分立的、无相互作用的受主能级,此类半导体称为非简并半导体。

如果杂质浓度增加,杂质原子之间的距离逐渐缩小,将达到施主电子开始相互作用的临界点。在这种情况下,单一的、分立的施主能级就将分裂为一个能带。当施主浓度进一步增加到与有效状态密度可以相比拟时,施主能带逐渐变宽,并可能与导带底相交叠。当导带中的电子浓度超过了状态密度 N_c 时,费米能级就位于导带内部,这种类型的半导体成为 N 型简并半导体。同理,随着 P 型半导体中受主杂质浓度的增加,分立的受主能级将会分裂成能带,并可能与价带顶相交叠。当空穴浓度超过了状态密度 N_v 时,这种类型的半导体称为 P 型简并半导体。

N 型简并半导体和 P 型简并半导体能带图的示意模型如图 1.33 所示,低于 E_F 的能带大部分为空。在 N 型简并半导体中,E_F 和 E_c 之间的能带大部分被电子填满,因此导带中电子的浓度非常大。同样,E_v 和 E_F 之间的能带大部分为空,因此价带中空穴的浓度也非常大。

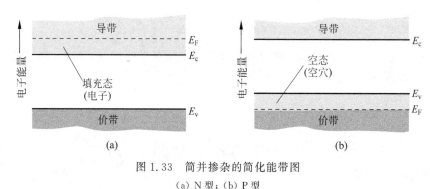

图 1.33　简并掺杂的简化能带图
（a）N 型；（b）P 型

1.7.2　简并半导体中载流子浓度

N 型简并与非简并半导体的 n_0/N_c 与 $(E_F-E_c)/kT$ 关系,如图 1.34 所示。可见,简并与非简并半导体两者 n_0/N_c 的差别与 E_c-E_F 有关。因此,可以由 E_c-E_F 的大小作为判断简并与否的标准。简并半导体的 n_0 与非简并半导体计算类似,只需将分布函数代入费米分布。简并与非简并条件为

$$\begin{cases} E_c - E_F \leqslant 0 & \text{简并} \\ 0 < E_c - E_F \leqslant 2kT & \text{弱简并} \\ E_c - E_F > 2kT & \text{非简并} \end{cases} \tag{1.7.1}$$

$$\begin{aligned} n_0 &= \frac{1}{V} \int_{E_c}^{\infty} g_c(E) f_F(E) \mathrm{d}E \\ &= 4\pi \frac{(2m_n^*)^{3/2}}{h^3} \int_{E_c}^{\infty} (E - E_c)^{1/2} \frac{1}{1 + \exp\left(\dfrac{E - E_F}{kT}\right)} \mathrm{d}E \end{aligned} \tag{1.7.2}$$

因为 $N_c = \dfrac{2(2\pi m_n^* kT)^{3/2}}{h^3}$，再令 $\chi = \dfrac{E - E_c}{kT}$，$\xi = -\dfrac{E_c - E_F}{kT}$，式(1.6.2)化简为

$$n_0 = \frac{2}{\sqrt{\pi}} N_c \int_0^\infty \frac{X^{1/2}}{1 + \mathrm{e}^{X - \xi}} \mathrm{d}x \qquad (1.7.3)$$

式中，积分 $\displaystyle\int_0^\infty \frac{X^{1/2}}{1 + \mathrm{e}^{X - \xi}} \mathrm{d}x = F_{1/2}\left(-\frac{E_c - E_F}{kT}\right) = F_{1/2}(\xi)$ 称为费米-狄拉克积分，因此

$$n_0 = \frac{2}{\sqrt{\pi}} N_c F_{1/2}(\xi) \qquad (1.7.4)$$

式(1.7.4)就是简并半导体的 n_0 表达式。图 1.35 是费米-狄拉克积分 $F_{1/2}(\xi)$ 与 ξ 的关系。

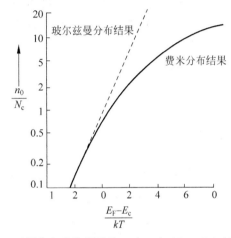

图 1.34 不同分布函数得到的 n_0/N_c 与 $(E_F - E_c)/(kT)$ 关系

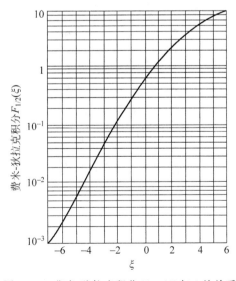

图 1.35 费米-狄拉克积分 $F_{1/2}(\xi)$ 与 ξ 的关系

杂质浓度为多大会发生简并呢？如果 Si 中施主浓度为 N_D，施主杂质电离能为 ΔE_D，根据电中性条件 $n_0 = n_D^+$，代入 n_D^+ 和简并时的 n_0 表达式，得

$$N_c \frac{2}{\sqrt{\pi}} F_{1/2}\left(-\frac{E_c - E_F}{kT}\right) = \frac{N_D}{1 + 2\exp\left(-\frac{E_D - E_F}{kT}\right)} \tag{1.7.5}$$

所以

$$N_D = N_c \frac{2}{\sqrt{\pi}} F_{1/2}\left(-\frac{E_c - E_F}{kT}\right)\left[1 + 2\exp\left(\frac{\Delta E_D}{kT}\right)\exp\left(-\frac{E_c - E_F}{kT}\right)\right] \tag{1.7.6}$$

简并时 $E_c - E_F = 0$，$\xi = 0$，根据图 1.35 得到 $F_{1/2}(0) \approx 0.6$，所以

$$N_D = 0.68\left[1 + 2\exp\left(\frac{\Delta E_D}{kT}\right)\right]N_c \tag{1.7.7}$$

式(1.7.7)方括号内的值大于 3，所以简并时 $N_D > N_c$，掺杂很高。发生简并的 N_D 还与 ΔE_D 有关，ΔE_D 较大则发生简并所需要的 N_D 也大；另外，简并化只在一定的温度区间内才会发生。

习题 1

1.1 (1)硅中两最邻近原子的距离是多少？(2)求出硅中(100)、(110)、(111)三个平面上每平方米的原子数。

1.2 如果将金刚石晶格中的原子投影到底部，原子的高度以晶格常数为单位表示，如图 1.36 所示，求图中三个原子(X,Y,Z)的高度。

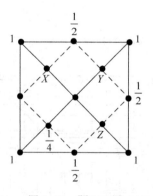

图 1.36 题 1.2 图

1.3 求简单立方晶体、面心立方晶体及金刚石晶格中的最大晶体密度。

1.4 设一平面在沿着三个直角坐标方向有 $2a$、$3a$ 及 $4a$ 三个截距，其中 a 为晶格常数，求此平面的密勒指数。

1.5 计算砷化镓的密度(砷化镓的晶格常数为 5.65Å，且每摩尔砷及镓的原子质量分别为 69.72g 及 74.92g)；一砷化镓样品掺杂锡，假如锡替代了晶格中镓的位置，那么锡是施主还是受主？为什么？此半导体是 N 型还是 P 型？

1.6 硅及砷化镓随温度变化的禁带宽度方程 $E_g(T) = E_g(0) - aT^2/(T + \beta)$。其中，对硅，$E_g(0) = 1.17\text{eV}$，$a = 4.73 \times 10^{-4}\text{eV/K}$，且 $\beta = 636\text{K}$；对砷化镓 $E_g(0) = 1.519\text{eV}$，$a = 5.405 \times 10^{-4}\text{eV/K}$，且 $\beta = 204\text{K}$。求硅及砷化镓在 100K 及 600K 时的禁带宽度。

1.7　在室温下(300K),硅在价带中的有效态密度为 $2.66\times10^{19}\,cm^{-3}$,而在砷化镓中为 $7\times10^{18}\,cm^{-3}$。求空穴的有效质量,并与自由电子质量比较。

1.8　计算硅在液态氮温度(77K)、室温(300K)及 100℃下的 E_i 位置(令 $m_p^*=1.0m_n$ 且 $m_n^*=0.19m_n$),将 E_i 设在禁带中央是否合理?

1.9　求在 300K 时一非简并 N 型半导体导带中电子的动能。

1.10　对速度为 $10^7\,cm/s$ 的自由电子,其德布罗意波长为多长? 在砷化镓中,导带电子的有效质量为 $0.063m_n$。假如它们有相同的速度,求对应的德布罗意波长。

1.11　当一半导体的本征温度为本征载流子浓度等于杂质浓度时的温度时,求掺杂每立方厘米 10^{15} 个磷原子的硅样品的本征温度。

1.12　一硅样品在 $T=300K$ 时受主杂质浓度 $N_A=10^{16}\,cm^{-3}$。试求需要加入多少施主杂质原子,方可使其成为 N 型,且费米能级低于导带边缘 0.20eV?

1.13　画出在 77K、300K 及 600K 时掺杂每立方厘米 10^{16} 个砷原子的硅的简化能带图。标示出费米能级且使用本征费米能级作为参考能量。

1.14　求出硅在 300K 时掺入下列杂质情形下电子空穴浓度及费米能级:

(1) 每立方厘米 1×10^{15} 个硼原子;

(2) 每立方厘米 3×10^{16} 个硼原子及 2.9×10^{16} 个砷原子。

1.15　一硅样品掺杂每立方厘米 10^{17} 个砷原子,在 300K 时的平衡空穴浓度 p_0 为多少? 相对于 E_i 的 E_F 位置在何处?

1.16　在完全电离情形下,计算室温下硅中分别掺入每立方厘米 10^{15}、10^{17}、10^{19} 个磷原子情形下的费米能级。由求出的费米能级,检验在各种杂质浓度下完全电离的假设是否正确。假设电离施主为

$$n=N_D[1-f_F(E_D)]=\frac{N_D}{1+\exp\left(\dfrac{E_F-E_D}{kT}\right)}$$

1.17　对一掺杂 $10^{16}\,cm^{-3}$ 磷施主原子,且施主能级 $E_D=0.045eV$ 的 N 型硅样品而言,求出在 77K 时中性施主浓度对电离施主浓度的比例,此时费米能级低于导带底部 0.0459eV。

第 2 章

载流子输运现象

本章讨论了半导体器件中的各种输运现象,包括载流子漂移、扩散、复合、产生、热电子发射、隧穿(又称穿透)及强电场效应等;分析了非平衡载流子产生与复合机理;分析了非均匀半导体达到热平衡状态过程,导出了爱因斯坦关系;给出了半导体器件工作的基本支配方程式,其中包括电流密度方程式及连续性方程式。同时,介绍了四探针法测电阻率、霍尔效应测载流子浓度及高频光电导法测少数载流子寿命的原理。

第 1 章讨论了半导体,得到了导带和价带中电子和空穴浓度,而电子和空穴的净流动将产生电流。将载流子的这种运动过程称为输运,它包括载流子的漂移、扩散、复合、产生、热电子发射、隧穿(又称穿透)及冲击离子化等现象。载流子的输运现象是最终确定半导体器件电流-电压特性的基础。

2.1 载流子漂移运动及其电流密度

2.1.1 迁移率

1. 迁移率的含义

在热平衡状态下,一个施主杂质浓度均匀分布的 N 型半导体,由于其导带中的传导电子并不与任何特殊晶格或施主位置结合,因此基本上属于自由粒子,但晶体中晶格的影响需要并入传导电子的有效质量中,因而与自由电子的质量有些微小的差异。在热平衡状态下,根据能量均分定理,每个自由度的能量为 $kT/2$ 单位,其中 k 为玻尔兹曼常数,T 为绝对温度。电子在半导体中有 3 个自由度。因此,电子的动能为

$$\frac{1}{2}m_n^* v_{th}^2 = \frac{3}{2}kT \tag{2.1.1}$$

式中,m_n^* 为电子的有效质量,v_{th} 为平均热运动速度。在温室下(300K),电子热运动速度在硅晶及砷化镓中约为 $10^7\,\mathrm{cm/s}$。

单一电子的热运动可视为与晶格原子、杂质原子及其他散射中心碰撞所引发的一连串随机散射,如图 2.1(a)所示。在足够长的时间内,电子的随机运动将导致单一电子的净位移为零。碰撞间的平均距离称为平均自由程,碰撞间的平均时间称为平均自由时间 τ_c。平均自由程的典型值为 $10^{-5}\,\mathrm{cm}$,平均自由时间约为 1ps (即 $10^{-5}\,\mathrm{cm}/v_{th} \approx 10^{-12}\,\mathrm{s}$)。

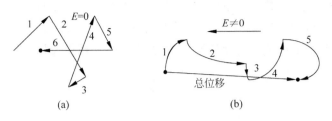

图 2.1　半导体中一个电子的运动路径示意

(a) 随机热运动；(b) 随机热运动及施加电场所产生的结合运动

在一块半导体的两端加一定的电压 V，就会形成一个外加电场 E，每一个电子受电场力 $-qE$ 的作用，且在每次碰撞时，沿着电场的方向加速。此时，半导体中电子不仅具有热运动速度，还有外加电场 E 使之获得的速度，这个速度称为漂移速度。一个电子由于随机的热运动及漂移运动两者所造成的位移，如图 2.1(b) 所示。值得注意的是，电子的净位移与施加的电场方向相反。

现利用电子在各次碰撞时，自由运动期间所受到的冲量 $-qE\tau_c$ 等同于电子在同一时间内所获得的动量 $m_n^* \boldsymbol{v}_n$，即

$$-qE\tau_c = m_n^* \boldsymbol{v}_n \tag{2.1.2a}$$

则漂移速度为

$$\boldsymbol{v}_n = \left(-\frac{q\tau_c}{m_n^*}\right)E = -\mu_n E \tag{2.1.2b}$$

式(2.1.2a)说明了电子漂移速度正比于所施加的电场，比例因子

$$\mu_n = \frac{q\tau_c}{m_n^*} \tag{2.1.3}$$

称为电子迁移率，其单位为 $cm^2/(V \cdot s)$。对于载流子输运而言，迁移率是一个重要参数，它描述了施加电场对电子运动影响的程度，对价带中的空穴而言，其迁移率为

$$\boldsymbol{v}_p = \mu_p E \tag{2.1.4}$$

式中，v_p 为空穴的漂移速度，μ_p 为空穴迁移率，空穴的漂移方向和电场相同，因此式(2.1.4)中没有负号。

2. 迁移率的影响因素

1) 迁移率与平均自由时间有关

在式(2.1.3)中，迁移率直接与碰撞时的平均自由时间有关，而平均自由时间取决于各种散射的机制。其中，最重要的是晶格散射及杂质散射。

晶格散射是由于温度高于绝对零度时晶格原子的热振动引起，这些振动扰乱了晶格的周期势场，并且允许能量在载流子与晶格间转移。由于晶格振动随着温度增加而增加，故在高温下晶格散射更加显著，因此迁移率也随温度的增加而减小。理论分析表明，晶格散射所造成的迁移率 μ_L 将按 $T^{-3/2}$ 方式减小，即

$$\mu_L \propto T^{-3/2} \tag{2.1.5}$$

杂质散射是由一个带电载流子经过一个电离的杂质(施主或受主)引起的。由于库仑力的交互作用，带电载流子移动路径会偏移。杂质散射的概率由带负电及带正的电杂质离子

浓度总和决定。然而,与晶格散射不同,在较高温度下杂质散射变得不太重要,因为在较高温度下,载流子移动较快,它们在杂质原子附近停留的时间较短,因此有效的散射也减少。理论分析表明,杂质散射所造成的迁移率 μ_I 将按 $T^{3/2}/N_T$ 规律变化,即

$$\mu_I \propto \frac{T^{3/2}}{N_T} \tag{2.1.6}$$

式中,N_T 为总杂质浓度,$N_T = N_D + N_A$。

不同浓度施主杂质中电子迁移率与温度的关系如图 2.2 所示。

单位时间内碰撞发生的总概率 $1/\tau_c$ 是各种散射机制所引起的碰撞概率的总和,即

$$\frac{1}{\tau_c} = \frac{1}{\tau_{c.晶格}} + \frac{1}{\tau_{c.杂质}} \tag{2.1.7a}$$

或

$$\frac{1}{\mu} = \frac{1}{\mu_L} + \frac{1}{\mu_I} \tag{2.1.7b}$$

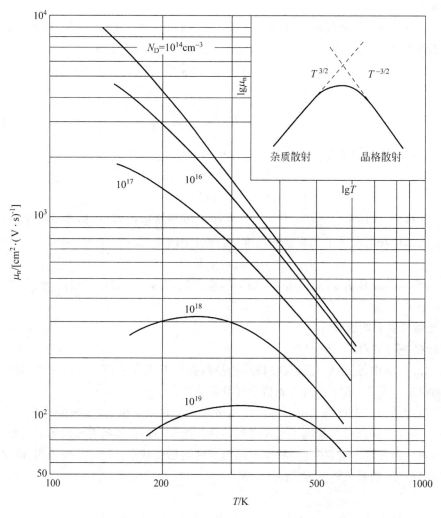

图 2.2　硅单晶中不同浓度施主杂质中电子迁移率随温度变化曲线

　　图中小插图显示了理论上由晶格散射及杂质散射引起的迁移率对温度的依存关系,对掺入低杂质浓度的半导体(如杂质浓度为 $10^{14}\,\mathrm{cm}^{-3}$),主要为晶格散射,迁移率随温度的增加而减小;对掺入高杂质浓度的半导体(如由杂质浓度为 $10^{19}\,\mathrm{cm}^{-3}$),杂质散射在低温下最为显著,而迁移率随着温度的增加而增加。

　　载流子迁移率的温度特性对半导体器件的使用特性有直接影响。因为掺杂半导体的载流子浓度在器件使用的温度范围内基本不变,所以,电导率随温度的变化主要是由迁移率随温度的变化引起的。在实际情况中,为了保证集成电路的扩散电阻不随温度而显著变化,必须选用较高的扩散杂质浓度。

　　2) 迁移率与半导体材料有关

　　硅、锗、砷化镓等常用半导体在常温下测得的较纯样品中电子和空穴的迁移率,如表 2.1 所示。

表 2.1　常温下硅、锗、砷化镓中电子和空穴的迁移率

迁　移　率	材　　料		
	硅	锗	砷化镓
电子迁移率/$\mathrm{cm}^2 \cdot (\mathrm{V} \cdot \mathrm{s})^{-1}$	1350	3900	8500
空穴迁移率/$\mathrm{cm}^2 \cdot (\mathrm{V} \cdot \mathrm{s})^{-1}$	480	1900	400

　　表 2.1 表明,在不同半导体中,电子迁移率和空穴迁移率是不相同的,这是由于不同半导体材料的能带结构不同;在同一种材料中,电子迁移率明显大于空穴迁移率,这也是由导带结构和价带结构不同引起的。

　　3) 迁移率与杂质浓度有关

　　对同一种半导体材料,载流子的迁移率与杂质浓度有关。杂质浓度越高,载流子在定向运动过程中与电离杂质相遇诱发散射的概率越大,则载流子迁移率越小。图 2.3 给出了室温 $T=300\mathrm{K}$ 时,硅及砷化镓中载流子迁移率与杂质浓度的关系。

　　图 2.3 表明,迁移率在低杂质浓度下达到一最大值,这与晶格散射所造成的限制相符合。电子及空穴的迁移率皆随着杂质浓度的增加而减小,最后在高浓度下达到一个最小值。而且,电子的迁移率大于空穴的迁移率,而较大的电子迁移率主要是由于电子较小的有效质量所引起的。

　　【例 2.1】　计算在 300K 下,$m_\mathrm{n}^* = 0.26 m_\mathrm{n}$,一迁移率为 $1000\,\mathrm{cm}^2/(\mathrm{V} \cdot \mathrm{s})$ 的电子平均自由时间和平均自由程。

　　解:从式(2.1.3)得,平均自由时间为

$$\tau_\mathrm{c} = \frac{m_\mathrm{n}^* \mu_\mathrm{n}}{q} = \frac{0.26 \times 0.91 \times 10^{-30} \times 1000 \times 10^{-4}}{1.6 \times 10^{-19}}$$

$$= 1.48 \times 10^{-13}\,\mathrm{s} = 0.148\mathrm{ps}$$

平均自由程为

$$l = v_\mathrm{th} \tau_\mathrm{c} = 10^7 \times (1.48 \times 10^{-13}) = 1.48 \times 10^{-6}\,\mathrm{cm} = 14.8\mathrm{nm}$$

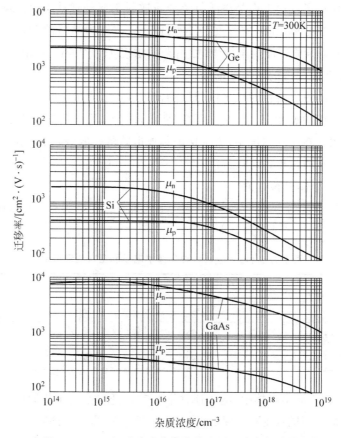

图 2.3　室温 $T=300\text{K}$ 时，硅及砷化镓中载流子迁移率与杂质浓度的关系

2.1.2　载流子漂移电流密度

1. 载流子传导过程

一均匀 N 型半导体在平衡与偏置两种情况下，载流子的传导过程如图 2.4 所示。在偏置状态下，当一电场 E 施加于一半导体上，每一个电子将会在电场中受到一个 $-qE$ 的力，这个力等于电子电势能的负梯度，而导带底部 E_c 相当于电子的电势能，因此

$$-qE = -\frac{dE_c}{dx} \tag{2.1.8}$$

式中，E_c 为导带底能级。

将式(2.1.8)改写为

$$E = \frac{1}{q}\frac{dE_c}{dx} = \frac{\frac{1}{q}dE_i}{dx} = -\frac{d\phi}{dx} \tag{2.1.9}$$

式中

$$\phi = -\frac{E_i}{q} \tag{2.1.10}$$

式(2.1.10)给出了电势与电势能间的关系。对一个均匀半导体而言，如图 2.4(b)所示，电

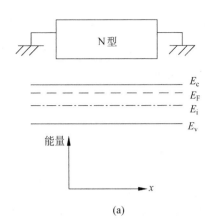
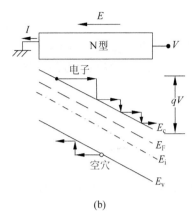

图 2.4 N 型半导体中的传导过程

(a) 热平衡的能带图; (b) 偏压状态下的能带图

势能与 E_i 随距离线性降低,因此电场在负 x 方向为一常数,而它的大小等于外加电场除以半导体长度。图 2.4(b) 中,导带的电子移动至右边,而动能则相当于其与能带边缘(如对电子而言为 E_c)的距离。当一个电子经历一次碰撞,它的动能将部分甚至全部损失(损失的动能散至晶格中)而掉回到热平衡的位置。在失去部分或全部动能后,它又将开始向右移动,且相同的过程将重复许多次。空穴的传导方向与电子方向相反。

2. 载流子漂移电流密度

一块半导体在外加电场的影响下,载流子的输运会产生电流,称为漂移电流,如图 2.5 所示。设半导体截面积为 A、长度为 L、载流子浓度为 n、加外电场为 $\boldsymbol{E}$、流经半导体中电子电流密度为 $\boldsymbol{J}_n$。

$$\boldsymbol{J}_n = \frac{\boldsymbol{I}_n}{A} = \sum_{i=1}^{n}(-q\boldsymbol{v}_i) = -qn\boldsymbol{v}_n = qn\mu_n\boldsymbol{E} \tag{2.1.11}$$

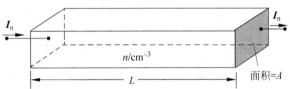

图 2.5 半导体中电流的传导

式中,$\boldsymbol{I}_n$ 为电子电流。同样,对于空穴,有

$$\boldsymbol{J}_p = qp\boldsymbol{v}_p = qp\mu_p\boldsymbol{E} \tag{2.1.12}$$

因外加电场而流经半导体中的总电流为电子及空穴电流的总和,即

$$\boldsymbol{J} = \boldsymbol{J}_n + \boldsymbol{J}_p = (qn\mu_n + qp\mu_p)\boldsymbol{E} = \sigma\boldsymbol{E} \tag{2.1.13}$$

式中

$$\sigma = q(n\mu_n + p\mu_p) \tag{2.1.14}$$

称 σ 为电导率(conductivity),电子及空穴对电导率的贡献是相加的关系。对应的半导体电阻率为 σ 的倒数,即

$$\rho = \frac{1}{\sigma} = \frac{1}{qn\mu_n + qp\mu_p} \qquad (2.1.15)$$

一般说来,非本征半导体中,式(2.1.14)或式(2.1.15)中只有一项是显著的,这是因为两者的载流子浓度有好几次方的差异,对 N 型半导体,有 $n \gg p$,因此式(2.1.15)可写为

$$\rho = \frac{1}{qn\mu_n} \qquad (2.1.16a)$$

对 P 型半导体,有 $p \gg n$,则

$$\rho = \frac{1}{qp\mu_p} \qquad (2.1.16b)$$

测量电阻率最常用的方法为四探针法,如图 2.6 所示。其中,探针间的距离相等且为

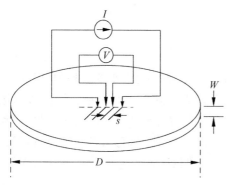

s;一个小恒定电流 I 流经靠外侧的两个探针;对内侧的两个探针,测其间电压值 V;W 为薄半导体厚度,且远小于半导体样品直径 D,其电阻率为

$$\rho = \frac{V}{I} \cdot W \cdot CF \quad (\Omega \cdot cm) \quad (2.1.17)$$

式中,CF 表示校正因子,其视 D/s 比例而定,当 $D/s > 20$,校正因子趋近于 4.54。

图 2.7 给出了室温下硅及砷化镓的电阻率与杂质浓度的函数关系。显然,由于迁移率的影响,曲线不是关于 N_A 或 N_D 的线性函数。

图 2.6 四探针法测电阻率原理

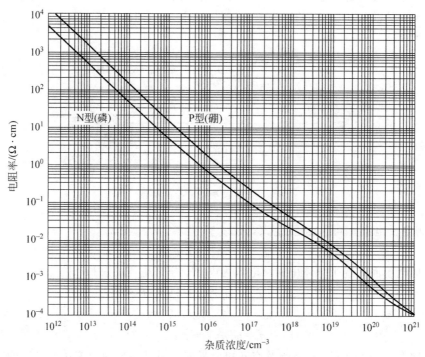

图 2.7 电阻率与杂质浓度的关系

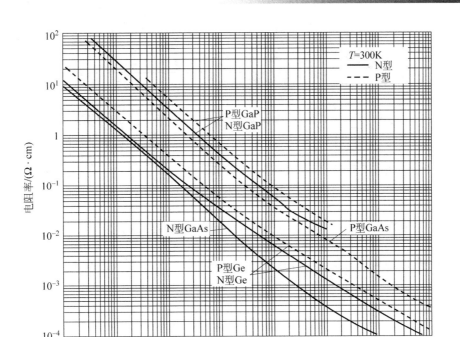

图 2.7 （续）

【例 2.2】 一块 N 型硅晶掺入每立方厘米 10^{16} 个磷原子，求其在室温下的电阻率。

解：在室温下，假设所有的施主皆被电离，因此，$n \approx N_D = 10^{16} \text{cm}^{-3}$。从图 2.7 得 $\rho \approx$ $0.5\Omega \cdot \text{cm}$。

亦可由式(2.1.16a)计算，得电阻率为

$$\rho = \frac{1}{qn\mu_n} = \frac{1}{1.6 \times 10^{-19} \times 10^{16} \times 1300}\Omega \cdot \text{cm} = 0.48\Omega \cdot \text{cm}$$

迁移率 μ_n 可由图 2.3 得到。

在一个半导体中，载流子浓度可能不同于杂质的浓度，载流子浓度由杂质电离情况及杂质能级而定，而载流子浓度的直接测量方法为霍尔效应法，可直接判别出载流子型态，因此，霍尔测量也是能够展现出空穴以带电载流子方式存在的最令人信服的方法之一。图 2.8 显示了霍尔效应测量载流子浓度原理。图中使用一块 P 型半导体，则沿 x 轴方向流动的空穴在洛伦兹力 $q\boldsymbol{v} \times \boldsymbol{B} (= qv_xB_z)$ 作用下，会使空穴在半导体上方界面堆积，因而产生一个沿 y 轴方向的电场 E_y。由于在稳态下沿 y 轴方向不会有净电流，因此沿 y 轴方向的电场力应与洛伦兹力平衡，即

$$qE_y = qv_xB_z \tag{2.1.18}$$

或

$$E_y = v_xB_z \tag{2.1.19}$$

当式(2.1.19)成立时，空穴在 x 轴方向漂移时就不会受到一个沿 y 轴方向的净力。利用霍尔效应测量载流子浓度基本装置，如图 2.8 所示。

此电场是由熟知的霍尔效应建立的，式(2.1.19)中的电场称为霍尔电场，而端电压

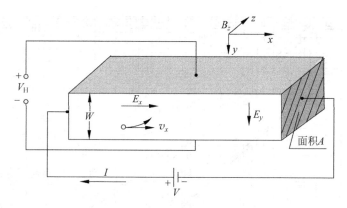

图 2.8 利用霍尔效应测量载流子浓度的基本装置

$V_H = E_y W$（图 2.8）称为霍尔电压,由式(2.1.12)和式(2.1.19)得,霍尔电场 E_y 为

$$E_y = \left(\frac{J_p}{qp}\right) B_z = R_H J_p B_z \tag{2.1.20}$$

式中

$$R_H = \frac{1}{qp} \tag{2.1.21}$$

为霍尔系数。N 型半导体的霍尔系数为

$$R_H = -\frac{1}{qn} \tag{2.1.22}$$

当已知电流及磁场时,测得空穴浓度为

$$p = \frac{1}{qR_H} = \frac{J_p B_z}{qE_y} = \frac{\left(\frac{I}{A}\right)B_z}{q\left(\frac{V_H}{W}\right)} = \frac{IB_z W}{qV_H A} \tag{2.1.23}$$

【例 2.3】 一硅晶样品掺入每立方厘米 10^{16} 个磷原子,若样品的 $W = 500\mu m$, $A = 2.5 \times 10^{-3} cm$, $I = 1mA$, $Bz = 10^{-4} Wb/cm^2$,求霍尔电压。

解:霍尔系数和霍尔电压分别为

$$R = -\frac{1}{qn} = -\frac{1}{1.6 \times 10^{-19} \times 10^{16}} cm^3/C = -625 cm^3/C$$

$$V_H = E_y W = \left(R_H \frac{I}{A} B_z\right) W = (-625 \times 10^{-3}/(2.5 \times 10^{-3}) \times 10^{-4}) \times 500 \times 10^{-4} V$$

$$= -1.25 mV$$

2.2 载流子扩散运动及其电流密度

2.2.1 载流子扩散方程

在半导体中,当载流子浓度在空间分布不均匀存在浓度差时,载流子会从高浓度区域向低浓度区域流动。这种由载流子浓度差引起的载流子运动称为扩散运动;由扩散运动形成的电流称为扩散电流。为了解扩散过程,设电子浓度随 x 方向而变化,如图 2.9 所示。

图 2.9 中,以电子扩散运动为例,考虑单位时间及单位面积中穿过 $x=0$ 平面的净电子数。当绝对温度 $T>0$ K 且温度各处相等时,电子沿 x 正向或负向移动的概率相等。令电子随机的热运动速度为 v_{th},平均自由程为 $l=v_{th}\tau_c$。在 $x=-l$ 处(左边距离中心一个平均自由程的位置)向右移动的电子和 $x=l$ 处向左移动的电子都将通过 $x=0$ 的截面,并且在一平均自由时间 τ_c 内,有一半的电子会穿过 $x=0$ 的平面。因此,单位时间内从左边跨过 $x=0$ 平面的单位面积电子数 F_1 为

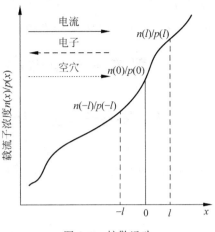

图 2.9　扩散运动

$$F_1 = \frac{\frac{1}{2}n(-l)l}{\tau_c} = \frac{1}{2}n(-l)v_{th} \quad (2.2.1a)$$

同理,单位时间内从右边穿过 $x=0$ 平面的单位面积电子数 F_2 为

$$F_2 = \frac{1}{2}n(l)v_{th} \quad (2.2.1b)$$

因此,单位时间垂直穿过 $x=0$ 平面的单位面积净电子数为

$$F = F_1 - F_2 = \frac{1}{2}v_{th}[n(-l) - n(l)] \quad (2.2.2)$$

将电子浓度按泰勒级数展开,取前两项,并对 $x=\pm l$ 的浓度作近似,得

$$F_n = \frac{1}{2}v_{th}\left\{\left[n(0) - l\frac{dn(x)}{dx}\right] - \left[n(0) + l\frac{dn(x)}{dx}\right]\right\}$$

$$= -v_{th}l\frac{dn(x)}{dx} = -D_n\frac{dn(x)}{dx} \quad (2.2.3)$$

称 F_n 为电子扩散流密度,称式(2.2.3)为菲克第一定律,式中的负号表示扩散由高浓度向低浓度进行。$D_n=v_{th}l$ 称为电子扩散系数。

通常扩散流密度 F 是位置 x 的函数,则

$$\lim_{\Delta x \to 0}\frac{F_n(x+\Delta x) - F_n(x)}{\Delta x} = \frac{dF(x)}{dx} = -D_n\frac{d^2 n(x)}{dx^2} \quad (2.2.4)$$

称式(2.2.4)为一维稳态扩散方程。

2.2.2　载流子扩散电流密度

电子的扩散电流密度为

$$J_n = -qE = qD_n\frac{dn}{dx} \quad (2.2.5a)$$

同理,得

$$J_p = -qE = -qD_p\frac{dp}{dx} \quad (2.2.5b)$$

式中,D_p 称为空穴扩散系数。

扩散电流正比于载流子浓度在空间上的导数,是由于载流子在一个浓度梯度下的随机热运动所造成的。若电子浓度随 x 增加,即梯度为正时,电子将朝 $-x$ 方向扩散,此时电流为正,并与电子流动方向相反,如图 2.9 所示。空穴的扩散方向与电流方向相同。

2.3 载流子总电流密度

2.3.1 总电子或空穴电流密度

当浓度梯度与电场同时存在时,漂移电流及扩散电流均会流动,在任何点的总电流密度为漂移电流及扩散电流之和。总电子电流为

$$J_n = q\mu_n nE + qD_n \frac{\mathrm{d}n}{\mathrm{d}x} \tag{2.3.1a}$$

式中,E 为 x 方向的电场。总空穴电流为

$$J_p = q\mu_p pE - qD_p \frac{\mathrm{d}p}{\mathrm{d}x} \tag{2.3.1b}$$

式中,负号表示空穴将沿 x 轴负方向扩散,与沿 x 正方向流动的空穴电流方向一致。

在三维情况下,有

$$\boldsymbol{J}_n = nq\mu_n \boldsymbol{E} + qD_n \nabla n \tag{2.3.2a}$$

$$\boldsymbol{J}_p = pq\mu_p \boldsymbol{E} - qD_p \nabla p \tag{2.3.2b}$$

2.3.2 总传导电流密度

综合式(2.3.1)及式(2.3.2)得,总传导电流密度为

$$J_{\mathrm{cond}} = J_n + J_p = q\mu_n nE_x + q\mu_p pE_x + qD_n \frac{\mathrm{d}n}{\mathrm{d}x} - qD_p \frac{\mathrm{d}p}{\mathrm{d}x} \tag{2.3.3a}$$

推广到三维情况,则

$$\boldsymbol{J}_{\mathrm{cond}} = q\mu_n n\boldsymbol{E} + q\mu_p p\boldsymbol{E} + qD_n \nabla n - qD_p \nabla p \tag{2.3.3b}$$

电子迁移率描述了半导体中电子在电场力作用下的运动情况。电子扩散系数描述了半导体中电子在浓度梯度作用下的运动情况。电子迁移率和扩散系数是相关的。同样,空穴的迁移率和扩散系数也不是相互独立的。

【例 2.4】 设 $T = 300K$,一个 N 型半导体中,电子浓度在 0.1cm 的距离中从 $1 \times 10^{18} \mathrm{cm}^{-3}$ 至 $7 \times 10^{17} \mathrm{cm}^{-3}$ 作线性变化,电子扩散系数 $D_n = 225 \mathrm{cm}^2/\mathrm{s}$,计算扩散电流密度。

解: 扩散电流密度为

$$J_n = -qE = qD_n \frac{\mathrm{d}n}{\mathrm{d}x} \approx qD_n \frac{\Delta n}{\Delta x}$$

$$= 1.6 \times 10^{-19} \times 22.5 \times \frac{1 \times 10^{18} - 7 \times 10^{17}}{0.1} = 10.8 \mathrm{A/cm}^2$$

2.4 爱因斯坦关系式

至此,多数情况下都假设半导体均匀掺杂。但是,在一些半导体器件中可能存在非均匀

掺杂区。下面将通过分析非均匀半导体达到热平衡态的过程来推导爱因斯坦关系式,即迁移率和扩散系数的关系。

2.4.1 感生电场

当一块非均匀掺入施主杂质的 N 型半导体处于热平衡态时,该半导体中的费米能级是恒定的,能带如图 2.10 所示。

杂质浓度随 x 增加而减小,多数载流子电子从高浓度区向低浓度区沿+x 方向扩散。当带负电的电子流走后,留下了带正电的施主杂质离子。分离的正、负电荷产生一个沿+x 方向的电场,以抵抗扩散过程。当达到平衡状态时,扩散载流子浓度并不等于固定杂质的浓度,感生电场阻止了正负电荷进一步分离。大多数情况下,扩散过程感生出的空间电荷数量只占杂质浓度的很小部分,扩散载流子浓度同杂质浓度相比差别不大。

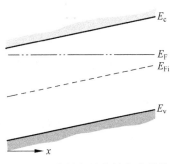

图 2.10 非均匀施主掺杂半导体的热平衡能带图

电势 ϕ 为

$$\phi = +\frac{1}{q}(E_F - E_{Fi}) \tag{2.4.1}$$

一维情况下,感生电场为

$$E_x = -\frac{d\phi}{dx} = \frac{1}{q}\frac{dE_{Fi}}{dx} \tag{2.4.2}$$

如果热平衡半导体中本征费米能级随距离变化,那么半导体内将存在一个电场。若满足准中性条件,即电子浓度与施主杂质浓度基本相等,则

$$n_0 = n_i \exp\left[\frac{E_F - E_{Fi}}{kT}\right] \approx N_D(x) \tag{2.4.3}$$

得

$$E_F - E_{Fi} = kT\ln\left(\frac{N_D(x)}{n_i}\right) \tag{2.4.4}$$

热平衡时费米能级 E_F 恒定,E_{Fi} 对 x 求导,得

$$-\frac{dE_{Fi}}{dx} = \frac{kT}{N_D(x)}\frac{dN_D(x)}{dx} \tag{2.4.5}$$

联立式(2.4.4)和式(2.4.5),得

$$E_x = -\frac{kT}{q}\frac{1}{N_D(x)}\frac{dN_D(x)}{dx} \tag{2.4.6}$$

由于存在电场,非均匀掺杂将使半导体中的电势发生变化。

2.4.2 爱因斯坦关系

对图 2.10 所示的非均匀掺杂半导体,假设没有外加电场,半导体处于热平衡态,则电子电流和空穴电流分别等于零,即

$$J_n = 0 = qn\mu_n E_x + qD_n\frac{dn}{dx} \tag{2.4.7}$$

设半导体满足准中性条件,即 $n \approx N_D(x)$,则式(2.4.7)可改写为

$$J_n = 0 = q\mu_n N_D(x) E_x + qD_n \frac{dN_D(x)}{dx} \tag{2.4.8}$$

将式(2.4.6)代入式(2.4.8),得

$$0 = -q\mu_n N_D(x)\left(\frac{kT}{q}\right)\frac{1}{N_D(x)}\frac{dN_D(x)}{dx} + qD_x\frac{dN_D(x)}{dx} \tag{2.4.9}$$

由式(2.4.9),得

$$\frac{D_n}{\mu_n} = \frac{kT}{q} \tag{2.4.10a}$$

同理,半导体中空穴电流也一定为零。由此得

$$\frac{D_p}{\mu_p} = \frac{kT}{q} \tag{2.4.10b}$$

联立式(2.4.10a)和式(2.4.10b),得

$$\frac{D_n}{\mu_n} = \frac{D_p}{\mu_p} = \frac{kT}{q} \tag{2.4.11}$$

式(2.4.11)给出的扩散系数和迁移率之间的关系称为爱因斯坦关系。它将半导体中载流子扩散及漂移输运特征的两个重要常数(扩散系数及迁移率)联系了起来。

【例 2.5】 少数载流子(空穴)与某一点注入一个均匀的 N 型半导体中,施加一个 $50V/cm$ 的电场于其样品上,且电场在 $100\mu s$ 内将这些少数载流子移动 1cm,求少数载流子的漂移速度及扩散系数。

解:

$$v_p = \frac{1}{100 \times 10^{-6}} = 10^4 \text{cm/s}$$

$$\mu_p = \frac{v_p}{E} = \frac{10^4}{50} = 200\text{cm}^2/(\text{V} \cdot \text{s})$$

$$D_n = \frac{kT}{q}\mu_n = 0.0259 \times 200\text{cm}^2/\text{s} = 5.18\text{cm}^2/\text{s}$$

2.5 非平衡载流子的产生与复合

2.5.1 非平衡载流子与准费米能级

1. 非平衡载流子

平衡态半导体具有统一的费米能级 E_F,平衡载流子浓度 n_0 和 p_0 唯一由 E_F 决定。平衡态非简并半导体的 n_0 和 p_0 的乘积为

$$n_0 p_0 = N_c N_v \exp\left(-\frac{E_g}{kT}\right) = n_i^2 \tag{2.5.1}$$

称 $n_0 p_0 = n_i^2$ 为非简并半导体平衡态判据式,但半导体的热平衡态条件不能总成立,如果一定温度下用光子能量 $h\nu \geqslant E_g$ 的光照射平衡态 N 型半导体,如图 2.11 所示,这时平衡条件被破坏,半导体偏离平衡态,称为非平衡态。光照前半导体中电子和空穴浓度分别是 n_0 和 p_0,并且 $n_0 \gg p_0$。由于光照作用,非平衡态半导体的载流子浓度比平衡态时 n_0 和 p_0 多出

一部分 Δn 和 Δp，并且 $\Delta n = \Delta p$，多出来的这部分载流子 Δn 和 Δp 称为非平衡载流子。在 N 型半导体中，称 Δn 为非平衡多子浓度，Δp 为非平衡少子浓度。光照后的非平衡态半导体中电子浓度 $n = n_0 + \Delta n$，空穴浓度 $p = p_0 + \Delta p$。

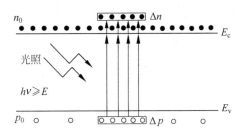

图 2.11 N 型半导体非平衡载流子的光注入

用光照产生非平衡载流子的方式称为非平衡载流子的光注入。此外，还有电子注入等形式。通常所注入的非平衡载流子浓度远远小于平衡多子浓度。例如，N 型半导体中，如果注入的 $\Delta n \ll n_0$ 或 $\Delta p \ll n_0$，则这样的注入称为小注入，在小注入条件下，可以有 $\Delta n \gg p_0$ 或 $\Delta p \gg p_0$。与非平衡多子相比，非平衡少子的影响起重要作用。通常所指非平衡载流子都是指非平衡少子。非平衡载流子的存在使半导体的载流子数量发生变化，因而引起的附加电导率为

$$\Delta \sigma = \sigma - \sigma_0 = nq\mu_n + pq\mu_p - n_0 q\mu_n - pq\mu_p$$
$$= \Delta n q\mu_n + \Delta p q\mu_p = \Delta p q(\mu_n + \mu_p) \tag{2.5.2}$$

当产生非平衡载流子的外部条件撤除以后，非平衡载流子也就逐渐消失，半导体最终恢复到平衡态。半导体由非平衡态恢复到平衡态的过程，就是非平衡载流子逐渐消失的过程，称为非平衡载流子的复合。平衡态时，单位时间、单位体积产生的电子空穴数与复合消失的电子空穴数相等，使载流子浓度稳定不变，这种平衡是动态平衡。光照时有净产生，出现了非平衡载流子进入非平衡态；撤除光照后复合大于产生，有净复合产生直至恢复平衡态。

2. 准费米能级

由于外界因素作用，非平衡态半导体不存在统一的 E_F。由于热平衡是由热跃迁决定的，一般情况下，在一个能带范围内，载流子带内热跃迁是十分踊跃的，极短时间内就可以达到带内热平衡而处于局部的平衡态。然而，电子在两个能带之间（如导带和价带之间）的热跃迁就要少得多。因此，达到两个能带之间的热平衡非常缓慢。正因为如此，当半导体的平衡态遭到破坏时，导带和价带的电子仍处于各自的平衡态，然而，电子在导带和价带之间却处于非平衡态。有非平衡载流子存在的情形就是如此。

非平衡态是一种既平衡又不平衡的状态。在非平衡态下，导带和价带各自的内部是基本平衡的。所以，费米能级和费米分布函数是适用的。而导带和价带之间是不平衡的，它们各自的费米能级相互不重合。在这种情况下，各个局部的费米能级称为准费米能级，把导带的准费米能级称为电子的准费米能级，用 E_{Fn} 表示；把价带的准费米能级称为空穴的准费米能级，用 E_{Fp} 表示。因此，非平衡态下，带电子和价带空穴浓度分别为

$$n = N_c \exp\left(-\frac{E_c - E_{Fn}}{kT}\right) \tag{2.5.3}$$

$$p = N_v \exp\left(\frac{E_v - E_{Fp}}{kT}\right) \tag{2.5.4}$$

只要非简并条件成立,式(2.5.3)和式(2.5.4)就成立。当非平衡态下载流子浓度 n 和 p 已知时,由式(2.5.3)和式(2.5.4)可求出 E_{Fn} 和 E_{Fp}。将式(2.5.3)和式(2.5.4)变换为

$$n = n_0 + \Delta n = N_c \exp\left(-\frac{E_c - E_{Fn}}{kT}\right)$$
$$= N_c \exp\left(-\frac{E_c - E_F + E_F - E_{Fn}}{kT}\right) = n_0 \exp\left(-\frac{E_F - E_{Fn}}{kT}\right) \tag{2.5.5a}$$

或

$$n = n_0 + \Delta n = N_c \exp\left(-\frac{E_c - E_{Fn}}{kT}\right)$$
$$= N_c \exp\left(-\frac{E_c - E_i + E_i - E_{Fn}}{kT}\right) = n_i \exp\left(-\frac{E_i - E_{Fn}}{kT}\right) \tag{2.5.5b}$$

$$p = p_0 + \Delta p = N_v \exp\left(\frac{E_v - E_{Fp}}{kT}\right)$$
$$= N_v \exp\left(\frac{E_v - E_F + E_F - E_{Fp}}{kT}\right) = p_0 \exp\left(\frac{E_i - E_{Fp}}{kT}\right) \tag{2.5.6a}$$

或

$$p = p_0 + \Delta p = N_v \exp\left(\frac{E_v - E_{Fp}}{kT}\right)$$
$$= N_v \exp\left(\frac{E_v - E_i + E_i - E_{Fp}}{kT}\right) = n_i \exp\left(\frac{E_i - E_{Fp}}{kT}\right) \tag{2.5.6b}$$

式(2.5.5a)和式(2.5.6a)表明,无论电子或空穴,非平衡载流子越多,准费米能级偏离平衡态 E_F 的程度就越大,但要注意 E_{Fn} 和 E_{Fp} 偏离 E_F 的程度不同。在小注入时,多子的准费米能级和 E_F 偏离不多,而少子的准费米能级和 E_F 偏离较大。

非平衡态下载流子浓度乘积为

$$np = n_0 p_0 \exp\left(\frac{E_{Fn} - E_{Fp}}{kT}\right) = n_i^2 \exp\left(\frac{E_{Fn} - E_{Fp}}{kT}\right) \tag{2.5.7}$$

式(2.5.7)说明,E_{Fn} 和 E_{Fp} 两者之差反映了 np 与 n_i^2 相差的程度。E_{Fn} 和 E_{Fp} 之差越大距离平衡态就越远,反之就越接近平衡态,若 E_{Fn} 和 E_{Fp} 重合就是平衡态了。引入 E_{Fn} 和 E_{Fp} 可以直观地了解非平衡态的情况。图 2.12 是 N 型半导体小注入前后 E_F、E_{Fn} 和 E_{Fp} 示意图。

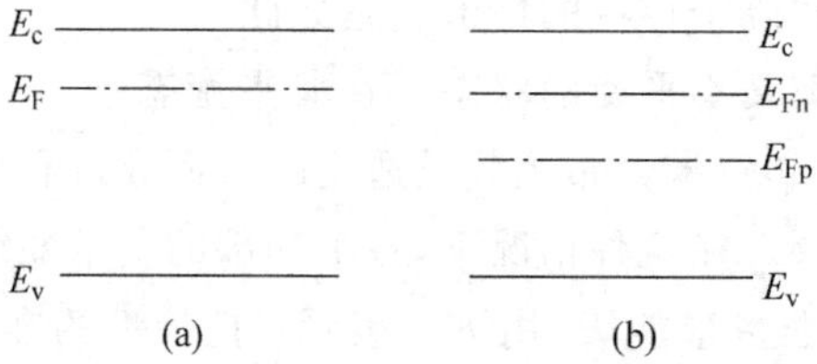

图 2.12 N 型半导体小注入前后费米能级和准费米能级示意图

(a) 注入前；(b) 注入后

半导体 PN 结、光伏效应等均与非平衡载流子的产生、复合及运动规律有关。非平衡载流子是半导体器件工作的基础。

【例 2.6】 掺入施主杂质浓度 $N_D = 10^{16} \, \text{cm}^{-3}$ 的 N 型硅电子由于光照而产生非平衡载流子 $\Delta n = \Delta p = 10^{15} \, \text{cm}^{-3}$，试计算费米能级的位置，并和原来的费米能级的位置进行比较。

解： 未加光照时，平衡费米能级为 E_F，由 $n_0 = N_D = n_i e^{\frac{E_F - E_i}{kT}}$ 求出费米能级的相对位置为

$$E_F - E_i = kT \ln \frac{N_D}{n_i} = 0.026 \ln \frac{10^{16}}{1.5 \times 10^{10}} = 0.349 \, \text{eV}$$

现在的电子浓度 $n = N_D + \Delta n = 10^{16} + 10^{15} = 1.1 \times 10^{16} \, \text{cm}^{-3}$，与原来的电子浓度相比只增加了 1.1 倍，所以，由式（2.4.4）计算的准费米能级为

$$E_{Fn} - E_i = kT \ln \frac{N_D + \Delta n}{n_i} = 0.026 \ln \frac{1.1 \times 10^{16}}{1.5 \times 10^{10}} = 0.351 \, \text{eV}$$

与原来的费米能级只相差 0.002eV。平衡空穴浓度为

$$p_0 = n_i^2 / N_D = \frac{(1.5 \times 10^{10})^2}{10^{16}} = 2.25 \times 10^4 \, \text{cm}^{-3}$$

与非平衡载流子浓度 Δp 相比极其微小，完全可忽略不计。所以，空穴浓度就近似等于非平衡少数载流子浓度 Δp。于是，由式（2.4.6）计算的空穴准费米能级为

$$E_i - E_{Fp} = kT \ln \frac{p}{n_i} \approx kT \ln \frac{\Delta p}{n_i} = 0.026 \ln \frac{10^{15}}{1.5 \times 10^{10}} = 0.289 \, \text{eV}$$

即空穴的费米能级在 E_i 以下 0.289eV，而原来的平衡费米能级 E_F 在 E_i 以上 0.349eV，相差显著。把上述计算结果用图 2.13 的能带图表示，可以更加清楚地了解光照前后费米能级的变化。为了便于比较，这里有意将光照前后导带底的能值画得一样高。可以看出，在有非平衡载流子的情况下，多子的准费米能级 E_{Fn}（图 2.13(b)）与光照前的平衡费米能级 E_F（图 2.13(a)）相差甚微，而少子的准费米能级 E_{Fp}（图 2.13(b)）与光照前的平衡费米能级 E_F 相比，变化很大。这也说明，在光注入的非平衡状态下，变化最大的是少数载流子浓度，而对多数载流子来说，其浓度的变化可以忽略不计。

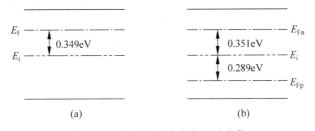

图 2.13 光照前后费米能级的变化
(a) 光照前平衡态的费米能级；(b) 光照下电子的准费米能级和空穴准费米能级

在有少数载流子注入的情况，恢复平衡态的办法是将注入的少数载流子与多数载流子复合，复合过程所释放出来的能量，一般以光子的形式辐射出去或是对晶格产生热能而消耗掉，一个光子被辐射出去的过程称为辐射复合，反之称为非辐射复合。复合方式主要有直接复合、间接过程、表面复合和俄歇复合等。

2.5.2 直接复合

在热平衡态下,直接禁带半导体晶格原子连续的热扰动造成邻近原子间的键断裂,当一个键断裂,一对电子空穴对即产生,以能带图的观点,热能使一个价电子被激发至导带,而留下一个空穴在价带,这个过程称为载流子产生,并以产生速率 G_{th}(单位时间单位体积中每秒产生的电子-空穴对数目)表示之,如图 2.14(a)所示;当一个电子从导带跃迁至价带,一个电子-空穴对就消失,这种反向的过程称为复合,并以复合率 R_{th}(单位时间单位体积中每秒复合掉的电子-空穴对数目)表示之,如图 2.14(b)所示。在热平衡下,载流子产生速率必定等于复合率,所以载流子浓度维持常数,且保持 $pn = n_i^2$ 的状况。

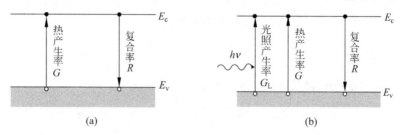

图 2.14   电子-空穴对的直接产生与复合

(a) 热平衡时;(b) 光照下

当过剩载流子被导入一个直接禁带半导体中时,由于导带的底部与价带的顶端位于同一线上,因此在禁带间跃迁时,无需额外的动量,所以,电子与空穴直接复合的概率较高。直接复合率 R 正比于导带中含有的电子数目及价带中含有的空穴数目,即

$$R = rnp \tag{2.5.8}$$

式中,r 为比例常数,在热平衡态下复合率必定与产生率保持平衡,因此对一个 N 型半导体而言,有

$$G_{th} = R_{th} = rn_{n0}p_{n0} \tag{2.5.9}$$

式中,下标 0 表示平衡量;n_{n0} 及 p_{n0} 分别表示热平衡下 N 型半导体中电子及空穴浓度。在半导体上照光,使它以 G_L 的速率产生电子-空穴对(见图 2.14(b)),载流子浓度将大于平衡时的浓度,因而复合率与产生率变为

$$R = rn_n p_n = r(n_{n0} + \Delta n)(p_{n0} + \Delta p) \tag{2.5.10}$$

$$G = G_L + G_{th} \tag{2.5.11}$$

式中,Δn 及 Δp 为过剩载流子浓度,且

$$\Delta n = n_n - n_{n0} \tag{2.5.12a}$$

$$\Delta p = p_n - p_{n0} \tag{2.5.12b}$$

且 $\Delta n = \Delta p$,以维持整体电中性。

空穴浓度改变的净速率为

$$\frac{dp_n}{dt} = G - R = G_L + G_{th} - R \tag{2.5.13}$$

在稳态下,$dp_n/dt = 0$。由式(2.5.13)得

$$G_L = R - G_{th} \equiv U \tag{2.5.14}$$

式中,U 为净复合率,将式(2.5.9)及式(2.5.10)代入式(2.5.14),得

$$U = r(n_{n0} + p_{n0} + \Delta p)\Delta p \qquad (2.5.15)$$

对小注入而言,Δp、p_{n0} 均远小于 n_{n0},式(2.5.15)简化为

$$U \approx rn_{n0}\Delta p = \frac{p_n - p_{n0}}{\dfrac{1}{rn_{n0}}} = \frac{p_n - p_{n0}}{\tau_p} \qquad (2.5.16)$$

式中,$\tau_p = 1/rn_{n0}$ 为非平衡少数载流子空穴的寿命,为常数。可见,净复合率正比于过剩少数载流子浓度。显然,热平衡下,$U = 0$。

对大注入,$\Delta p \gg (p_{n0} + n_{n0})$,此时

$$\tau_p = 1/r\Delta p \qquad (2.5.17)$$

复合过程中 Δp 使非平衡少子寿命不再是常数。

少子寿命的测量有许多种方法,一般可以分为两大类。第一类为瞬态法(直接法)。这类方法通过脉冲电或闪光在半导体中激发非平衡载流子来调制半导体的体电阻,通过测量体电阻的变化规律直接观察半导体材料中非平衡载流子的衰减过程来测量它的寿命。双脉冲法和光电导衰退法属于这一类。第二类为稳态法(间接法),它是利用稳定的光照,使非平衡少子分布达到稳态,然后测量半导体中某些与寿命有关的物理参数从而推算出少子寿命;这类方法包括扩散长度法和光磁法。稳态法的优点是可以测量很短寿命的材料,但必须知道半导体材料的其他一些参数,而这些参数往往会随样品所处的条件不同而异,因此精度稍差。高频光电导衰退法是国际通用方法。

下面先说明非平衡少子浓度衰减规律,再说明高频光电导衰退法测量非平衡少子的寿命原理。

少子寿命的物理意义可以通过器件在瞬间移去光源后的暂态响应加以说明,考虑一个 N 型样品,如图 2.15(a)所示,光照射其上且整个样品中以一个产生速率 G_L 均匀地产生电子-空穴对,与时间相关的表示法如式(2.5.13)所示。在稳态下,由式(2.5.14)及式(2.5.16),得

$$p_n = p_{n0} + \tau_p G_L \qquad (2.5.18)$$

假如 $t = 0$ 时刻,光照突然停止,边界条件 $p_n(0) = p_{n0} + \tau_p G_L$;$t \to \infty$ 时刻,$p_n = p_{n0}$,与时间相关的式(2.5.13)变为

$$\frac{\mathrm{d}p_n}{\mathrm{d}t} = G_{th} - R = -U = (p_n - p_{n0})/\tau_p \qquad (2.5.19)$$

其解为

$$p_n(t) = p_{n0} + \tau_p G_L \exp(-t/\tau_p) \qquad (2.5.20)$$

图 2.15(b)显示了 p_n 随时间变化的规律,其中少数载流子与多数载流子复合,且按寿命 τ_p 成指数衰减。图 2.15(c)显示一个测量原理装置。高频源提供的高频电流流经被测样品。当氙光源或红外光源的脉冲光照射被测样品时,在单晶硅光照表面以及光贯穿深度范围内将产生非平衡光生载流子,这将使得样品产生附加光电导,导致样品的总电阻下降。当高频信号源为恒压输出时,流过样品的高频电流幅度增加 ΔI。由于光源是脉冲光源,因此光照消失后,ΔI 将逐渐衰退,衰退速度取决于光生非平衡少数载流子在晶体内存在的平均时间(即寿命 τ_p)。

在小注入的条件下,当光照区内复合是主要因素时,ΔI 按指数形式衰减。这时在取样

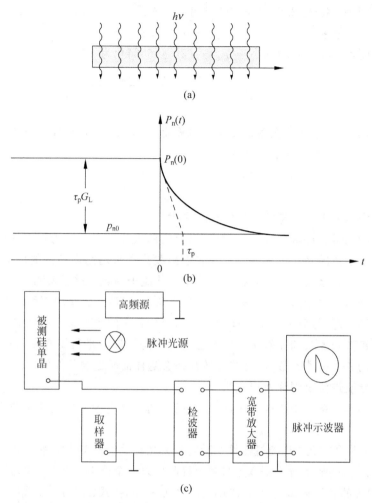

图 2.15　光激发非平衡少数载流子的衰减

(a) N 型样品在恒定光照下；(b) 少数载流子(空穴)随时间的衰减情形；(c) 高频光电测量少数载流子寿命装置

电路上产生的电压变化 ΔV 正比于 ΔI，也就是说 ΔV 亦按同样的指数规律变化。假定光照时电压变化 ΔV 的峰值为 ΔV_m，则光照消失后，有

$$\Delta V = \Delta V_m \exp(-t/\tau_p) \tag{2.5.21}$$

此高频调幅信号经过检波器解调和高频滤波，再由宽带放大器放大输入到脉冲示波器。在示波器荧屏上就会显示出一条按指数规律衰减的曲线，衰减时间常数 τ 就是欲测的寿命值。实测结果表明：ΔV 的衰减并不是理想的指数衰减曲线，往往在光照消失后的最初阶段偏离理想曲线，通过观察可知，当信号衰减了 $40\% \sim 50\%$ 以后，实际曲线就与理想曲线(指数衰退曲线)完全吻合，如图 2.16 所示。

图 2.16 中，实际曲线与指数衰退曲线在起始段偏离的原因在于：①光照太强，破坏了小注入的条件；②表面高次模非指数衰减的干扰，衰减到大约 50% 以后基本上进入单一指数；③表面吸收，表面复合的影响在使用红外光源时更为严重，因为红外光波长主要集中于 9300Å，波长太短表面光吸收严重，不易透入样品内部，当信号衰减了 $40\% \sim 50\%$ 后实际曲线与理想曲线相吻合，恰好反映了体内非平衡少数载流子的寿命的真值。

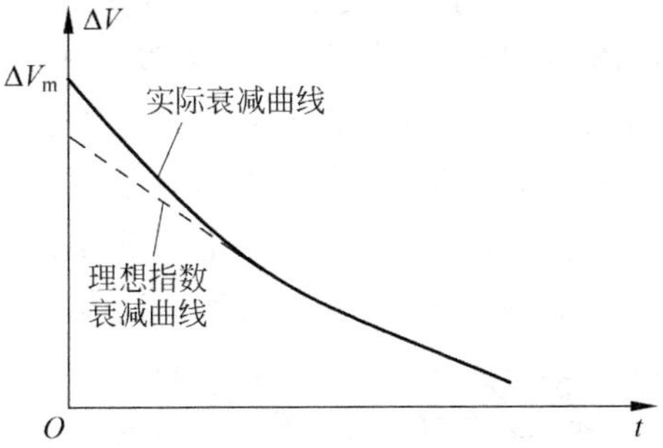

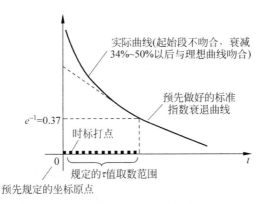

图 2.16　实际衰减曲线在起始段与理想曲线不符合

为了避免测量偏差,使不同的实验者以及不同的仪器之间的测量结果趋于一致。现在一般的测量方法是:预先在示波器上按规定坐标画出标准的指数曲线。当示波器屏幕上出现样品的实际衰减曲线后,调节高频源输出幅度,示波器 y 轴衰减以及光强使 ΔV 改变,再配合调节脉冲示波器 x 轴扫描速度,使实际曲线与标准曲线在可能大的范围内互相吻合,此时即可在规定的 x 轴 τ 的范围内用读时标点子数的方法读出样品的非平衡少子寿命值,如图 2.17 所示。

图 2.17　实际直读寿命 τ 的方法的示意图

【例 2.7】　光照射在一个 $n_{n0} = 10^{14} \, \mathrm{cm}^{-3}$ 的硅晶样品上,且每微秒产生空穴-电子对 $10^{13}/\mathrm{cm}^3$。若 $\tau_n = \tau_p = 2\mu\mathrm{s}$,求少数载流子浓度。

解:照光前

$$p_{n0} = \frac{n_i^2}{n_{n0}} = \frac{(9.65 \times 10^9)^2}{10^{14}} \approx 9.31 \times 10^5 \, \mathrm{cm}^{-3}$$

照光后

$$p_n = p_{n0} + \tau_p G_L = 9.31 \times 10^5 + 2 \times 10^{-6} \times \frac{10^{13}}{1 \times 10^{-6}} \approx 2 \times 10^{13} \, \mathrm{cm}^{-3}$$

2.5.3　间接复合

对间接禁带半导体而言,如硅晶,直接复合过程极不可能发生,因为在导带底部的电子对于价带顶端的空穴有非零的晶格动量,若没有一个同时发生的晶格交互反应,一个直接跃迁要同时维持能量及动量守恒是不可能的,因此通过禁带中能级的间接跃迁便成为此类半导体中主要的复合过程,而这些能级则是导带及价带间的踏脚石。

图 2.18 显示了通过中间能态(亦称为复合中心)而发生于复合过程中的各种跃迁。在此,用 E_t 表示复合中心能级,N_t 和 n_t 分别表示复合中心浓度和复合中心上的电子浓度。通过复合中心的复合和产生有 4 种过程:过程 a 表示电子被复合中心俘获的过程;b 是 a 的逆过程,是电子的产生过程,它表示复合中心上的电子激发到导带上的空状态;c 是空穴被复合中心俘获的过程;d 是 c 的逆过程,即空穴的产生过程。

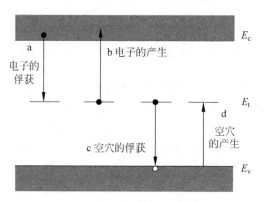

图 2.18　通过复合中心的复合

1. 电子的俘获

一个电子被复合中心俘获的概率应该与空的复合中心浓度($N_t - n_t$)成正比。所以电子的俘获率 R_n 为

$$R_n = C_n n (N_t - n_t) \tag{2.5.22}$$

式中,C_n 表示电子的俘获系数。

2. 电子的产生

在一定温度下,复合中心上的每个电子都有一定的概率激发到导带中的空状态。在非简并情况下,可以认为导带基本上是空的,电子被激发到导带的激发概率 S_n 与导带电子浓度无关。如果复合中心上的电子浓度为 n_t,则产生率为

$$G_n = S_n n_t \tag{2.5.23}$$

在热平衡态,电子的产生率和俘获率相等,即

$$S_n n_{t0} = G_n n_0 (N_t - n_{t0}) \tag{2.5.24}$$

式中,n_0 和 n_{t0} 分别为平衡时的导带电子浓度和复合中心上的电子浓度,且

$$n_0 = N_c \exp\left(-\frac{E_c - E_F}{kT}\right) \tag{2.5.25}$$

$$n_{t0} = \frac{N_t}{\exp\left(\dfrac{E_t - E_F}{kT}\right) + 1} \tag{2.5.26}$$

将式(2.5.25)和式(2.5.26)代入式(2.5.23),得

$$S_n = C_n N_c \exp\left(-\frac{E_c - E_t}{kT}\right) = C_n n_1 \tag{2.5.27}$$

式中

$$n_1 = N_c \exp\left(-\frac{E_c - E_t}{kT}\right) = n_i \exp\left(\frac{E_t - E_i}{kT}\right) \qquad (2.5.28)$$

利用式(2.5.27),则产生率 G_n 为

$$G_n = C_n n_1 n_t \qquad (2.5.29)$$

3. 空穴的俘获

只有被电子占据的复合中心才能从价带俘获空穴,所以每个空穴被俘获的概率与 n_t 成正比。于是空穴的俘获率 R_p 为

$$R_p = C_p p n_t \qquad (2.5.30)$$

式中,C_p 为空穴的俘获系数。

4. 空穴的产生

只有被空穴占据的复合中心才能向价带激发空穴。在非简并情况下,价带基本充满电子,复合中心上的空穴激发到价带的激发概率 S_p 与价带空穴浓度无关。因此,空穴的产生率 G_p 为

$$G_p = S_p(N_t - n_t) \qquad (2.5.31)$$

式中,$N_t - n_t$ 为复合中心上的空穴浓度。

在热平衡时,空穴的产生率与俘获率相等,即

$$S_p(N_t - n_{t0}) = C_p p_0 n_{t0} \qquad (2.5.32)$$

式中,p_0 为平衡空穴浓度,且

$$p_0 = N_v \exp\left(-\frac{E_F - E_v}{kT}\right) \qquad (2.5.33)$$

将式(2.5.33)和式(2.5.26)代入式(2.5.32),得

$$S_p = C_p p_1 \qquad (2.5.34)$$

式中

$$p_1 = N_v \exp\left(-\frac{E_t - E_v}{kT}\right) = n_i \exp\left(-\frac{E_i - E_t}{kT}\right) \qquad (2.5.35)$$

利用式(2.5.34),空穴的产生率 G_p 为

$$G_p = C_p p_1(N_t - n_t) \qquad (2.5.36)$$

由式(2.5.30)和式(2.5.22)得,电子的净俘获率为

$$U_n = R_n - G_n = C_n[n(N_t - n_t) - n_1 n_t] \qquad (2.5.37)$$

过程 c 和 d 可视为空穴在价带和复合中心能级的跃迁所引起的俘获和产生过程,于是空穴的净俘获率为

$$U_p = R_p - G_p = C_p[p n_t - p_1(N_t - n_t)] \qquad (2.5.38)$$

对于通过复合中心的复合,一般都是在稳态情况下导出非平衡载流子的寿命公式的。达到稳态的条件是维持恒定的外界激发源。在稳态下,各种能级上的电子和空穴数目应保持不变,这称为细致平衡原理。显然,复合中心能级上的电子浓度不变的条件是,复合中心对电子的净俘获率 U_n 必须等于对空穴的净俘获率 U_p,也就是电子-空穴对的净复合率。

$$U = U_n = U_p \qquad (2.5.39)$$

由式(2.5.37)和式(2.5.38),得

$$C_n[n(N_t - n_t) - n_1 n_t] = C_p[p n_t - p_1(N_t - n_t)] \qquad (2.5.40)$$

由此,得

$$n_t = \frac{N_t(C_n n + C_p p)}{C_n(n + n_1) + C_p(p + p_1)} \tag{2.5.41}$$

把 n_t 代入式(2.5.40)的左端或右端并利用 $n_1 p_1 = n_i^2$,则电子和空穴的净俘获率为

$$U = \frac{C_p C_n N_t(np - n_i^2)}{C_n(n + n_1) + C_p(p + p_1)} \tag{2.5.42}$$

引入

$$\frac{1}{\tau_p} = \frac{1}{C_p N_t}, \quad \frac{1}{\tau_n} = \frac{1}{C_n N_t} \tag{2.5.43}$$

式中,$\dfrac{1}{\tau_p}$ 表示复合中心充满电子时对每个空穴的俘获概率;而 $\dfrac{1}{\tau_n}$ 表示复合中心充满空穴时对每个电子的俘获概率。利用式(2.5.42),则式(2.5.43)为

$$U = \frac{np - n_i^2}{\tau_p(n + n_1) + \tau_n(p + p_1)} \tag{2.5.44}$$

由

$$n = n_0 + \Delta n, \quad p = p_0 + \Delta p \tag{2.5.45}$$

且

$$\Delta p = \Delta n \tag{2.5.46}$$

在小注入的条件下,$\Delta p \ll n_0 + p_0$,式(2.5.44)可写为

$$U = \frac{(n_0 + p_0)\Delta p}{\tau_p(n_0 + n_1) + \tau_n(p_0 + p_1)} \tag{2.5.47}$$

根据寿命公式 $U = \Delta p / \tau$,得

$$\tau = \tau_p \frac{n_0 + n_1}{n_0 + p_0} + \tau_n \frac{p_0 + p_1}{n_0 + p_0} \tag{2.5.48}$$

式(2.5.48)就是通过复合中心复合的小信号注入寿命公式,也称为肖克莱-瑞德公式。

在一般情况下,如果考虑复合中心上电子浓度的变化 Δn_t,则电中性条件应为

$$\Delta p = \Delta n + \Delta n_t \tag{2.5.49}$$

在这种情况下,有

$$U = \frac{\Delta n}{\tau_n'} = \frac{\Delta p}{\tau_p'} \tag{2.5.50}$$

式中,τ_n' 和 τ_p' 分别为非平衡电子和非平衡空穴的寿命,由于式(2.5.49)中的 $\Delta p \neq \Delta n$,因此非平衡电子和非平衡空穴的寿命不再相等。只有当复合中心的浓度远小于多数载流子浓度时,电中性条件式(2.5.46)才近似成立,也才有 $\tau_p' = \tau_n' = \tau_0$。所以,式(2.5.48)实际上是低复合中心浓度下的寿命公式。

复合中心能级 E_t 在禁带中的位置不同对非平衡载流子复合的影响将有很大的差别。一般来说,只有杂质能级 E_t 比费米能级离导带底或价带顶更远的深能级杂质,才能成为有效的复合中心。

为简单计,假设复合中心对电子和空穴的俘获系数相等。这时 $\tau_p = \tau_n$,令 $\tau_p = \tau_n = \tau_0$,净复合率式(2.5.47)可写为

$$U = \frac{1}{\tau_0} \frac{np - n_i^2}{(n+p) + (n_1 + p_1)} \tag{2.5.51}$$

将式(2.5.28)和式(2.5.35)代入式(2.5.51),得

$$U = \frac{1}{\tau_0} \frac{np - n_i^2}{(n+p) + 2n_i \cosh\left(\dfrac{E_t - E_i}{kT}\right)} \tag{2.5.52}$$

容易看出,当 $E_t = E_i$ 时,式(2.5.52)分母中第二项的值最小,U 的值则最大。也就是说,当复合中心能级与本征费米能级重合时,复合中心的复合作用最强,寿命 τ 达到极小值。当 $E_t \neq E_i$,无论 E_t 在 E_i 的上方还是在 E_i 的下方,它与 E_i 的距离越大,复合中心的复合作用越弱,寿命的值越大。

【例 2.8】　在一块 P 型半导体中,有一种复合-产生中心,小注入时被这些中心俘获的电子发射回导带的过程和它与空穴复合的过程有相同的概率。试求这种复合-产生中心的能级位置,并说明它能否成为有效的复合中心?

解：设

$$n_1 = N_c e^{-\frac{E_c - E_t}{kT}}$$

过程中产生的电子数 $= S_n \cdot n_t$, $S_n = C_n n_1$ 为电子激发概率。

E_t 能级上的电子发射回价带的数目,即 E_t 能级俘获空穴数目 $= S_p n_t$ 。 $S_p = C_p p_1$ 为空穴俘获概率。

由题设条件知：$S = C_n n_1 = C_p p_1$

对于一般复合中心：$C_n \approx C_p$ (或相差甚小)

所以小注入条件下,由 $n_1 = p = p_0 + \Delta p$,得

$$n_1 \approx p_0$$

即

$$N_c e^{\frac{E_t - E_c}{kT}} = N_v e^{\frac{E_v - E_F}{kT}}$$

故

$$E_t = E_c + E_v - E_F - kT \ln \frac{N_c}{N_v}$$

因为本征费米能级

$$E_i = \frac{1}{2}\left(E_c + E_v - kT \ln \frac{N_c}{N_v}\right)$$

所以 $E_t = 2E_i - E_F$ 可写为

$$E_t - E_i = E_i - E_F$$

一般 P 型半导体室温下 E_F 远在 E_i 之下。所以,E_t 远在 E_i 之上;故 E_t 不是有效复合中心。

2.5.4　表面复合

以上讨论的复合过程都是发生在半导体体内。可以想象,载流子的类似活动也会发生在半导体的表面。事实上,晶格结构在表面出现的不连续性在禁带中引入了大量的能量状

态,或复合-产生中心。这些能量状态称为表面态,它们大大提高了表面区域的载流子复合率。除表面态外,还存在着由于紧贴表面层内的吸附离子、分子或机械损伤所造成的其他缺陷。例如,吸附的电子可能带电,这样在接近表面外就形成一层空间电荷层,不论表面缺陷的来源是什么,实验证明在表面处的复合率和表面处的非平衡载流子浓度 Δp 成正比,因此表面复合率 U_s 可以写为

$$U_s = S\Delta p \tag{2.5.53}$$

式中,S 为表面复合速度。根据式(2.5.53)可以给 S 下一个直观的定义:由于表面复合而失去的非平衡载流子的数目,就等于在该表面处以大小为 S 的垂直速度流出表面的非平衡载流子的数量。

由于表面复合使得在半导体表面非平衡少子浓度低于体内的非平衡少子浓度,这就形成了一个由体内到表面的浓度梯度,而且非平衡少子浓度越大,U 越大,这个浓度梯度就越大。这个浓度梯度将产生一个扩散电流,它等于表面复合电流,即

$$-qD_p \frac{\mathrm{d}\Delta p}{\mathrm{d}x}\bigg|_{x=0} = qU_s = qS\Delta p \tag{2.5.54}$$

然而,在表面还必须有同等数目的电子以完成复合,因此,电子电流和空穴电流正好互相抵消,结果表面净电流为零。

表面复合速度的大小随大气条件以及所经受的表面处理情况而变化,可能在一宽广的范围内变动。在早期的晶体管研制中,表面漏电和击穿是影响器件性能的重要因素,平面硅器件采用氧化硅纯化技术以减少这方面的困难。

【例 2.9】 一块掺施主浓度为 $2 \times 10^{16}/\mathrm{cm}^{-3}$ 的硅片,迁移率 $\mu_p = 350\,\mathrm{cm}^2/(\mathrm{V} \cdot \mathrm{s})$。在920℃下掺金到饱和浓度,然后经氧化等处理,最后此硅片的表面复合中心为 $10^{10}/\mathrm{cm}^3$。

(1) 计算体寿命、扩散长度和表面复合速度;

(2) 如果用光照射硅片并被样品均匀吸收,电子-空穴对的产生率为 $10^{11}\,\mathrm{cm}^{-3} \cdot \mathrm{s}^{-1}$,试求表面处的空穴浓度以及流向表面的空穴流密度是多少?

解: 认为复合中心 N_t 分布是均匀的,则由表面复合中心可求得

$$N_t = 10^{15}\,\mathrm{cm}^{-3}$$

(1) 体寿命

$$\tau = \frac{1}{r_p N_t}$$

已知金的空穴俘获率 $U_p = 1.15 \times 10^{-7}\,\mathrm{cm}^3/\mathrm{s}$

$$N_t = 10^{15}\,\mathrm{cm}^{-3}$$

代入,得

$$\tau = \frac{1}{1.15 \times 10^{-7} \times 10^{15}} = 8.7 \times 10^{-9}\,\mathrm{s}$$

又因为迁移率 μ_p 与总的杂质浓度有关。而杂质浓度为

$$N_i = N_D + N_t = 2 \times 10^{16} + 10^{15} = 2.1 \times 10^{16}\,\mathrm{cm}^{-3}$$

又

$$D_p = \frac{kT}{q}\mu_p = \frac{1}{40} \times 350 = 8.75\,\mathrm{cm}^2/\mathrm{s}$$

故扩散长度为

$$L_p = \sqrt{D_p \tau_p} = \sqrt{8.75 \times 8.7 \times 10^{-9}} = 2.76 \times 10^{-4} \, cm$$

表面复合速度为

$$S_p = U_p N_{st} = 1.15 \times 10^{-7} \times 10^{10} = 1.15 \times 10^3 \, cm/s$$

（2）因为

$$p(x) = p_0 + \tau_p g_p \left(1 - \frac{S_p \tau_p}{L_p + S_p \tau_p} e^{-\frac{x}{L_p}} \right)$$

$$p_0 = \frac{n_i^2}{n_0}$$

因为金在 N 型 Si 中起受主作用，所以

$$n_0 = N_D - N_t = 1.9 \times 10^{16} \, cm^{-3}$$

故

$$p_0 = \frac{n_i^2}{1.9 \times 10^{16}} = \frac{(1.5 \times 10^{10})^2}{1.9 \times 10^{16}} = 1.18 \times 10^4 \, cm^{-3}$$

所以在 $x = 0$ 处，有

$$p(0) = p_0 + \tau_p g_p \left(1 - \frac{S_p \tau_p}{L_p + S_p \tau_p} \right)$$

代入数据得

$$p(0) = 1.18 \times 10^4 + 8.7 \times 10^{-9} \times 10^{17} \times \left(1 - \frac{1.15 \times 10^3 \times 8.7 \times 10^{-9}}{2.76 \times 10^{-4} + 1.15 \times 10^3 \times 8.7 \times 10^{-9}} \right)$$

$$= 1.18 \times 10^4 + 8.7 \times 10^{-9} \times 10^{17} \times \left(1 - \frac{1.15 \times 8.7 \times 10^{-6}}{2.76 \times 10^{-4} + 1 \times 10^{-5}} \right)$$

$$= 1.18 \times 10^4 + 8.7 \times 10^8 \times (1 - 0.035)$$

$$= 1.18 \times 10^4 + 8.7 \times 10^8 \times 0.965$$

$$= 1.18 \times 10^4 + 2.16 \times 10^8 = 8.4 \times 10^8 \, cm^{-3}$$

故根据表面复合速度的物理意义，可求得流向表面的空穴流密度为

$$J_p = s_p (p(0) - p_0)$$

代入数据，得

$$J_p = 1.15 \times 10^3 \times (8.4 \times 10^8 - 1.18 \times 10^4) = 9.66 \times 10^{11} \, (cm^{-2} \cdot s^{-1})$$

【例 2.10】 光照一个 $1 \Omega \cdot cm$ 的 N 型硅样品，均匀地产生非平衡载流子，电子-空穴对的产生率为 $10^{17} \, cm^{-3} \cdot s^{-1}$，样品寿命为 $10 \mu s$，表面复合速度为 $100 cm/s$。试计算：

（1）单位时间单位表面积在表面复合的空穴数；

（2）单位时间单位表面积在离表面 3 个扩散长度中体内复合掉的空穴数。

解：（1）设单位时间单位表面积在表面复合的空穴数即复合率 U_s 为

$$U_s = S_p (p(x) - p_0) \big|_{x=0}$$

式中，S_p 为表面复合速度。又

$$p(x) = p_0 + \tau_p g_p \left(1 - \frac{S_p \tau_p}{L_p + S_p \tau_p} e^{-\frac{x}{L_p}} \right)$$

在 $x = 0$ 处，

$$p(0) - p_0 = \tau_p g_p \left(1 - \frac{S_p \tau_p}{L_p + S_p \tau_p} \right)$$

对 $\rho = 1\Omega \cdot \mathrm{cm}$ 的 N-Si,有

$$N_\mathrm{D} = 5 \times 10^{15}\,\mathrm{cm}^{-3}, \quad \mu_\mathrm{p} = 400\,\mathrm{cm}^2/(\mathrm{V} \cdot \mathrm{s})$$

所以

$$L_\mathrm{p} = \sqrt{\frac{kT}{q}\mu_\mathrm{p}\tau_\mathrm{p}} = \sqrt{\frac{1}{40} \times 400 \times 10 \times 10^{-6}} = 10^{-2}\,\mathrm{cm}$$

代入上式后,得

$$p(0) - p_0 = 10 \times 10^{-6} \times 10^{17} \times \left(1 - \frac{100 \times 10^{-6} \times 10}{10^{-2} + 100 \times 10^{-6} \times 10}\right)$$

$$= 10^{12}\left(1 - \frac{10^{-3}}{10^{-2} + 10^{-3}}\right)$$

$$= 0.91 \times 10^{12}\,\mathrm{cm}^{-3}$$

故

$$U_\mathrm{s} = S_\mathrm{p}(p(x) - p_0)\big|_{x=0} = 0.91 \times 10^{12} \times 100 = 9.1 \times 10^{13}\,(\mathrm{cm}^{-2} \cdot \mathrm{s}^{-1})$$

(2) 求 $\displaystyle \Delta p = \int_0^{3L_\mathrm{p}} p(x)\,\mathrm{d}x - \int_0^{3L_\mathrm{p}} p_0\,\mathrm{d}x$

又

$$p(x) = p_0 + \tau_\mathrm{p}g_\mathrm{p}\left(1 - \frac{S_\mathrm{p}\tau_\mathrm{p}}{L_\mathrm{p} + S_\mathrm{p}\tau_\mathrm{p}}e^{-\frac{x}{L_\mathrm{p}}}\right)$$

所以

$$\Delta p = \int_0^{3L_\mathrm{p}} \tau_\mathrm{p}g_\mathrm{p}\left(1 - \frac{S_\mathrm{p}\tau_\mathrm{p}}{L_\mathrm{p} + S_\mathrm{p}\tau_\mathrm{p}}e^{-\frac{x}{L_\mathrm{p}}}\right)\mathrm{d}x = 3\tau_\mathrm{p}g_\mathrm{p}L_\mathrm{p} + \frac{g_\mathrm{p}S_\mathrm{p}\tau_\mathrm{p}L_\mathrm{p}}{L_\mathrm{p} + S_\mathrm{p}\tau_\mathrm{p}}e^{-\frac{x}{L_\mathrm{p}}}\bigg|_0^{3L_\mathrm{p}}$$

代入数据,得

$$\Delta p = 3 \times 10 \times 10^{-6} \times 10^{17} \times 10^{-2} + \frac{10^{17} \times 100 \times (10 \times 10^{-6})^2 \times 10^{-2}}{10^{-2} + 10^2 \times 10 \times 10^{-6}}(e^{-3} - 1)$$

$$= 2.9 \times 10^{10}\,\mathrm{cm}^{-3}$$

故单位时间复合掉的空穴数为

$$\frac{\Delta p}{\tau} = \frac{2.9 \times 10^{10}}{10^{-5}} = 2.9 \times 10^{15}\,(\mathrm{cm}^{-2} \cdot \mathrm{s}^{-1})$$

2.5.5 俄歇复合

俄歇复合过程是由电子-空穴对复合所释放出的能量及动量转换至第三个粒子而发生

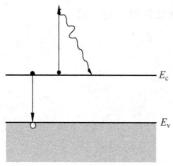

图 2.19 俄歇复合

的,此第三个粒子可能为电子或空穴,俄歇复合过程如图 2.19 所示。在导带中的第二个电子吸收了直接复合所释放出的能量,在俄歇过程后,此第二个电子变为一个高能电子,并由散射将能量消耗至晶格中。通常当载流子浓度由于高掺杂或大注入以致非常高时,俄歇复合就变得十分重要。因为俄歇过程包含了三个粒子,所以俄歇复合的速率为

$$R_\mathrm{Aug} = Bn^2p = Bnp^2 \quad 或 \quad Bnp^2 \qquad (2.5.55)$$

式中,B 为常数,对温度有很大的依赖性。

2.6 热电子发射过程

前面讨论了半导体内部载流子输运的现象及半导体表面的复合情况。此外，如果载流子具有足够的能量，它们可能会被激发至真空能级，称之为热电子发射过程。图 2.20(a) 显示了一个被隔离的 N 型半导体的能带图，电子亲和能 $q\chi$ 为半导体中导带边缘与真空能级间的能量差；功函数 $q\phi_s$ 为半导体中费米能级与真空能级间的能量差。图 2.20(b) 表明，如果一个电子的能量超过 $q\chi$，它就可以被热电子式地激发至真空能级。

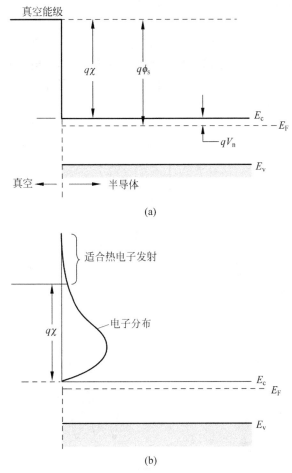

图 2.20 热电子发射过程与能带
(a) 隔离 N 型半导体的能带图；(b) 热电子发射过程

能量高于 $q\chi$ 的电子浓度可通过类似于导带电子浓度的计算方法，得

$$n_{th} = \int_{q\chi}^{\infty} n(E)\,dE = N_c \exp\left(-\frac{q(\chi + V_n)}{kT}\right)$$

式中，N_c 为导带中等效的态密度，V_n 为导带底部与费米能级间的差值。

需要说明的是热电子发射过程对考虑金属-半导体的接触尤其重要。

【例 2.11】 一个 N 型硅样品，具有电子亲和能 $q\chi = 4.05\text{eV}$ 及 $qV_n = 0.2\text{eV}$，计算室温

下被热电子式地发射的电子浓度 n_{th}。当 $q\chi = 0.6eV$ 时,电子浓度 n_{th} 又为多少?

解: $n_{th}\bigg|_{q\chi = 4.05eV} = N_c \exp\left(-\frac{q(\chi + V_n)}{kT}\right) = 2.86 \times 10^{19} \exp\left(-\frac{4.05 + 0.2}{0.0259}\right)$

$$\approx 10^{-52} \text{ cm}^{-3} \approx 0$$

$n_{th}\bigg|_{q\chi = 0.6eV} = N_c \exp\left(-\frac{q(\chi + V_n)}{kT}\right) = 2.86 \times 10^{19} \exp\left(-\frac{0.6 + 0.2}{0.0259}\right)$

$$\approx 1 \times 10^6 \text{ cm}^{-3}$$

2.7 隧穿过程

两个隔离的半导体样品彼此接近时的能带图如图 2.21(a)所示。它们之间的距离为 d,且势垒高 qV_0 等于电子亲和能 $q\chi$。如果距离 d 足够小,即使电子的能量远小于势垒高,在左边半导体中的电子亦可能会跨过势垒输运,并移至右边的半导体,这个过程与量子隧穿现象有关,故称之为隧穿过程。基于图 2.21(a)重新画出一维势垒图,如图 2.21(b)所示。

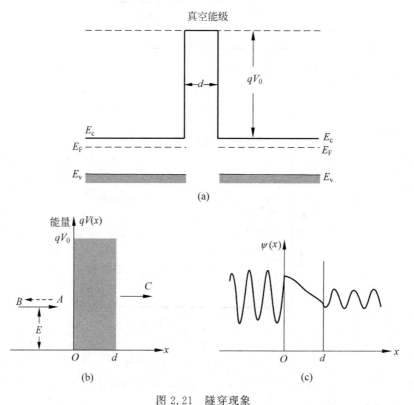

图 2.21 隧穿现象

(a) 距离为 d 的两个隔离半导体的能带图;(b) 一维势垒;(c) 波函数穿越势垒的图示

在经典情况下,如果一个粒子的能量 E 小于势垒高 qV_0,则该粒子遇到势垒一定会被反射;而在量子情况下,该粒子有一定的概率穿透这个势垒。若该粒子为电子,则通过解薛定谔方程,得到穿过这个势垒的隧穿系数为

$$C_q = \sqrt{\left(\sqrt{1 + \frac{[qV_0 \sinh(\beta d)]^2}{4E(qV_0 - E)}} \right)^{-1}}$$

式中，$\beta = \sqrt{2m_n(qV_0 - E)/\hbar^2}$。一个跨过势垒的波函数 $\psi(x)$，如图 2.21(c) 所示。隧穿系数随着 E 的减小而单调递减，当 $\beta d \gg 1$ 时，隧穿系数变为

$$C_q \approx \sqrt{\exp(-2\beta d)} = \sqrt{\exp\left(-2d\sqrt{\frac{2m_n^*(qV_0 - E)}{\hbar^2}}\right)}$$

为得到有限的隧穿系数，需要一个小的隧穿距离 d、一个低的势垒 qV_0 和一个小的有效质量。

2.8 强电场效应

在低电场下，漂移速度线性正比于所施加的电场，此时平均自由时间 τ 与施加的电场相互独立，只要漂移速度足够小于载流子的热速度，这种假设是合理的。硅晶中载流子的热速度在室温下约为 $10^7 \, \mathrm{cm/s}$。当漂移速度趋近于热速度时，它与电场之间的关系不再是线性关系，而是如图 2.22 所示的关系。显然，最初漂移速度与电场间的依存性是线性的，这相当于固定的迁移率，当电场持续增加，漂移速度的增加率趋缓，在足够大的电场时，漂移速度趋于一个饱和速度，由实验结果获得的经验公式近似为

$$v_n, v_p = \frac{v_s}{[1 + (E_0/E)^\gamma]^{1/\gamma}} \tag{2.8.1}$$

式中，v_s 为饱和速度。

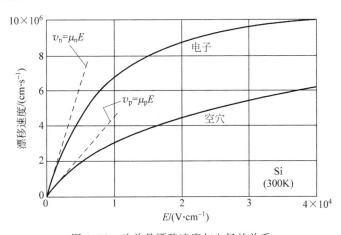

图 2.22 硅单晶漂移速度与电场的关系

对硅晶材料，300K 时，$v_s = 10^7 \, \mathrm{cm/s}$。在纯净硅材料中，对电子，$v_s = 7 \times 10^3 \, \mathrm{cm/s}$，$\gamma = 2$；对空穴，$v_s = 2 \times 10^4 \, \mathrm{cm/s}$，$\gamma = 1$。对非常短沟道的场效应晶体管(FET)，在强电场下速度最有可能发生饱和，即使在一般的电压下，亦可在沟道中形成强电场。

对 N 型和 P 型砷化镓半导体，所测量的漂移速度与电场的关系如图 2.23 所示。图 2.23 表明，对 N 型砷化镓，漂移速度达到一最大值后，随着电场的进一步增加反而减小，此现象是由于砷化镓的能带结构允许传导电子从高迁移率的能量最小值(称之为谷)跃迁至低迁移

率、能带较高的邻近谷中。这种现象可用 N 型砷化镓的简单两谷模型解释,如图 2.24 所示。需要注意的是对 N 型砷化镓,有一个区域为负的微分迁移率。

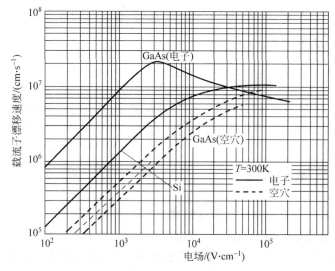

图 2.23　硅晶及砷化镓中漂移速度随电场变化情形

在图 2.24 中,两谷间能量分隔为 $\Delta E = 0.31\text{eV}$,较低谷的电子有效质量为 m_{n1}^*,电子迁移率为 μ_{n1},电子浓度为 n_1;较高谷的相对应量分别为 m_{n2}^*、μ_{n2} 及 n_2,而整个电子浓度 $n = n_1 + n_2$,N 型砷化镓的稳态电导率为

$$\sigma_n = q(\mu_{n1} n_1 + \mu_{n2} n_2) = q n \bar{\mu}_n \tag{2.8.2}$$

式中,平均迁移率为

$$\bar{\mu}_n = \frac{\mu_{n1} n_1 + \mu_{n2} n_2}{n_1 + n_2} \tag{2.8.3}$$

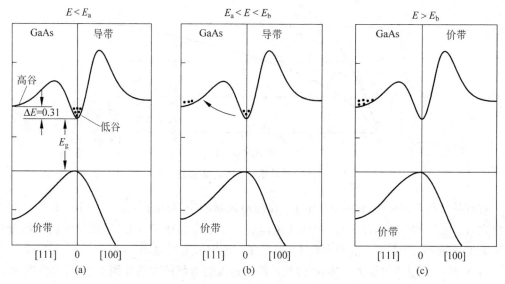

图 2.24　对两谷半导体,各种电场下电子的分布情况

(a) $E < E_a$; (b) $E_a < E < E_b$; (c) $E > E_b$

漂移速度为

$$\boldsymbol{v}_\mathrm{n} = \bar{\mu}_\mathrm{n} \boldsymbol{E} \tag{2.8.4}$$

为了简便起见,将对图 2.24 中各种范围电场下的电子浓度做以下规定。

在图 2.24(a)中,电场很低,所有电子停留在较低的谷中;在图 2.24(b)中,电场较高,部分电子从电场得到足够的能量而移至较高的谷中;在图 2.24(c)中,电场高到足以使所有电子移至较高的谷中。因此,得

$$\begin{cases} n_1 \approx n, n_2 \approx 0 & 0 < E < E_\mathrm{a} \\ n_1 + n_2 \approx n & E_\mathrm{a} < E < E_\mathrm{b} \\ n_1 \approx 0, n_2 \approx n & E > E_\mathrm{b} \end{cases} \tag{2.8.5}$$

利用这些关系,等效漂移速度近似公式为

$$\begin{cases} \boldsymbol{v}_\mathrm{n} \approx \mu_\mathrm{n1} \boldsymbol{E} & 0 < E < E_\mathrm{a} \\ \boldsymbol{v}_\mathrm{n} \approx \mu_\mathrm{n2} \boldsymbol{E} & E > E_\mathrm{b} \end{cases} \tag{2.8.6}$$

如果 $\mu_\mathrm{n1} E_\mathrm{a} > \mu_\mathrm{n2} E_\mathrm{b}$,会有一个区域使得在 E_a 及 E_b 间的漂移速度随电场的增加而减少,如图 2.25 所示。由于在 N 型砷化镓中这种漂移速度特征,这种物质常常被用在微波转移电子器件中。

当半导体中的电场增加到超过某一定值,载流子将获得足够的动能通过发生雪崩过程产生电子-空穴对,如图 2.26 所示。

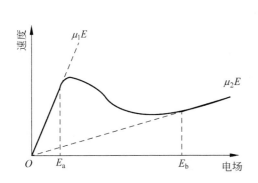

图 2.25　两谷半导体的一个可能的速度与电场关系

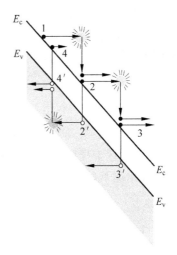

图 2.26　雪崩过程的能带图

考虑一个在导带中的电子(标示为 1),电场足够强,该电子可在与晶格碰撞之前获得动能。当该电子与晶格碰撞时,该电子大部分的动能用来使键断裂,将一价电子从价带电离至导带,因而产生一个电子-空穴对(标示为 2 及 2′)。同样地,产生的电子-空穴对在强电场中也开始被加速,并与晶格发生碰撞(如图 2.26 所示),该电子-空穴对中电子和空穴大部分的动能又使其他键断裂,将产生其他电子-空穴对(如 3 及 3′,4 及 4′),依次类推,这个过程称为雪崩过程,亦称为冲击离子化过程,此过程将导致 PN 结的结击穿。一个电子经过单位距离所产生的电子-空穴对数目,称为电子的电离率 α_n,同样地,α_p 为空穴的电离率。α_n 及 α_p 皆与电场有很强的相关性。雪崩过程的电子-空穴对产生速率 G_A 为

$$G_A = \frac{1}{q}(\alpha_n \mid J_n \mid + \alpha_p \mid J_p \mid) \tag{2.8.7}$$

式中，J_p 及 J_n 分别为电子及空穴电流密度。此表示法可使用于器件工作在雪崩情况下的连续性方程式。

2.9 半导体的基本控制方程

2.9.1 连续性方程

在半导体中取一单位体积，由于漂移和扩散运动，单位时间流出该体积的空穴数等于空穴流密度 S_p 的散度 ∇S_p；由于外界作用，该体积单位时间内产生的空穴数等于产生率 G；而单位时间该体积内由于复合而减少的空穴数等于空穴的复合率 $U = \Delta p / \tau_p$。若不存在陷阱效应和其他效应，粒子数守恒要求单位时间内单位体积中增加的空穴数 $\partial p / \partial t$ 为

$$\frac{\partial p}{\partial t} = -\nabla \cdot S_p + G - \frac{\Delta p}{\tau_p} \tag{2.9.1}$$

式中，τ_p 为非平衡载流子空穴的寿命。同理，对于电子，有

$$\frac{\partial n}{\partial t} = -\nabla \cdot S_n + G - \frac{\Delta n}{\tau_n} \tag{2.9.2}$$

式中，τ_n 为非平衡载流子电子的寿命。式(2.9.1)和式(2.9.2)称为载流子的连续性方程。它是粒子数守恒的具体表现。

利用电流密度表达式，式(2.9.1)和式(2.9.2)可以分别写为

$$\frac{\partial p}{\partial t} = -\frac{1}{q} \nabla \cdot J_p + G - \frac{\Delta n}{\tau_p} \tag{2.9.3a}$$

$$\frac{\partial n}{\partial t} = \frac{1}{q} \nabla \cdot J_n + G - \frac{\Delta n}{\tau_n} \tag{2.9.3b}$$

式(2.9.3)是描述半导体中载流子输运规律的方程式。

在一维情况下，取电流沿 x 方向，式(2.9.3)变为

$$\frac{\partial p}{\partial t} = -\frac{1}{q} \frac{\partial J_p}{\partial x} + G - \frac{\Delta n}{\tau_p} \tag{2.9.4a}$$

$$\frac{\partial n}{\partial t} = \frac{1}{q} \frac{\partial J_n}{\partial x} + G - \frac{\Delta n}{\tau_n} \tag{2.9.4b}$$

将式(2.3.2)代入式(2.9.4a)，得

$$\frac{\partial p}{\partial t} = D_p \frac{\partial^2 p}{\partial x^2} - \mu_p E \frac{\partial p}{\partial x} - \mu_p p \frac{\partial E}{\partial x} + G - \frac{\Delta p}{\tau_p} \tag{2.9.5a}$$

类似地，电子一维连续性方程为

$$\frac{\partial n}{\partial t} = D_n \frac{\partial^2 n}{\partial x^2} + \mu_n E \frac{\partial n}{\partial x} + \mu_n n \frac{\partial E}{\partial x} + G - \frac{\Delta n}{\tau_n} \tag{2.9.5b}$$

在式(2.9.5)中，右边第一项是由于载流子浓度梯度不均匀引起的载流子积累，第二项是漂移过程中由于载流子浓度不均匀引起的载流子积累，第三项是在不均匀电场中漂移速度随位置变化而引起的载流子积累。

在连续性方程(2.9.5)中,电场是外加电场和载流子扩散产生的自建电场之和。它与非平衡载流子浓度之间满足泊松方程,即

$$\frac{\partial E}{\partial x} = \frac{q(\Delta p - \Delta n)}{k\varepsilon_0} \tag{2.9.6}$$

式中,k 为相对介电常数;ε_0 为自由空间电容率,其数值为 $8.85418 \times 10^{-12} \text{F/m}$。

在严格满足电中性条件 $\Delta p = \Delta n, \frac{\partial E}{\partial x} = 0$ 时,式(2.9.5)变为

$$\frac{\partial p}{\partial t} = D_p \frac{\partial^2 p}{\partial x^2} - \mu_p E \frac{\partial p}{\partial x} + G - \frac{\Delta p}{\tau_p} \tag{2.9.7a}$$

$$\frac{\partial n}{\partial t} = D_n \frac{\partial^2 n}{\partial x^2} + \mu_n E \frac{\partial n}{\partial x} + G - \frac{\Delta n}{\tau_n} \tag{2.9.7b}$$

连续性方程的这种形式,有时使用起来更为方便。

2.9.2 泊松方程

半导体总体电中性。然而,局部区域存在空间电荷。半导体内净的空间电荷量为正电荷总量减去负电荷总量。在饱和电离的情况下

$$\rho = q(p + N_D - n - N_A) \tag{2.9.8}$$

在半导体中的电势分布为 ϕ,则 ϕ 与 ρ 之间满足的泊松方程为

$$\nabla^2 \phi = -\frac{q}{k\varepsilon_0}(p + N_D - n - N_A) \tag{2.9.9}$$

式(2.9.5)或式(2.9.7)与式(2.9.9)构成半导体中的基本方程。当给定边界条件时,这些方程将给出确定的电荷分布、电流分布和电压分布。

【例2.12】 写出下列状态下连续性方程的简化形式:

(1) 无浓度梯度、无外加电场、有光照、稳态;

(2) 无外加电场、无光照等外因引起载流子的产生稳态。

解: 以 P 型半导体为例,电子为少数载流子,完整的连续性方程为

$$\frac{\partial n}{\partial t} = D_n \frac{\partial^2 n}{\partial x^2} + \mu_n E \frac{\partial n}{\partial x} + \mu_n n \frac{\partial E}{\partial x} + G_n - \frac{n - n_0}{\tau_n}$$

(1) 无浓度梯度、无外加电场、有光照、稳态情况下上式可以简化为

$$G_n = \frac{n - n_0}{\tau_n}$$

因为无浓度梯度,所以含有浓度梯度的项均等于零,即

$$D_n \frac{\partial^2 n}{\partial x^2} + \mu_n E \frac{\partial n}{\partial x} = 0$$

因为无外加电场,所以含有电场的项也为零,即

$$\mu_n E \frac{\partial n}{\partial x} + \mu_n n \frac{\partial E}{\partial x} = 0$$

又因为有光照,所以产生率 G 不等于零;因为讨论的是稳态情况,所以,载流子浓度不随时间变化

$$\frac{\partial n}{\partial t} = 0$$

（2）同理,无外加电场、无光照等外因引起载流子的产生,稳态情况下连续性方程可以简化为

$$D_n \frac{\partial^2 n}{\partial x^2} = \frac{n - n_0}{\tau_n}$$

对空穴,根据空穴的连续性方程为

$$\frac{\partial p}{\partial t} = D_p \frac{\partial^2 p}{\partial x^2} - \mu_p E \frac{\partial p}{\partial x} - \mu_p p \frac{\partial E}{\partial x} + G_p - \frac{p - p_0}{\tau_p}$$

作相应的简化,同理,得

$$G_p = \frac{p - p_0}{\tau_p} \text{ 和 } D_p \frac{\partial^2 p}{\partial x^2} = \frac{p - p_0}{\tau_p}$$

【例 2.13】 若非平衡载流子浓度 Δn、Δp 与热平衡载流子浓度不能忽略时,就必须作电子和空穴同时扩散和漂移的双极情况处理。试证明保持电中性条件下过剩电子和空穴流动的基本方程为

$$\frac{\partial(\Delta p)}{\partial t} = D_a \frac{\partial^2(\Delta p)}{\partial x^2} - \mu_a \frac{\partial(\Delta p)}{\partial x} + G - \frac{\Delta p}{\tau}$$

式中,$D_a = \dfrac{(n+p)D_n D_p}{n D_n + p D_p}$ 为双极性扩散系数;$\mu_a = \dfrac{(n-p)\mu_n \mu_p}{n \mu_n + p \mu_p}$ 为双极性漂移迁移率。

证明:在非均匀的半导体中,同时存在扩散流和漂移流时,引起载流子密度的变化率为

$$\frac{\partial p}{\partial t} = D_p \frac{\partial^2 p}{\partial x^2} - \mu_p \varepsilon_s \frac{\partial p}{\partial x} - p \mu_p \frac{\partial \varepsilon_s}{\partial x} - \frac{\Delta p}{\tau} + G_p \qquad (2.9.10)$$

$$\frac{\partial n}{\partial t} = D_n \frac{\partial^2 n}{\partial x^2} - \mu_n \varepsilon_s \frac{\partial n}{\partial x} - n \mu_n \frac{\partial \varepsilon_s}{\partial x} - \frac{\Delta n}{\tau} + G_n \qquad (2.9.11)$$

式中,$\mu_p \varepsilon_s \dfrac{\partial p}{\partial x}$ 为漂移过程中因载流子密度不均匀引起的空穴积累;$p \mu_p \dfrac{\partial \varepsilon_s}{\partial x}$ 为不均匀电场中载流子漂移速度随位置发生变化而引起的空穴积累;$\dfrac{\Delta p}{\tau}$ 为单位时间单位体积中的复合率;G 为非平衡载流子的产生率。

在均匀样品中,平衡载流子浓度 n_0、p_0 为一常量,不随位置 x 和时间 t 而变化,故式(2.9.10)、式(2.9.11)中载流子 p 与 n 用 Δp 和 Δn 替代后,得

$$\frac{\partial(\Delta p)}{\partial t} = D_p \frac{\partial^2(\Delta p)}{\partial x^2} - \mu_p \varepsilon_s \frac{\partial(\Delta p)}{\partial x} - p \mu_p \frac{\partial \varepsilon_s}{\partial x} - \frac{\Delta p}{\tau} + G_p \qquad (2.9.12)$$

$$\frac{\partial(\Delta n)}{\partial t} = D_n \frac{\partial^2(\Delta n)}{\partial x^2} - \mu_n \varepsilon_s \frac{\partial(\Delta n)}{\partial x} - n \mu_n \frac{\partial \varepsilon_s}{\partial x} - \frac{\Delta n}{\tau} + G_n \qquad (2.9.13)$$

根据泊松方程,得

$$\frac{\partial \varepsilon_s}{\partial x} = q(\Delta p - \Delta n)/\varepsilon_s \qquad (2.9.14)$$

式中,ε_s 为材料的介电常数;$q(\Delta p - \Delta n)$ 为空间电荷密度。泊松方程决定了电场与电荷分布之间的关系。将式(2.9.14)代入式(2.9.12)与式(2.9.13),得

$$\frac{\partial(\Delta p)}{\partial t} = D_p \frac{\partial^2(\Delta p)}{\partial x^2} - \mu_p \varepsilon_s \frac{\partial(\Delta p)}{\partial x} - \frac{p \mu_p q}{\varepsilon_s}(\Delta p - \Delta n) - \frac{\Delta p}{\tau} + G_p \qquad (2.9.15)$$

$$\frac{\partial(\Delta n)}{\partial t}=D_n\frac{\partial^2(\Delta n)}{\partial x^2}-\mu_n\varepsilon_s\frac{\partial(\Delta n)}{\partial x}-\frac{n\mu_n q}{\varepsilon_s}(\Delta p-\Delta n)-\frac{\Delta n}{\tau}+G_n \quad (2.9.16)$$

在准中性条件下，$\Delta n-\Delta p=\Delta n'$，$\Delta n'$与$\Delta p$相比是一个很小的量。在一维情况下，设$\tau_n=\tau_p=\tau$，将上式代入式(2.9.16)中，得

$$\frac{\partial(\Delta p+\Delta n')}{\partial t}=D_n\frac{\partial^2(\Delta p+\Delta n')}{\partial x^2}-\frac{n\mu_n q}{\varepsilon_s}\Delta n'+\mu_n\varepsilon_s\frac{\partial(\Delta p+\Delta n')}{\partial x}-\frac{\Delta p+\Delta n'}{\tau}+G_n$$

$\Delta n'$与Δp相比可以略去，故

$$\frac{\partial(\Delta p)}{\partial t}=D_n\frac{\partial^2(\Delta p)}{\partial x^2}-\frac{n\mu_n q}{\varepsilon_s}\Delta n'+\mu_n\varepsilon_s\frac{\partial(\Delta p)}{\partial t}-\frac{\Delta p}{\tau}+G_n \quad (2.9.17)$$

为消去式(2.9.17)中的$n\Delta n'$，将式(2.9.15)两边乘以$n\mu_n$，式(2.9.17)两边乘以$p\mu_p$，化简后得

$$\frac{\partial(\Delta p)}{\partial t}=\frac{\partial^2(\Delta p)}{\partial x^2}\frac{nD_p\mu_n+pD_n\mu_p}{n\mu_n+p\mu_p}+\frac{\partial p}{\partial x}\varepsilon_s\frac{n\mu_n\mu_p-p\mu_n\mu_p}{n\mu_n+p\mu_p}-\frac{\Delta p}{\tau}+G_n$$

$$=\frac{\partial^2(\Delta p)}{\partial x^2}D_a-\frac{\partial p}{\partial x}\varepsilon_s\mu_a-\frac{\Delta p}{\tau}+G_n$$

利用爱因斯坦关系，得双极性扩散系数为

$$D_n=\frac{nD_nD_p+pD_nD_p}{nD_n+pD_p}=\frac{(n+p)D_nD_p}{nD_n+pD_p}$$

双极性漂移迁移率为

$$\mu_a=\frac{(n-p)\mu_n\mu_p}{n\mu_n+p\mu_p}$$

习题 2

2.1　求出本征硅晶及本征砷化镓在300K时的电阻率。

2.2　假定在$T=300K$，硅晶中的电子迁移率$\mu_n=1300\text{cm}^2/(\text{V}\cdot\text{s})$，而迁移率主要受限于晶格散射，求在$T=200K$及$T=400K$时的电子迁移率。

2.3　对于以下每一种杂质浓度，求在300K时硅晶样品的电子及空穴浓度、迁移率及电阻率：

(1) 每立方厘米5×10^{15}个硼原子；

(2) 每立方厘米2×10^{16}个硼原子及1.5×10^{16}个砷原子；

(3) 每立方厘米5×10^{15}个硼原子、每立方厘米10^{17}个砷原子及每立方厘米10^{17}个镓原子。

2.4　对一个半导体而言，其具有固定的迁移率比$b=\dfrac{\mu_n}{\mu_p}>1$，且与杂质浓度无关，求其最大的电阻率ρ_m并以本征电阻率ρ_i及迁移率比表示。

2.5　利用一个四探针(探针间距为0.5mm)测量P型硅晶样品的电阻率，若样品直径为200mm，厚度为$50\mu m$，求其电阻率，其中接触电流为1mA，内侧两探针间所测量到的电压值为10mV。

2.6　给定一个未知掺杂的硅晶样品，霍尔测量信息为$W=0.05\text{cm}$，$A=1.6\times10^{-3}\text{cm}^2$(参考图2.8)，$I=2.5\text{mA}$，且磁场为30nT($1T=10^{-4}\text{Wb/cm}^2$)。若霍尔电压为10mV，求半

导体样品的霍尔系数、导体型态、多数载流子浓度、电导率及迁移率。

2.7　一半导体不均匀地掺杂了施主杂质原子 $N_D(x)$。证明热平衡下半导体中所引发的电场为

$$E(x) = -\left(\frac{kT}{q}\right)\frac{1}{N_D(x)}\frac{\mathrm{d}N_D(x)}{\mathrm{d}x}$$

2.8　一个本征样品从一端掺杂了施主杂质，使 $N_D = N_0 \exp(-ax)$。

(1) 在 $N_D \gg n_i$ 时，求平衡态下内建电场 $E(x)$。

(2) 当 $a = 1\mu m^{-1}$ 时，计算 $E(x)$。

2.9　一个厚度为 L 的 N 型硅晶薄片不均匀地掺入施主杂质磷，其中浓度分布为 $N_D(x) = N_0 + (N_L - N_0)(x/L)$。当样品在热及电平衡状态下而不考虑迁移率及扩散系数随位置的变化，前后表面间电势能差异的表达式为何？对一个固定的扩散系数及迁移率，在距前表面 x 的平面上的平衡电场表达式为何？

2.10　一 N 型硅晶在稳态光照下，$G_L = 10^{16} cm^{-3} \cdot s^{-1}$，$N_D = 10^{15} cm^{-3}$，且 $\tau_n = \tau_p = 10\mu s$，计算电子及空穴的浓度。

2.11　一 N 型硅晶样品具有每立方厘米 2×10^{16} 个砷原子，每立方厘米 2×10^{15} 个的本体复合中心及每平方厘米 10^{10} 个的表面复合中心。

(1) 求在小注入情况下的本体少数载流子寿命、扩散长度及表面复合速度，σ_p 及 σ_n 值分别为 $5 \times 10^{-15} cm^2$ 及 $2 \times 10^{-16} cm^2$。

(2) 若样品照光且均匀地吸收光线，产生电子-空穴对 $10^{17} cm^{-2} \cdot s^{-1}$，则表面空穴浓度为多少？

2.12　假定一 N 型半导体均匀地照光，而造成一均匀的过剩产生速率 G。证明在稳态下，半导体电导率的改变量为

$$\Delta\sigma = q(\mu_n + \mu_p)\tau_p G$$

2.13　用一稳定光照射某强 N 型半导体，非平衡载流子产生率为 G，样品的平衡载流子浓度为 n_0 和 p_0，复合系数为 r，在 $t = 0$ 时，另一闪光照射样品，产生的非平衡载流子浓度为 $\Delta n = \Delta p$。试证明：闪光后任意 t 时刻空穴浓度为

$$p(t) - p_0 = \Delta p e^{-m_i t} + \frac{G}{rn_0}$$

并画出函数曲线。

2.14　用一个强 N 型的 Si 晶体做开关器件，要求载流子寿命在 $0.01\mu s$ 以下，若采用掺金的办法，问掺入金原子浓度至少是多少？设金的复合中心能级对空穴的俘获系数为 $1.15 \times 10^{-7} cm^3/s$。

2.15　N 型硅片表面受均匀恒定光照射时，在表面注入的非平衡少数载流子浓度为 $5 \times 10^{11} cm^{-3}$，设少子寿命为 $50\mu s$，迁移率为 $1000 cm^2/(V \cdot s)$，试计算：

(1) 非平衡少子的扩散长度；

(2) 在离表面二个扩散长度处的少子净复合率；

(3) 该处少子扩散电流密度。

2.16　一半导体中的总电流不变，且由电子漂移电流及空穴扩散电流所组成。电子浓度等于 $10^{16} cm^{-3}$ 且保持不变，空穴浓度为

$$p(x) = 10^{15} \exp\left(-\frac{x}{L}\right) \text{cm}^{-3}, \quad x \geqslant 0$$

式中，$L = 12\mu\text{m}$，空穴扩散系数 $D_p = 12\text{cm}^2/\text{s}$，电子迁移率 $\mu_n = 1000\text{cm}^2/(\text{V}\cdot\text{s})$，总电流密度 $J = 4.8\text{A/cm}^2$。计算：

(1) 空穴扩散电流密度随 x 的变化关系；

(2) 电子电流密度随 x 的变化关系；

(3) 电场随 x 的变化关系。

2.17 过剩载流子注入一厚度为 W 的薄 N 型硅晶的一个表面上，并于另一个表面上取出，而 $p_n(W) = p_{n0}$。在 $0 < x < W$ 的区域里没有电场，导出在两个表面上电流密度的表示式。

2.18 一 N 型半导体具有超量载流子空穴 10^{14}cm^{-3}，其本体内少数载流子寿命为 10^{-6}s，且在表面上的少数载流子寿命为 10^{-7}s，假定无施加电场，且令 $D_p = 10\text{cm}^2/\text{s}$，半导体稳态过剩载流子浓度对距表面($x = 0$)距离的函数关系。

2.19 用光电导衰减法测量平衡少数载流子寿命，如图 2.27 所示。设 N 型半导体样品长 L，截面积为 A，电阻率 $\rho = 1\Omega\cdot\text{cm}$，电子和空穴的迁移率分别为 $3600\text{cm}^2/(\text{V}\cdot\text{s})$ 和 $1000\text{cm}^2/(\text{V}\cdot\text{s})$，样品与电源 E 和电阻 R 串联。当光照停止后样品中非平衡少子减少引起电阻的变化为 Δr，反映在示波器上为输入电压的变化 $\Delta V = I\cdot\Delta r$，试分析：

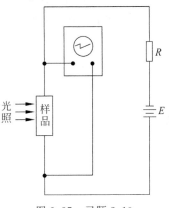

(1) 在什么条件下能从示波器上直接读出少子寿命？

(2) 若少子寿命为 10^{-4}s 的数量级，选 $I = 10\text{mA}$，这时对样品的尺寸有什么要求？

(3) 实验观察到电压的变化为 $\Delta V = \Delta V_0 e^{-\frac{t}{\tau}}$，式中 ΔV_0 为光照刚停止时(即 $t = 0$ 时)样品上电压的变化值，求非平衡载流子寿命 τ？

图 2.27 习题 2.19

2.20 如图 2.28 所示，已知在 5mm 长的 N 型硅半导体细棒的端面 A 处注入的非平衡空穴浓度 $\Delta p = 10^{10}\text{cm}^{-3}$，室温下该材料的空穴迁移率 $\mu_p = 500\text{cm}^2/(\text{V}\cdot\text{s})$，空穴的寿命 $\tau_p = 50\mu\text{s}$，室温下忽略端面 A 的表面复合作用，求表面处扩散电流密度。

2.21 用某一单色光(光子流通量为 I_0)本征激发一块面积很大的 N 型半导体，该半导体对光的吸收系数为 α，设样品厚度 d 远大于扩散长度 L_p 和吸收深度 $1/\alpha$，即 $d \gg L_p$，$d \gg \frac{1}{\alpha}$；设 S_1、S_2 分别为正面和背面的表面复合速度，如图 2.29 所示。试求：

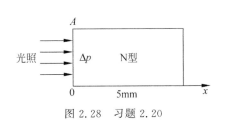

图 2.28 习题 2.20

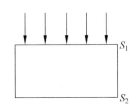

图 2.29 习题 2.21

（1）写出非平衡少数载流子的连续性方程及边界条件。

（2）求证非平衡少数载流子浓度沿 y 方向的分布为

$$\Delta p(y) = \frac{\alpha I_0}{1 - \alpha^2 L_p^2} \tau_p \left(e^{-\alpha y} - \frac{\alpha_1 + \alpha L_p}{1 + \alpha_1} e^{-\frac{y}{L_p}} \right)$$

式中，$\alpha_1 = \dfrac{s_1 L_p}{D_p}$；$\tau_p$ 为非平衡空穴的寿命；D_p 为空穴的扩散系数。

2.22　一个能量为 2eV 的电子撞击在一个具有 20eV 且宽为 3Å 的电势势垒上，其隧穿概率为多少？

2.23　对一个能量为 2.2eV 的电子撞击在一个具有 6.0eV 且厚为 10^{-10} m 的电势势垒上，估计其隧穿系数，若势垒厚度改为 10^{-9} m，试重复计算之。

2.24　假定硅中的一个传导电子 $\mu_n = 1350 \text{cm}^2/(\text{V} \cdot \text{s})$ 具有热能 kT，并与其平均热速度相关，其中 $E_{th} = \dfrac{1}{2} m_0 v_{th}^2$。这个电子被置于 100V/cm 的电场中，证明在此情况下，相对于其热速度，电子的漂移速度是很小的，若电场改为 10^4 V/cm，使用相同的 μ_n 值，试再重做一次，最后请解释在此较高的电场下真实的迁移率效应。

第 3 章

PN 结

本章首先介绍了大多数现代 PN 结制作的平面工艺技术,包括氧化、光刻、扩散或离子注入、金属化等工艺;讨论了由 P 型半导体材料和 N 型半导体材料所形成的 PN 结特性,包括同质 PN 结能带图、伏安特性、结电容与结击穿等,也讨论了由两种不同的半导体所形成的异质 PN 结及其能带图和伏安特性。

前一章讨论了均匀半导体中载流子输运现象,本章将讨论 P 型半导体材料和 N 型半导体材料所形成的 PN 结特性,而 PN 结是由平面技术制作的,故先讨论平面技术。

3.1 平面工艺

在半导体的一个区均匀掺杂受主杂质,而相邻的区域均匀掺杂施主杂质,这样形成的 PN 结称为同质结。大多数现代的 PN 结都是用平面技术制作的。

平面工艺技术已广泛应用于现今的集成电路(Integrated Circuit,IC)工艺,主要步骤包含氧化、光刻、扩散或离子注入和金属化。

3.1.1 氧化

二氧化硅可作为许多器件结构的绝缘体,或在器件制作过程中作为扩散或离子注入的阻挡层。例如,PN 结的制作过程如图 3.1 所示。

二氧化硅的生长方式,依据气体源是干氧或湿水蒸气,可分为干氧化或湿氧化两种。干氧化能产生有较好的硅-二氧化硅的界面特性,常被用来生长器件的薄氧化层。而湿氧化具有较快的生长速率,常被用来生长厚氧化层。图 3.1(a)显示了一无覆盖层的硅晶片,图 3.1(b)显示了被氧化晶片的上表层。

3.1.2 光刻

在形成二氧化硅之后,利用高速旋转机,将晶片表面涂一层对紫外(Ultraviolet,UV)光敏的材料,称为抗蚀剂(又称光阻),如图 3.1(c)所示。将晶片从旋转机取下之后,在 80～100℃烘烤,以驱除抗蚀剂中的溶剂并硬化抗蚀剂,加强抗蚀剂与晶片的附着力。再使用 UV 光源,通过一有图案的掩膜版对晶片曝光,如图 3.1(d)所示。对被抗蚀剂覆盖的晶片在其曝光的区域将依据抗蚀剂的型态进行化学反应,而被暴露在光线中的抗蚀剂会进行聚

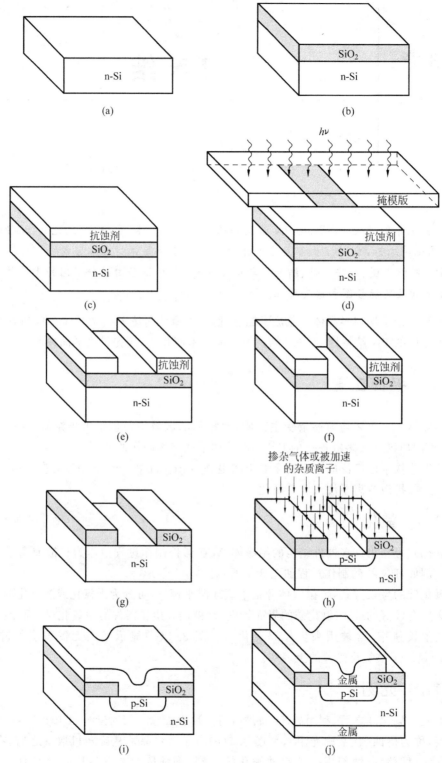

图 3.1　PN 结制造过程

(a) N 型硅晶片；(b) 通过干或湿氧化工艺后的硅晶片；(c) 抗蚀剂的涂布；(d) 抗蚀剂通过掩模版曝光；(e) 显影后的晶片；(f) 二氧化硅移除后的晶片；(g) 完整的图形曝光工艺后的结果；(h) PN 结由扩散或离子注入形成；(i) 金属化后的晶片；(j) 完整工艺后的 PN 结

集反应,且在刻蚀剂中不易去除,聚合物区域在晶片放进显影剂后仍然存在,而未被曝光区域(在不透明掩膜版区域之下)会溶解并被洗去,图 3.1(e)为显影后的晶片。晶片再次在 120～180℃烘烤 20min,以提高对衬底的附着力和即将进入刻蚀步骤的抗蚀能力,然后,使用缓冲氢氟酸作酸刻蚀液来移除没有被抗蚀剂保护的二氧化硅表面,如图 3.1(f)所示。最后,使用化学溶剂或等离子体氧化系统剥离抗蚀剂,如图 3.1(g)所示,晶片此时已经完成准备工作,可接着用扩散或离子注入步骤形成 PN 结。

3.1.3　扩散或离子注入

在扩散方法中,没有被二氧化硅保护的半导体表面暴露在相反型态的高浓度杂质中,杂质利用固态扩散的方式进入半导体晶格,在离子注入时,将欲掺杂的杂质离子加速到一高能级,然后注入半导体内,二氧化硅可作为阻挡杂质扩散或离子注入的阻挡层。在完成扩散或离子注入步骤后,PN 结已经形成,如图 3.1(h)所示。由于被注入的离子横向扩散或横向散开的关系,P 区域会比所开的窗户稍微宽些。

3.1.4　金属化

在扩散或离子注入步骤之后,欧姆接触和连线在金属化过程中完成,如图 3.1(i)所示。金属薄膜可以由物理气相淀积和化学气相淀积形成。用图形曝光步骤来定义正面接触点,如图 3.1(j)所示。用金属化步骤来定义背面接触点,而不用光刻工艺。一般而言,低温(≤500℃)的退火步骤用来促进金属层和半导体之间的低电阻接触点,随着金属化的完成,PN 结已经可以工作了。

3.2　PN 结能带图及空间电荷区

3.2.1　平衡 PN 结与内建电势

零偏压 PN 结也就是平衡 PN 结,它是指半导体在零偏压条件下的 PN 结。P 型半导体中掺入受主杂质;N 型半导体中掺入施主杂质。受主杂质可以看成是负电中心束缚了一个空穴;施主杂质可以看成是正电中心束缚了一个电子。P 型半导体的费米能级靠近价带顶;N 型半导体的费米能级靠近导带底。

1. PN 结形成与能带图

图 3.2 给出了一块 P 型半导体和一块 N 型半导体(均匀掺杂)在结合形成 PN 结前、后能带图。图中,用"⊖"表示电离受主,用"⊕"表示电离施主,用"°"表示空穴,用"·"表示电子,E_F 表示费米能级。P 型半导体中负电中心的分布和空穴的分布都是均匀的,N 型半导体中正电中心的分布和电子的分布也都是均匀的,所以这两块半导体处处都是电中性的。

1) 从费米能级的变化来描述热平衡 PN 结的形成过程

图 3.2(a)表明,N 型半导体中的费米能级高于 P 型半导体中的费米能级。这表明 N 型

半导体中电子填充能带的水平高于 P 型半导体。当将 P 型半导体和 N 型半导体紧密结合在一起形成 PN 结后,费米能级高的 N 区电子将逐渐流向 P 区。随着这一过程的逐渐进行,P 区电子填充能带的水平将逐渐升高,N 区电子填充能带的水平将逐渐下降,N 区与 P 区费米能级差值也逐渐减小至零,两个区的费米能级 E_F 相等,如图 3.2(b)所示。此时,两个区不再由净电子流动,此 PN 结称为热平衡 PN 结。

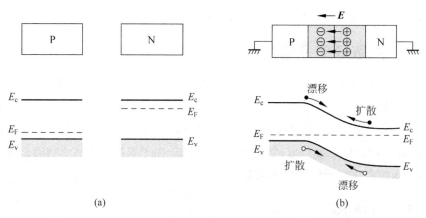

图 3.2　PN 结形成前后的能带图

(a) 形成结前均匀掺杂 P 型和 N 型半导体;(b) 热平衡时,在耗尽区的电场及 PN 结的能带图

2) 从载流子的运动来描述热平衡 PN 结的形成过程

在 PN 结形成之前,N 区的电子浓度高于 P 区的电子浓度。由于 PN 结两边存在电子浓度差,N 区的电子将向 P 区作扩散运动。同样,P 区的空穴向 N 区扩散。当 N 区的电子因为扩散运动离开 N 区后,在 N 区便留下了带正电荷的电离施主。同样,在 P 区留下了带负电荷的电离受主,如图 3.2(b)所示。将 P 区留下的电离受主电荷和 N 区留下了的电离施主电荷统称为空间电荷;空间电荷所在的区域称为空间电荷区;空间电荷的位置由杂质原子所在的位置决定,而施主原子和受主原子占据的位置都是晶格格点的位置,固定不动,所以空间电荷不能移动,当然也不能传导电流。虽然空间电荷不能传导电流,但由于正、负空间电荷在空间的相对位置是固定的,所以就形成了由正空间电荷指向负空间电荷的电场。这个电场不是由外部因素引起的,而是由 PN 结内部载流子运动形成的,所以称之为 PN 结内建电场。在图 3.2(b)中,这个电场由 N 区指向 P 区,阻止 PN 结两边载流子扩散。随着内建电场的建立,载流子除了由于浓度差引起的扩散运动外,还要受到内建电场的作用而产生漂移运动。刚开始,内建电场很弱,漂移电流很小,但随着扩散运动的继续,空间电荷的数量逐渐增加,空间电荷区的宽度也随着增大,内部电场随之增强。于是,载流子的漂移运动也逐渐增强,扩散运动相对减弱。当载流子的漂移运动形成漂移电流等于载流子的扩散运动形成的扩散电流时,载流子的扩散运动和漂移运动达到动态平衡,也就是热平衡,不再有载流子的净流动。从能带图上看,就达到了统一的费米能级。

2. 平衡费米能级与内建电势

在热平衡时,没有任何外加刺激,流经 PN 结的电子和空穴净值为零。因此,对于每一种载流子,电场引起的漂移电流必须与浓度梯度引起的扩散电流完全抵消。对空穴电流而言,净空穴电流密度为零,由式(2.3.1b)得

$$J_p = q\mu_p p E - qD_p \frac{\mathrm{d}p}{\mathrm{d}x} = q\mu_p p \left(\frac{1}{q}\frac{\mathrm{d}E_i}{\mathrm{d}x}\right) - kT\mu_p \frac{\mathrm{d}p}{\mathrm{d}x} = 0 \tag{3.2.1}$$

由浓度的关系式

$$p = n_i \exp\left(\frac{E_i - E_F}{kT}\right) \tag{3.2.2}$$

得

$$\frac{\mathrm{d}p}{\mathrm{d}x} = \frac{p}{kT}\left(\frac{\mathrm{d}E_i}{\mathrm{d}x} - \frac{\mathrm{d}E_F}{\mathrm{d}x}\right) \tag{3.2.3}$$

代入式(3.2.1),得净空穴电流密度为

$$J_p = \mu_p p \frac{\mathrm{d}E_F}{\mathrm{d}x} = 0 \tag{3.2.4}$$

或

$$\frac{\mathrm{d}E_F}{\mathrm{d}x} = 0 \tag{3.2.5}$$

同样,净电子电流密度也为零,由式(2.3.1a)得

$$J_n = q\mu_n n E - qD_n \frac{\mathrm{d}n}{\mathrm{d}x} = \mu_n n \frac{\mathrm{d}E_F}{\mathrm{d}x} = 0 \tag{3.2.6}$$

因此,对净电子和空穴为零的情况,整个 PN 结上的费米能级 E_F 必须是常数(亦即与 x 无关),如图 3.2(b)所示。在热平衡下,常数费米能级导致在结处形成特殊的空间电荷分布。图 3.3(a)及图 3.3(b)再次给出了一维 PN 结及其热平衡能带图。当所有的施主和受主皆已电离时,空间电荷分布和静电势的特定关系,由泊松方程,得

$$\frac{\mathrm{d}^2\phi}{\mathrm{d}x^2} = -\frac{\mathrm{d}E}{\mathrm{d}x} = -\frac{\rho_s}{\varepsilon_s} = -\frac{q}{\varepsilon_s}(N_D - N_A + p - n) \tag{3.2.7}$$

式中,$\varepsilon_s = \varepsilon_0 \varepsilon_r$ 为介质的介电常数,其中 ε_0 为真空中介电常数,ε_r 为介质的相对介电常数。

在远离冶金结的 P 区和 N 区,电荷保持中性,且总空间电荷密度为零,因此,式(3.2.7)可简化为

$$\frac{\mathrm{d}^2\phi}{\mathrm{d}x^2} = 0 \tag{3.2.8}$$

和

$$N_D - N_A + p - n = 0 \tag{3.2.9}$$

对于中性 P 区,设 $N_D = 0$ 和 $p \gg n$,中性 P 区相对于费米能级的静电势 ϕ_P,如图 3.3(b)所示。将式(3.2.9)中 $N_D = n = 0$ 及 $p = N_A$ 代入式(3.2.2),得

$$\phi_P = -\frac{1}{q}(E_i - E_F)\Big|_{x \leqslant -x_p} = -\frac{kT}{q}\ln\left(\frac{N_A}{n_i}\right) \tag{3.2.10}$$

类似的,中性 N 区相对于费米能级的静电势为

$$\phi_n = -\frac{1}{q}(E_i - E_F)\Big|_{x \geqslant x_n} = \frac{kT}{q}\ln\left(\frac{N_D}{n_i}\right) \tag{3.2.11}$$

在热平衡时,中性 P 区和中性 N 区的总静电势差定义为内建电势,即

$$V_D = \phi_n - \phi_p = \frac{kT}{q}\ln\left(\frac{N_A N_D}{n_i^2}\right) \tag{3.2.12}$$

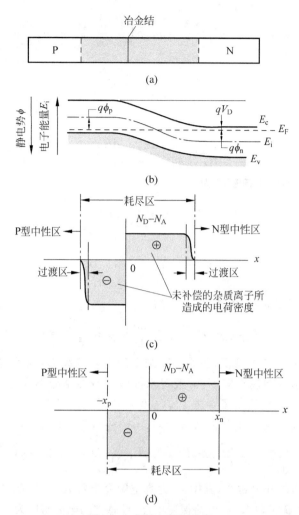

图 3.3　空间电荷区特征

(a) 冶金结中突变掺杂的 PN 结；(b) 在热平衡下突变结的能带图；(c) 空间电荷分布；(d) 空间电荷的长方形近似

　　图 3.3(c)表明,由中性区移动到结会有一窄小的过渡区,这些掺杂离子的空间电荷部分被移动载流子补偿。越过了过渡区域,进入移动载流子浓度为零的完全耗尽区,这个耗尽区也称空间电荷区。对于一般硅和砷化镓的 PN 结,其过渡区的宽度远比耗尽区的宽度小。因此,可以忽略过渡区,而以长方形分布表示耗尽区,如图 3.3(d)所示,其中 $-x_p$ 和 x_n 分别表示 P 型和 N 型在完全耗尽区的边界,在 $p=n$ 时,式(3.2.7)变为

$$\frac{\mathrm{d}^2\phi}{\mathrm{d}x^2} = -\frac{q}{\varepsilon_s}(N_D - N_A) \qquad (3.2.13)$$

　　对不同杂质浓度,由式(3.2.10)和式(3.2.11)可计算硅和砷化镓的静电势 $|\phi_p|$ 和 ϕ_n,如图 3.4 所示。杂质浓度一定时,砷化镓有较小的本征载流子浓度 n_i,其静电势较高。

3.2.2　空间电荷区电场与电势分布

　　为求解式(3.2.13)所示的泊松方程,必须知道杂质浓度 N_D 和 N_A 的分布。本节以突变结和线性缓变结为讨论对象。突变结是浅扩散或低能离子注入形成的 PN 结,其杂质分

布如图 3.5(a)所示。缓变结是深扩散或高能离子注入形成的 PN 结,其杂质浓度分布是缓变的。线性缓变结的杂质浓度分布在结区呈线性变化,如图 3.5(b)所示。

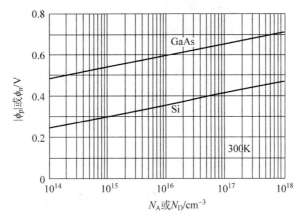

图 3.4 突变结内建电势和杂质浓度的关系

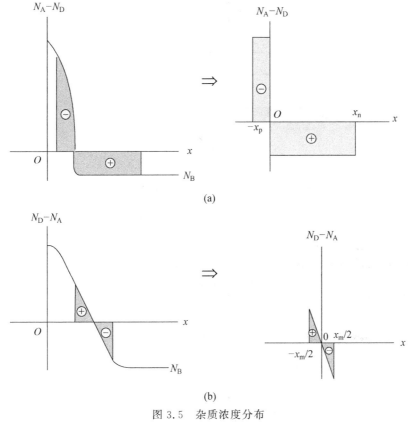

(a)

(b)

图 3.5 杂质浓度分布

(a) 突变结;(b) 线性缓变结

1. 突变结

1) 耗尽区域泊松方程

突变结的空间电荷分布如图 3.6(a)所示。在耗尽区域,自由载流子完全耗尽,所以泊

松方程式(3.2.13)可写为

$$\frac{\mathrm{d}^2\phi}{\mathrm{d}x^2}=\frac{qN_A}{\varepsilon_s}, \quad -x_p \leqslant x \leqslant 0 \tag{3.2.14a}$$

$$\frac{\mathrm{d}^2\phi}{\mathrm{d}x^2}=-\frac{qN_D}{\varepsilon_s}, \quad 0 < x < x_n \tag{3.2.14b}$$

半导体电荷中性要求 P 侧每单位面积总负空间电荷必须精确地等于 N 侧每单位面积总正空间电荷,即

$$N_A x_p = N_D x_n \tag{3.2.15}$$

总耗尽层宽度为

$$x_m = x_p + x_n \tag{3.2.16}$$

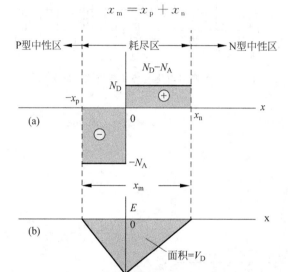

图 3.6 在热平衡时,空间电荷与电场分布

(a) 空间电荷分布;(b) 电场分布

2) 耗尽区电场强度与内建电势

图 3.6(b)所示的电场由式(3.2.14a)和式(3.2.14b)积分,得

$$E(x)=-\frac{\mathrm{d}\phi}{\mathrm{d}x}=-\frac{qN_A(x+x_p)}{\varepsilon_s}, \quad -x_p \leqslant x < 0 \tag{3.2.17a}$$

$$E(x)=-E_m+\frac{qN_D x}{\varepsilon_s}=\frac{qN_D(x-x_n)}{\varepsilon_s}, \quad 0 < x \leqslant x_n \tag{3.2.17b}$$

式中,E_m 是 $x=0$ 处的最大电场,且

$$E_m=\frac{qN_D x_n}{\varepsilon_s}=\frac{qN_A x_p}{\varepsilon_s} \tag{3.2.18}$$

将式(3.2.17a)和式(3.2.17b)对耗尽区积分,得内建电势为

$$V_D=-\int_{-x_p}^{x_n} E(x)\mathrm{d}x=-\int_{-x_p}^{0} E(x)\mathrm{d}x\Big|_{P侧}-\int_{0}^{x_n} E(x)\mathrm{d}x\Big|_{N侧}$$

$$=\frac{qN_A x_p^2}{2\varepsilon_s}+\frac{qN_D x_n^2}{2\varepsilon_s}=\frac{1}{2}E_m x_m \tag{3.2.19}$$

因此,图 3.6(b)所示电场的三角形面积,即为内建电势。

结合式(3.2.15)和式(3.2.19),以内建电势为函数的 N 区、P 区和耗尽区宽度分别为

$$x_n = \sqrt{\frac{2\varepsilon_s}{q}\left(\frac{N_A}{N_D}\frac{1}{N_A + N_D}\right)V_D} \tag{3.2.20a}$$

$$x_p = \sqrt{\frac{2\varepsilon_s}{q}\left(\frac{N_D}{N_A}\frac{1}{N_A + N_D}\right)V_D} \tag{3.2.20b}$$

$$x_m = \sqrt{\frac{2\varepsilon_s}{q}\left(\frac{N_A + N_D}{N_A N_D}\right)V_D} \tag{3.2.20c}$$

3) 单边突变结电场与内建电势

当突变结一侧的杂质浓度远比另一侧高,称为单边突变结,如图 3.7(a)所示。图 3.7(b)显示了单边突变 P^+N 结的空间电荷分布,其中 $N_A \gg N_D$,且 P 侧耗尽层宽度较 N 侧小很多(也就是 $x_p \ll x_n$),耗尽区宽度为

$$x_m \approx x_n = \sqrt{\frac{2\varepsilon_s V_D}{q N_D}} \tag{3.2.21}$$

电场分布的表达式为

$$E(x) = -E_m + \frac{q N_0 x}{\varepsilon_s} \tag{3.2.22}$$

式中,N_0 是轻掺杂的基体浓度(意指 P^+N 结的 N_D),电场在 $x = x_m$ 处降为零,因此

$$E_m = \frac{q N_0 x_m}{\varepsilon_s} \tag{3.2.23}$$

和

$$E(x) = \frac{q N_0}{\varepsilon_s}(-x_m + x) = -E_m\left(1 - \frac{x}{x_m}\right) \tag{3.2.24}$$

如图 3.7(c)所示。

再一次积分泊松方程,得电势分布为

$$\phi(x) = -\int_0^x E \, dx = E_m\left(x - \frac{x^2}{2x_m}\right) + 常量 \tag{3.2.25}$$

将中性 P 区作参考零电势,即 $\phi(0) = 0$,并使用式(3.2.19),得

$$\phi(x) = \frac{V_D x}{x_m}\left(2 - \frac{x}{x_m}\right) \tag{3.2.26}$$

电势分布如图 3.7(d)所示。

【例 3.1】 一硅单边突变结,$N_A = 10^{19}\,cm^{-3}$,$N_D = 10^{16}\,cm^{-3}$,计算在零偏压时的耗尽区宽度和最大电场($T = 300K$)。

解: 由式(3.2.12)、式(3.2.21)和式(3.2.23),得

$$V_D = 0.0259\ln\left(\frac{10^{19} \times 10^{16}}{(9.65 \times 10^9)^2}\right)V = 0.895V$$

$$x_m \approx x_n = \sqrt{\frac{2V_D \varepsilon_s}{q N_D}} = 3.43 \times 10^{-5}\,m = 0.343\mu m$$

$$E_m = \frac{q N_0 x_m}{\varepsilon_s} = 0.52 \times 10^4\,V/cm$$

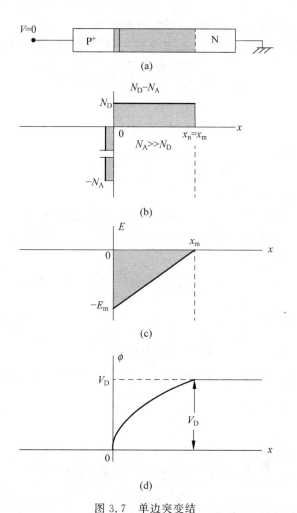

图 3.7　单边突变结

(a) 单边突变结；(b) 空间电荷分布；(c) 电场分布；(d) 电势分布

2. 线性缓变结

线性缓变结的杂质分布如图 3.8(a)所示。泊松方程为

$$\frac{\mathrm{d}^2\phi}{\mathrm{d}x^2} = -\frac{\mathrm{d}E}{\mathrm{d}x} = -\frac{\rho_s}{\varepsilon_s} = -\frac{q}{\varepsilon_s}a_j x, \quad -\frac{x_m}{2} \leqslant x \leqslant \frac{x_m}{2} \tag{3.2.27}$$

式中，a_j 是浓度梯度(单位是 cm^{-4})。在耗尽区内不计及移动载流子，用电场在 $\pm x_m/2$ 处为零的边界条件，积分式(3.2.27)得电场为

$$E(x) = -\frac{qa_j}{\varepsilon_s}\left(\frac{(x_m/2)^2 - x^2}{2}\right) \tag{3.2.28}$$

$x=0$ 处的最大电场为

$$E_m = \frac{qa_j x_m^2}{8\varepsilon_s} \tag{3.2.29}$$

电场分布如图 3.8(b)所示。再一次积分式(3.2.28)，可同时得到电势分布和其对应的能带图分别如图 3.8(c)和图 3.8(d)所示。内建电势和耗尽区宽度为

$$V_D = \frac{q a_j x_m^3}{12 \varepsilon_s} \tag{3.2.30}$$

和

$$x_m = \left(\frac{12 \varepsilon_s V_D}{q a_j}\right)^{1/3} \tag{3.2.31}$$

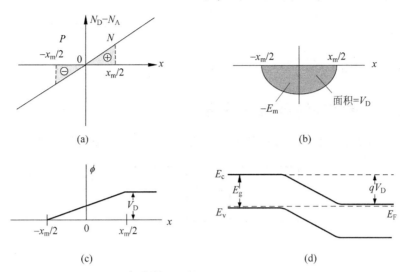

(a)　　　　　　　　　　　　　(b)

(c)　　　　　　　　　　　　　(d)

图 3.8　热平衡时的线性缓变结

(a) 杂质浓度分布；(b) 电场分布；(c) 电势分布；(d) 能带图

由于在耗尽区边缘 $-x_m/2$ 和 $x_m/2$ 处杂质浓度一样，都等于 $a_j x_m/2$，所以线性缓变结的内建电势和式(3.2.12)类似，即

$$V_D = \frac{kT}{q} \ln\left(\frac{(a_j x_m/2)(a_j x_m/2)}{n_i^2}\right) = \frac{2kT}{q} \ln\left(\frac{a_j x_m}{2n_i}\right) \tag{3.2.32}$$

由式(3.2.31)和式(3.2.32)消去 x_m，得到此超越函数的解和内建电势为 a_j 的函数。硅和砷化镓线性缓变结的内建电势与 a_j 的关系如图 3.9 所示。

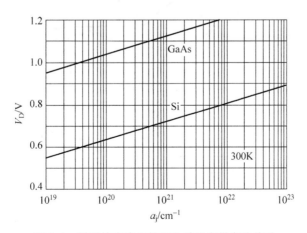

图 3.9　缓变结内建电势和杂质浓度梯度的关系

当正偏或反偏电压施加在线性缓变结时,耗尽区的宽度变化和能带图与图 3.4 所示的突变结相似,耗尽区宽度随 $(V_D-V)^{1/3}$ 变化。如果正偏,V 为正;如果反偏,V 为负值。

【例 3.2】 对于一浓度梯度为 $10^{20}\,\mathrm{cm}^{-4}$ 的硅线性缓变结,耗尽区宽度为 $0.5\mu\mathrm{m}$。计算最大电场和内建电势($T=300\mathrm{K}$)。

解:由式(3.2.29)和式(3.2.32),得

$$E_m = \frac{qa_j x_m^2}{8\varepsilon_s} = \frac{1.6\times10^{-19}\times10^{20}\times(0.5\times10^{-4})^2}{8\times11.9\times8.85\times10^{-14}} = 4.75\times10^3\,\mathrm{V/cm}$$

$$V_D = \frac{2kT}{q}\ln\left(\frac{a_j x_m}{2n_i^2}\right) = 2\times0.0259\ln\left(\frac{10^{20}\times0.5\times10^{-4}}{2\times9.65\times10^9}\right) = 0.645\mathrm{V}$$

3.2.3 平衡 PN 结载流子浓度

图 3.10 给出了平衡 PN 结的能带图、电势分布图及载流子浓度分布图。

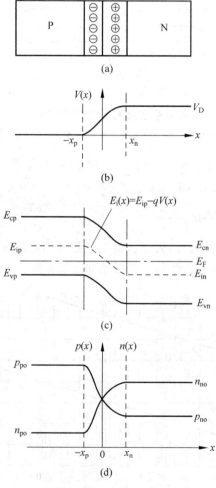

图 3.10 平衡 PN 结

(a) 势垒区;(b) 电势分布;(c) 能带;(d) 载流子浓度分布

图 3.10(a)中,用"⊕"表示电离施主电荷,用"⊖"表示电离受主电荷;P 区和 N 区电中性,净电荷为零。势垒区内建电场方向是由 N 区指向 P 区的,内建电场方向就是电势降落的方向。

若以 P 区为电势零点,随着 x 从 $-x_p$ 增加到 x_n,则空间电荷区中电势 $V(x)$ 大于零且从 0 逐渐上升到 V_D。若令 P 区导带底能级 $E_{cp}=0$,则从边界 $-x_p$ 到 x_n,导带底电子的电势能则从 0 下降到 $-qV_D$,势垒区电子电势能为 $-qV(x)$,如图 3.10(b)所示。

P 区的空穴浓度 p_{p0} 和 N 区的电子浓度 n_{n0} 在均匀掺杂的情况下不随位置变化(图 3.10(d))。所以,本征费米能级 E_i 在中性 P 区和中性 N 区也不随位置变化(图 3.10(c)),它分别等于常数 E_{ip} 和 E_{in},且二者之差正好等于 PN 结的势垒高度,即 $E_{ip}-E_{in}=qV_D$。然而,势垒区载流子浓度是随着位置变化的,故势垒区本征费米能级 $E_i(x)$ 也随位置而变化。若以 E_{ip} 表示 P 区的本征费米能级,则势垒区本征费米能级 $E_i(x)=E_{ip}-qV(x)$。

本征费米能级随 x 的变化实际上反映了导带底和价带顶能值随 x 的变化。图 3.10(c)所示的能带图是以电子的能量为依据的,越向上,电子能量越高,空穴能量越低。反之亦然。也就是说,N 区导带底电子的能量比 P 区低 qV_D 或 N 区价带顶空穴的能量比 P 区高 qV_D。在平衡 PN 结中,载流子分布的特点是:从 N 区到 P 区,电子的势能升高了 qV_D,电子的浓度则从 N 区平衡多子浓度 n_{n0} 减少到 P 区平衡少子浓度 n_{p0}。同样,从 P 区到 N 区,空穴的势能也升高了 qV_D,空穴的浓度也从 P 区平衡多子浓度 p_{p0} 减少到 N 区平衡少子浓度 p_{n0}。在平衡 PN 结中,由于没有载流子的净流动,费米能级处处相等(图 3.10(c))。

在空间电荷区内 x 处的电子浓度和空穴浓度为

$$n(x)=n_i e^{\frac{E_F-E_i(x)}{kT}} \tag{3.2.33}$$

$$p(x)=n_i e^{\frac{E_i(x)-E_F}{kT}} \tag{3.2.34}$$

当 $E_i(x)=E_{in}$ 时,式(3.2.33)表示 N 区平衡多数载流子浓度 n_{n0},式(3.2.34)表示 N 区平衡少数载流子浓度 p_{n0};当 $E_i(x)=E_{ip}$ 时,式(3.2.33)表示 P 区平衡少数载流子浓度 n_{p0},式(3.2.34)表示 P 区平衡多数载流子浓度 p_{p0}。因此,由式(3.2.33)易得,平衡 PN 结势垒区两侧电子浓度之间的关系为

$$n_{p0}=n_{n0} e^{-\frac{E_{ip}-E_{in}}{kT}}=n_{n0} e^{-\frac{qV_D}{kT}} \tag{3.2.35}$$

同理,可由式(3.2.34)导出势垒区两侧的空穴浓度,即

$$p_{n0}=p_{p0} e^{-\frac{qV_D}{kT}} \tag{3.2.36}$$

式(3.2.35)、式(3.2.36)表示了同一种载流子在势垒区两边的浓度关系服从玻尔兹曼分布函数关系。利用式(3.2.33)和式(3.2.34)可以估算 PN 结势垒区载流子浓度。

3.3 PN 结伏安特性

3.3.1 理想 PN 结

理想 PN 结满足的条件如下:
(1) 小注入条件:注入的少子浓度比平衡多子浓度小得多。

（2）耗尽层近似：外加电压都降落在耗尽层上，耗尽层以外的半导体是电中性的。因此，注入的少子在 P 区和 N 区只作扩散运动。

（3）忽略耗尽层中载流子的产生与复合：通过势垒区的电流密度不变。

（4）玻尔兹曼边界条件：在势垒区两端，载流子分布满足玻尔兹曼分布。

（5）忽略半导体表面对电流的影响。

如果不加特殊说明，一般均指理想 PN 结。

3.3.2 PN 结正向特性

零偏压下的平衡 PN 结是非工作状态，而在工作状态下的 PN 结都加有一定的偏压。由于 PN 结势垒区的内建电场作用，使得势垒区的净载流子浓度近似为零，剩下的均为不能移动的带电杂质离子。因此，PN 结势垒区的电阻比 P 区和 N 区都高，势垒区是一个高阻层。根据耗尽层近似条件，当 PN 结两端加电压 V 时，这个电压将集中降落在势垒区，也就是说，外加电压将使势垒高度发生变化，这个变化的高度就等于 qV。

1. PN 结正偏

1）势垒区宽度变窄

当 PN 结两端加正向偏压 V，即 P 区接电源正极、N 区接电源负极（图 3.11(a)），这个电压形成的电场与原来平衡 PN 结内建电场方向正好相反，势垒区的总电场减小，势垒宽度变窄，势垒高度由原来的 qV_D 下降到 $q(V_D-V)$，因此与平衡 PN 结相比，正偏 PN 结的能带图发生了变化，如图 3.11(a)中的实线所示。

2）非平衡载流子的电注入

由于正偏使势垒区电场减弱，其对载流子的漂移作用也减弱，扩散作用大于漂移作用，所以有净扩散电流流过 PN 结，构成 PN 结的正向电流。这种由于外加正偏电压的作用使非平衡载流子进入半导体的过程称为非平衡载流子的电注入。注入 P 区的电子将在势垒区边界 $-x_p$ 处积累起来，成为该处的非平衡载流子（图 3.11(c)），这些非平衡电子由于浓度梯度向 P 区纵深方向扩散，在扩散过程中不断与 P 区的多子空穴复合，电子电流将逐渐转化为空穴电流，经过一个电子扩散长度 L_n 的距离后，注入的电子基本上全部与空穴复合掉，这时，N 区注入 P 区的电子电流就全部转化为 P 区的空穴电流。同样，由 P 区注入 N 区的空穴也在势垒边界 x_n 处积累起来，成为 N 区的非平衡少数载流子，这些空穴由于浓度梯度而不断向 N 区纵深方向扩散，在扩散过程中，不断与 N 区的多数载流子电子复合，空穴电流就逐渐转化为 N 区的电子电流，图 3.11(b)显示了这种变化。这里把势垒区两侧一个扩散长度范围内的区域称为扩散区，其扩散长度记为 L_n，称为电子的扩散长度；P 区一侧的扩散区称为电子的扩散区，N 区一侧的扩散区称为空穴的扩散区，其扩散长度记为 L_p，称为空穴的扩散长度。从整体上来看，根据电流的连续性，流过 PN 结任一截面上的总电流（电子电流＋空穴电流）应该是相等的，但是在不同的区域，总电流中电子电流和空穴电流所占的比例是不同的。因此，一般在中性 P 区基本上全部是空穴电流，在中性 N 区基本上全部是电子电流；这两种电流在 PN 结的扩散区通过复合而相互转换，而总电流却保持不变。

如果正偏电压进一步增加，则势垒高度进一步降低，扩散作用进一步增大，漂移作用进一步减小，从而使 PN 结正向电流迅速增大。因此，PN 结在正偏电压作用下处低阻态。

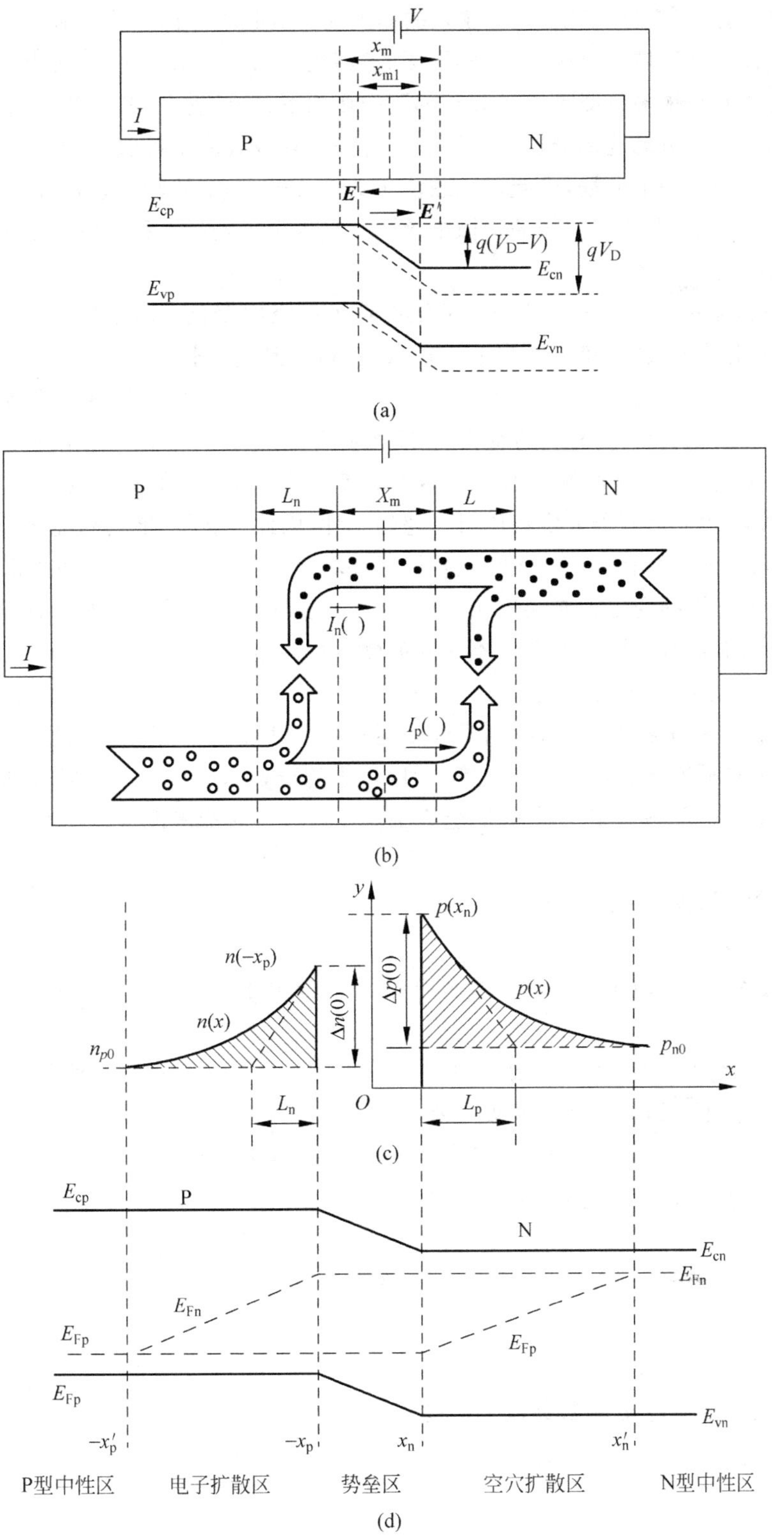

图 3.11 PN 结正向偏置

(a) 正偏 PN 结及其能带图；(b) 正偏 PN 结电流传输与转换；(c) 少子浓度分布；(d) 费米能级

值得指出的是,当 PN 结正偏时,注入的非平衡少数载流子在扩散区形成一定浓度梯度的积累,为了保持该区域的电中性,必然要吸收数量相等、分布梯度相同、带电符号相反的多数载流子,这些非平衡多数载流子在分布梯度的作用下也要进行扩散。然而,在讨论 PN 结正偏特性时,一般不考虑这部分扩散电流。因为一旦多数载流子扩散离开,电中性条件就被打破了,必然会产生一个电场,引起多数载流子的漂移电流,来补偿多数载流子的扩散损失。因此,在稳定情况下,多数载流子的扩散电流总是被这个电场的漂移电流所抵消。

3) 费米能级的变化

图 3.11(c)显示了小注入时正偏 PN 结准费米能级的变化。从中性 N 区开始,从右到左依次经过了空穴扩散区、势垒区和电子扩散区,最后到达中性 P 区。在中性 N 区不存在非平衡载流子(空穴),电子和空穴有统一的费米能级 E_{FN};从中性 N 区往左就到了空穴扩散区,小注入时由 P 区注入 N 区的空穴与 N 区的多数载流子电子相比基本上可以忽略不计;但为了保持电中性,该区域增加了与注入空穴数量相等的非平衡少数载流子电子,然而该电子的浓度与热平衡电子浓度相比可以忽略不计,因此,电子的准费米能级 E_{Fn} 基本上与 N 区的费米能级 E_{FN} 保持一致;从空穴扩散区往右就进入了势垒区,因为扩散区比势垒区大得多,准费米能级的变化主要发生在扩散区,在势垒区的变化可以忽略不计,因此,可以认为在势垒区内,准费米能级近似保持不变;再往右进入电子扩散区,由 N 区注入 P 区的电子成为该区的少数载流子,在势垒区 P 区一侧边界 $-x_p$ 处少子浓度最高,随着电子向 P 区纵深方向扩散,电子边扩散边复合,电子浓度逐渐减少,所以电子的准费米能级也逐渐降低。到了中性 P 区非平衡电子基本复合完毕,所以电子的准费米能级 E_{Fn} 和空穴的准费米能级 E_{Fp} 就重合到一起了,成为 P 区的费米能级 E_{FP}。对空穴的费米能级的变化可以作同样的分析。

2. 正偏 PN 结少子浓度分布

1) 边界处少子浓度分布

边界少子浓度是指如图 3.11(c)所示边界 $-x_p$ 处电子浓度 $n(-x_p)$ 或 x_n 处空穴浓度 $p(x_n)$。

平衡 PN 结势垒高度为 qV_D,统一的费米能级为 E_F;而正偏电压使势垒高度降低了 qV,qV 也是正偏 PN 结两边费米能级之差,即

$$E_{Fn} - E_{Fp} = E_{FN} - E_{FP} = qV \tag{3.3.1}$$

在 P 区边界 $-x_p$ 处载流子浓度分别为

$$n_p = n_p(-x_p) = n_i \exp[(E_{Fn} - E_i)/kT] \tag{3.3.2a}$$

$$p_p = p_p(-x_p) = n_i \exp[(E_i - E_{Fp})/kT] \tag{3.3.2b}$$

利用式(3.3.1),得

$$n_p p_p = n_p(-x_p) p_p(-x_p) = n_i^2 \exp(qV/kT) \tag{3.3.3}$$

因为 P 区边界 $-x_p$ 处多数载流子浓度为 $p_p(-x_p)$,所以 $p_p(-x_p) = p_{p0}$(为 P 区多子平衡浓度),再利用 $p_{p0} n_{p0} = n_i^2$ 和 $n_{p0} = n_{n0} \exp\left(\dfrac{qV_D}{kT}\right)$,得 P 区边界 $-x_p$ 处少数载流子电子浓度为

$$n_p(-x_p) = n_{p0} \exp\left(\frac{qV}{kT}\right) = n_{n0} \exp\left(\frac{qV - qV_D}{kT}\right) \tag{3.3.4}$$

于是，P 区边界 $-x_p$ 处过剩少子电子浓度为

$$\Delta n_p(-x_p) = n_p(-x_p) - n_{p0} = n_{p0}\left(\exp\left(\frac{qV}{kT}\right) - 1\right) \tag{3.3.5}$$

同样，N 区边界 x_n 处少数载流子空穴浓度为

$$p_n(x_n) = p_{n0}\exp\left(\frac{qV}{kT}\right) = p_{p0}\exp\left(\frac{qV - qV_D}{kT}\right) \tag{3.3.6}$$

因此，N 区边界 x_N 处过剩少子空穴浓度为

$$\Delta p_n(x_n) = p_n(x_n) - p_{n0} = p_{n0}\left(\exp\left(\frac{qV}{kT}\right) - 1\right) \tag{3.3.7}$$

式(3.3.4)、式(3.3.6)表明，注入势垒区边界 $-x_p$ 和 x_n 处过剩少数载流子浓度是外加电压的函数，也是求解连续性方程的边界条件。

2）P 区和 N 区中少子浓度分布

稳态时，根据理想 PN 结条件，忽略扩散区的电场，则空穴扩散区中非平衡少子连续性方程为

$$D_p\frac{d^2\Delta p_n}{dx^2} - \frac{p_n - p_{n0}}{\tau_p} = 0 \tag{3.3.8a}$$

式中，左边第 1 项表示扩散积累，第二项表示复合。该方程表明，稳定扩散时，单位时间、单位面积内扩散积累的少子数目等于复合损失的少子数目，其通解为

$$\Delta p_n(x) = p_n(x) - p_{n0} = Ae^{-x/L_p} + Be^{x/L_p} \tag{3.3.8b}$$

式中，$L_p = \sqrt{D_p\tau_p}$ 为空穴的扩散长度。根据边界条件

$$x \to \infty \text{ 时，} \quad p_n(\infty) = p_{n0} \tag{3.3.9a}$$

$$x = x_n \text{ 时，} \quad p_n(x_n) = p_{n0}\exp\left(\frac{qV}{kT}\right) \tag{3.3.9b}$$

得

$$p_n(x) - p_{n0} = p_{n0}\left(\exp\left(\frac{qV}{kT}\right) - 1\right)\exp\left(\frac{x_n - x}{L_p}\right) \tag{3.3.10}$$

同样，对注入 P 区的非平衡少子，有

$$n_p(x) - n_{p0} = n_{p0}\left(\exp\left(\frac{qV}{kT}\right) - 1\right)\exp\left(\frac{x_p + x}{L_n}\right) \tag{3.3.11}$$

式(3.3.10)和式(3.3.11)给出了正偏 PN 结时，过剩少数载流子在势垒区两侧扩散区中的分布；也表明，当外加电压 V 一定时，非平衡少数载流子浓度在势垒边界处为一稳定值；在两个扩散区，非平衡少数载流子均按指数规律衰减，如图 3.11(c)所示。

需要注意的是：电子电流与空穴电流的大小在 PN 结附近扩散区域内各处是不相等的，但两者之和始终相等。这说明电流转换并非电流的中断，而仅仅是电流的具体形式和载流子类型发生了改变，PN 结内电流连续。

3. 正偏 PN 结电流-电压关系

由前面的讨论可知，PN 结各处电流连续，任意截面电流相同，因此，空间电荷区与 N 区交界面 x_n 处的电子电流密度与空穴电流密度之和就是流过 PN 结的总电流密度，即

$$J = (x_n\text{ 处电子漂移电流密度}) + (x_n\text{ 处空穴扩散电流密度})$$

$$=(-x_p\text{ 处电子扩散电流密度})+(-x_p\text{ 处空穴扩散电流密度})$$
$$=J_n(-x_p)+J_p(x_n) \tag{3.3.12}$$

N 区非平衡少子空穴浓度为

$$\Delta p(x)=\Delta p(0)\mathrm{e}^{-\frac{x-x_n}{L_p}} \tag{3.3.13}$$

式中，$\Delta p(0)=p_{n0}(\exp(qV/kT)-1)$。

空穴扩散电流密度为

$$J_p(x_n)=-qD_p\frac{\mathrm{d}\Delta p(x)}{\mathrm{d}x}\Big|_{x=x_n}=qp_{n0}\frac{D_p}{L_p}\left(\exp\left(\frac{qV}{kT}\right)-1\right) \tag{3.3.14}$$

式中，$\dfrac{D_p}{L_p}$ 与速度有相同的单位(cm/s)，称之为扩散速度。

同理，$-x_p$ 处注入 P 区电子扩散电流密度为

$$J_n(-x_p)=qn_{p0}\frac{D_n}{L_n}\left(\exp\left(\frac{qV}{kT}\right)-1\right) \tag{3.3.15}$$

式中，$\dfrac{D_n}{L_n}$ 与速度有相同的单位(cm/s)，称之为电子扩散速度。

流过 PN 结的总电流密度为

$$J=J_n(-x_p)+J_p(x_n)=q\left(\frac{n_{p0}D_n}{L_n}+\frac{p_{n0}D_p}{L_p}\right)\left(\exp\left(\frac{qV}{kT}\right)-1\right)$$
$$=J_0\left(\exp\left(\frac{qV}{kT}\right)-1\right) \tag{3.3.16}$$

式中

$$J_0=q\left(n_{p0}\frac{D_n}{L_n}+p_{n0}\frac{D_p}{L_p}\right)=q\left(\frac{n_i^2}{p_{p0}}\frac{D_n}{L_n}+\frac{n_i^2}{n_{n0}}\frac{D_p}{L_p}\right) \tag{3.3.17}$$

在常温下，$N_A\approx p_{p0}$，$N_D\approx n_{n0}$，$L_n=\sqrt{D_n\tau_n}$，$L_p=\sqrt{D_p\tau_p}$，则式(3.3.17)近似为

$$J_0=q\left(\frac{n_i^2}{N_A}\frac{L_n}{\tau_n}+\frac{n_i^2}{N_D}\frac{L_p}{\tau_p}\right) \tag{3.3.18}$$

在常温(300K)下，热电势 $V_T=kT/q=0.026\text{V}$，而实际的正向电压 V 只有零点几伏，所以 $\exp\left(\dfrac{qV}{kT}\right)\gg1$，故式(3.3.16)近似为

$$J=J_0\exp\left(\frac{qV}{kT}\right) \tag{3.3.19}$$

可见，正向电流随外加电压 V 按指数规律快速增大。

对于 P^+N 结，由于 P 区杂质浓度比 N 区高得多，即 P 区平衡多子浓度 p_{p0} 远大于 N 区平衡多子浓度 n_{n0}，即 $p_{p0}\gg n_{n0}$，所以式(3.3.16)变为

$$J=q\frac{p_{n0}D_p}{L_p}\left(\exp\left(\frac{qV}{kT}\right)-1\right) \tag{3.3.20}$$

对于 N^+P 结，有

$$J=q\frac{n_{p0}D_n}{L_n}\left(\exp\left(\frac{qV}{kT}\right)-1\right) \tag{3.3.21}$$

3.3.3　PN 结反向特性

1. PN 结反偏与反向抽取

当 PN 结加反偏电压 V，即 P 区接电源负极，N 区接电源正极，如图 3.12(a)所示；反偏电压在势垒区产生的电场正好与内建电场方向相同，势垒区电场加强，势垒区宽度变宽，势垒高度由原来的 qV_D 增加为 $q(V_D+V)$，如图 3.12(b)所示。势垒区电场加强，漂移运动增强，扩散运动减弱，漂移电流大于扩散电流。这时，势垒区 N 区一侧 x_n 处空穴被势垒区的强电场扫向 P 区，而势垒区 P 区一侧 $-x_p$ 处电子被扫向 N 区。这种现象称为 PN 结的反向抽取作用。

当反偏电压很高时，靠近势垒区边界 P 区和 N 区的少子可以近似看作零(图 3.12(c)中的 $-x_p$ 和 x_n)，当这些少数载流子被电场扫走以后，就要由内部少子来补充，形成反偏电压下少数载流子的扩散电流，PN 结中的总反向电流就等于势垒区两边界处少数载流子扩散电流之和。因为少子浓度很低，而少子的扩散长度基本没有变化，所以反偏电压时，少子的浓度梯度很小，由这个梯度所产生的反向扩散电流亦较小。

PN 结反偏时准费米能级 E_{Fn} 和 E_{Fp} 的变化如图 3.12(d)所示。该图表明，在电子扩散区、势垒区和空穴扩散区中，电子和空穴的准费米能级的变化规律与正偏 PN 结基本相似，不同之处在于，E_{Fn} 和 E_{Fp} 的相对位置发生了变化。在正偏 PN 结中，$E_{Fn} > E_{Fp}$；而在反偏 PN 结中，$E_{Fn} < E_{Fp}$。反偏时，P 区的准费米能级比 N 区高 qV，已不再是水平了。

2. 边界少子浓度

应用玻尔兹曼分布可以近似求出此时边界的少子浓度。

P 区边界 $-x_p$ 处电子浓度为

$$
\begin{aligned}
n(-x_p) &= n_{n0}\exp\left(-\frac{q(V_D+V)}{kT}\right) \\
&= n_{n0}\exp\left(-\frac{qV_D}{kT}\right)\exp\left(-\frac{qV}{kT}\right) \\
&= n_{p0}\exp\left(-\frac{qV}{kT}\right)
\end{aligned}
\tag{3.3.22a}
$$

同理，有

$$
p(x_n) = p_{n0}\exp\left(-\frac{qV}{kT}\right)
\tag{3.3.22b}
$$

需说明以下几点：

(1) 反偏电压 $V \gg kT/q$ 时，$\exp\left(-\dfrac{qV}{kT}\right) \rightarrow 0$，边界少子浓度很小，近似为零。这时空间电荷区以外一个扩散长度范围内的少数载流子要向空间电荷区扩散，这些少子一旦到达空间电荷区边界，就立刻被空间电区的强电场拉向对方，使空间电荷区边界少子浓度低于平衡值，因此少子浓度分布如图 3.12(c)所示。这正是反向抽取作用的表现。

(2) 与正向注入相比，反向抽取的不同之处是使边界少子浓度减少，形成少子的欠缺。所以此时的过剩载流子浓度应该为负值，而正向注入是使边界少子的浓度增加，形成少子的积累，过剩载流子浓度为正值。

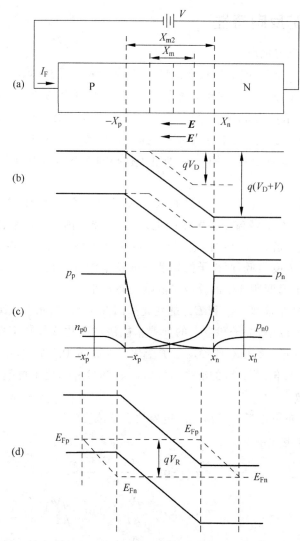

图 3.12　反偏 PN 结

(a) 反偏连接；(b) 势垒变化；(c) 载流子浓度分布；(d) 准费米能级变化

3. P 区或 N 区少子浓度

建立如图 3.13 所示的坐标系。

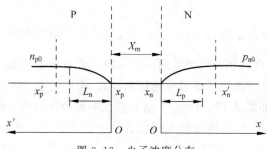

图 3.13　少子浓度分布

利用边界条件

$$n(0) = n(-x_p) = n_{p0} \exp\left(-\frac{qV}{kT}\right) \tag{3.3.23}$$

得,P区少子浓度为

$$n(x) \approx n_{p0}\left(\exp\left(-\frac{qV}{kT}\right) - 1\right)\exp\left(-\frac{x + x_p}{L_n}\right) + n_{p0} \tag{3.3.24a}$$

N区少子浓度为

$$p(x) \approx p_{n0}\left(\exp\left(-\frac{qV}{kT}\right) - 1\right)\exp\left(-\frac{x - x_n}{L_p}\right) + p_{n0} \tag{3.3.24b}$$

当反偏电压 $V \gg kT/q$ 时,有

$$n(x') \approx n_{p0}\left(1 - \exp\left(-\frac{x'}{L_n}\right)\right) \tag{3.3.25a}$$

$$p(x) \approx p_{n0}\left(1 - \exp\left(-\frac{x}{L_p}\right)\right) \tag{3.3.25b}$$

4. 反向 PN 结电流转换与传输

由于反偏 PN 结的抽取作用使结边界附近 $x_n \sim x_n'$ 和 $-x_p \sim -x_p'$ 区域的少子浓度低于平衡少子浓度,如图 3.14 所示。此情况下,产生大于复合,即有电子空穴对的净产生。在 $x_n \sim x_n'$ 区域净产生的空穴向结区扩散,到达空间电荷区边界 x_n 后,便被电场扫过空间电荷区进入 P 区;产生的电子以漂移的形式流出 $x_n \sim x_n'$ 区。在 $-x_p \sim -x_p'$ 区域中净产生的电子向 $-x_p$ 方向扩散,一到达空间电荷区边界 $-x_p$ 后,便被电场扫过空间电荷区进入 N 区;产生的空穴以漂移的形式流出 $-x_p \sim -x_p'$ 区。这样,就形成了由 N 区流向 P 区的 PN 结反向电流,与正偏 PN 结电流方向相反,PN 结反向电流在 N 区 x_n' 的右边为电子漂移电流,到了扩散区逐步转换为空穴电流,在 P 区 x_p' 的左侧全部变为空穴电流。与 PN 结正向电流一样,反向电子电流与空穴电流的大小在 PN 结扩散区内各处不相等,但两者之和始终相等。

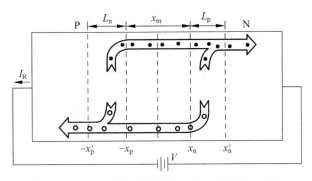

图 3.14　反向 PN 结载流子传输和电流转换示意图

与正偏 PN 结类似的方法,得 PN 结反向电流密度为

$$J_R = q\left(\frac{n_{p0} D_n}{L_n} + \frac{p_{n0} D_p}{L_p}\right)\left(\exp\left(-\frac{qV}{kT}\right) - 1\right) \tag{3.3.26}$$

当 $V \gg kq/T$ 时,有 $\exp\left(-\frac{qV}{kT}\right) \to 0$,这时式(3.3.26)变为

$$J_R = -q\left(\frac{n_{p0}D_n}{L_n} + \frac{p_{n0}D_p}{L_p}\right) = -q\left(\frac{n_i^2}{p_{p0}}\frac{D_n}{L_n} + \frac{n_i^2}{n_{n0}}\frac{D_p}{L_p}\right) = -J_0 \qquad (3.3.27)$$

J_R 仅与少子浓度、扩散长度、扩散系数有关,且当反偏电压 V 增大时,趋近于一个常数 $-J_0$,故称 J_R 为反向饱和电流。式中,负号表示电流方向与正向相反,电流的方向是从 N 区流向 P 区的。少子浓度又与本征载流子浓度 n_i^2 成正比,因此随温度升高而增大,故反向扩散电流随温度升高而快速增大。

PN 结反向电流实质上是在 PN 结附近所产生的少子构成的电流。在一般情况下,不论 P 区还是 N 区少子浓度都很小,因而反向电流也很小。图 3.15 给出了反向电流产生示意图。

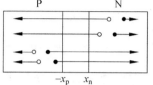

图 3.15   反向电流产生示意图

据上分析,有

$$J_R = J_0\left(\exp\left(-\frac{qV}{kT}\right) - 1\right) = J_0(\exp(-V/V_T) - 1) \qquad (3.3.28)$$

式中,$-V$ 表示外加反向电压;$V_T = kT/q$。

3.3.4   PN 结伏安特性

根据前面的分析,正反电压-电流关系重写为

$$J = J_0\left(\exp\left(\frac{qV}{kT}\right) - 1\right) \qquad (3.3.29a)$$

$$J_R = J_0\left(\exp\left(-\frac{qV}{kT}\right) - 1\right) \qquad (3.3.29b)$$

式(3.3.29)就是理想 PN 结的伏安特性方程,又称为肖克莱方程。式(3.3.29a)与式(3.3.29b)的差别在于反向特性多了一个负号,表示外加电压是反向电压。

将正向特性与反向特性组合起来,就得到 PN 结的电流-电压特性(伏安特性),其曲线如图 3.16 所示。

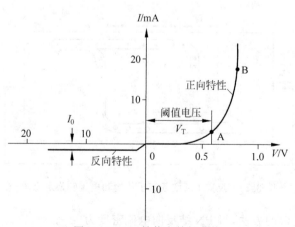

图 3.16   PN 结伏安特性曲线

对实际电路中的 PN 结,只要它处于正向导通状态,PN 结上的电压就具有大体确定的值,称之为 PN 结的导通电压,又称为阈值电压。但是,通过 PN 结的电流不是一直不变的,

在正向导通状态下,通过 PN 结的电流由外电路条件决定,可以在很大的范围内变化。尽管如此,正向压降却能基本保持不变,这是由于正向电流随正向电压按指数规律变化。例如,以室温下 $kT/q=0.026\text{V}$ 估算,电流 I 变化 10 倍,V 只需要改变 0.06V。

用不同禁带宽度的材料制成的 PN 结,其导通电压的变化范围也不同。图 3.17 给出了 3 种常用半导体材料 P^+N 结的正向特性。其中,Ge、Si、GaAs 的禁带宽度分别为 0.7eV,1.1eV,1.5eV。禁带宽度对 PN 结正向导通电压的影响实际上反映了少子浓度对 PN 结正向电流的影响。式(3.3.10)、式(3.3.11)表明,正向注入的非平衡载流子浓度与平衡少子浓度成比例,因此正向电流密度也与平衡少子浓度 n_{p0} 和 p_{n0} 成比例。而一个材料的禁带宽度越大,平衡少子浓度就越小,那

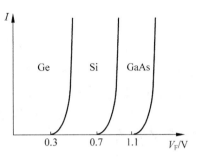

图 3.17　PN 结的正向导通阈值电压

么,为了能通过同样大的电流,就必须加以更高的正偏电压 V_F。这就是出现图 3.17 所示曲线的原因。

3.3.5　PN 结伏安特性的影响因素

前面在讨论理想 PN 结伏安特性时,假定势垒区没有载流子的产生和复合,并且忽略了表面对电流的影响。在实际的 PN 结中,这两种因素均不可忽略,它们是使实际 PN 结伏安特性偏离理想曲线的重要因素,有时会严重影响半导体器件的工作特性。本节除讨论 PN 结势垒区的产生与复合、表面效应,还将讨论温度效应和串联电阻效应等对 PN 结伏安特性的影响。

1. PN 结势垒区的产生与复合

1) 正偏 PN 结空间电荷区的复合电流

PN 结正偏时,由于空间电荷区内有非平衡载流子的注入,载流子浓度高于平衡值,故复合率大于产生率,净复合率不为零,所以空间电荷区内存在复合电流。

图 3.18 中的 ABCD 和 $A'B'C'D'$ 分别表示通过 PN 结的电子和空穴的注入电流,AB 段表示电子从 N 区注入 P 区,然后在 B 点与从左方来的空穴 C 复合;$A'B'$ 表示空穴从 P 区注入 N

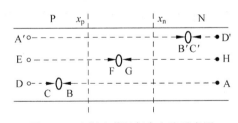

图 3.18　空间电荷区复合电流示意图

区,在 B' 点与来自右方的电子 C' 复合。EFGH 则代表由 PN 结空间电荷区中心造成的所谓复合电流,它是由右边来的电子和左边来的空穴在 PN 结空间电荷区复合形成的,而且在理想 PN 结正向注入电流时被忽略了。所以实际 PN 结的正向电流还要加上这一复合电流。

图 3.18 表明,注入的扩散电流和空间电荷区中的复合电流的区别只是复合地点不同。在电子扩散区或空穴扩散区中,电子和空穴,一个是多子,一个是少子,其浓度相差很大。而在空间电荷区,位于禁带中央附近的复合中心能级 E_t 处,如图 3.19 所示的 AB 线处有 $E_t=E_i$,即电子浓度和空穴浓度基本相等,所以通过空间电荷区复合中心的复合相对较强。

由第 2 章的式(2.5.44)知,在稳态情况下,电子和空穴通过复合中心的净复合率(单位

时间、单位体积内复合掉的载流子数）为

$$R = \frac{np - n_i^2}{\tau_p(n + n_1) + \tau_n(p + p_1)}$$

$$(3.3.30)$$

为简化计算，假设：

（1）$\tau_p = \tau_n = \tau$，复合中心分布均匀且具有单一有效能级，该能级位于本征费米能级 E_i 处，这样，就有 $n_1 = p_1 = n_i$。

（2）空间电荷区中 $n \approx p$，则 PN 结有外加电压 V 时，有

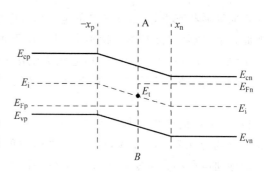

图 3.19　正向 PN 结空间电荷区中费米能级

$$n \cdot p = n_i^2 e^{\frac{qV}{kT}}$$

从而得空间电荷区电子和空穴浓度为

$$n = p = n_i e^{\frac{qV}{2kT}}$$

将这些简化假设都代入式（3.3.30），则净复合率为

$$R = \frac{n_i}{2\tau} \frac{e^{qV/kT} - 1}{e^{qV/2kT} + 1}$$

$$(3.3.31)$$

PN 结正偏且 $V \gg kT/q$，有

$$R = \frac{n_i}{2\tau} e^{\frac{qV}{2kT}}$$

$$(3.3.32)$$

如果用 x_m 表示空间电荷区的宽度，则空间电荷区复合电流为

$$J_{rg} = q \frac{n_i}{2\tau} x_m e^{\frac{qV}{kT}}$$

$$(3.3.33)$$

通过比较正向注入电流和复合电流的表达式，可以看出，复合电流有两个基本特点：

（1）正偏电压比较低时，空间电荷区复合电流随外加电压增加得比较缓慢。例如，当外加正向偏压 V 从零增加到 0.1V 时，则正向注入电流增加 $e^{\frac{qV}{kT}} = e^{\frac{0.1}{0.026}} \approx 50$ 倍，而复合电流增加的倍数为 $e^{\frac{qV}{2kT}} = e^{\frac{0.1}{2 \times 0.026}} \approx 7$ 倍。因此，仅当正偏电压比较低（或者说 PN 结电流比较小）时，空间电荷区复合电流才起重要作用。当 $V > 0.5V$，电流密度 $J > 10^{-5} A/cm^2$ 时，空间电荷区复合电流的影响就变得比较小了。

（2）空间电荷区复合电流正比于 n_i，而注入的扩散电流正比于少子浓度，少子浓度又正比于 n_i^2，因此，空间电荷区复合电流与正向注入电流的比值反比于 n_i，即

$$\frac{复合电流}{注入电流} \propto \frac{1}{n_i}$$

所以，n_i 越大，空间电荷区复合电流的影响就越小。锗的 n_i 很大，空间电荷区复合电流的影响可以略去不计；而硅的 n_i 较小，在小电流范围内复合电流的影响就不能略去，这是硅晶体管小电流下电流放大系数下降的重要原因之一。

当考虑空间电荷区复合电流后，PN 结的正向电流为

$$J = q\left(\frac{D_n n_{p0}}{L_n} + \frac{D_n p_{n0}}{L_p}\right)\left(e^{\frac{qV}{kT}} - 1\right) + q \frac{n_i}{2\tau} x_m e^{\frac{qV}{2kT}}$$

$$(3.3.34)$$

2）反偏 PN 结空间电荷区的产生电流

前面仅讨论了由 PN 结两侧 P 区和 N 区产生的电子和空穴形成的 PN 结反向电流,它只是反向电流的一部分,往往称为体内扩散电流。

PN 结反偏时,由于空间电荷区对载流子的反向抽取作用,在空间电荷区的复合中心产生电子-空穴对,使得空间电荷区内载流子浓度低于平衡值,故产生率大于复合率,净产生率不为零,所以空间电荷区内有产生电流。在锗 PN 结的反向电流中,体内扩散电流是主要的;然而,对硅 PN 结,空间电荷区的产生电流是主要的。

图 3.20 是硅 PN 结反向电流产生的物理过程,其中 CBAD 和 D′A′B′C′ 分别表示反向电子扩散电流和空穴扩散电流。在 P 区通过复合中心产生电子 A 和空穴 B,电子由于扩散到 PN 结空间电荷区并被电场扫到 N 区流向右方,而空穴流向左方。在 N 区复合中心产生的电子 A′ 向右方流去,空穴 B′ 扩散到 PN 结空间电荷区对被电场扫到 P 区,从左方流走。

EFGH 表示 PN 结空间电荷区复合中心的电子空穴被电场分别扫进 N 区和 P 区,这个产生电流是反向扩散电流之外的一个附加的反向电流,在硅 PN 结中该产生电流往往比反向扩散电流还大。反向扩散电流和空间电荷区中产生电流的区别只在于复合中心的地点不同。所以,实际 PN 结的反向电流还要加上空间电荷区的产生电流。

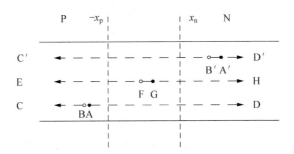

图 3.20　硅 PN 结反向电流产生的物理过程

在 PN 结反偏且 $|V| \gg kT/q$ 时,由式(3.3.33),得

$$R = -\frac{n_i}{2\tau}$$

所以净产生率为

$$G = -R = \frac{n_i}{2\tau} \tag{3.3.35}$$

则空间电荷区中复合中心的产生电流密度为

$$J_g = q x_m \frac{n_i}{2\tau} \tag{3.3.36}$$

可见,空间电荷区复合中心的产生电流明显特点是:它不像反向扩散电流那样会达到饱和值,而是随反偏电压增大而增大。这是因为 PN 结空间电荷区宽度随反偏电压增大而展宽,处于空间电荷区的复合中心数目增多,所以产生电流增大。

包含空间电荷区的产生电流后,PN 结的反向电流密度为

$$J_R = q\left(\frac{D_n n_{p0}}{L_n} + \frac{D_p p_{n0}}{L_p}\right)(e^{\frac{qV}{kT}} - 1) + q x_m \frac{n_i}{2\tau} \tag{3.3.37}$$

2. PN 结表面复合和产生电流

硅平面器件的表面都用二氧化硅层掩蔽,起保护 PN 结的作用。但有二氧化硅保护的硅器件表面会产生附加的复合和产生电流,从而影响器件性能。

1) 表面电荷引起表面空间电荷区

在二氧化硅层中,一般都含有一定数量的正电荷(最常见的是工艺沾污引入的钠离子 Na^+),这种表面电荷将吸引或排斥半导体内的载流子,从而在表面形成一定的空间电荷区。如果表面正电荷足够多,就会把 P 型硅表面附近的空穴排斥走,形成一个基本上由电离受主构成的空间电荷区,该区使 PN 结的空间电荷区延展、扩大,如图 3.21 所示。表面空间电荷区中的复合中心将引起附加的正向复合电流和反向产生电流。表面空间电荷区越大,所引起的附加电流就越大。而且,当表面电荷足够多时,表面空间电荷区的宽度随反偏电压的增加而加大。这与 PN 结本身的空间电荷区宽度变化大体相似。但是,当表面空间电荷区中电荷数量和氧化层电荷相等时,宽度就不再增加。

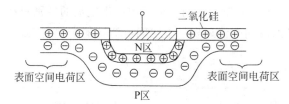

图 3.21　表面电荷引起的表面空间电荷

2) 硅-二氧化硅交界面的界面态

在硅-二氧化硅交界面处,往往存在着相当数量的、位于禁带中的能级,称为界面态(或表面态)。它们与体内的杂质能级相似,能接收、放出电子,可以起复合中心的作用。界面态的复合和产生作用,也同样由于表面空间电荷区而加强,它们对 PN 结也将引入附加的复合和产生电流。

3) 表面沟道电流

当 P 型衬底的杂质浓度较低,SiO_2 膜中的正电荷较多时,衬底表面将形成 N 型反型层,如图 3.22 所示。这个 N 型反型层与 N^+ 型扩散层连成一片,使 PN 结面积增大,因而反向电流增大。

4) 表面漏导电流

当 PN 结表面由于材料原因,或吸附水汽、金属离子等而引起表面沾污时,如同在 PN 结表面并联了一个附加电导,因而引起表面漏电,使反方向电流增加,如图 3.23 所示。

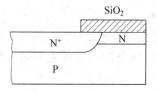

图 3.22　表面沟道

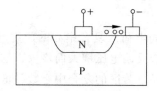

图 3.23　表面漏导

【**例 3.3**】　一重掺杂 N 型半导体的平衡载流子浓度 n_0 和 p_0，恒定光照下，产生的电子-空穴对数为 $G(\text{cm}^{-3} \cdot \text{s}^{-1})$，产生速率复合比例系数为 r。今另加一闪光，产生附加光载流子的浓度为 $\Delta n = \Delta p (\ll n_0)$。试证：闪光 t 秒后，样品空穴浓度如下

$$p(t) = p_0 + \Delta p\, \mathrm{e}^{-rnt} + \frac{G}{rn_0}$$

证明：$R = rnp = r(n_0 + \Delta n)(p_0 + \Delta p) = rn_0 p_0 + r(n_0 + p_0)\Delta p + r(\Delta p)^2$

因为

$$\Delta n = \Delta p$$

且该材料为重掺材料，所以 $n_0 \gg p_0$，故有

$$R = rnp \approx rn_0 \Delta p + rn_0 p_0$$

平衡时，产生率＝复合率，即

$$G = rn_0 p_0$$

所以，净复合率为

$$U = R - G = rn_0 \Delta p + rn_0 p_0 - rn_0 p_0 = rn_0 \Delta p$$

当光照达到稳定后，产生率＝复合率，所以

$$G = rn_0 \Delta p$$

即

$$\Delta p = \frac{G}{rn_0}$$

设 $t = 0$ 时刻，加一闪光，所以

$$\Delta p(t)\big|_{t=0} = \Delta p(0) = \Delta p + \frac{G}{rn_0}$$

式中，Δp 为脉冲光照产生的空穴。又已知 $\Delta p(t)$ 满足的方程为

$$\frac{\mathrm{d}\Delta p(t)}{\mathrm{d}t} = G - rn_0 \Delta p(t)$$

解此方程，得

$$-\frac{1}{rn_0} \frac{\mathrm{d}[G - rn_0 \Delta p(t)]}{G - rn_0 \Delta p(t)} = \mathrm{d}t$$

两边积分，得

$$\ln[G - rn_0 \Delta p(t)] = -rn_0 t + C'$$

所以

$$G - rn_0 \Delta p(t) = C\exp(-rn_0 t)$$

即

$$\Delta p(t) = \frac{G}{rn_0} - \frac{C}{rn_0}\exp(-rn_0 t)$$

因为

$$t = 0, \quad \Delta p(0) = \frac{G}{rn_0} + \Delta p$$

故

$$C = -rn_0 \Delta p$$

代回原式,得

$$\Delta p(t) = \frac{G}{rn_0} + \Delta p \exp(-rn_0 t)$$

$$\Delta p(t) = p(t) - p_0$$

所以

$$p(t) = p_0 + \frac{G}{rn_0} + \Delta p \exp(-rn_0 t)$$

3. 串联电阻的影响

在讨论理想 PN 结直流电流-电压特性时,忽略了 PN 结的串联电阻(包括体电阻和欧姆接触电阻)R_s 的影响。在制造 PN 结的工艺过程中,为了保证硅片的机械强度,对其厚度有一定要求,一般厚度接近 $500\mu m$。同时,为了满足 PN 结击穿电压的要求,低掺杂区的电阻率又不能太低,所以 PN 结的体电阻较大。当结电流流过串联电阻时,其上电压降为 IR_s,这时 PN 结上电压降应为

$$V_j = V - IR_s \tag{3.3.38}$$

可见,考虑串联电阻上的压降后,使实际加在 PN 结上的电压降低,从而使电流随电压的上升而变慢。而且,由于 V_j 与 I 成对数关系,在结电流足够大时,V_j 随电流的增加而变化不大,而串联电阻上的压降却明显增加。也就是说,当电流足够大时,外加电压的增加主要降落在串联电阻上,电流-电压近似线性关系。

为了减小 PN 结体电阻,常采用外延层结构,即选择电阻率很低、杂质浓度很高的硅片作为衬底,如图 3.24 中的 N^+ 层。在 N^+ 层衬底上用外延技术生长一层很薄的、杂质浓度较低的 N 型层——外延层。然后在 N 型层上制作 PN 结,这样既减小了体电阻,又可满足反向击穿电压的要求。

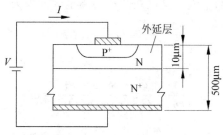

图 3.24   PN 结外延层结构

4. 大注入的影响

前面在小注入条件下推导了正向电流公式,但在 PN 结正偏电压较大时,注入扩散区的非平衡少子可能超出小注入条件,这时,式(3.3.29a)的计算结果将偏离 PN 结的实际特性,因而需进行修正。如何修正呢?根据测量发现,硅 PN 结在正向大电流超过一定范围时,正向电流的实际值要比由式(3.3.29a)计算的值低,因为小注入条件遭到了破坏。例如,硅的 PN^+ 整流二极管,若 P 区杂质浓度为 $10^{14} cm^{-3}$,则电流密度只要达到 $0.1 A/cm^2$,注入 P 区非平衡少子浓度已接近等于或大于平衡多子浓度。将注入非平衡少子浓度 $\Delta n(-x_p) \geqslant p_{p0}$(平衡多子浓度)的情况,称为大注入。

在大注入条件下,PN 结的电流-电压特性将发生变化。以 PN^+ 结为例,在大注入时,注

入 P 区的非平衡少子电子将产生积累,若浓度为 $\Delta n(-x_p)$,为了维持电中性必然要求多子空穴也有相同的积累,即 $\Delta n_p(-x_p)=\Delta p_p(-x_p)$,且与少子具有相同的浓度梯度 $\dfrac{dn_p}{dx}=\dfrac{dp_p}{dx}$。多子空穴存在浓度梯度,必然使空穴产生扩散趋势,一旦空穴离开,P 区的电中性就被打破,在 P 区必然建立起一个电场 E,阻止空穴扩散以维持电中性,称该电场为大注入自建电场。显然,该电场方向阻止了空穴扩散,加快了电子扩散。因此,在大注入情况下,由于自建电场的作用,PN 结正向电流公式必须加以修正。可以证明,大注入时 PN 结的正向电流密度为

$$J=\frac{q(2D_n)n_i}{L_n}e^{\frac{qV}{2kT}} \tag{3.3.39}$$

式(3.3.39)为大注入时正向电流公式,与小注入时式(3.3.21)相比有 3 点不同:

(1) 大注入时,空穴电流密度与 P 区杂质浓度 N_A 无关。这是因为大注入时,注入 P 区的非平衡少子电子浓度比 P 区杂质浓度高得多,P 区多子空穴浓度主要决定于多子积累,这就减弱了 P 区杂质浓度 N_A 对正向电流的影响。

(2) 大注入时,相当于少子扩散系数大 1 倍。这是因为小注入时,忽略了 P 区电场的作用,少子电子在 P 区只做扩散运动。大注入时,电场对电子的漂移作用不能忽略。若将漂移作用等效为扩散作用,就相当于加速了电子扩散,使等效扩散系数增大 1 倍。

(3) 小注入时,$J\propto e^{qV/kT}$;而大注入时,$J\propto e^{qV/2kT}$。因此,大注入时,正向电流随外加电压的增加上升缓慢。这是因为外加电压 V 不是全部降落在空间电荷区,而有一部分降落在 P 区,以建立 P 区自建电场,维持多子积累,保持电中性。

5. 温度的影响

1) 温度对 PN 结正、反向电流的影响

式(3.3.16)和式(3.3.26)表明,PN 结正、反向电流表达式中 D_p、D_n、n_i 和 $e^{\frac{qV}{kT}}$ 等都与温度有关,它们随温度变化的程度各不相同,但其中 n_i 起决定作用,即

$$J_0\propto n_i^2\propto T^3e^{-\frac{E_g}{kT}} \tag{3.3.40}$$

可见,随着温度升高,PN 结正、反向电流都会迅速增大。由式(3.3.40)可以推得,在室温附近,对于锗 PN 结,温度每增加 10℃,J_0 将增加 1 倍;而对于硅 PN 结,温度每增加 6℃,J_0 就增加 1 倍。式(3.3.38)的等式形式为

$$J_0(T)=J_0(0)T^3e^{-\frac{E_g}{kT}} \tag{3.3.41}$$

式中

$$J_0(0)=qK_c\left(\frac{D_p}{L_pN_D}+\frac{D_n}{L_nN_A}\right) \tag{3.3.42}$$

式中,K_c 为常数,是比例系数。式(3.3.41)表明,反向饱和电流随温度升高而增加。例如,对锗 PN 结,温度每升高 10K,反向饱和电流就增加 1 倍;而硅 PN 结,温度每升高 6K,反向饱和电流就增加 1 倍。

对于硅 PN 结,反向产生电流起主要作用,因此硅 PN 结反向电流与温度的变化取决于反向电流随温度的变化。

由式(3.3.40)和式(3.3.36)得,势垒区的产生电流密度为

$$J_g = \frac{qx_m}{2\tau} K_C^{1/2} T^{3/2} e^{-\frac{E_g}{kT}} = J_{g0} T^{3/2} e^{-\frac{E_g}{kT}} \tag{3.3.43}$$

将式(3.3.41)代入 PN 结正向电流密度 $J = J_0 e^{qV/kT}$ 得正向电流密度与温度的关系式为

$$J = J_0(0) T^3 e^{\frac{qV-E_g}{kT}} \tag{3.3.44}$$

在电流不变的情况下,PN 结上的电压也随着温度改变,由 PN 结正向电流密度公式可以得正向电压为

$$V = \frac{kT}{q} \ln \frac{J}{J_0} \tag{3.3.45}$$

综上所述,温度对 PN 结的正向导通电压、反向电压、反向击穿电压都有很大的影响。在大功率器件中,温度对器件性能的影响不能忽略。

图 3.25 给出了室温、高温和低温 3 种情况下 PN 结的伏安特性,这 3 条曲线更加清晰、直观地描述了温度对 PN 结伏安特性的影响。

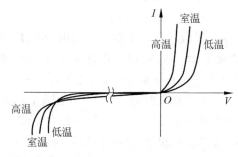

图 3.25　温度变化对 PN 结伏安特性的影响

2) 温度对 PN 结正向导通电压的影响

通常规定正向电流达到某一数值时的正向电压称为 PN 结的导通电压。根据上面的分析,随着温度的升高,J_0 迅速增大;随着外加正向电压的增加,正向电流也会指数增大。可见,对于某一特定的正向电流值,随着温度的升高,外加电压将会减小,即 PN 结正向导通电压随着温度的升高而下降。

在室温附近,通常温度每增加 1℃,对于锗 PN 结,正向导通电压将下降 2mV;而对硅 PN 结,正向导通电压将下降 1mV。

3.3.6　PN 结偏置状态对势垒宽度的影响

为了便于讨论,热平衡 PN 结,再次如图 3.26(a)所示,其平衡能带图显示横跨结的总静电势为 V_D,从 P 端到 N 端的电势能差 qV_D。图 3.26(b)是正偏 PN 结,即 P 端加一相对于 N 端的电压 V,跨过结的总静电势减少 V,亦即为 $V_D - V$,因此,正偏电压使耗尽区宽度减小。

反之,如图 3.26(c)所示,如果在 N 端加上相对于 P 端的正向电压 V_R,成为 PN 结反偏电压,这时跨过结的总静电势增加 V_R,亦即为 $V_R + V_D$,反偏电压会增加耗尽区宽度。

将这些电压代入式(3.2.20c)得,双边突变结耗尽区宽度与偏压的关系为

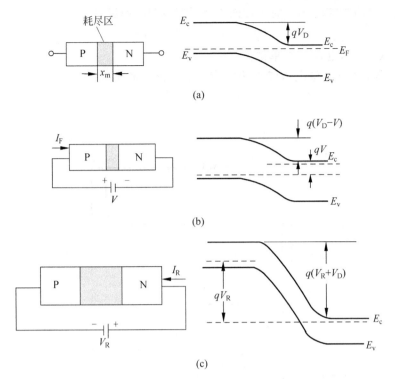

图 3.26 不同偏压条件下,PN 结的耗尽区宽度和能带

(a) 零偏压;(b) 正偏压;(c) 反偏压

$$x_{\mathrm{m}} = \sqrt{\frac{2\varepsilon_{\mathrm{s}}(V_{\mathrm{D}} - V)}{q} \times \frac{N_{\mathrm{A}} + N_{\mathrm{D}}}{N_{\mathrm{A}}N_{\mathrm{D}}}} \tag{3.3.46}$$

同理,对于单边突变结 P^+N 结,耗尽区宽度与偏压的关系为

$$x_{\mathrm{m}} = \sqrt{\frac{2\varepsilon_{\mathrm{s}}(V_{\mathrm{D}} - V)}{qN_{\mathrm{O}}}} \tag{3.3.47}$$

式中,N_{O} 是轻掺杂的基体浓度。对于正向偏压,$V = V_{\mathrm{F}}$;对于负向偏压,$V = -V_{\mathrm{R}}$。注意,耗尽区宽度随跨过结的总静电势差的平方根变化。

对于线性缓变结,有

$$x_{\mathrm{m}} = \left(\frac{12\varepsilon_{\mathrm{s}}(V_{\mathrm{D}} - V)}{qa_{\mathrm{j}}}\right)^{1/3} \tag{3.3.48}$$

3.4 PN 结电容

3.4.1 势垒电容

1. 突变结势垒电容

单位面积耗尽层势垒电容定义为

$$C_{\mathrm{T}} = \frac{\mathrm{d}Q}{\mathrm{d}V_{\mathrm{R}}} \tag{3.4.1}$$

式中，dQ 是外加偏压变化 dV_R 时单位面积耗尽层电荷的增量，且

$$dQ = qN_D dx_n = qN_A dx_p \tag{3.4.2}$$

dQ 的单位为 C/cm^2，电容 C 的单位为 F/cm^2。

图 3.27 表示外加反偏电压变化 dV_R 时，dQ 变化的情况。

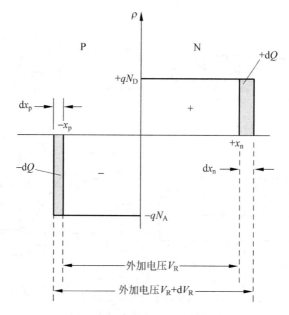

图 3.27　外加反偏电压变化时电荷区宽度的变化

对于总势垒而言，式(3.2.20a)可以写为

$$x_n = \sqrt{\frac{2\varepsilon_s (V_D + V_R)}{q} \times \frac{N_A}{N_D} \frac{1}{N_A + N_D}} \tag{3.4.3}$$

总势垒电容为

$$C_T = \frac{dQ}{dV_R} = qN_D \frac{dx_n}{dV_R} \tag{3.4.4}$$

将式(3.4.3)代入式(3.4.4)，得

$$C_T = \sqrt{\frac{q\varepsilon_s N_A N_D}{2(V_D + V_R)(N_A + N_D)}} \tag{3.4.5}$$

结合式(3.3.46)，式(3.4.5)可以写为

$$C_T = \frac{\varepsilon_s}{x_m} \tag{3.4.6}$$

式(3.4.6)表明，单位面积势垒电容与平行板电容的标准式相同，其中两平行板的距离为耗尽区的宽度，式(3.4.6)对任意杂质浓度分布都适用。因为空间电荷区宽度是反偏电压的函数，所以势垒电容也是加在 PN 结上的反偏电压的函数。

对于单边突变结 P^+N 结，空间电荷区宽度为式(3.3.48)，而且有

$$x_p \ll x_n \tag{3.4.7}$$

$$x_m = x_n \tag{3.4.8}$$

几乎所有的空间电荷区均扩展到 PN 结轻掺杂的区域,图 3.28 显示了这种效应。此时,P^+N 结的势垒电容为

$$C_T = \frac{\varepsilon_s}{x_m} = \sqrt{\frac{q\varepsilon_s N_D}{2(V_D + V_R)}} \qquad (3.4.9)$$

或

$$\frac{1}{C_T^2} = \frac{2(V_D + V_R)}{q\varepsilon_s N_D} \qquad (3.4.10)$$

式(3.4.9)表明,P^+N 结势垒电容是低掺杂区杂质浓度的函数;式(3.4.10)说明,电容倒数的平方是外加反偏电压的线性函数,如图 3.29 所示。对单边突变结,将 $1/C_T^2$ 对 V 作图,可以得到一条直线,其斜率与低掺杂区的杂质浓度呈反比关系,而由交点(在 $1/C_T^2 = 0$)可求出 V_D。

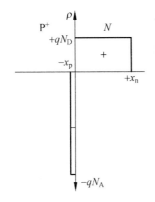

图 3.28 P^+N 结的空间电荷密度   图 3.29 均匀掺杂 PN 结的 $1/C_T^2$-V_R 曲线

【例 3.4】 对一硅突变结,$N_A = 2 \times 10^{19} \text{cm}^{-3}$,$N_D = 8 \times 10^{15} \text{cm}^{-3}$,$n_i = 9.65 \times 10^9 \text{cm}^{-3}$,计算零偏压和反向偏压为 4V 时的结电容($T = 300$K)。

解: 从式(3.2.12)、式(3.2.21)和式(3.4.6),对零偏压,有

$$V_D = 0.0259 \ln\left(\frac{2 \times 10^{19} \times 8 \times 10^{15}}{(9.65 \times 10^9)^2}\right) = 0.906 \text{V}$$

$$x_m\big|_{V=0} \approx x_n = \sqrt{\frac{2V_D \varepsilon_s}{qN_D}} = \sqrt{\frac{2 \times 11.9 \times 8.85 \times 10^{-4} \times 0.906}{1.6 \times 10^{-19} \times 8 \times 10^{15}}} = 3.86 \times 10^{-5} \text{m} = 0.386 \mu\text{m}$$

$$C_T\big|_{V=0} = \frac{\varepsilon_s}{x_m\big|_{V=0}} = \sqrt{\frac{q\varepsilon_s N_B}{2(V_D - V)}} = 2.728 \times 10^{-8} \text{F/cm}^2$$

由式(3.3.47)和式(3.4.9)知,在反向偏压为 4V 时,有

$$x_m\big|_{V_R=4} \approx \sqrt{\frac{2(V_D + V_R)\varepsilon_s}{qN_D}} = \sqrt{\frac{2 \times 11.9 \times 8.85 \times 10^{-4} \times (0.906 + 4)}{1.6 \times 10^{-19} \times 8 \times 10^{15}}}$$

$$= 8.99 \times 10^{-5} \text{m} = 0.899 \mu\text{m}$$

$$C_T\big|_{V_R=4} = \frac{\varepsilon_s}{x_m\big|_{V_R=4}} = \sqrt{\frac{q\varepsilon_s N_D}{2(V_D + V_R)}} = 1.172 \times 10^{-8} \text{F/cm}^2$$

2. 杂质浓度

利用式(3.4.5)所示电容-电压的关系可计算任意杂质浓度的分布。对 P^+N 结,其 N 侧的掺杂分布如图 3.30(b)所示。如前所述,对于外加电压增量 dV_R,单位面积电荷的增量 dQ 为 $qN(x_m)dx_m$,如图 3.30(b)的阴影区域所示。其对应的偏压变化如图 3.30(c)的阴影区域所示。

$$dV_R \approx (dE)x_m = \left(\frac{dQ}{\varepsilon_s}\right)x_m = \frac{qN(x_m)dx_m^2}{2\varepsilon_s} \tag{3.4.11}$$

而 x_m 以式(3.4.6)代入,则耗尽区边缘的杂质浓度为

$$N(x_m) = \frac{2}{q\varepsilon_s}\left(\frac{1}{d\left(\frac{1}{C_T^2}\right)/dV_R}\right) \tag{3.4.12}$$

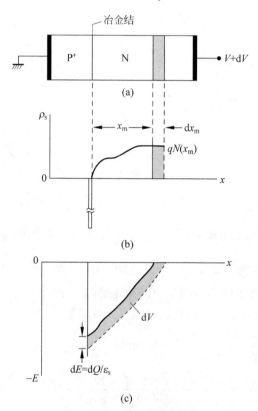

图 3.30 任意杂质浓度计算

(a) 任意杂质分布的 P^+N 结;(b) 在轻掺杂侧,因外加偏压改变影响空间电荷改变;(c) 相对应的电场分布变化

因此,可以测得每单位面积的电容值和反向偏压的关系,对 $1/C_T^2$ 和 V 的关系作图,由图形的斜率,也就是 $d(1/C_T^2)/dV_R$,可得 $N(x_m)$;同时,x_m 可由式(3.4.6)得到,这样计算可以产生一完整的杂质分布,这种方法称为测量杂质分布的 C-V 法。

3. 线性缓变结

对于一个线性缓变结,如图 3.31 所示,耗尽层垒电容由式(3.4.6)和式(3.2.31)得

$$C_T = \frac{\varepsilon_s}{x_m} = \left(\frac{q\varepsilon_s^2 a_j}{12(V_D + V_R)} \right)^{1/3} \tag{3.4.13}$$

对于这种结,将 $1/C^3$ 对 V 作图,而其斜率为杂质梯度和由交点得到 V_D。

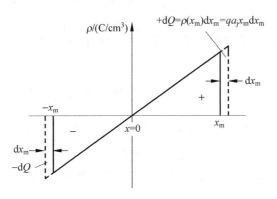

图 3.31　线性缓变结空间电荷区宽度随反偏电压改变的微分变化量

3.4.2　扩散电容

PN 结正偏时,空穴从 P 区注入 N 区,在势垒区与 N 区一侧,一个扩散长度范围内,形成了非平衡空穴 Δp 和与它保持电中性的非平衡电子 $\Delta n'$ 的积累,如图 3.32 所示。同样,在 P 区一个扩散长度范围内,有非平衡电子 Δn 和与它保持电中性的非平衡空穴 $\Delta p'$ 的积累。当正偏电压增加 dV 时,若从 P 区注入 N 区的空穴增加了 dΔp(图中阴影部分所示),则保持电中性的电子也增加 d$\Delta n'$。同样,P 区扩散区内积累的非平衡电子和它保持电中性的空穴也要增加 dΔn 和 d$\Delta p'$。

综上所述,PN 结正偏时,由于少数载流子的注入,扩散区都有一定数量的少数载流子和同等数量的多数载流子的积累,其浓度随着正偏电压变化而变化,这种由于扩散区内的电荷数量随外加电压的变化所产生的电容效应,称为 PN 结的扩散电容,用 C_D 表示。

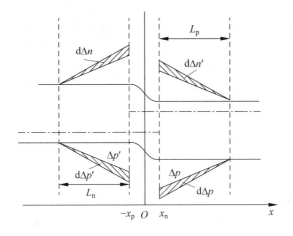

图 3.32　PN 结扩散电容

前面已经得到,扩散区中积累少量少子浓度为

$$\Delta p(x) = p_{n0}(e^{\frac{qV}{kT}} - 1) e^{\frac{x_n - x}{L_p}}, \quad x_n < x < \infty \tag{3.4.14}$$

$$\Delta n(x) = n_{p0}(e^{\frac{qV}{kT}} - 1) e^{\frac{x_p + x}{L_n}}, \quad -\infty < x < -x_n \tag{3.4.15}$$

对式(3.4.14)、式(3.4.15)在扩散区内进行积分,得单位面积的扩散区内所积累的载流子电荷总量,即

$$Q_p = q\int_{x_n}^{\infty} \Delta p(x)\mathrm{d}x = qL_p p_{n0}(e^{\frac{qV}{kT}} - 1) \tag{3.4.16}$$

$$Q_n = q\int_{-\infty}^{-x_p} \Delta n(x)\mathrm{d}x = qL_p n_{p0}(e^{\frac{qV}{kT}} - 1) \tag{3.4.17}$$

式(3.4.16)中积分上限可取 $x_n + L_p$,这是因为在扩散区以外,非平衡载流子已经衰减为零。式(3.4.17)的积分下限取负无穷也是同样的道理。由此可得,扩散区单位面积的微分电容为

$$C_{Dp} = \mathrm{d}Q_p/\mathrm{d}V = (q^2 p_{n0} L_p/kT) e^{\frac{qV}{kT}} \tag{3.4.18}$$

$$C_{Dn} = \mathrm{d}Q_n/\mathrm{d}V = (q^2 n_{p0} L_n/kT) e^{\frac{qV}{kT}} \tag{3.4.19}$$

单位面积上的扩散电容为

$$C'_D = C_{Dp} + C_{Dn} = (q^2/kT)(p_{n0} L_p + n_{p0} L_n) e^{\frac{qV}{kT}} \tag{3.4.20}$$

如果 PN 结面积为 A,则 PN 结加正偏电压时总微分扩散电容为

$$C_D = AC'_D = (Aq^2/kT)(p_{n0} L_p + n_{p0} L_n) e^{\frac{qV}{kT}} \tag{3.4.21}$$

对 P^+N 结,可略去式(3.4.21)括号中的第二项,得

$$C_D = AC'_D = (Aq^2 p_{n0} L_p/kT) e^{\frac{qV}{kT}} \tag{3.4.22}$$

式(3.4.22)表明,扩散电容随正偏电压按指数关系增加,所以正偏电压较大时,扩散电容起主要作用。其大小一般为数百至数千皮法,即它比势垒电容要大许多。因此,PN 结正偏时的电容值主要取决于扩散电容,而反偏时由势垒电容值决定。

【例 3.5】 把一个 P^+N 结硅二极管作变容二极管用,结两侧杂质浓度分别为 $N_A = 10^{19}\mathrm{cm}^{-3}$,$N_D = 10^{15}\mathrm{cm}^{-3}$,二极管面积 $0.01\mathrm{cm}^2$。(1)求在反偏电压为 1V 及 5V 时二极管的电容;(2)计算用此变容二极管及 $L = 2\mathrm{mH}$ 的储能电路的共振频率。

解:(1)求在反偏电压为 1V 及 5V 时二极管的电容。该 PN 结的扩散电势为

$$V_D = \frac{kT}{q}\ln\frac{N_D N_A}{n_i^2} = 0.026\ln\frac{10^{15}\times 10^{19}}{(1.5\times 10^{10})^2} = 0.817\mathrm{V}$$

反偏电压为 1V 及 5V 时,二极管的电容分别为

$$C_T = A\sqrt{\frac{qN_D\varepsilon_s}{2(V_D + V_R)}} = 0.01\times\sqrt{\frac{1.6\times 10^{-19}\times 10^{15}\times 8.85\times 10^{-14}\times 11.9}{2\times(0.817 + V_R)}}$$

$$= \begin{cases} 6.81\times 10^{-11}\mathrm{F}\cdots\cdots(V_R = 1\mathrm{V}) \\ 3.81\times 10^{-11}\mathrm{F}\cdots\cdots(V_R = 5\mathrm{V}) \end{cases}$$

(2)计算用此变容二极管及 $L = 2\mathrm{mH}$ 的储能电路的共振频率。

$$f_0 = \frac{1}{2\pi\sqrt{LC_T}} = \frac{1}{2\pi\sqrt{2\times 10^{-3}C_T}} = \begin{cases} 4.31\times 10^5\mathrm{Hz}\cdots\cdots(V_R = 1\mathrm{V}) \\ 5.77\times 10^5\mathrm{Hz}\cdots\cdots(V_R = 5\mathrm{V}) \end{cases}$$

3.5 PN 结击穿

在一定的反偏电压范围内,给 PN 结加反偏电压时,电流很小;当反偏电压增加到一定大小时,反向电流就会如图 3.33 所示的那样迅速增加,这种现象称为 PN 结击穿,发生击穿时的电压值称为击穿电压,用 V_B 表示。

击穿现象限制了 PN 结的最高工作电压,但同时也开辟了 PN 结新的应用领域。例如,稳压二极管就是利用 PN 结在击穿电压附近电流变化很大,而电压变化很小这个特性来工作的;崩越二极管是利用击穿现象来实现微波振荡的。

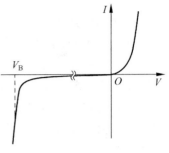

图 3.33 PN 结击穿

3.5.1 隧道效应

当一反向强电场加在一个 PN 结时,价电子可以由价带移动到导带,如图 3.34(a)所示。这种电子穿过禁带的过程称为隧穿。

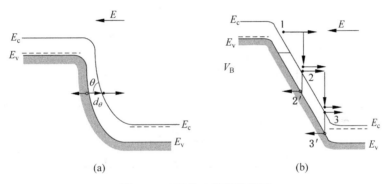

(a) (b)

图 3.34 PN 结击穿时能带图

(a) 隧道效应;(b) 雪崩倍增

电子穿过禁带的概率强烈地依赖于隧道的长度。图 3.34(a)表明,隧道长度 d_θ 和能带倾斜的斜率 $\tan\theta$ 之间的关系为

$$d_\theta \cdot \tan\theta = E_g \tag{3.5.1}$$

禁带宽度 E_g 是不随位置变化的,而能带的倾斜反映了电子势能 $-qV(x)$ 的变化,所以有

$$\tan\theta = \frac{d[-qV(x)]}{dx} = -q\frac{dV(x)}{dx} = qE \tag{3.5.2}$$

式中,$E = -dV/dx$ 为电场强度,把式(3.5.2)代入式(3.5.1),得

$$d_\theta = \frac{E_g}{qE} \tag{3.5.3}$$

式(3.5.3)表明,电场越强,能带越倾斜,隧道就越短。因此只要电场足够强,价带电子就可以大量穿透禁带,进入导带,引起隧道击穿。对硅和砷化镓,其典型电场大约为 $10^6\,\text{V/cm}$ 或更高。为了得到如此高的电场,P 区和 N 区的杂质浓度必须相当高($>5\times10^{17}\,\text{cm}^{-3}$)。对

于硅和砷化镓结,击穿电压约小于 $4E_g/q$ 时(其中 E_g 为禁带宽度),其击穿机制归因于隧道效应。击穿电压超过 $6E_g/q$ 时,其击穿机制归因于雪崩倍增。当电压为 $4E_g/q \sim 6E_g/q$ 时,击穿则为雪崩倍增和隧穿二者共同作用的结果。

3.5.2 雪崩倍增

1. 雪崩击穿条件

雪崩倍增的过程如图 3.34(b)所示。在反偏电压下,PN 结(如 P$^+$N 单边突变结)的杂质浓度 $N_D \approx 10^{17} \mathrm{cm}^{-3}$ 或更小。在耗尽区因热产生的电子(表示为 1),由电场得到动能。

如果电场足够大,电子可以获得足够多的动能,以至于与原子产生碰撞时,可以破坏键而产生电子-空穴对(2 和 2′)。这些新产生的电子和空穴,可由电场获得动能,并产生额外的电子-空穴对(3 和 3′)。这些过程生生不息,连续产生新的电子-空穴对,这种过程称为雪崩倍增。

为了说明击穿状况,假设电流 J_{n0} 由一宽度为 x_m 的耗尽区左侧注入,如图 3.35 所示。设在耗尽区内的电场高到可以让雪崩倍增开始,通过耗尽区时电子电流 J_n 随距离增加,并在 x_m 处达到 $M_n J_{n0}$。其中,M_n 为倍增因子,定义为

$$M_n = \frac{J_n(x_m)}{J_{n0}} \tag{3.5.4}$$

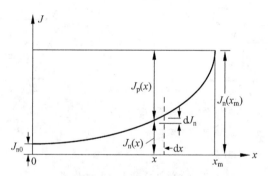

图 3.35 在倍增的入射电流下的 PN 结耗尽区

类似地,空穴电流 J_p 从 $x = x_m$ 增加到 $x = 0$,总电流密度 $J = J_p + J_n$ 在稳态时为常数。在 x 处的电子电流密度增量等于 dx 处单位面积电子-空穴对每秒产生的数目,即

$$d\left(\frac{J_n}{q}\right) = \frac{J_n}{q}\alpha_n dx + \frac{J_p}{q}\alpha_p dx \tag{3.5.5a}$$

或

$$\frac{dJ}{dx} + (\alpha_p - \alpha_n)J_n = \alpha_n J \tag{3.5.5b}$$

式中,α_n 和 α_p 分别为电子、空穴电离率。令 $\alpha_n = \alpha_p = \alpha$,则式(3.5.5b)的解为

$$\frac{J_n(x_m) - J_n(0)}{J} = \int_0^{x_m} \alpha dx \tag{3.5.6}$$

由式(3.5.5)和式(3.5.6),得

$$1 - \frac{1}{M} = \int_0^{x_m} \alpha dx \tag{3.5.7}$$

雪崩击穿电压定义为 M 接近无限大时的电压。因此,击穿条件为

$$\int_0^{x_m} \alpha \, dx = 1 \tag{3.5.8}$$

式(3.5.8)的物理意义是:一个载流子通过整个势垒区,碰撞电离产生一对电子-空穴对时,PN 结就发生击穿。由上述的击穿条件以及和电场有关的电离率,可以计算雪崩倍增发生时的临界电场(也就是击穿时的最大电场)。使用测量得到的 α_n 和 α_p,可求得硅和砷化镓单边突变结的临界电场 E_c。其与衬底杂质浓度的函数关系如图 3.36 所示。图中同时标出了隧道效应的临界电场。显然,隧穿只发生在高杂质浓度的半导体中。

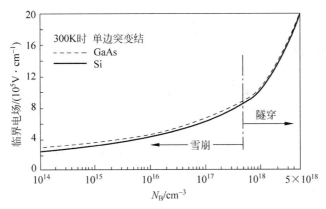

图 3.36 单边突变结的击穿临界电场和衬底杂浓度的关系

利用 Si 的电离率的经验公式 $\alpha(E) = 1.5 \times 10^{-35} E^7$($E$ 的单位为 V/cm,α 的单位为 cm^{-1}),可以导出 Si 单边突变结击穿电压 V_B 和倍增因子 $M(V)$ 为

$$V_B = 5.3 \times 10^{13} N_0^{-3/4} \tag{3.5.9}$$

$$M(V) = \frac{1}{1 - (V/V_B)^4} \tag{3.5.10}$$

式中,N_0 为低掺杂一侧的杂质浓度。

对于不同材料,不同杂质浓度的 PN 结,有类似的经验公式为

$$M(V) = \frac{1}{1 - (V/V_B)^n} \tag{3.5.11}$$

式中,n 取值为 2~6。对于硅 PN 结,势垒区在 N 型一侧,$n = 4$,在 P 型一侧,$n = 2$;对于锗 PN 结,势垒区在 N 型一侧,$n = 3$;在 P 型一侧,$n = 6$。式(3.5.11)表明,在外加电压 V 小于而接近于击穿电压 V_B 时,已有碰撞电离倍增现象。

2. 单边突变结雪崩击穿电压

以 P$^+$N 结为例,式(3.5.8)中 $\alpha = C_i E^7$,可先求出发生击穿时的电场强度,再根据突变结电场与电压关系,就可导出击穿电压 V_B。

1) 击穿临界电场强度

由电场强度表示的雪崩击穿条件为

$$\int_0^{x_m} C_i E^7 \, dx = 1 \tag{3.5.12}$$

式中,C_i 为比例常数。

对于 P^+N 结,空间电荷区几乎全部扩展到低掺杂的 N 侧,由式(3.2.17b),只考虑电场强度的绝对值,得

$$E(x) = \frac{qN_D}{\varepsilon_s}(x_n - x) \approx \frac{qN_D}{\varepsilon_s}(x_m - x)$$

在 $x=0$ 和 $x=x_m$ 处,有

$$E(0) = E_m = \frac{qN_D}{\varepsilon_s}x_m$$

$$E(x_m) = 0$$

$$dx = -\frac{\varepsilon_s}{qN_D}dE$$

把这些关系式代入式(3.5.12),有

$$\int_{E_m}^{0} C_i E^7 \left(-\frac{\varepsilon_s}{qN_D}\right)dE = 1$$

可得雪崩击穿条件下,临界电场强度为

$$E_C = \left(\frac{8qN_D}{\varepsilon_s C_i}\right)^{1/8} \tag{3.5.13}$$

即 P^+N 结的最大电场强度达到或超过 E_C 时,P^+N 结产生雪崩击穿。

2) 雪崩击穿电压

对于 P^+N 结,由式(3.3.47)得

$$x_m \approx x_n = \left[\frac{2\varepsilon_s}{qN_D}(V_D - V)\right]^{1/2}$$

最大电场为

$$E_m = \frac{qN_D}{\varepsilon_s}x_m = \left[\frac{2qN_D}{\varepsilon_s}(V_D - V)\right]^{1/2}$$

当电场强度达到雪崩击穿临界电场强度 E_C 时,PN 结就发生击穿,这时外加电压 V 就是击穿电压($-V_B$),从而得到击穿电压与临界电场强度的关系为

$$E_C = \left(\frac{2qN_D}{\varepsilon_s}V_B\right)^{1/2} \tag{3.5.14}$$

或

$$V_B = \frac{\varepsilon_s}{2qN_D}E_C^2 \tag{3.5.15a}$$

把式(3.5.12)代入式(3.5.13),得

$$V_B = \frac{1}{2}\left(\frac{\varepsilon_s}{q}\right)^{3/4}\left(\frac{8}{C_i}\right)^{1/4}N_D^{-3/4} \tag{3.5.15b}$$

分别把硅 PN 结的 $C_i = 8.45 \times 10^{-36}$,$\varepsilon_r = 12$ 和锗 PN 结的 $C_i = 6.25 \times 10^{-34}$,$\varepsilon_r = 16$ 各值代入,且用 N_0 表示衬底浓度,则对于硅单边突变结,有

$$V_B = 6 \times 10^{13} N_0^{-3/4} \tag{3.5.15c}$$

对于锗单边突变结,有

$$V_B = 2.76 \times 10^{13} N_0^{-3/4} \tag{3.5.15d}$$

可见,在 N_0 相同的情况下,锗突变结的雪崩击穿电压比硅突变结的电压低,其原因是,击穿

电压与材料的禁带宽度 E_g 有关,锗的禁带宽度比硅的小。经过研究不同材料的单边突变结的雪崩击穿电压后,得到不同材料单边突变结雪崩击穿电压适用的经验公式为

$$V_B = 60 \left(\frac{E_g}{1.1}\right)^{3/2} \left(\frac{N_0}{10^{16}}\right)^{-3/4} \tag{3.5.16}$$

单边突变结雪崩击穿电压与低掺杂一边杂质浓度的关系曲线如图 3.37 所示。

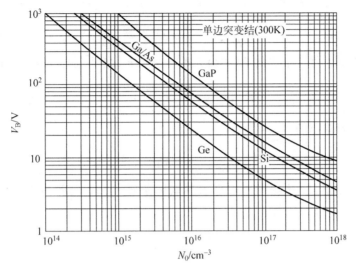

图 3.37　单边突变结雪崩击穿电压与低掺杂一边杂质浓度的关系曲线

3. 线性缓变结雪崩击穿电压

和单边突变结一样,线性缓变结的雪崩击穿电压由击穿条件决定:

$$\int_{-x_m/2}^{x_m/2} \alpha \, dx = 2\int_0^{x_m/2} \alpha \, dx = 2\int_0^{x_m/2} C_i E^7 \, dx = 1 \tag{3.5.17}$$

对线性缓变结,电场分布函数为

$$E(x) = \frac{qa_j}{2\varepsilon_s} \left[\left(\frac{x_m}{2}\right)^2 - x^2\right] \tag{3.5.18}$$

式中, a_j 为杂质浓度梯度。

$x=0$ 处最大电场强度为

$$E(0) = E_m = \frac{qa_j}{2\varepsilon_s}\left(\frac{x_m}{2}\right)^2 \tag{3.5.19}$$

由式(3.5.18)和式(3.5.19),得

$$x = \left(\frac{2\varepsilon_s}{qa_j}\right)^{1/2} \cdot [E_m - E(x)]^{1/2}$$

$$dx = -\left(\frac{\varepsilon_s}{2qa_j}\right)^{1/2} \cdot \frac{dE}{[E_m - E(x)]^{1/2}}$$

将上式代入式(3.5.17),考虑 $E(0)=E_m$, $E(x_m/2)=0$,有

$$2\int_{E_m}^0 C_i E^7 \left[-\left(\frac{\varepsilon_s}{2qa_j}\right)^{1/2} \frac{dE}{[E_m - E(x)]^{1/2}}\right] = \int_0^{E_m} \left(\frac{2\varepsilon_s}{qa_j}\right)^{1/2} \frac{C_i E^7}{[E_m - E(x)]^{1/2}} dE = 1$$

利用二项式,展开为

$$\frac{1}{[E_m - E(x)]^{1/2}} = \frac{1}{E_m^{1/2}\left[1 - \dfrac{E(x)}{E_m}\right]^{1/2}} = \frac{1}{E_m^{1/2}}\left[1 + \frac{1}{2}\frac{E(x)}{E_m} + \cdots\right]$$

$$\int_0^{E_m} C_i \left(\frac{2\varepsilon_s}{qa_j}\right)^{1/2} \cdot \frac{1}{E_m^{1/2}}\left[E^7 + \frac{1}{2}\frac{E^8}{E_m} + \cdots\right] dE = 1 \tag{3.5.20}$$

逐项积分,得

$$C_i\left(\frac{2\varepsilon_s}{qa_j}\right)^{1/2} \cdot (0.636 E_m^{15/2}) = 1$$

上式是在击穿条件下推出的,式中最大电场强度 E_m 即为临界电场 E_C,即

$$E_C = \left[\frac{1}{0.636 C_i}\left(\frac{qa_j}{2\varepsilon_s}\right)^{\frac{1}{2}}\right]^{\frac{2}{15}} \tag{3.5.21}$$

把式(3.2.46)代入式(3.5.19),得

$$E_m = \frac{qa_j}{8\varepsilon_s}\left[\frac{12\varepsilon_s}{qa_j}(V_D - V)\right]^{2/3} \tag{3.5.22}$$

当最大电场强度 E_m 达到雪崩击穿临界电场强度 E_C 时,外加电压 V_A 就是击穿电压 $(-V_B)$,并略去 V_D,得

$$V_B = \frac{4}{3}\left[\left(\frac{\varepsilon_s}{qa_j}\right)^2 \cdot \left(\frac{6.29}{C_i}\right)\right]^{1/5} \tag{3.5.23}$$

将硅和锗的 C_i 及 ε_s 各值代入上式,就可得到 V_B,对于硅线性缓变结,有

$$V_B = 10.4 \times 10^9 a_j^{-2/5} \tag{3.5.24}$$

对于锗线性缓变结,有

$$V_B = 5.05 \times 10^9 a_j^{-2/5} \tag{3.5.25}$$

不同半导体材料的线性缓变结,击穿电压的经验公式为

$$V_B = 60\left(\frac{E_g}{1.1}\right)^{6/5}\left(\frac{a_j}{3 \times 10^{20}}\right)^{-2/5} \tag{3.5.26}$$

线性缓变结击穿电压与杂质浓度梯度的关系如图 3.38 所示。

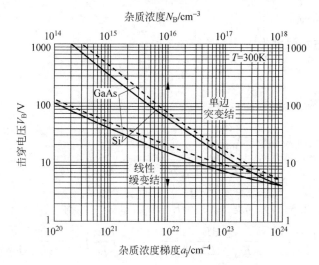

图 3.38　线性缓变结击穿电压与杂质浓度梯度的关系

3.5.3 击穿电压的影响因素

对于单边突变结,击穿电压主要由低掺杂一侧的杂质浓度或电阻率决定,电阻率越高,即掺杂越低,击穿电压越高。击穿电压除受电阻率的影响外,还受势垒区宽度、PN结结深和表面电荷及PN结形状的影响。

1. 杂质浓度对PN结击穿电压的影响

图3.39给出了两种不同杂质浓度的P^+N结势垒区的电场分布。根据式(3.2.17b),

$E(x)$曲线的斜率是$-\dfrac{qN_D}{\varepsilon_s}$,它与杂质浓度$N_D$成正比。

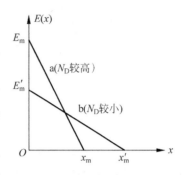

图3.39中曲线a的杂质浓度高于曲线b,所以曲线a的斜率更陡,但曲线a下和曲线b下与坐标轴所围面积相等。在两个PN结加有相同的反偏电压时,杂质浓度(N_D)高的,曲线更陡、势垒区宽度更小、最大场强更大,如图3.39所示:$x_m < x'_m$,$E_m < E'_m$。

图3.39 不同杂质浓度的单边
突变中的电场分布

上面两个PN结中哪一个更容易击穿呢?根据雪崩击穿倍增理论,电离率积分越大,击穿越容易发生。通过比较两个PN结知,a结比b结电场强度更大,所以积分中电离率α更大,但a结的势垒区宽度比b结小,a的积分范围也较小,看来似乎各有优势。实际上,由于α随E增大迅速,E只要增大1倍,α就要增大许多倍,因此这里电场的大小起决定作用。也就是说,a的杂质浓度较高,所以电场强度更大,电离率的积分亦较大,即更容易达到击穿。

2. 半导体薄层厚度对击穿电压的影响

为了保证PN结有较高的击穿,往往使PN结的一侧杂质浓度较低,以获得较高电阻率;电阻率较高,PN结的串联电阻也较大,这又影响PN结的正向压降。为了解决这一矛盾,常采用外延层结构方法,制作图3.40所示的P^+NN^+结。P^+NN^+是在N^+衬底上外延生长电阻率较高的N型外延层,然后在N型外延层扩散P型杂质形成。它有两种情况:①$x_{mb} < x_m$,即外延层厚度大于击穿时的势垒区宽度,此情况外延层厚度对击穿电压没有影响,如图3.40(a)所示。②$x_{mb} > x_m$,施加在P^+N上的反偏电压未达击穿电压时,空间电荷区已展开到和x_m相等,如图3.40(b)所示中的虚线所示。即空间电荷区已经占满了高阻层x_m,这种情况称为穿通,相应的电压称为穿通电压。此时如果再提高反偏电压,空间电荷区就扩展进入N^+区。由于N^+区杂质浓度非常高,因此在N^+区只要宽度略有增加,空间电荷区的正施主电荷就大量增加。这样可以近似认为,一旦空间电荷区进入N^+区,势垒区宽度就基本上不再继续增大,N^+区的空间电荷区也就集中在NN^+界面附近。这就是说,空间电荷区随着反偏电压增加而扩展到NN^+界面以后就不会继续向N^+层深扩展了,空间电荷区的宽度也就基本上等于x_m,只是其中的电场强度随NN^+界面空间电荷的增多而加强。故电场分布曲线平行上移,如图3.40(b)中的实线所示。直到最大电场达到临界电场强度E_c时,发生雪崩击穿为止。

3. PN结形状对击穿电压的影响

在平面工艺中,PN型杂质通过SiO_2薄层的矩形窗口从N型衬底表面向体内扩散形成

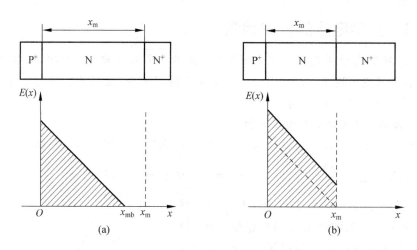

图 3.40 单边突变结击穿时电场分布

(a) $x_{mb} < x_m$；(b) $x_{mb} > x_m$

的,如图 3.41(a)所示。杂质从表面向体内扩散的同时,也要沿着表面横向扩散,可近似认为横向扩散结深和纵向扩散结深相同(图 3.41(b)),这样与窗口相对应的扩散区底部形成的 PN 结是一个平面,称为平面结。而在矩形窗口边缘形成圆柱形的曲面,称为柱面结。在矩形窗口的四角形成的 PN 结将近似一个球面,称为球面结(图 3.41(c))。在柱面结和球面结的区域容易引起电场集中,比平面结的电场更强,因而随着 PN 反向电压增大,这些区域将首先出现雪崩击穿,从而使 PN 结的击穿电压降低。图 3.42 比较了球面结、柱面结和平面结在相同偏压下的电场分布。

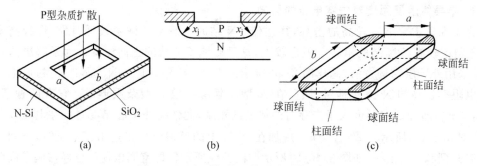

图 3.41 平面结、柱面结和球面结示意图

图 3.42 表明,由于球面结和柱面结的电场集中效应,致使这 3 种结的最大电场强度满足 $E_{m球} > E_{m柱} > E_{m平}$,所以击穿电压满足 $V_{m平} > V_{m柱} > V_{m球}$。

上述球面结、柱面结、平面结之间的差别是随球面、柱面的半径改变的,半径越小,表面弯曲度越大,它们和平面结的击穿电压相差越大。所以圆柱形扩散区比矩形、三角形及菱形扩散区有较高的击穿电压,这就是许多大功率器件、高反压器件都采用圆形基区扩散图形的原因。

4. 表面电荷对击穿电压的影响

图 3.43 所示的平面 P^+N 结中,空间电荷区主要在 N 区一侧,如果 SiO_2 层中带有正离

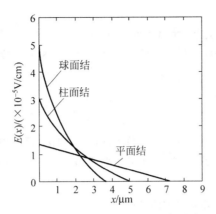

图 3.42　不同形状 PN 结的电场分布

子电荷,它将吸收 N 区的电子,使其在 N 区表面积累,同时使表面空间电荷层变薄,表面电场增强,致使击穿电压下降。

可以采用图 3.44 所示延伸电极的方法来消除表面电荷的影响,即把加有负偏压的电极延伸到 PN 结处,覆盖在 SiO_2 层上,延伸电极的负电荷不仅可以抵消 SiO_2 层中的正电荷的作用,而且有助于分散 PN 结边缘的电力线,降低表面电场,提高击穿电压。

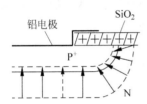

图 3.43　SiO_2 层中正电荷对表面电场的影响

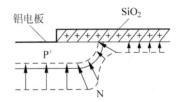

图 3.44　平面 PN 结中延伸电极的作用

习题 3

3.1　现有一个锗硅 PN 结,$N_D = 5 \times 10^{15}\,cm^{-3}$,$N_A = 10^{17}\,cm^{-3}$,求 300K 时的 V_D 为多少?

3.2　对锗 PN 结,P 区杂质浓度为 N_A,N 区杂质浓度为 N_D,且 $N_D = 10^2 N_A$,而 N_A 相当于 10^8 个锗原子中的一个受主原子,计算室温下接触电势差 V_D。若 N_A 浓度保持不变,而 N_D 增加 10^2 倍,试求接触电势差的改变。

3.3　证明通过 PN 结的空穴电流与总电流之比为 $\dfrac{I_p}{I} = \left(1 + \dfrac{\sigma_n}{\sigma_p} \cdot \dfrac{L_p}{L_n}\right)^{-1}$。

3.4　证明反向饱和电流 $J_{RS} = \dfrac{qD_n n_{p0}}{L_n} + \dfrac{qD_n n_{p0}}{L_p}$ 可改写为

$$J_{RS} = \frac{b\sigma_i^2}{(1+b)^2} \frac{kT}{q} \left(\frac{1}{\sigma_n L_p} + \frac{1}{\sigma_p L_n}\right) \left(\text{其中 } b = \frac{\mu_n}{\mu_p}\right)$$

3.5　PN 结两边杂质浓度和宽度相等,且两边宽度小于相应的少子扩散长度,证明正向空穴电流和电子电流之比为 $I_p/I_n = D_p/D_n$,如果两边宽度均大于相应的扩散长度,结果如何？

3.6 在给定的电流密度下，导出正向电压与温度的函数关系。

3.7 某 PN 结两侧的掺杂水平在同一个数量级。求证：接触电势差和结耗尽区宽度分别为

$$V_D = \frac{qN_AN_D(x_n+x_p)^2}{2\varepsilon_s(N_A+N_D)}, \quad x_n = \left[\frac{2\varepsilon_sV_0N_A}{qN_D(N_A+N_D)}\right]^{\frac{1}{2}}, \quad x_p = \left[\frac{2\varepsilon_sV_0N_D}{qN_A(N_A+N_D)}\right]^{\frac{1}{2}}$$

3.8 对硅 PN 结，N 区电阻率 $\rho_n = 5\Omega \cdot cm$，$\tau_p = 1\mu s$，P 区电阻率 $\rho_p = 0.1\Omega \cdot cm$，$\tau_n = 5\mu s$，计算 300K 时饱和电流密度，空穴电流与电子电流之比以及正偏电压 0.3V 和 0.7V 时流过 PN 结的电流密度。

3.9 对于一个突变结，求解下列问题：

(1) 画出突变结耗尽区中的内建电场分布图。

(2) 某硅突变结 $N_D = 1.5 \times 10^{16} cm^{-3}$，$N_A = 1.5 \times 10^{17} cm^{-3}$，求内建电势 V_D 的值。

(3) 求该 PN 结的 n_{n0}、p_{n0}、p_{p0}、n_{p0} 的值。

(4) 当外加电压分别为 $-0.5V$ 和 $+0.5V$ 时，求该 PN 结中 N 区与耗尽区交界处的少子浓度 $p_n(x_n)$。

3.10 在 Si-P^+N 结中，$N_D = 10^{16} cm^{-3}$，$D_p = 10^{16} cm^2/s$，$L_p = 2 \times 10^{-3} cm$，$A = 10^{-5} cm^2$，若规定二极管正向电流达 0.1mA 时的电压为阈值电压或导通电压，问该 PN 结阈值电压是多少？参数相同的锗 PN 结的阈值电压是多少？

3.11 硅、锗 PN 结各一个，杂质浓度均为 $N_A = 10^{18} cm^{-3}$，$N_D = 10^{15} cm^{-3}$，N 区的寿命 $\tau_p = 10^{-5} s$ 且 $W_n \gg L_p$，300K 时 N 型锗中 $D_p = 45 cm^2/s$，N 型硅中 $D_p = 13 cm^2/s$，求外加电压为 $-5V$ 时反向电流和势垒区产生电流各为多少？从中可得到什么结论？

3.12 当温度从 300K 增加到 400K 时，计算硅 PN 结反向电流增大的倍数。如果 25℃ 时某锗反偏 PN 结漏电流为 $10\mu m$，温度上升到 45℃ 时漏电流多大？

3.13 室温下测得锗和硅的 PN 结在 $V = -5V$ 时的反向电流：锗为 $10\mu A$，主要是扩散分量；硅为 10nA，主要是产生分量，忽略表面漏电流，求在 100℃ 和 $V = -5V$ 下两个 PN 结的反向电流。

3.14 理想 Si-P^+N 结，$N_D = 10^{16} cm^{-3}$，在 1V 正偏电压下求中性 N 区内存储的少数载流子总量，设该 Si-P^+N 结面积为 $10^{-4} cm$，中性 N 区长度为 $1\mu m$，空穴扩散长度为 $5\mu m$。

3.15 硅扩散 PN 结，面积为 $10^{-5} cm^2$，结深为 $3\mu m$，衬底浓度 $N_0 = 10^{15} cm^{-3}$，表面浓度 $N_s = 10^{18} cm^{-3}$，外加电压 $V = -10V$。通过计算比较，势垒电容取哪种近似值更为合理？若结深为 $10\mu m$，其余参数不变，做哪种近似合理？

3.16 (1) 证明对于硅合金 PN^+ 结，其势垒电容每平方厘米之微法数为

$$C_T = 2.913 \times 10^{-4} \left(\frac{N_A}{V_D - V}\right)^{\frac{1}{2}}$$

(2) 若 P 型区的电阻率 $\rho_p = 4\Omega \cdot cm$，接触电势差 $V_D = 0.3V$，设截面积的直径为 1.27mm，当外加反偏电压为 4V 时，求势垒电容 C_T。

3.17 单边突变结电容 $C_T = A\left[\dfrac{\varepsilon_sqN_0}{2(V_D - V)}\right]^{\frac{1}{2}}$，式中 N_0 是轻掺杂一边的浓度，A 为结

面积。

(1) 证明：$C_T = k/(V_D - V)^{\frac{1}{2}}$，式中 k 为一合适的常数。设 $V_D = 0.8V$，$V = 0V$，$C_T = 50pF$，计算 k 的值。

(2) 证明：C 和 V 的关系也可以写成 $C = \dfrac{C_0 V_D}{(V_D - V)^{\frac{1}{2}}}$，式中，$C_0$ 为 $V = 0$ 时的 C 值。

(3) 证明：C 和 V 的关系也可以写成 $C = C_1\left(\dfrac{V_D - V_1}{V_D - V}\right)^{\frac{1}{2}}$。

式中，C_1 为 $V = V_1$ 时的 C 值。设 $V = -1V$ 时，$V_D = 0.8V$，$C = 100pF$，求 $V = -10V$ 时的电容。

3.18　对硅 PN 结，P 区和 N 区杂质浓度 $N_A = 9 \times 10^{15} cm^{-3}$ 和 $N_D = 2 \times 10^{16} cm^{-3}$；P 区中的空穴和电子迁移率分别为 $350 cm^2/(V \cdot s)$ 和 $500 cm^2/(V \cdot s)$，N 区中空穴和电子迁移率分别为 $300 cm^2/(V \cdot s)$ 和 $900 cm^2/(V \cdot s)$；设两区内非平衡载流子的寿命均为 $1\mu s$，PN 结截面积为 $10^{-2} cm^2$；$\dfrac{kT}{q} = 38.7\left(\dfrac{1}{V}\right)$。当外加正偏电压 $V = 0.65V$ 时，试求：

(1) 在 300K 时流过 PN 结的电流 I 表达式；

(2) 假设以 P 区指向 N 区为 x 轴正方向，列出 N 区内空穴和电子浓度分布的表达式；

(3) 确定 N 区内空穴扩散电流、电子扩散电流、电子漂移电流和总的电子电流随 x 变换的表达式。

3.19　把一个 P^+N 结硅二极管作变容二极管，结两侧杂质浓度分别为 $N_A = 10^{19} cm^{-3}$，$N_D = 10^{15} cm^{-3}$，二极管面积为 $0.01 cm^2$，求在 $V_R = 1V$ 及 $5V$ 时二极管的电容，计算用此变容二极管及 $L = 2mH$ 的储能电路的共振频率。

第 4 章

双极型晶体管的直流特性

本章在讨论了双极型晶体管结构、类型与杂质分布特点基础上,分析了晶体管内载流子的输运规律,给出了直流情况下发射效率、基区输运系数、集电区倍增因子、雪崩倍增因子、共基直流电流增益与共射直流电流增益等定义与计算;定量分析均匀基区和缓变基区晶体管直流电流增益及其影响因素;讨论了晶体管反向直流参数(反向电流、击穿电压、穿通电压、基极电阻)及其影响因素;比较并分析了共基与共射直流特性曲线特征及共射极理想输出曲线与非理想输出曲线特征。

双极型晶体管(Bipolar Junction Transistor,BJT)简称晶体管,是有两种极性的载流子参与导电的半导体器件。通常有 NPN 和 PNP 两种基本结构,在电路中具有放大、开关等主要功能。在高速、大功率、化合物异质结器件以及模拟集成电路等领域还有相当广泛的应用及发展前景。

本章主要讨论双极型晶体管的结构、类型及工作原理,重点论述其结构特点、晶体管内载流子的输运规律、电流放大系数和直流特性等。

4.1 双极型晶体管结构

4.1.1 晶体管类型及结构

1. 晶体管类型

根据 PN 结形成的方式晶体管可分为点接触型晶体管和面接触型晶体管;根据制作工艺的不同晶体管可分为合金管、合金扩散管、台面管及平面管等;根据功能与用途的不同晶体管可分低频管、高频管、微波管、开关管、低噪声管、光电管及各种不同用途的敏感晶体管;根据所使用材料不同晶体管可分为锗晶体管、硅晶体管及化合物晶体管等。现代应用最多的是硅平面晶体管,它也是构成硅双极集成电路的基本单元器件。

2. 晶体管结构

双极型晶体管管芯都是由两个背对背且相距极近的发射结和集电结构成。两个 PN 结将晶体管划分为 3 个区域:发射区、基区和集电区。所谓发射区,主要用来发射载流子;基区为基本工作区,其功能是对载流子进行输运与控制;集电区是用来收集载流子。由 3 个区引出的 3 个电极相应称为发射极、基极和集电极,分别用 E、B、C 表示。根据各区导电类型的不同,晶体管有两种可能的形式:PNP 型与 NPN 型。晶体管基本结构的示意图及其电路符号如图 4.1 所示。

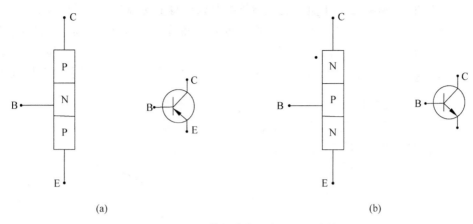

(a)　　　　　　　　　　　　　　　　(b)

图 4.1　双极晶体管结构示意图及电路符号

(a) PNP 晶体管;(b) NPN 晶体管

4.1.2　晶体管的杂质分布

晶体管的 3 个导电区是通过不同的掺杂来实现的。掺杂工艺不同,晶体管各区杂质分布就不同;杂质分布不同,晶体管内载流子分布及传输规律就不同,表现为器件电学特性有所差异。杂质分布归纳起来可分为均匀分布及非均匀分布。

采用合金工艺烧结而成的合金管结构与杂质分布如图 4.2 所示。

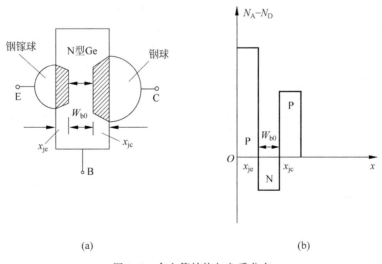

(a)　　　　　　　　　　　　　　　(b)

图 4.2　合金管结构与杂质分布

(a) 合金管结构;(b) 杂质分布

合金管的特点是 3 个区内杂质分布都是均匀的,而在 PN 结交界面处杂质类型发生突变,即发射结与集电结都是突变结。图 4.2 中,x_{je} 和 x_{jc} 分别是发射结和集电结的结深,W_{b0} 称为冶金基区宽度。因其基区杂质分布均匀,故又称为均匀基区晶体管。虽然合金管已很少使用,但因其结构简单,其基本原理仍是晶体管理论的基础。

采用平面工艺在硅单晶片上进行外延、氧化、光刻、扩散、镀膜等工艺制造而成的,就是硅平面管。如在 N$^+$N 外延片上进行受主杂质扩散以获得 P 型基区,再在 P 型层上进行高浓度施主杂质扩散以得到 N$^+$型发射区。由于发射区和基区杂质分布都是非均匀的,故称为非均匀基区晶体管或缓变基区晶体管。其实际结构及其杂质分布如图 4.3 所示,图中,发射结与集电结都是缓变结。由于基区和发射区是由两次扩散工艺形成,常称为双扩散结。

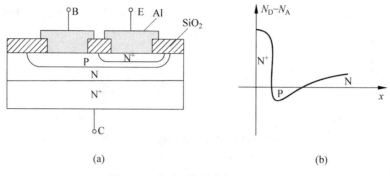

(a) (b)

图 4.3 硅平面管结构与杂质分布

(a) 硅平面管结构;(b) 杂质分布

4.2 双极型晶体管放大原理

双极型晶体管在电路中对电流、电压或功率的放大作用与晶体管的结构特点和工作条件有关。本节对晶体管内部载流子运动进行描述与分析,阐明晶体管放大作用的微观机制,以助于深入理解双极型晶体管的放大原理。为简便起见,以 NPN 型均匀基区晶体管为例来讨论。

4.2.1 晶体管直流放大系数

晶体管在电路中有 3 种不同的接法,即共基极连接、共射极连接和共集电极连接,如图 4.4 所示。

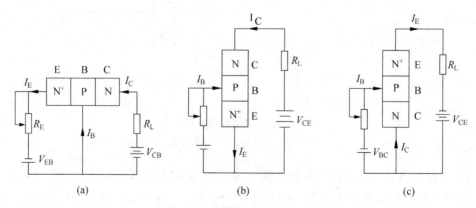

(a) (b) (c)

图 4.4 晶体管三种连接方式

(a) 共基极连接;(b) 共射极连接;(c) 共集电极连接

共基极连接时，若发射极电流为 I_E，集电极电流为 I_C，则共基极直流电流放大系数为

$$\alpha_0 = \frac{I_C}{I_E} \tag{4.2.1}$$

α_0 也称为电流增益。

共射极连接时，共射极直流电流放大系数 β_0 定义为晶体管集电极电流 I_C 与基极电流 I_B 之比，即

$$\beta_0 = \frac{I_C}{I_B} \tag{4.2.2}$$

晶体管的放大功能是在外加直流偏置电压的作用下，内部载流子输运和分配的结果。明确电子与空穴在经由晶体管发射结的注入，通过基区的扩散与复合，再经集电结的传输这一系列作用的微观过程，就能深入理解双极型晶体管的放大原理，并建立放大系数与晶体管结构特性、相关参数之间的定量关系。

4.2.2　双极型晶体管内载流子的输运过程

在正常的放大工作状态下，晶体管发射结正偏，集电结反偏，其电路连接如图 4.4(a) 所示。对于 NPN 型晶体管，在外加电压作用下，其内部载流子包括电子与空穴的输运，如图 4.5 所示。

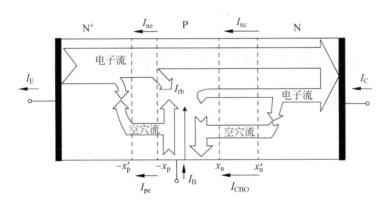

图 4.5　晶体管载流子输运过程

下面分析载流子输运过程。

(1) 发射结 N^+P 结正偏时，大量电子从发射区经过基区到达集电区。

形成发射结电子电流 I_{ne}：大量电子从发射区越过发射结注入基区形成发射结电子电流 I_{ne}。

形成基区的复合电流 I_{rb}：到达基区的电子相对于空穴而言，属于少子，其浓度高于基区平衡浓度成为过剩载流子在基区一边扩散，一边与空穴复合，形成一定的浓度梯度。由于基区的宽度远小于少子的扩散长度，绝大部分电子都会扩散到达集电结边缘，极少数的复合是不可避免的。

形成流经集电区电子电流 I_{nc}：由于集电结反偏，到达集电结附近的电子都会在集电结强电场的作用下被拉入集电区，并从集电极流出，从而构成集电极电流的主要部分。

（2）发射结 N^+P 结正偏时，基区 P 中的空穴（多数载流子）会注入发射区。

形成经过发射结的空穴电流为 I_{pe}：基区 P 中的空穴（多数载流子）会注入发射区并高于发射区的平衡空穴浓度。当空穴从高浓度向低浓度扩散时，也有一部分空穴与发射区的电子复合，使空穴流转换成电子流，成为发射极电流的一部分。

（3）集电结反偏，反向抽取作用形成反向饱和电流 I_{CBO}。

在集电结势垒区两边，即其相应少子的一个扩散长度范围（扩散区）内，会产生空穴-电子对。这些电子和空穴在电场作用下相向流动，N 型集电区的空穴将向基区流动（由低浓度区拉向高浓度区，称之为反向抽取作用），基区的电子将流向集电区（由低浓度区拉向高浓度区）。如果集电结是 P^+N 结，则主要是空穴流向基区。这部分由集电结势垒区附近的扩散区产生电子与空穴，即构成反向饱和电流 I_{CBO}。晶体管内这些电流分量如图 4.5 中箭头所示。

根据电路理论，晶体管各极电流与内部的各电流分量应遵循的关系为

$$I_E = I_{pe} + I_{ne} \tag{4.2.3}$$

$$I_C = I_{ne} + I_{CBO} \tag{4.2.4}$$

$$I_B = I_{pe} + I_{rb} - I_{CBO} \tag{4.2.5}$$

式中，$I_{ne} = I_{rb} + I_{nc}$。由以上 3 式，得

$$I_E = I_C + I_B \tag{4.2.6}$$

即发射极电流由集电极电流和基极电流两部分组成。且发射极电流 I_E 比集电极电流 I_C 大，而基极电流 I_B 最小。

4.2.3 双极型晶体管的电流放大系数

综上所述，晶体管的电流放大过程主要是发射结的注入与基区的输运。为了说明晶体管的放大性能，引入注入效率和基区输运系数等参数。

1. 发射效率

将有效注入电流占总发射极电流的比例定义为发射效率 γ_0，即

$$\gamma_0 = \frac{I_{ne}}{I_E} = \frac{I_{ne}}{I_{ne} + I_{pe}} \tag{4.2.7}$$

2. 基区输运系数

从发射结发射的电子流并不能全部达集电区，在基区还要复合损失掉一部分，要增大集电极的输出功率，复合就必须越少越好。为了说明基区输运效率的高低，引入基区输运系数 β_0^* 并定义为

$$\beta_0^* = \frac{I_{nc}}{I_{ne}} = \frac{I_{ne} - I_{rb}}{I_{ne}} = 1 - \frac{I_{rb}}{I_{ne}} \tag{4.2.8}$$

3. 集电区倍增因子与雪崩倍增因子

由于集电区的电阻率较高，外加电压将有一部分降落在集电区，在这一电压作用下，集电区的少子空穴将流向集电结，使 I_C 增大。为了反映这种少子空穴流向集电结的能力，将集电极总电流 I_C 与到达集电结的电子电流 I_{nc} 之比定义为集电区增倍因子 α^*，即

$$\alpha^* = \frac{I_C}{I_{nc}} \tag{4.2.9}$$

当集电区电阻率较高时，$I_C > I_{nc}$，故 $\alpha^* > 1$。一般情况下，可忽略反向饱和电流 I_{CBO}，故 $\alpha^* = 1$。

当集电结反偏电压接近雪崩击穿电压时，集电结势垒将产生雪崩倍增效应，使通过集电结的电流增大，但在晶体管的正常偏置情况下，不存在雪崩倍增效应，故可令雪崩倍增因子 $M = 1$。

4. 共基极直流电流放大系数

现讨论发射效率 γ_0 及基极输运系数 β_0^* 与共基极电流放大系数 α_0 之间的关系。现令 $\alpha^* = 1$ 及 $M = 1$，则共基极电流放大系数 α_0 为

$$\alpha_0 = \frac{I_C}{I_E} = \frac{I_{ne}}{I_E} \cdot \frac{I_{nc}}{I_{ne}} \cdot \frac{I_C}{I_{nc}} = \gamma_0 \cdot \beta_0^* \tag{4.2.10}$$

将式(4.2.7)和式(4.2.8)代入式(4.2.10)，得

$$\alpha_0 = \gamma_0 \cdot \beta_0^* = 1 - \frac{I_{pe}}{I_{ne}} - \frac{I_{rb}}{I_{ne}} \tag{4.2.11}$$

由式(4.2.11)知，共基极电流放大系数 α_0 随发射效率 γ_0 及基区输运系数 β_0^* 的增大而增大。由于 I_{pe}、I_{rb} 都是不可避免的，故一般当 γ_0 趋近于 1，β_0^* 趋近于 1 时，α_0 趋近于 1，但其总是小于 1 而接近于 1，不可能等于 1。通常 α_0 在 $0.95 \sim 0.995$，I_C 小于并尽可能接近于 I_E。可见，晶体管共基极电路没有电流放大作用，但可有电压放大及功率放大作用。

5. 共射直流电流放大系数

晶体管共射直流电流放大系数由式(4.2.1)、式(4.2.2)及式(4.2.6)，得

$$\beta_0 = \frac{I_C}{I_B} = \frac{I_C}{I_E - I_C} = \frac{I_C / I_E}{1 - I_C / I_E} = \frac{\alpha_0}{1 - \alpha_0} = \left(\frac{I_{pe}}{I_{ne}} + \frac{I_{rb}}{I_{ne}} \right)^{-1} \tag{4.2.12}$$

显然，由于 α_0 趋近于 1，故共射直流电流放大系数 β_0 远大于 1，一般在 $20 \sim 200$，理论上可以更大。晶体管共射电路既可作为电流放大，也可作为电压放大及功率放大。

由以上分析知，欲提高电流放大系数 α_0 或 β_0，主要在于提高发射效率 γ_0 及基区输运系数 β_0^*。为此，要尽可能减少发射结的反向注入电流 I_{pe} 及基区复合电流 I_{rb}，因而有必要进一步深入分析晶体管内各电流分量与结构特性及相关参数的定量关系，以便设计及制造出性能更好的晶体管。

4.2.4　均匀基区晶体管电流增益

根据式(4.2.10)及式(4.2.12)，要分析 α_0、β_0 和晶体管结构特性及相关参数间的定量关系，就要求出 I_{nc}、I_{pe}、I_{rb} 等电流的表达式。为此，首先要分析晶体管内各区载流子浓度分布；其次，求出各电流浓度的分布。传统方法是在一维理想模型下求解晶体管内各区非平衡"少子"的连续性方程，以得到载流子浓度分布，再利用电流输运方程求得各电流的表达式。

1. 均匀基区晶体管的一维理想模型

均匀基区晶体管如图 4.6(a)所示。一维近似理想模型为：

(1) 发射结和集电结均为理想突变结，且均为平行平面结，结面积相等。

(2) 发射区、基区、集电区的杂质均匀分布，分别为 N_E、N_B、N_C，且 $N_E > N_B > N_C$。

(3) 势垒区的宽度远小于少子的扩散长度，则势垒区的复合作用忽略不计，通过势垒区

的电流不变。

（4）外加电压全部降落在发射结和集电结势垒区。势垒区以外为电中性区，没有电场。

（5）小注入，即注入基区的"少子"浓度比基区的"多子"浓度小得多。

2. 均匀基区晶体管电流增益求解方法

当处于平衡态时，NPN 晶体管能带如图 4.6(b)所示。其一维坐标如图 4.6(a)所示。图中，基区、发射区和集电区和集电区有效宽度分别为 W_b、W_e、W_c，发射区和发射结势垒区的边界为 x'_p，集电区和集电结势垒边界为 x'_n。

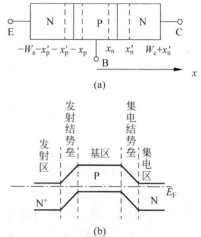

求解基区"少子"浓度分布时，发射结势垒区宽度为 x_{me}，集电结势垒区宽度为 x_{mc}，以基极 B 处为坐标原点，x 为坐标轴，正向向右；对发射结势垒区，结右边界为坐标原点，x 轴正向向左；对集电结势垒区，结左边界为坐标原点，x 轴正向向右。

当晶体管处于放大状态时，发射结正偏电压 V_{BE}，集电结反偏压电压 V_{CB}（$-V_{CB}=V_{BC}$）。此时，其能带图发生变化：发射结势垒降低、集电结势垒升高，如图 4.7 上部所示，而集电结反偏，势垒区电场增大，势垒高度增高。

图 4.6 NPN 晶体管一维理想模型

(a) 均匀基区晶体管示意；

(b) NPN 晶体管能带

在集电结边界处，非平衡载流子被抽出。边界处载流子浓度分别为

$$\begin{cases} n_b(x_n)=n_{b0}\,\mathrm{e}^{-qV_{CB}/kT}, & x=x_n \\ p_c(x'_n)=p_{c0}\,\mathrm{e}^{-qV_{CB}/kT}, & x=x'_n \end{cases} \quad (4.2.13a)$$

或建立集电结坐标系，有

$$\begin{cases} n_b(W_b)=n_{b0}\,\mathrm{e}^{-qV_{CB}/kT}, & x=W_b \\ p_c(x_{mc})=p_{c0}\,\mathrm{e}^{-qV_{CB}/kT}, & x=x_{mc} \end{cases} \quad (4.2.13b)$$

在发射结边界处，非平衡载流子由浓度高处向浓度低处扩散，将与"多子"不断复合，从而形成一稳定分布。以基极为坐标原点，边界处载流子浓度分别为

$$\begin{cases} n_b(-x_p)=n_{b0}\,\mathrm{e}^{qV_{BE}/kT}, & x=-x_p \\ p_e(-x'_p)=p_{e0}\,\mathrm{e}^{qV_{BE}/kT}, & x=-x'_p \end{cases} \quad (4.2.14a)$$

或建立发射结坐标系，有

$$\begin{cases} n_b(0)=n_{b0}\,\mathrm{e}^{qV_{BE}/kT}, & x=0 \\ p_e(x_{me})=p_{e0}\,\mathrm{e}^{qV_{BE}/kT}, & x=x_{me} \end{cases} \quad (4.2.14b)$$

需要说明的是：通常集电结反偏电压较高，边界处的"少子"浓度实际上近似为 0。由于发射结正偏，势垒降低，通过发射结载流子的扩散作用大于漂移作用，形成非平衡载流子的注入，则发射结两侧即基区和发射区边界处都有过剩载流子积累。而扩散电流的大小与注入"少子"浓度梯度直接相关。故要求解扩散电流，必先求其"少子"浓度分布。

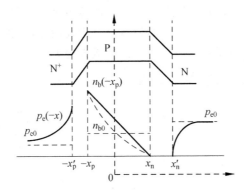

图 4.7 NPN 晶体管放大偏置时能带图及少数载流子浓度分布

1）求解思路

首先写出非平衡载流子分布遵循的连续性方程,求出"少子"浓度分布的通解;其次,利用边界条件求出特解;利用近似条件,简化特解;再次,利用浓度梯度与电流浓度的关系,求出电流浓度分布;最后,求出电流增益。

2）求解过程

（1）"少子"浓度分布

P 型基区,非平衡载流子电子分布遵循的扩散方程为

$$\frac{\mathrm{d}^2 \Delta n_{\mathrm{b}}(x)}{\mathrm{d}x^2} - \frac{\Delta n_{\mathrm{b}}(x)}{L_{\mathrm{nb}}^2} = 0 \tag{4.2.15}$$

式中,基区电子的扩散长度为

$$L_{\mathrm{nb}} = \sqrt{D_{\mathrm{nb}} \tau_{\mathrm{nb}}} \tag{4.2.16}$$

$$n_{\mathrm{b}}(x) - n_{\mathrm{b}0} = \Delta n_{\mathrm{b}}(x) \tag{4.2.17}$$

式中,D_{nb}、τ_{nb} 分别为基区"少子"电子的扩散系数和寿命。

其通解为

$$\Delta n_{\mathrm{b}}(x) = A \mathrm{e}^{-x/L_{\mathrm{nb}}} + B \mathrm{e}^{x/L_{\mathrm{nb}}} \tag{4.2.18}$$

由边界条件

$$x = -x_{\mathrm{p}}, \quad n_{\mathrm{b}}(-x_{\mathrm{p}}) = n_{\mathrm{b}0} \mathrm{e}^{qV_{\mathrm{BE}}/kT} \tag{4.2.19}$$

$$x = x_{\mathrm{n}}, \quad n_{\mathrm{b}}(x_{\mathrm{n}}) = n_{\mathrm{b}0} \mathrm{e}^{qV_{\mathrm{BC}}/kT} \tag{4.2.20}$$

得特解为

$$\Delta n_{\mathrm{b}}(x) = n_{\mathrm{b}}(x) - n_{\mathrm{b}0} = \frac{n_{\mathrm{b}0}(\mathrm{e}^{qV_{\mathrm{BE}}/kT} - 1) \sinh \dfrac{(x_{\mathrm{n}} + x_{\mathrm{p}}) - x}{L_{\mathrm{nb}}} + n_{\mathrm{b}0}(\mathrm{e}^{qV_{\mathrm{BC}}/kT} - 1) \sinh \left(\dfrac{x}{L_{\mathrm{nb}}}\right)}{\sinh((x_{\mathrm{n}} + x_{\mathrm{p}})/L_{\mathrm{nb}})}$$

$$= \frac{n_{\mathrm{b}0}(\mathrm{e}^{qV_{\mathrm{BE}}/kT} - 1) \sinh \dfrac{W_{\mathrm{b}} - x}{L_{\mathrm{nb}}} + n_{\mathrm{b}0}(\mathrm{e}^{qV_{\mathrm{BC}}/kT} - 1) \sinh \left(\dfrac{x}{L_{\mathrm{nb}}}\right)}{\sinh(W_{\mathrm{b}}/L_{\mathrm{nb}})} \tag{4.2.21}$$

式中,$W_{\mathrm{b}} = x_{\mathrm{n}} + x_{\mathrm{p}}$。其曲线如图 4.7 所示的虚线。

由近似条件 $W_{\mathrm{b}} \ll L_{\mathrm{nb}}$,$|V_{\mathrm{BC}}| \gg kT/q$,式（4.2.21）可改写为

$$n_{\mathrm{b}}(x) = n_{\mathrm{b}0} \mathrm{e}^{qV_{\mathrm{BE}}/kT} \left(1 - \frac{x}{W_{\mathrm{b}}}\right) \quad (-x_{\mathrm{p}} \leqslant x \leqslant x_{\mathrm{n}}) \tag{4.2.22}$$

式(4.2.23)说明,在一定的近似条件下,基区少子浓度近似为线性分布,其浓度梯度为一常数,如图 4.7 所示的直线,和式(4.2.21)的指数分布比较,实际上忽略了基区的复合。

同理,N 型发射区,其少子空穴浓度分布的扩散方程为

$$\frac{\mathrm{d}^2 p_\mathrm{e}(x)}{\mathrm{d}x^2} - \frac{p_\mathrm{e}(x) - p_\mathrm{e0}}{L_\mathrm{pe}^2} = 0 \quad (-W_\mathrm{e} - x'_\mathrm{p} < x < -x'_\mathrm{p}) \tag{4.2.23}$$

式中,p_e0 为发射区平衡空穴浓度,$L_\mathrm{pe} = \sqrt{D_\mathrm{pe}\tau_\mathrm{pe}}$ 为发射区"少子"空穴的扩散长度。

由边界条件

$$\begin{cases} p_\mathrm{e}(-x_\mathrm{p}) = p_\mathrm{e}(-x'_\mathrm{p}) = p_\mathrm{e0}\,\mathrm{e}^{qV_\mathrm{BE}/kT} \\ p_\mathrm{e}(-W_\mathrm{e} - x'_\mathrm{p}) = p_\mathrm{e0} \end{cases} \tag{4.2.24}$$

解得,发射区非平衡载流子空穴的浓度分布为

$$p_\mathrm{e}(x) - p_\mathrm{e0} = \frac{p_\mathrm{e0}(\mathrm{e}^{qV_\mathrm{BE}/kT} - 1)\sinh\dfrac{W_\mathrm{e} + x}{L_\mathrm{pe}}}{\sinh\dfrac{W_\mathrm{e}}{L_\mathrm{pe}}} \quad (-W_\mathrm{e} - x'_\mathrm{p} < x < -x'_\mathrm{p}) \tag{4.2.25}$$

由近似条件 $W_\mathrm{e} \ll L_\mathrm{pe}$,式(4.2.25)改写为

$$p_\mathrm{e}(x) - p_\mathrm{e0} = \frac{p_\mathrm{e0}}{W_\mathrm{e}}(\mathrm{e}^{qV_\mathrm{BE}/kT} - 1)(W_\mathrm{e} + x) \quad (-W_\mathrm{e} - x'_\mathrm{p} < x < -x') \tag{4.2.26}$$

N 型集电区,非平衡"少子"空穴的扩散方程为

$$\frac{\mathrm{d}^2 p_\mathrm{c}(x)}{\mathrm{d}x^2} - \frac{p_\mathrm{c}(x) - p_\mathrm{c0}}{L_\mathrm{pc}^2} = 0 \tag{4.2.27}$$

式中,$L_\mathrm{pc} = \sqrt{D_\mathrm{pc}\tau_\mathrm{pc}}$。由边界条件

$$\begin{cases} x = x_\mathrm{n}, \quad p_\mathrm{c}(x_\mathrm{n}) = p_\mathrm{c}(x'_\mathrm{n}) = p_\mathrm{c0}\,\mathrm{e}^{qV_\mathrm{BC}/kT} \approx 0 \\ x = \infty, \quad p_\mathrm{c}(\infty) = p_\mathrm{c}(W_\mathrm{e} + x'_\mathrm{n}) = p_\mathrm{c0} \end{cases} \tag{4.2.28}$$

和近似条件 $W_\mathrm{e} > L_\mathrm{pc}$ 得,集电区非平衡"少子"空穴浓度分布为

$$p_\mathrm{c}(x) - p_\mathrm{c0} = p_\mathrm{c0}(\mathrm{e}^{qV_\mathrm{BC}/kT} - 1)\mathrm{e}^{-x/L_\mathrm{pc}} \approx -p_\mathrm{c0}\,\mathrm{e}^{-x/L_\mathrm{pc}} \tag{4.2.29}$$

(2) 电流浓度分布

根据理想模型假设,在势垒区以外,晶体管的其他各区都是中性区,即不存在电场,故少子只有扩散运动,产生扩散电流。

基区电子扩散电流浓度为

$$J_\mathrm{nb}(x) = qD_\mathrm{nb}\frac{\mathrm{d}n_\mathrm{b}(x)}{\mathrm{d}x}$$

$$= -\frac{qD_\mathrm{nb}}{L_\mathrm{nb}}\left[\frac{n_\mathrm{b0}(\mathrm{e}^{qV_\mathrm{BE}/kT} - 1)\cosh\left(\dfrac{W_\mathrm{b} - x}{L_\mathrm{nb}}\right) - n_\mathrm{b0}(\mathrm{e}^{qV_\mathrm{BC}/kT} - 1)\cosh\left(\dfrac{x}{L_\mathrm{nb}}\right)}{\sinh(W_\mathrm{b}/L_\mathrm{nb})}\right] \tag{4.2.30}$$

基区电子电流的边界值为

$$x = -x_\mathrm{p}, J_\mathrm{nb}(-x_\mathrm{p}) = -\frac{qD_\mathrm{nb}n_\mathrm{b0}}{L_\mathrm{nb}}\left[\coth\left(\dfrac{W_\mathrm{b}}{L_\mathrm{nb}}\right)(\mathrm{e}^{qV_\mathrm{BE}/kT} - 1) - \mathrm{csch}\left(\dfrac{W_\mathrm{b}}{L_\mathrm{nb}}\right)(\mathrm{e}^{qV_\mathrm{BC}/kT} - 1)\right]$$

$$\tag{4.2.31}$$

$$x = x_n, J_{nb}(x_n) = -\frac{qD_{nb}n_{b0}}{L_{nb}}\left[\operatorname{csch}\left(\frac{W_b}{L_{nb}}\right)(e^{qV_{BE}/kT}-1)-\coth\left(\frac{W_b}{L_{nb}}\right)(e^{qV_{BC}/kT}-1)\right]$$

$$(4.2.32)$$

由近似条件 $W_b/L_{nb} \ll 1$，式(4.2.30)改写为

$$J_{nb}(x) \approx -\frac{qD_{nb}n_{b0}}{W_b}\left[e^{qV_{BE}/kT}-e^{qV_{BC}/kT}\right] \qquad (4.2.33a)$$

由条件 $|V_{BC}| \gg kT/q$，且 $V_{BC} < 0$，进一步得

$$J_{nb} \approx -\frac{qD_{nb}n_{b0}}{W_b}e^{qV_{BE}/kT} \qquad (4.2.33b)$$

式(4.2.33)说明，在近似条件下基区电子电流浓度 J_{nb} 与 x 无关，为一常数，实质上是忽略了少子电子的复合而转换为空穴电流的部分。如果考虑这个忽略的部分，则基区 $J_{nb}(x)$ 随着 x 增大而有所下降。

同理，发射区空穴电流方向与浓度梯度方向相反，即

$$J_{pe}(x) = -qD_{pe}\frac{\mathrm{d}p_e(x)}{\mathrm{d}x}$$

$$= \frac{qD_{pe}p_{e0}}{L_{pe}}(e^{qV_{BE}/kT}-1)\frac{\cosh\left(\frac{W_e+x}{L_{pe}}\right)}{\sinh(W_e/L_{pe})} \qquad (-W_e-x_p' < x < -x') \qquad (4.2.34)$$

在边界 $x = -x_p'$ 处，有

$$J_{pe}(-x_p') = \frac{qD_{pe}p_{e0}}{L_{pe}}(e^{qV_{BE}/kT}-1)\frac{1}{\tanh(W_e/L_{pe})} \qquad (4.2.35)$$

当 $W_e \gg L_{pe}$，则 $\tanh(W_e/L_{pe}) \approx 1$，有

$$J_{pe}(-x_p') = \frac{qD_{pe}p_{e0}}{L_{pe}}(e^{qV_{BE}/kT}-1) \qquad (4.2.36)$$

当 $W_e \ll L_{pe}$，则 $\tanh(W_e/L_{pe}) \approx W_e/L_{pe}$，可近似为

$$J_{pe}(-x_p') = \frac{qD_{pe}p_{e0}}{W_e}(e^{qV_{BE}/kT}-1) \qquad (4.2.37)$$

$J_{pe}(-x_p')$ 是空穴电流浓度的最大值，它沿着 x 轴负方向减小，因为它通过与电子复合而逐渐转换成为电子电流。

同理，集电区空穴电流浓度为

$$J_{pc}(x) = -qD_{pc}\frac{\mathrm{d}p_c(x)}{\mathrm{d}x} = \frac{qD_{pc}p_{c0}}{L_{pc}}(e^{qV_{BC}/kT}-1)e^{-x/L_{pc}} \qquad (x_n' \leqslant x < \infty) \qquad (4.2.38)$$

故集电区边界的空穴电流浓度为

$$J_{pc}(x_n') = \frac{qD_{pc}p_{c0}}{L_{pc}}(e^{qV_{BC}/kT}-1) \qquad (4.2.39)$$

$J_{pc}(x_n')$ 是 $J_{pc}(x)$ 的最大值，随着 x 增加，J_{pc} 减小，集电区的空穴电流不断转换为电子电流。电流的方向与 x 轴方向相反。实际上，为反偏集电结反向饱和电流浓度的一部分，对于 P^+N 结，则是主要部分。

（3）均匀基区晶体管电流增益

对于均匀基区晶体管，设发射结结面积为 A_e、集电结结面积为 A_c，按均匀基区晶体管

的一维理想模型,有 $A_e = A_C$。本书没有特别说明,总认为该假定成立。由于 $J_{pe} = J_{pe}(x_{me})$,$J_{ne} = J_{nb}(0)$,且 J_{pe} 和 J_{ne} 方向实际相同,则发射效率 γ_0 为

$$\gamma_0 = \frac{I_{ne}}{I_E} = \frac{J_{ne}}{J_E} = \frac{1}{1 + J_{pe}/J_{ne}} = \frac{1}{1 + \dfrac{D_{pe} p_{e0} L_{nb}}{D_{nb} n_{b0} L_{pe}} \cdot \dfrac{\tanh(W_b/L_{nb})}{\tanh(W_e/L_{pe})}} \qquad (4.2.40)$$

由近似条件 $W_b \ll L_{nb}$ 和 $W_e \ll L_{pe}$ 及关系式 $n_{b0} = \dfrac{n_i^2}{N_B}$; $p_{e0} = \dfrac{n_i^2}{N_E}$; $\dfrac{D_{pe}}{\mu_{pe}} = \dfrac{D_{nb}}{\mu_{nb}} = \dfrac{kT}{q}$,

$\dfrac{D_{pe}}{D_{nb}} = \dfrac{\mu_{pe}}{\mu_{nb}} \approx \dfrac{\mu_{pb}}{\mu_{ne}}$,则式(4.2.40)可改写为

$$\gamma_0 = \frac{1}{1 + \dfrac{D_{pe} N_B W_b}{D_{nb} N_E W_e}} \approx \frac{1}{1 + \dfrac{\rho_e W_b}{\rho_b W_e}} = \frac{1}{1 + \dfrac{R_{\square e}}{R_{\square b}}} \qquad (4.2.41)$$

式中

$$\rho_e = \frac{1}{q\mu_{ne} N_E}, \quad \rho_b = \frac{1}{q\mu_{pb} N_B}, \quad R_{\square e} = \frac{\rho_e}{W_e}, \quad R_{\square b} = \frac{\rho_b}{W_b}$$

$R_{\square e}, R_{\square b}$ 分别称为发射区、基区的方块电阻,表示一正方形片状材料所具有的电阻,单位为 $\Omega/\square$。

由于 $J_{nc} = J_{nb}(W_b)$,$e^{qV_{BE}/kT} \gg 1$ 及 $W_b \ll L_{nb}$,则晶体管基区输运系数 β_0^* 近似为

$$\beta_0^* \approx \frac{1}{1 + \dfrac{W_b^2}{2L_{nb}^2}} \approx 1 - \frac{W_b^2}{2L_{nb}^2} \qquad (4.2.42)$$

均匀基区晶体管共基极电流放大系数为

$$\alpha_0 = \gamma_0 \beta_0^* \approx \frac{1}{1 + \dfrac{D_{pe} N_B W_b}{D_{nb} N_E W_e} + \dfrac{W_b^2}{2L_{nb}^2}} \approx 1 - \frac{\rho_e W_b}{\rho_b W_e} - \frac{W_b^2}{2L_{nb}^2} \qquad (4.2.43)$$

共射电流放大系数倒数为

$$\frac{1}{\beta_0} = \frac{1 - \alpha_0}{\alpha_0} \approx 1 - \alpha_0 = \frac{\rho_e W_b}{\rho_b W_e} + \frac{W_b^2}{2L_{nb}^2} \qquad (4.2.44)$$

式中,第一项为发射结空穴电流与电子电流之比,称为发射效率项;第二项为基区复合电流与发射结电子电流浓度之比,称为体复合项。

3. 发射极电流与集电极电流

由以上分析可知,各区电流密度是位置的函数,但根据电流连续性原理,通过晶体管任意截面的总电流密度是不变的。同时,在不考虑势垒区载流子产生与复合时,通过势垒区的电流不变,若发射结与集电结面积相等 $A_e = A_C = A$,当 $W_b \ll L_{nb}$ 时,发射极与集电极电流密度分别为

$$J_E = J_{ne} + J_{pe} = -\left[\left(\frac{qD_{nb} n_{b0}}{W_b} + \frac{qD_{pe} p_{e0}}{L_{pe}}\right)(e^{qV_{BE}/kT} - 1) + \frac{qD_{nb} n_{b0}}{W_b}\right]$$

$$= -[a_{11}(e^{qV_{BE}/kT} - 1) + a_{12}] \qquad (4.2.45a)$$

$$J_C = J_{nc} + J_{pc} = -\left[\frac{qD_{nb} n_{b0}}{W_b}(e^{qV_{BE}/kT} - 1) + \left(\frac{qD_{nb} n_{b0}}{W_b} + \frac{qD_{pc} p_{c0}}{L_{pc}}\right)\right]$$

$$= -[a_{21}(e^{qV_{BE}/kT} - 1) + a_{22}] \tag{4.2.45b}$$

式中

$$a_{11} = \frac{qD_{nb}n_{b0}}{W_b} + \frac{qD_{pe}p_{e0}}{L_{pe}} \tag{4.2.46a}$$

$$a_{12} = \frac{qD_{nb}n_{b0}}{W_b} \tag{4.2.46b}$$

$$a_{21} = \frac{qD_{nb}n_{b0}}{W_b} \tag{4.2.46c}$$

$$a_{22} = \frac{qD_{nb}n_{b0}}{W_b} + \frac{qD_{pc}p_{c0}}{L_{pc}} \tag{4.2.46d}$$

这是在理想情况下,晶体管工作在放大状态时的直流特性方程;分析此二式知 J_C 和 J_E 很接近,故 $J_B = J_E - J_C$,其值很小。

以上各式说明双极晶体管的端电流与其电压具有指数关系,与 PN 结的直流伏安特性相似;但是,晶体管是由两个相距很近的 PN 结构成,其端电流应与二结的结电流有关,上式也反映了晶体管的直流特性和单个 PN 结的直流伏安特性有所不同,两个结之间存在相互影响。此外,式中的"一"号表示 NPN 晶体管的电流是从发射极流出,与原先所设基区 x 反向相反。

【例 4.1】 某均匀基区晶体管 $R_{\square b} = 2000\Omega$, $R_{\square e} = 10\Omega$,基区宽度 $W_b = 1\mu m$,共基极电流放大系数 $\alpha_0 = 0.99$,试求该晶体管的共射极电流放大系数与基区少子扩散长度 L_{nb} 的值。

解:
$$\beta_0 = \frac{\alpha_0}{1 - \alpha_0} = 99$$

$$L_{nb} = W_b \left[2\left(\frac{1}{\beta_0} - \frac{R_{\square e}}{R_{\square b}} \right) \right]^{-\frac{1}{2}} = 10\mu m$$

【例 4.2】 (1)画出 PNP 管电流分量示意图并表示出所有的电流成分,写出各极电流表达式;(2)画出发射区、基区、集电区少子分布示意图。

解: (1) PNP 管电流分量示意图如图 4.8(a)所示。

各极电流表达式如下:
$$I_E = I_{pe} + I_{ne} + I_{re}$$
$$I_B = I_{ne} + (I_{pe} - I_{pc}) + I_{re} - I_{c0}$$
$$I_C = I_{pc} + I_{c0}$$
$$I_E = I_B + I_C$$

(2) 画出发射区、基区、集电区少子分布示意图,如图 4.8(b)所示。

【例 4.3】 一个 NPN 硅晶体管的参数: $W_b = 2\mu m$,在均匀掺杂基区 $N_A = 5 \times 10^{16} cm^{-3}$, $\tau_{nb} = 1\mu s$, $A = 0.01 cm^2$, $n_i = 1.45 \times 10^{10} cm^{-3}$。若集电结被反向偏置, $I_{ne} = 1mA$,计算在发射结基区一边的过剩电子浓度、发射结电压以及基区输运因子。

解: 以发射结与基区边界处为坐标原点, x 轴正向向右。

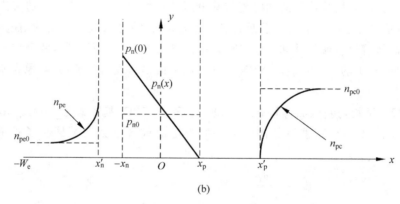

图 4.8　例 4.2 解图

$$L_{nb} = \sqrt{D_{nb}\tau_{nb}} = \sqrt{\frac{kT\mu_n\tau_{nb}}{q}} = \sqrt{\frac{0.026}{q} \times 1350 \times 1.0 \times 10^{-6}}$$

$$= 5.92 \times 10^{-3}\,cm = 59.2\mu m$$

$$L_{nb} \gg W_b = 2\mu m$$

$$L_{ne} = qAD_n\frac{n_i^2}{N_AW_b}(e^{V/V_T} - 1) = qAD_n\frac{n_i^2}{N_AW_b}e^{V/V_T}$$

发射结电压为

$$V_E = V_T\ln\left(\frac{I_{ne}N_AW_b}{qAD_{nb}n_i^2}\right)$$

$$= 0.026 \times \ln\left[\frac{(1 \times 10^{-3}) \times (5 \times 10^{16} \times 10^6) \times (2 \times 10^{-6})}{(1.6 \times 10^{-19}) \times (0.01 \times 10^{-4}) \times (1350 \times 10^{-4}) \times (1.45 \times 10^{10} \times 10^6)^2}\right]$$

$$= 0.44\,V$$

流入基区的过剩载流子浓度为

$$n_p(0) = n_{p0}e^{V_E/V_T}$$

$$\Delta n_{\mathrm{p}}(0) = n_{\mathrm{p}}(0) - n_{\mathrm{p}0} = (e^{V_{\mathrm{E}}/V_{\mathrm{T}}} - 1) \cdot \frac{n_i^2}{N_{\mathrm{A}}} e^{V_{\mathrm{E}}/V_{\mathrm{T}}}$$

$$= \frac{(1.45 \times 10^{10})^2}{5 \times 10^{16}} e^{0.44/0.026} = 9.41 \times 10^{10} \mathrm{cm}^{-3}$$

基区输运因子为

$$\beta_0^* = 1 - \frac{W_{\mathrm{b}}^2}{2 L_{\mathrm{nb}}^2} = 1 - \frac{(2 \times 10^6)^2}{2 \times (59.2 \times 10^{-6})^2} = 0.9994 \approx 1$$

【例 4.4】 在例 4.3 的晶体管中,假设发射区杂质浓度为 $10^{18} \mathrm{cm}^{-3}$,$x_{\mathrm{me}} = 2\mu\mathrm{m}$,$\tau_{\mathrm{pe}} = 10\mathrm{ms}$,发射结空间电荷区中 $\tau_0 = 0.1\mu\mathrm{s}$,$\mu_{\mathrm{p}} = 480 \mathrm{cm}^2/(\mathrm{V} \cdot \mathrm{s})$,$n_i = 1.45 \times 10^{10} \mathrm{cm}^{-3}$,计算在 $I_{\mathrm{ne}} = 1\mathrm{mA}$ 时的发射效率 γ_0 和放大倍数 β_0。

解: 题中各量的物理意义,如图 4.8 所示。

$$V_{\mathrm{D}} = V_{\mathrm{T}} \ln \frac{N_{\mathrm{A}} N_{\mathrm{D}}}{n_i^2} = 0.026 \ln \frac{10^{18} \times 5 \times 10^{16}}{(1.45 \times 10^{10})^8} = 0.86\mathrm{V}$$

$$W_{\mathrm{e}} = \sqrt{\frac{2\varepsilon(V_{\mathrm{D}} - V_{\mathrm{E}})}{q N_{\mathrm{A}}}} = 3.3 \times 10^{-6} \mathrm{cm}$$

$$I_{\mathrm{re}} = \frac{q A n_i W_{\mathrm{e}}}{2\tau_0} e^{V_{\mathrm{E}}/(2V_{\mathrm{T}})}$$

$$= \frac{1.6 \times 10^{-19} \times 0.01 \times 1.45 \times 10^{10} \times 3.3 \times 10^{-6}}{2 \times 10^{-7}} e^{0.44/2 \times 0.026}$$

$$= 1.81 \times 10^{-6} \mathrm{A}$$

$$D_{\mathrm{pe}} = V_{\mathrm{T}} \mu_{\mathrm{p}} = 12.48 \mathrm{cm}^2/\mathrm{s}$$

于是

$$I_{\mathrm{pe}} = \frac{q A D_{\mathrm{pe}} n_i^2}{x_{\mathrm{me}} N_{\mathrm{DE}}} e^{V_{\mathrm{E}}/V_{\mathrm{T}}}$$

$$= 1.6 \times 10^{-19} \times 0.01 \times 12.48 \times \frac{(1.45 \times 10^{10})^2}{2 \times 10^{-4} \times 10^{18}} \times e^{0.44/0.026}$$

$$= 4.70 \times 10^{-7} \mathrm{A}$$

由

$$\gamma_0 = \frac{I_{\mathrm{ne}}}{I_{\mathrm{ne}} + I_{\mathrm{pe}} + I_{\mathrm{re}}} = \frac{1}{1 + 0.00047 + 0.00186} = 0.9977$$

可得

$$\alpha_0 = \gamma_0 \beta_0^* = 0.9977 \times 0.9994 = 0.9971$$

所以

$$\beta_0 = \frac{\alpha_0}{1 - \alpha_0} = \frac{0.9971}{1 - 0.9971} = 334$$

【例 4.5】 (1)证明对于均匀掺杂的基区,$\beta_0^* = 1 - \frac{1}{L_{\mathrm{nb}}^2} \int_0^{W_{\mathrm{b}}} \frac{1}{N_{\mathrm{A}}} \mathrm{d}x \left(\int_x^{W_{\mathrm{b}}} N_{\mathrm{A}} \mathrm{d}x \right)$ 可简化为

$\beta_0^* = 1 - \frac{1}{2} \frac{W_{\mathrm{b}}^2}{L_{\mathrm{nb}}^2}$。 (2)若基区杂质为指数分布,即 $N_{\mathrm{A}} = N_0 e^{-ax/W_{\mathrm{b}}}$,推导出基区输运系数的表

示式。

证明:(1) 基区是均匀掺杂,N_A 为常数,因此有

$$\beta_0^* = 1 - \frac{1}{L_{nb}^2} \int_0^{W_b} \frac{1}{N_A} dx \left(\int_x^{W_b} N_A dx \right)$$

$$= 1 - \frac{1}{L_{nb}^2} \int_0^{W_b} (W_b - x) dx$$

$$= 1 - \frac{1}{L_{nb}^2} \left(W_b^2 - \frac{1}{2} W_b^2 \right)$$

$$= 1 - \frac{W_b^2}{2 L_{nb}^2}$$

(2) 将 $N_A = N_0 e^{-ax/W_b}$ 代入,积分得

$$\beta_0^* = 1 - \frac{W_b^2}{L_{nb}^2 a} \left[1 - \frac{1}{a} (1 - e^{-a}) \right]$$

【例 4.6】 NPN 均匀基区晶体管的基区宽度 $W_b = 0.5\mu m$,杂质浓度 $N_B = 5 \times 10^{17} \text{cm}^{-3}$,基区少子寿命 $\tau_{nb} = 1.5 \times 10^{-6} \text{s}$,少子扩散系数 $D_{nb} = 18 \text{cm}^2 \cdot \text{s}^{-1}$,发射区杂质总量 $N_E = 10^{10}$ 个杂质原子,扩散系数 $D_{ne} = 2 \text{cm}^2 \cdot \text{s}^{-1}$,发射结面积 $A_E = 10^{-5} \text{cm}^2$。

计算:(1)发射效率;(2)基区输运系数;(3)电流放大系数。

解:(1) 发射效率为

$$\gamma_0 = 1 - \frac{D_{ne} N_B}{D_{nb} N_E} = 0.997$$

(2) 基区输运系数为

$$\beta_0^* = 1 - \frac{W_b^2}{4 D_{nb} \tau_{nb}} = 0.999$$

(3) 电流放大系数为

$$\alpha_0 = \gamma_0 \beta_0^* = 0.996$$

4.2.5 缓变基区晶体管电流增益

1. 缓变基区晶体管

缓变基区晶体管是指基区杂质按一定的函数规律进行分布,具有一定的梯度,发射结及集电结都是缓变结,如图 4.9 所示。缓变基区晶体管中杂质分布规律不同,其电流放大特性也会不同,电流增益也不同。

NPN 晶体管中基区空穴是多子,其分布存在浓度梯度,导致多子从高浓度向低浓度扩散,即从基区中近发射结一边向集电结一边扩散;由于集电结势垒区强电场的阻碍,多子不能越过集电结,而在其附近积累,从而破坏了基区中原有的电中性,使基区中靠近集电结一边因多子

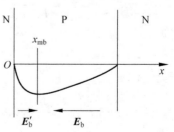

图 4.9 NPN 管基区杂质分布

(空穴)的积累而呈正电性,在发射结一边因多子流走而呈负电性,正负电之间就产生了基区杂质自建电场,用 E_b 表示,如图 4.9 所示。由于电场的方向是由集电结指向发射结,故阻

止基区中多子的继续扩散,而将其漂移回原来的位置。对于一定结构的晶体管而言,基区多子因浓度梯度的扩散运动和由电场导致的漂移运动终将达到动态平衡,即空穴的漂移电流和扩散电流相抵消。这时,基区杂质自建电场达到稳定值。

基区杂质自建电场的存在会使发射结注入的非平衡少数载流子作漂移运动。这时,基区少子电流为扩散电流与漂移电流之和。因此,缓变基区晶体管也称为漂移晶体管,以与均匀基区扩散晶体管相区别。

此外,由于基区中杂质浓度的峰值并不在发射结处的基区边界,而是在图 4.9 所示的 x_{mb} 处。在 x_{mb} 的左边,也会存在一个自建电场 E'_b,其方向与 E_b 相反,它会阻止电子流向集电区,故称阻滞电场,这一部分基区就称为阻滞区;在 x_{mb} 的右边,自建电场为 E_b,其方向为加速电子流向集电区,故称加速电场,这部分基区称为加速区。一般来说,晶体管中的阻滞区所占比例很小,为简化分析,通常不考虑它对载流子运动的影响;也就是说,仍可近似认为基区中净杂质浓度的峰值在发射结处。

2. 直流电流增益求解方法

1) 自建电场的计算

由于基区净空穴电流为零,即

$$J_{pb} = q\mu_{pb} p_b(x) E_b(x) - qD_{pb}\frac{\mathrm{d}p_b(x)}{\mathrm{d}x} = 0 \qquad (4.2.47)$$

故基区自建电场为

$$E_b(x) = \frac{kT}{q} \cdot \frac{1}{p_b(x)} \cdot \frac{\mathrm{d}p_b(x)}{\mathrm{d}x} = \frac{kT}{q} \cdot \frac{1}{N_B(x)} \cdot \frac{\mathrm{d}N_B(x)}{\mathrm{d}x} \qquad (4.2.48)$$

假设基区杂质按指数分布,即

$$N_B(x) = N_B(0)\mathrm{e}^{-(\eta/W_b)x} \qquad (4.2.49)$$

式中,$N_B(0)$ 为基区发射结边界的杂质浓度,即仍以基区与发射结势垒区的边界为坐标原点;η 称为电场因子,由式(4.2.49),得

$$\eta = \ln\frac{N_B(0)}{N_B(W_b)} \qquad (4.2.50)$$

式中,$N_B(W_b)$ 为基区集电结边界的杂质浓度,η 反映了基区自建电场的强弱。显然,对于均匀基区晶体管,$\eta = 0$。

在指数分布近似下,基区杂质自建电场为

$$E_b(x) = -\frac{kT}{q} \cdot \frac{\eta}{W_b} \qquad (4.2.51)$$

2) 少子浓度与结电流

在自建电场 E_b 的作用下,基区中电子电流为扩散电流和漂移电流之和,即

$$J_{nb}(x) = q\mu_{nb} n_b(x) E_b(x) + qD_{nb}\frac{dn_b(x)}{dx} \qquad (4.2.52)$$

将式(4.2.48)代入式(4.2.52),两边同乘以 $N_B(x)$ 并在 $x \to W_b$ 内积分,得

$$\int_x^{W_b} J_{nb} N_B(x)\mathrm{d}x = qD_{nb}\int_x^{W_b}\left[n_b(x)\frac{\mathrm{d}N_B(x)}{\mathrm{d}x} + N_B(x)\frac{\mathrm{d}n_b(x)}{\mathrm{d}x}\right]\mathrm{d}x \qquad (4.2.53)$$

由于基区很薄,甚至复合很小,可以近似认为流过基区的电流密度为常数,即忽略基区

复合电流,认为基区电子电流与位置 x 无关,并且在 $x=W_\mathrm{b}$ 处,$n_\mathrm{b}(W_\mathrm{b})\to 0$,故得

$$n_\mathrm{b}(x)=\frac{-J_\mathrm{nb}}{qD_\mathrm{nb}N_\mathrm{B}(x)}\cdot\int_x^{W_\mathrm{b}}N_\mathrm{B}(x)\mathrm{d}x \tag{4.2.54}$$

基区杂质分布 $N_\mathrm{B}(x)$ 为指数函数分布时,有

$$n_\mathrm{b}(x)=\frac{-J_\mathrm{nb}}{qD_\mathrm{nb}}\cdot\frac{W_\mathrm{b}}{\eta}\left[1-\mathrm{e}^{-\frac{\eta}{W_\mathrm{b}}(W_\mathrm{b}-x)}\right] \tag{4.2.55}$$

式(4.2.55)说明,缓变基区晶体管基区非平衡少子浓度为非线性分布,且与 η 有关,η 越大,

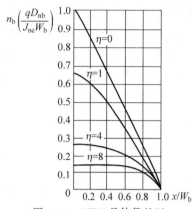

图 4.10　NPN 晶体管基区少子浓度分布

基区杂质分布越陡峭,自建电场越大,对载流子的漂移作用越强,故少子分布越平坦,少子浓度梯度越小;说明漂移电流所占比例越大,扩散电流越小,只在靠近集电结处扩散电流所占比例才大,如图 4.10 所示。

因为 $J_\mathrm{ne}=J_\mathrm{nb}(0)$,故以 $x=0$ 代入式(4.2.54),则基区电子电流密度为

$$J_\mathrm{ne}=-qD_\mathrm{nb}\frac{N_\mathrm{B}(0)n_\mathrm{b}(0)}{\int_0^{W_\mathrm{b}}N_\mathrm{B}(x)\mathrm{d}x}=-\frac{qD_\mathrm{nb}n_\mathrm{i}^2\mathrm{e}^{qV_\mathrm{BE}/kT}}{\int_0^{W_\mathrm{b}}N_\mathrm{B}(x)\mathrm{d}x} \tag{4.2.56}$$

式中,$n_\mathrm{b}(0)=n_\mathrm{b0}\mathrm{e}^{qV_\mathrm{BE}/kT}$。

对于基区的复合电流密度,有

$$J_\mathrm{rb}=q\int_0^{W_\mathrm{b}}\frac{n_\mathrm{b}(x)}{\tau_\mathrm{nb}}\mathrm{d}x=\frac{Q_\mathrm{B}}{\tau_\mathrm{nb}} \tag{4.2.57}$$

式中,$Q_\mathrm{B}=q\displaystyle\int_0^{W_\mathrm{b}}n_\mathrm{b}(x)\mathrm{d}x$ 为基区非平衡少子单位面积电荷总量。将式(4.2.55)代入式(4.2.57),得

$$J_\mathrm{rb}=\frac{J_\mathrm{ne}W_\mathrm{b}^2}{D_\mathrm{nb}\tau_\mathrm{nb}}\left(\frac{\eta-1+\mathrm{e}^{-\eta}}{\eta^2}\right)=\frac{I_\mathrm{ne}W_\mathrm{b}^2}{\lambda L_\mathrm{nb}^2} \tag{4.2.58}$$

式中,$L_\mathrm{nb}^2=D_\mathrm{nb}\tau_\mathrm{nb}$;$L_\mathrm{nb}$、$\tau_\mathrm{nb}$ 分别为基区少子电子的扩散长度及寿命;$\dfrac{1}{\lambda}=\dfrac{\eta-1+\mathrm{e}^{-\eta}}{\eta^2}$。

对平面管,发射区中也存在一个发射区杂质自建电场,当以 $-x'_\mathrm{p}$ 为坐标原点,x 轴正向向左,则发射区杂质自建电场 $E_\mathrm{e}(x)$ 为

$$E_\mathrm{e}(x)=-\frac{kT}{q}\cdot\frac{1}{N_\mathrm{E}(x)}\cdot\frac{\mathrm{d}N_\mathrm{E}(x)}{\mathrm{d}x} \tag{4.2.59}$$

其方向由发射区表面指向发射结,即与 x 方向相反;故对于注入发射区的空穴是一阻滞场,在该电场作用下,空穴电流密度为

$$J_\mathrm{pe}(x)=q\mu_\mathrm{pe}p_\mathrm{e}(x)\cdot E_\mathrm{e}(x)-qD_\mathrm{pe}\cdot\frac{\mathrm{d}p_\mathrm{e}(x)}{\mathrm{d}x} \tag{4.2.60}$$

将式(4.2.59)代入式(4.2.60),得

$$J_\mathrm{pe}(x)=qD_\mathrm{pe}\cdot\frac{1}{N_\mathrm{E}(x)}\cdot\frac{\mathrm{d}}{\mathrm{d}x}[N_\mathrm{E}(x)\cdot p_\mathrm{e}(x)] \tag{4.2.61}$$

将 $J_\mathrm{pe}(x)$ 看成常数,并在 $0\to W_\mathrm{e}$ 积分,并利用边界条件

$$\begin{cases} x=0, & N_E(0)p_e(0)=n_i^2 e^{qV_{BE}/kT} \\ x=W_e, & N_E(W_e)p_e(W_e)=n_i^2 \end{cases}$$

得

$$J_{pe}=\frac{qD_{pe}n_i^2}{\displaystyle\int_{x_e}^{W_e}N_E(x)dx}(e^{qV_{BE}/kT}-1)\approx\frac{qD_{pe}n_i^2}{\displaystyle\int_0^{W_e}N_E(x)dx}e^{qV_{BE}/kT} \qquad (4.2.62)$$

集电区杂质是均匀的,也与均匀基区晶体管的情况相同,不再赘述。

3) 缓变基区晶体管直流电流增益的计算

在缓变基区晶体管中,同一坐标轴中 J_{ne} 和 J_{pe} 方向实际相同,利用式(4.2.56)、式(4.2.62)及 $\dfrac{D_{pe}}{D_{nb}}=\dfrac{\mu_{pe}}{\mu_{nb}}$、$\dfrac{\mu_{pe}}{\mu_{nb}}\approx\dfrac{\mu_{pb}}{\mu_{ne}}$,得缓变基区晶体管发射效率 γ_0 为

$$\gamma_0=\frac{1}{1+J_{pe}/J_{ne}}=\frac{1}{1+\dfrac{D_{pe}\displaystyle\int_0^{W_b}N_B(x)dx}{D_{nb}\displaystyle\int_0^{W_e}N_E(x)dx}}=\frac{1}{1+\dfrac{D_{pe}\overline{N}_BW_b}{D_{nb}\overline{N}_EW_e}}\approx\frac{1}{1+\dfrac{q\bar{\mu}_{pb}\overline{N}_BW_b}{q\bar{\mu}_{ne}\overline{N}_EW_e}}$$

$$=\frac{1}{1+\dfrac{\bar{\rho}_eW_b}{\bar{\rho}_bW_e}}=\frac{1}{1+\dfrac{R_{\square e}}{R_{\square b}}} \qquad (4.2.63)$$

式中

$$R_{\square e}=\frac{1}{q\mu_{ne}\displaystyle\int_0^{W_e}N_E(x)dx}=\frac{1}{q\mu_{ne}\overline{N}_EW_e}=\frac{\bar{\rho}_e}{W_e} \qquad (4.2.64a)$$

$$R_{\square b}=\frac{1}{q\mu_{pb}\displaystyle\int_0^{W_b}N_B(x)dx}=\frac{1}{q\mu_{pb}\overline{N}_BW_b}=\frac{\bar{\rho}_b}{W_b} \qquad (4.2.64b)$$

式中,$\overline{N}_E$ 为发射区平均杂质浓度;$\bar{\rho}_e$ 为发射区平均电阻率;$\overline{N}_B$ 为基区平均杂质浓度;$\bar{\rho}_b$ 为基区平均电阻率。且

$$\bar{\rho}_e=\frac{1}{q\mu_{ne}\overline{N}_E} \qquad (4.2.65a)$$

$$\bar{\rho}_b=\frac{1}{q\mu_{nb}\overline{N}_B} \qquad (4.2.65b)$$

由式(4.2.56)和式(4.2.57)得,缓变基区晶体管的基区运输系数为

$$\beta_0^*=\frac{I_{nc}}{I_{ne}}=1-\frac{J_{rb}}{J_{ne}}=1-\frac{W_b^2}{\lambda L_{nb}^2} \qquad (4.2.66)$$

当 $\eta\rightarrow0$,$\dfrac{N_B(0)}{N_B(W_b)}=1$,$\dfrac{\eta-1+e^{-\eta}}{\eta^2}=\dfrac{1}{2}$,则式(4.2.66)中,$\lambda=2$,$\beta_0^*=1-\dfrac{1}{2}\left(\dfrac{W_b}{L_{nb}}\right)^2$,此即为均匀基区情况。当 η 很大,则 $\dfrac{1}{\lambda}=\dfrac{1}{\eta}$,$\beta_0^*\approx1-\dfrac{1}{\eta}\left(\dfrac{W_b}{L_{nb}}\right)^2$。

以上说明,由于电场因子或基区杂质浓度梯度($N_B(0)>N_B(W_b)$)引起的基区杂质自建电场,加速了电子的扩散,减小了基区的复合电流,使基区运输系数变大。

由此可求得缓变基区晶体管直流电流放大系数 α_0、β_0 分别为

$$\alpha_0 = \gamma_0 \beta_0^* \approx 1 - \frac{\bar{\rho}_e W_b}{\bar{\rho}_b W_e} - \frac{1}{\lambda}\left(\frac{W_b}{L_{nb}}\right)^2 = 1 - \frac{R_{\square e}}{R_{\square b}} - \frac{1}{\lambda}\left(\frac{W_b}{L_{nb}}\right)^2 \tag{4.2.67}$$

$$\frac{1}{\beta_0} = \frac{1-\alpha_0}{\alpha_0} = \frac{R_{\square e}}{R_{\square b}} + \frac{1}{\lambda}\left(\frac{W_b}{L_{nb}}\right)^2 \tag{4.2.68}$$

【例 4.7】 一 NPN 硅平面晶体管,基区宽度 $W_b=1\mu m$,基区杂质浓度呈线性分布,若要求 β_0^* 不小于 0.975,试问:基区电子扩散长度 L_{nb} 应不小于多少微米? 如果 $D_{nb}=14cm^2/s$,则基区电子寿命应不小于多少微秒?

解: 基区杂质线性分布时 $\lambda=4$,根据题意,有

$$\beta_0^* = 1 - \frac{W_b^2}{4L_{nb}^2} > 0.975$$

解上述不等式可以得到

$$L_{nb} > \sqrt{\frac{W_b^2}{4 \times 0.025}} = \sqrt{\frac{1}{0.1}} = 3.16\mu m$$

以上计算结果表明:扩散长度应不小于 $3.16\mu m$。

如果 $D_{nb}=14cm^2/s$,则基区电子寿命为

$$\tau_{nb} = \frac{L_{nb}^2}{D_{nb}} = \frac{(3.16 \times 10^{-4})^2}{14} = 7.13 \times 10^{-9}s = 7.13 \times 10^{-3}\mu s$$

即基区电子的寿命应不小于 $7.13 \times 10^{-3}\mu s$。

【例 4.8】 NPN 晶体管,$N_E=10^8 cm^{-3}$,$N_B=10^{16} cm^{-3}$,$W_e=0.5\mu m$,$W_b=0.6\mu m$,$D_{pe}=10cm^2/s$,$D_{nb}=25cm^2/s$,$\tau_{pe}=10^{-7}s$,试计算 α_0,β_0。若为缓变基区晶体管,且 $N_B(0)=2\times10^{16} cm^{-3}$,$N_C=10^{15} cm^{-3}$,其他参数相同,再求其 β_0。

解: 对均匀基区晶体管:$L_{pe} = \sqrt{D_{pe}\tau_{pe}} = \sqrt{10 \times 10^{-7}} = 10^{-3}cm = 10\mu m$。
因为

$$W_e = 0.5(\mu m) < L_{pe} = 10\mu m$$

由式(4.2.43)、式(4.2.42)及式(4.2.11),得

$$\gamma_0 = \frac{1}{1 + \frac{D_{pe}N_B W_b}{D_{nb}N_E W_E}} = \frac{1}{1 + \frac{10 \times 10^{16} \times 0.6}{25 \times 10^{18} \times 0.5}} = 0.99443$$

$$\beta^* = 1 - \frac{W_b^2}{2L_{nb}^2} = 1 - \frac{W_b^2}{2D_{nb}\tau_{nb}} = 1 - \frac{(0.6 \times 10^{-4})^2}{2 \times 25 \times 5 \times 10^{-7}} = 0.999856$$

$$\alpha_0 = \gamma_0 \beta_0 = 0.99443 \times 0.999856 = 0.99424$$

对于缓变基区晶体管,由式(4.2.50)得电场因子为

$$\eta = \ln\frac{N_B(0)}{N_B(W_b)} = \ln\frac{2 \times 10^{16}}{10^{15}} = 2.9957$$

$$\lambda = \frac{\eta^2}{e^{-\eta} + \eta - 1} \approx 4.387$$

基区杂质浓度的平均值为

$$\overline{N_B} = \frac{1}{W_b}\int_0^{W_b} N_B(0)e^{-\frac{\eta}{W_b}x}dx = \frac{N_B(0)}{\eta}(1-e^{-\eta}) = \frac{2\times10^{16}}{4.387}(1-e^{-2.9957}) = 4.33 \times 10^{15} cm^{-3}$$

所以

$$\frac{1}{\beta_0}=\frac{D_{pe}N_B W_b}{D_{nb}N_E W_E}+\frac{W_b^2}{\lambda D_{nb}\tau_{nb}}=\frac{10\times10^{16}\times0.6}{25\times10^{18}\times0.5}+\frac{(0.6\times10^{-4})^2}{4.387\times25\times5\times10^{-7}}\approx4.86\times10^{-3}$$

故

$$\beta_0=205,\quad \alpha_0=\frac{\beta_0}{1+\beta_0}=0.99514$$

【例 4.9】 NPN 硅平面晶体管，集电区杂质浓度 $N_C=4\times10^{15}\,cm^{-3}$，基区及发射区宽度均为 $2\mu m$，$N_B(0)=2\times10^{17}\,cm^{-3}$，若发射区平均电阻率为 $0.005\Omega\cdot cm$，试求其 γ_0 及 β_0。设基区多子与少子的迁移率分别为 $\mu_{pb}=500cm^2/(V\cdot s)$，$\mu_{nb}=600cm^2/(V\cdot s)$，基区少子寿命 $\tau_{nb}=15\mu s$。提示：取 $\overline{N_B}=N_B(0)/2$。

解：利用 $\overline{N_B}=N_B(0)/2$，得

$$\overline{\rho_b}=\frac{1}{q\overline{N_B}\mu_{pb}}=\frac{2}{qN_B(0)\mu_{pb}}=\frac{2}{1.6\times10^{-19}\times2\times10^{17}\times500}=0.125\Omega\cdot cm$$

$$\gamma_0=\frac{1}{1+\dfrac{\overline{\rho_e}}{\overline{\rho_b}}\dfrac{W_b}{W_e}}=\frac{1}{1+\dfrac{0.005\times2}{0.125\times2}}=0.9615$$

由式(4.2.50)、式(4.2.64)及式(4.2.68)，得

$$\eta=\ln\frac{N_B(0)}{N_B(W_b)}=\ln\frac{2\times10^{17}}{4\times10^{15}}=3.912$$

$$\lambda=\frac{\eta^2}{e^{-\eta}+\eta-1}=5.2195$$

$$\beta_0=\left(\frac{\overline{\rho_e}}{\overline{\rho_b}}\frac{W_b}{W_e}+\frac{W_b^2}{\lambda D_{nb}\tau_{nb}}\right)^{-1}=\left(\frac{0.005\times2}{0.125\times2}+\frac{(2\times10^{-4})^2}{5.2195\times0.026\times600\times15\times10^{-6}}\right)^{-1}=24.98$$

注意：在 β_0 的计算中，也可以取线性近似，即取上式分母中的 $\lambda=4$，这样计算的结果是 $\beta_0=24.97$，与用 $\lambda=5.2195$ 计算的结果相差无几。

4.2.6　影响电流放大系数的因素

电流放大系数是晶体管的重要参数之一。β_0 一般在 $20\sim200$。通过前面的分析，已经得到了双极型晶体管的直流电流增益 α_0、β_0 与 W_b、N_E、N_B 等参数之间的定量关系，明确了提高双极型晶体管电流增益的主要途径。但是，这些定量关系是在一些因素被忽略的理想状态下得到的，在一定条件下，这些因素将会对放大系数带来影响，因此必须予以考虑。

1. 发射结势垒复合对电流放大系数的影响

在前面的讨论中，假设通过势垒区的电流不变，即忽略了势垒复合电流。但当晶体管处于放大工作状态时，发射结正偏，通过发射结势垒区的正向电流大，势垒区内载流子浓度高于平衡浓度，这时必有净的复合率存在。由于势垒区很窄，如果流过很大的正向电流，复合电流可忽略不计；如果流过很小的正向电流，则复合电流不能忽略，这使发射效率明显减小，势垒复合电流有可能比注入基区的电子电流还大。

设图 4.11 中，发射结势垒复合电流密度记为 J_{re}，则发射极电流密度应为

$$J_E = J_{ne} + J_{pe} + J_{re} \tag{4.2.69}$$

则

$$\gamma_0 = \frac{I_{ne}}{I_{ne} + I_{pe} + I_{re}} = \frac{J_{ne}}{J_{ne} + J_{pe} + J_{re}} \frac{1}{1 + \dfrac{J_{pe}}{J_{ne}} + \dfrac{J_{re}}{J_{ne}}} \tag{4.2.70}$$

式中

$$J_{re} = q x_{me} \frac{n_i}{2\tau_e} e^{qV_{BE}/2kT} \tag{4.2.71}$$

式中，x_{me} 为发射结势垒区宽度，τ_e 为发射结载流子有效寿命。

$$J_{ne} = \frac{q D_{nb} n_i^2 e^{qV_{BE}/kT}}{\displaystyle\int_0^{W_b} N_B(x)\,\mathrm{d}x} \tag{4.2.72a}$$

$$J_{pe} = \frac{q D_{pe} n_i^2 e^{qV_{BE}/kT}}{\displaystyle\int_0^{W_b} N_E(x)\,\mathrm{d}x} \tag{4.2.72b}$$

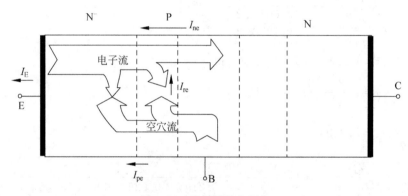

图 4.11　发射结势垒复合

由式(4.2.70)～式(4.2.72)，得

$$\gamma_0 = \frac{1}{1 + \dfrac{R_{\square e}}{R_{\square b}} + \dfrac{x_{me} W_b \overline{N}_B}{2 L_{nb}^2 n_i} e^{-qV_{BE}/2kT}} \tag{4.2.73}$$

式(4.2.73)说明：①考虑了势垒复合电流后，在小电流下，发射效率变小，电流放大系数随之降低。但随着电压增加，正向电流增大，势垒宽度变窄，势垒复合可以忽略。②势垒复合与本征载流子浓度有关。对于 Ge 器件，本征载流子浓度较大，势垒复合可以忽略；对于硅器件，本征载流子浓度较小，势垒复合不能忽略，其已成为小电流下电流增益下降的主要原因。

考虑发射结复合后，为了反映发射结复合的影响，引入复合系数并定义为

$$\delta = \frac{J_{ne} + J_{pe}}{J_{ne} + J_{pe} + J_{re}} = \frac{1}{1 + \dfrac{J_{re}}{J_{ne} + J_{pe}}} = \frac{1}{1 + \dfrac{J_{r0}}{J_{s0}} \exp\left(\dfrac{-eV_{BE}}{2kT}\right)} \tag{4.2.74}$$

式中，$J_{r0}=qx_{me}\dfrac{n_i}{2\tau_e}$，$J_{s0}=\dfrac{qD_{nb}n_{b0}}{L_b\tanh(W_b/L_{nb})}$。

【例 4.10】 设计基区宽度，使基区输运系数 $\beta_0^*=0.9967$。对一个 PNP 双极型晶体管，令 $D_{pb}=10\mathrm{cm}^2/\mathrm{s}$，$\tau_{pb}=10^{-7}\mathrm{s}$。

解：PNP 和 NPN 晶体管的基区输运系数均为

$$\beta_0^*=\frac{1}{\cosh(W_b/L_b)}=0.9967$$

于是

$$W_b/L_{nb}=0.0814$$

可得

$$L_{pb}=\sqrt{D_{pb}\tau_{pb}}=\sqrt{10\times10^{-7}}=10^{-3}\mathrm{cm}$$

所以基区宽度为

$$W_b=0.814\times10^{-4}\mathrm{cm}=0.814\mu\mathrm{m}$$

该例说明：如果基区宽度小于 $0.8\ \mu\mathrm{m}$，则可以满足要求的基区输运系数。大多数条件下，基区输运系数不会限制双极型晶体管的电流增益。

【例 4.11】 当 $\delta=0.9967$ 时，求 V_{BE} 值。考虑 $T=300\mathrm{K}$ 时，NPN 双极型晶体管。假设 $J_{r0}=10^{-8}\mathrm{A/cm}^2$，$J_{s0}=10^{-11}\mathrm{A/cm}^2$。

解：由 $\delta=\dfrac{1}{1+\dfrac{J_{r0}}{J_{s0}}\exp\left(\dfrac{-eV_{BE}}{2kT}\right)}$，得

$$0.9967=\frac{1}{1+\dfrac{10^{-8}}{10^{-11}}\exp\left(\dfrac{-eV_{BE}}{2kT}\right)}$$

得到

$$\exp\left(\frac{+eV_{BE}}{2kT}\right)=\frac{0.9967\times10^3}{1-0.9967}=3.02\times10^5$$

则

$$V_{BE}=2\times0.0259\times\ln(3.02\times10^5)=0.654\mathrm{V}$$

该例表明，复合系数可以成为双极型晶体管电流增益中重要的限制因素。本例中，如果 V_{BE} 小于 $0.654\mathrm{V}$，则 δ 将小于 0.9967。

2. 发射区重掺杂对发射效率的影响

提高发射区杂质浓度能提高发射效率，但发射区杂质浓度并不是越高越好。发射区过重掺杂会带来发射区禁带宽度变窄和俄歇（Auger）复合加强等附加效应，以至于发射效率下降。

1）禁带宽度变窄对发射效率的影响

在重掺杂时，由于杂质浓度很高，杂质原子互相间靠得很近，杂质电离后的电子有可能在杂质原子之间产生共有化运动，这时原本孤立的杂质能级将扩展成为杂质能带，杂质能带中的电子通过杂质原子之间的共有化运动而导电，杂质能级形成能带以后，和原半导体的能带发生交叠，形成新的简并带，使能带延伸到禁带之中，结果禁带宽度变窄。

设原禁带宽度为 E_g,变窄后的禁带宽度为 E'_g,则禁带宽度变窄量为

$$\Delta E_g = E_g - E'_g \tag{4.2.75}$$

研究表明,禁带变窄量与杂质浓度 $\sqrt{N_E}$ 成正比,即

$$\Delta E_g = \frac{3q^3}{16\pi\varepsilon_s}\left(\frac{N_E}{\varepsilon_s kT}\right)^{1/2} \tag{4.2.76}$$

而有效本征载流子浓度与禁带宽度的直接关系为

$$n_{ie}^2 = N_c N_v \exp\left(-\frac{E_g - \Delta E_g}{kT}\right) = n_i^2 \exp(\Delta E_g/kT) \geqslant n_i^2 \tag{4.2.77}$$

显然,n_{ie} 随 ΔE_g 增加而指数增加。

另一方面,由于重杂质浓度随位置而变化,在发射区产生自建电场。发射区自建电场用少子浓度表示为

$$E_e(x) = \frac{kT}{q}\frac{1}{p_{ne}(x)}\frac{\mathrm{d}p_{ne}(x)}{\mathrm{d}x} \tag{4.2.78}$$

考虑禁带变窄后,发射区少子浓度为

$$p_{ne}(x) = \frac{n_{ie}^2}{N_E(x)} \tag{4.2.79}$$

代入式(4.2.78),得

$$E_e(x) = \frac{kT}{q}\frac{2}{n_{ie}^2}\frac{\mathrm{d}n_{ie}}{\mathrm{d}x} - \frac{kT}{q}\frac{1}{N_E(x)}\frac{\mathrm{d}N_E(x)}{\mathrm{d}x} \tag{4.2.80}$$

式中,第二项为发射区杂质分布所产生的自建电场;第一项为重掺杂引起的附加电场。这个附加电场与杂质浓度梯度引起的电场方向相反,它将加速基区向发射区注入空穴,从而使发射效率降低。

在重掺杂时,发射效率为

$$\gamma_0 = \frac{1}{1 + \dfrac{\overline{D}_{pe}\displaystyle\int_0^{W_b} N_B(x)\mathrm{d}x}{\overline{D}_{nb}\displaystyle\int_0^{W_e} N_{eff}(x')\mathrm{d}x'}} \tag{4.2.81}$$

式中

$$N_{eff}(x) = N_E(x)\frac{n_i^2}{n_{ie}^2} = N_E(x)\exp(-\Delta E_g/kT) \tag{4.2.82}$$

为发射区有效杂质浓度。

若将式(4.2.82)代入式(4.2.80),得

$$E_e(x) = -\frac{kT}{q}\frac{1}{N_{eff}(x)}\frac{\mathrm{d}N_{eff}(x)}{\mathrm{d}x} \tag{4.2.83}$$

以上分析说明,在一定范围内,提高发射区的杂质浓度,能提高发射效率和电流放大系数;但发射区掺杂质浓度也不能太高,否则会由于禁带变窄导致发射效率下降,从而使放大系数变小。

2) 俄歇复合对发射效率的影响

俄歇复合是一种带间的直接复合,而不是通过复合中心进行的间接复合。在 N 型重掺

杂发射区中复合率与平衡载流子浓度的平方成正比。对 NPN 晶体管发射区重掺杂,施主杂质浓度升高,多数载流子电子浓度也相应增加,使俄歇复合迅速增加,少子空穴的寿命缩短,扩散长度减小,从而使注入发射区的空穴浓度增加,注入空穴电流增大,故发射效率进一步降低。

俄歇复合及禁带变窄效应的影响与发射结结深及电流大小有关。结深 x_{je} 增加,俄歇复合和禁带变窄效应对发射效率的影响减弱。这是因为发射区的杂质浓度自表面向内逐渐降低。在同样的表面浓度下结越深,靠近基区的那部分发射区杂质分布越平缓,浓度越低,由基区注入的少子空穴在到达俄歇复合和禁带变窄所支配的重掺杂区以前,已经由复合中心复合完了。由于结比较深,发射区比较宽,发射区表面那部分高杂质浓度区,已经影响不到注入的空穴电流。一般,W_e 较大,以通过复合中心的复合为主,重掺杂效应可忽略;W_e 中等,通过复合中心复合、禁带变窄、俄歇复合 3 种因素都要考虑;W_e 较小($<2\mu m$),以禁带变窄效应为主,其他效应可以忽略。电流较小,以复合中心复合为主;电流中等或较大,3种因素都要考虑。总之,电流小或 W_e 大时,可以不考虑禁带变窄、俄歇复合的影响,其他都需考虑。为避免重掺杂效应的影响,发射区的杂质浓度宜控制在 $N_D = 10^{19} \sim 10^{20} \mathrm{cm}^{-3}$,一般在 $5 \times 10^{19} \mathrm{cm}^{-3}$ 左右。

3. 基区表面复合对电流放大系数的影响

晶体管处于放大状态,发射结注入基区的少数载流子电子在通过基区时,要与基区的多子空穴复合损失掉一部分。载流子的运动实际上是三维运动,一方面通过体内复合,同时,通过基区表面复合,如果表面缺陷较多,复合就越快。

设基区表面复合电流为 I_{sb}、基区体内复合电流为 I_{rb},则基区复合电流为

$$I'_{rb} = I_{rb} + I_{sb} \tag{4.2.84}$$

式中,I_{sb} 由发射结附近的非平衡载流子浓度及基区的表面状况确定,即

$$I_{sb} = qSA_s n_b(0) = qSA_s n_{b0} e^{qV_{BE}/kT} \tag{4.2.85}$$

式中,S 为表面复合速率;A_s 为基区表面有效复合面积。因此,表面复合对基区输运系数的影响为

$$\beta_0^* = \frac{I_{ne} - I'_{rb}}{I_{ne}} = \frac{I_{ne} - I_{rb} - I_{sb}}{I_{ne}} = 1 - \frac{I_{rb}}{I_{ne}} - \frac{I_{sb}}{I_{ne}} \tag{4.2.86}$$

对于均匀基区晶体管,有

$$\beta_0^* = 1 - \frac{W_b^2}{2L_{nb}^2} - \frac{SA_s W_b}{A_e D_{nb}} \tag{4.2.87}$$

对于缓变基区晶体管,有

$$\beta_0^* = 1 - \frac{W_b^2}{\lambda L_{nb}^2} - \frac{SA_s W_b \overline{N}_B}{A_E D_{nb} N_B(0)} \tag{4.2.88}$$

式中,A_E 为发射结面积。式(4.2.85)及式(4.2.86)表明,基区表面复合使基区输运系数变小,从而导致电流放大系数下降。为了减小表面复合对放大系数的影响,就要减小基区宽度 W_b 和有效复合面积 A_s 及表面复合速率 S,故要改善表面状况,减小表面缺陷及杂质沾污,提高工艺,保证超净的工艺环境。

4. 基区宽变效应对电流放大系数的影响

发射结势垒复合、发射区重掺杂效应以及基区表面复合,对放大系数的影响反映了晶体

管内部结构包括杂质浓度、基区宽度、载流子寿命、结面积等因素和放大系数的关系；另一方面,晶体管工作时,晶体管的放大性能还密切地依赖于偏置电压,即基区有效宽度会随外加电压变化而变化,如图 4.12(a)所示,这就是基区宽度调变效应或简称基区宽变效应或Early(厄尔利)效应。该图表明,当晶体管处于放大工作状态时,发射结正偏,集电结反偏,而且随反偏电压 V_{CB} 升高,集电结空间电荷区宽度增加,使有效基区宽度减小,输出电流 I_C 随之增大;而当反偏电压 V_{CB} 降低,集电结空间电荷区宽度将减小,有效基区宽度将增加,则 I_C 变小。

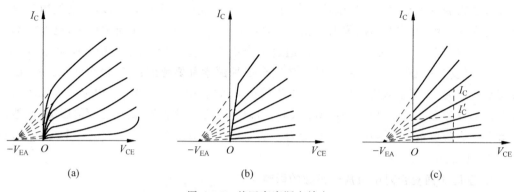

图 4.12 基区宽度调变效应

基区宽变效应使晶体管的电流增益随外加电压的变化而变化,降低了放大性能的线性度,致使信号失真。随着现代晶体管结构尺寸越来越小,基区宽变效应格外受到关注。这种基区有效宽度随集电结偏压而变化的现象即称基区宽变效应。

具有明显基区宽变效应的共射极晶体管基本放大电路的输出特性曲线上 $V_{BC}=0$ 点的切线与 V_{CE} 轴负方向交于一点,该点电压称为厄尔利电压,以 V_{EA} 表示,如图 4.12(a)所示。或者,忽略饱和压降,将各条曲线上 $V_{BC}=0$ 点的切线,与 V_{CE} 轴相交于一点,也为厄尔利电压,如图 4.12(b)所示。显然,共射极输出特性曲线越平坦,V_{EA} 越大,说明基区宽变效应越弱;如果曲线簇基本上是平行的,V_{EA} 将很大,说明基本上没有基区宽变效应;相反,如果曲线倾斜得很厉害,V_{EA} 很小,则说明基区宽变效应很严重。因此,厄尔利电压反映了基区宽变效应对电流放大系数的影响。

设基极电流为 I_B,发射极-集电极间电压为 V_{CE},如图 4.12(c)所示,有基区调变效应时的集电极电流为 I_C,无宽变效应时集电极电流为 I'_C,则有宽变效应时电流放大系数为

$$\beta_0 = \frac{I_C}{I_B} \tag{4.2.89}$$

无宽变效应时的电流放大系数为

$$\beta'_0 = \frac{I'_C}{I_B} \tag{4.2.90}$$

从图 4.12(b)中的三角关系,得

$$\frac{I_C}{I'_C} = \frac{V_{CE} + V_{EA}}{V_{EA}}$$

即

$$I_C = I'_C \left(1 + \frac{V_{CE}}{V_{EA}} \right) \tag{4.2.91}$$

同除以 I_B，得

$$\beta_0 = \beta'_0 \left(1 + \frac{V_{CE}}{V_{EA}} \right) \tag{4.2.92}$$

式(4.2.92)对 V_{CE} 微分，得

$$\frac{\partial \beta_0}{\partial V_{CE}} = \frac{\beta'_0}{V_{EA}} \tag{4.2.93}$$

故

$$V_{EA} = \beta'_0 \left(\frac{\partial \beta_0}{\partial V_{CE}} \right)^{-1} = \beta'_0 \left(\frac{\partial \beta_0}{\partial W_b} \cdot \frac{\partial W_b}{\partial V_{CE}} \right)^{-1} \tag{4.2.94}$$

式中，$\dfrac{\partial W_b}{\partial V_{CE}}$ 为基区宽变因子，表示基区宽度随集电极电压的变化率。显然，$\dfrac{\partial W_b}{\partial V_{CE}}$ 越小，V_{EA} 越大。$\dfrac{\partial \beta_0}{\partial W_b}$ 表示电流放大系数随基区宽度的变化率。令 $\gamma_0 = 1$，进一步计算，得

$$\frac{\partial \beta_0}{\partial W_b} = -\frac{4L_{nb}^2}{(W_{b0} - x_p)^3} = -\frac{4L_{nb}^2}{\left(\sqrt{\dfrac{2L_{nb}^2}{\beta_0}} - x_{pb} \right)^3} \tag{4.2.95}$$

式中，W_{b0} 为冶金基区宽度，x_{pb} 为均匀基区 NPN 管集电结空间电荷区在基区侧的扩展宽度。

令 $V_{CE} \approx V_{CB}$，进一步计算，得

$$\frac{\partial W_b}{\partial V_{CE}} = -\frac{\partial x_{pb}}{\partial V_{CE}} = -\frac{\partial x_{pb}}{\partial V_{CB}} = -\frac{\varepsilon_s}{qN_B x_{pb}} \tag{4.2.96}$$

将式(4.2.95)、式(4.2.96)代入式(4.2.94)，得

$$V_{EA} = \beta'_0 \left(\frac{\partial \beta_0}{\partial W_b} \cdot \frac{\partial W_b}{\partial V_{CE}} \right)^{-1} = \frac{qN_B x_{pb} W_{b0}}{2\varepsilon_s} \left(1 - \frac{x_{pb}}{W_{b0}} \right)^3 \tag{4.2.97}$$

式中

$$x_{pb} = \left(\frac{2\varepsilon_s V_{CB}}{qN_B} \right)^{1/2} \tag{4.2.98}$$

对于非均匀基区 NPN 晶体管，集电结为线性缓变结，则集电结势垒区宽度为

$$x_{mc} = \left(\frac{12\varepsilon_s V_{CB}}{qa_j} \right)^{1/3} \tag{4.2.99}$$

式中，a_j 为浓度梯度。

取 $x_{pb} = \dfrac{x_{mc}}{2}$ 则

$$W_b = W_{b0} - x_{pb} = W_{b0} - \frac{1}{2} \left(\frac{12\varepsilon_s V_{CB}}{qa_j} \right)^{1/3} \tag{4.2.100}$$

$$\frac{\partial W_b}{\partial V_{CE}} = -\frac{\varepsilon_s}{qa_j x_{pb}^2} \tag{4.2.101}$$

所以

$$V_{EA} = \beta'_0 \left(\frac{\partial \beta_0}{\partial W_b} \cdot \frac{\partial W_b}{\partial V_{CE}} \right)^{-1} = \frac{qa_j x_{pb}^2 W_{b0}}{\varepsilon_s} \left(1 - \frac{x_{pb}}{W_{b0}} \right)^3 \qquad (4.2.102)$$

【例 4.12】 随中性基区宽度的变化,计算集电极电流的变化,并估算厄尔利电压。

考虑均匀掺杂的硅基双极型晶体管,$T=300K$,基区杂质浓度 $N_B = 5 \times 10^{16} cm^{-3}$,集电区杂质浓度 $N_C = 2 \times 10^{15} cm^{-3}$,$W_{b0} = 0.7 \mu m$,$D_{nb} = 25 cm^2/s$。假定当 $V_{BE} = 0.6V$ 时,$W_{b0} \ll L_b$。$2V \leqslant V_{CB} \leqslant 10V$。

解:基区过剩少数电子浓度为

$$\Delta n_b(x) \approx \frac{n_{b0}}{W_b} \left\{ \left[\exp\left(\frac{V_{BE}}{V_T} \right) - 1 \right] (W_b - x) - x \right\}$$

集电极电流为

$$|J_C| = qD_{nb} \frac{d[\Delta n_b(x)]}{dx} \approx \frac{qD_{nb} n_{b0}}{W_b} \exp\left(\frac{V_{BE}}{V_T} \right)$$

式中

$$n_{b0} = \frac{n_i^2}{N_B} = \frac{(1.5 \times 10^{10})^2}{5 \times 10^{16}} = 4.5 \times 10^3 cm^{-3}$$

对于 $V_{CB} = 2V$,由式(4.2.98)计算得

$$W_b = W_{b0} - x_{pb} = 0.70 - 0.0518 = 0.6482 \mu m$$

和

$$|J_C| = \frac{1.6 \times 10^{-19} \times 25 \times 4.5 \times 10^3}{0.6482 \times 10^{-4}} \exp\left(\frac{0.60}{0.0259} \right) = 3.195 A/cm^2$$

对于 $V_{CB} = 10V$,得

$$W_b = 0.70 - 0.103 = 0.597 \mu m$$

和

$$|J_C| = \frac{1.6 \times 10^{-19} \times 25 \times 4.5 \times 10^3}{0.597 \times 10^{-4}} \exp\left(\frac{0.60}{0.0259} \right) = 3.469 A/cm^2$$

由式(4.2.91)得

$$\frac{dJ_C}{dV_{CE}} = \frac{\Delta J_C}{\Delta V_{CB}} = \frac{J_C}{V_{CE} + V_A} = \frac{J_C}{V_{BE} + V_{CB} + V_A}$$

或者

$$\frac{3.469 - 3.195}{8} = \frac{3.195}{0.6 + 2 + V_A}$$

厄尔利电压为

$$V_A = 90.7V$$

该例表明,由 B-C 结空间电荷区宽度的变化而引起中性基区宽度的变化,集电极电流有多大程度的变化,同时表明了厄尔利电压的幅度。

4.3 晶体管反向直流参数及基极电阻

双极型晶体管的反向电流有:集电结反向电流 I_{CBO}(发射极开路)、发射结反向电流 I_{EBO}(集电极开路)、集电极-发射极间的穿透电流 I_{CEO}(基极开路)。反向电流不受信号控

制,增加了器件的空载功耗,对放大没有贡献,故越小越好。击穿电压有:发射结的反向击穿电压 BV_{EBO}(集电极开路)、集电结的反向击穿电压 BV_{CBO}(发射极开路),集电极-发射极间所能承受的最大反向电压 BV_{CEO}(基极开路),击穿电压决定了晶体管外加电压的上限。基极电阻是晶体管的主要参数之一,它增加了器件本身的功率损耗,不仅会影响功率增益,还会增大噪声系数,要求越小越好。

4.3.1　反向电流

如图 4.13 所示,当集电极开路、发射结反偏时,发射结的反向饱和电流为 I_{EBO}。发射极开路、集电结反偏时,集电结的反向饱和电流为 I_{CBO}。基极开路、集电极和发射极间加反向偏压时,流过集电极和发射极之间的反向电流为 I_{CEO}。在晶体管的性能参数中,常规定在一定测试条件下,即反向电压为某一常数时的电流值为其反向漏电流。

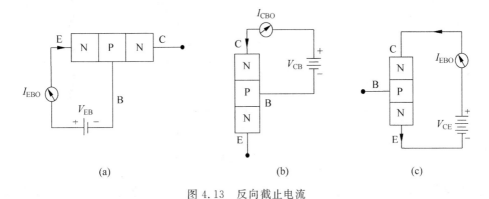

图 4.13　反向截止电流

(a) I_{EBO}; (b) I_{CBO}; (c) I_{CEO}

实际晶体管反向电流应包括反向扩散电流 I_{rd}、势垒产生电流 I_{rg} 和表面漏电流 I_S,即

$$I_R = I_{rd} + I_{rg} + I_S \tag{4.3.1}$$

式中

$$I_{rd} = \left(\frac{qD_{nb}n_i^2}{W_b N_B} + \frac{qD_{pc}n_i^2}{L_{pc}N_c} \right) A_C = \left(\frac{qD_{nb}A_c}{W_b N_B} + \frac{qD_{pc}A_c}{L_{pc}N_c} \right) n_i^2 \propto n_i^2 \tag{4.3.2}$$

可见,反向扩散电流 I_{rd} 与 n_i^2 成正比,故硅晶体管比锗晶体管的反向扩散电流小得多,主要由势垒产生电流 I_{rg} 和表面漏电流 I_S 决定。在正常工艺条件下,对于合格产品一般为纳安级。

$$I_{rg} = \frac{qn_i x_{mc} A_c}{2\tau} \tag{4.3.3}$$

式中,A_c 为集电结面积;$n_i/2\tau$ 为净产生率;x_{mc} 为集电结空间电荷区宽度。

通常室温下,对锗 PN 结 $I_{rd} \gg I_{rg}$,反向扩散电流是主要的;对硅 PN 结 $I_{rd} \ll I_{rg}$,反向产生电流是主要的。式(4.3.2)和式(4.3.3)表明,I_{rd} 和 I_{rg} 随温度升高而指数增大,这是因为 n_i 随温度指数增大。所以,I_{CBO} 随温度升高而快速增大。

I_S 往往比 I_{rd} 和 I_{rg} 大得多,因此减小 I_{CBO},关键在于减小 I_S。

I_{EBO} 与 I_{CBO} 类似。对于锗管,反向扩散电流是主要的;对于硅管,反向产生电流是主要的。

I_{CEO} 不受基极电流控制,一般比 I_{CBO} 大。图 4.14 给出了基极开路时的电流传输示意图。集电结反偏使空穴流向基区,并在基区积累,从而使发射结变为正偏,因此发射结就有电子注入基区,这与晶体管正常工作情况一样,注入基区的大部分电子传输到集电极形成集电结电流 $I_{nc}(x_{mc})$,同时,基区积累的空穴的一部分在基区与电子复合,另一部分注入发射区与发射区电子复合。显然,这股空穴流动形成的电流 I_{CBO} 就相当于基极电流,也就是说,基极开路时,I_{CBO} 相当于 I_B,所以由图 4.14 可得

$$I_{nc}(x_{mc}) = \beta_0 I_B = \beta_0 I_{CBO} \tag{4.3.4}$$

$$I_{CEO} = \beta_0 I_{CBO} + I_{CBO} = (\beta_0 + 1) I_{CBO} \tag{4.3.5}$$

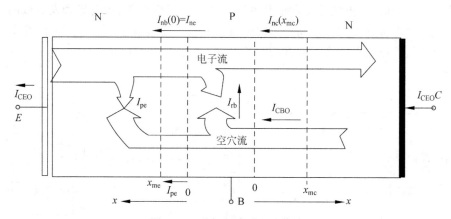

图 4.14　基极开路时电流传输

由于硅晶体管的反向电流 I_{CBO} 仅为 10^{-9} A 量级,在如此小的电流下,其电流增益 β_0 也必然很小。因此 I_{CEO} 和 I_{CBO} 差别不大。一般 I_{EBO} 比 I_{CBO} 小或相近,而 I_{CEO} 则要大些。硅双极型晶体管的反向电流主要由材料和工艺决定,同时也随温度的升高而急剧增大,故为了减小反向电流应严格控制工艺条件和使用温度,具体的值由测试确定。

4.3.2　击穿电压

1. BV_{CBO}

在图 4.13(b)改变电源电压时,反向电流增加,当反向电流达到规定值时所对应的电压即为 BV_{CBO}。

对于软击穿(图 4.15 中乙),BV_{CBO} 比集电结雪崩击穿电压 V_B 小;对硬击穿(图 4.15 中甲),BV_{CBO} 由 V_B 决定。

对于硅平面管,其基区杂质浓度 N_B 总是高于集电区的杂质浓度 N_C,故 BV_{CBO} 由 N_C 决定,若为突变结近似,则 N_C 越低,BV_{CBO} 越高;对双扩散外延平面晶体管,一般集电结的结深较大,常作为线性缓变结近似,因此,在计算集电结的雪崩击穿电压时,即按单个线性缓变结击穿电压的公式计算,主要由集电结的杂质浓度梯度 a_j 决定,a_j 越小,击穿电压越高。由于在电路中集电极一般作为输出端,常和电源负极相连,使集电结处于反偏状态,故 BV_{CBO} 的值较高。在大功率器件中,高达数千伏。

2. BV_{CEO}

在测量 BV_{CEO} 中经常会看到 I_C-V_{CE} 曲线有负阻现象,如图 4.16 所示。这是因为击穿

时电流急剧增加导致 $\mathrm{d}\alpha/\mathrm{d}I_C$ 由正变负的缘故。将击穿时的谷值电压称为维持电压 V_{SUS}，而 BV_{CEO} 则是其峰值电压。

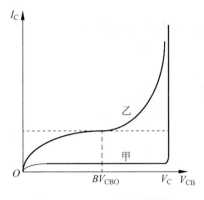

图 4.15 BV_{CBO} 的实际测量

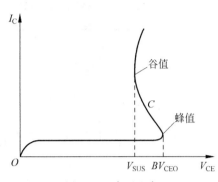

图 4.16 负阻现象

图 4.13(c) 中基极开路，改变电源电压时，电流 I_{CEO} 随着增加，当 I_{CEO} 达到规定的值时所对应的电压即为 BV_{CEO}。BV_{CEO} 作为 C、E 之间所能承受的最大反向电压，是一个重要的性能参数；BV_{CEO} 的高低反映了晶体管所能输出功率的大小。基极开路，BV_{CEO} 主要降落在集电结上，使集电结反偏，但也会使发射结处于弱正偏状态，因此，集电极-发射极间的击穿本质上还是集电结的击穿，但又与 BV_{CBO} 不同，根据式(4.3.5)，有

$$I_{\mathrm{CEO}} = (1 + \beta_0) I_{\mathrm{CBO}} = \frac{I_{\mathrm{CBO}}}{1 - \alpha_0}$$

当集电结发生雪崩击穿时，在集电结势垒区因电离而出现倍增效应，即

$$I_{\mathrm{CEO}} = \frac{M I_{\mathrm{CBO}}}{1 - M \alpha_0} \tag{4.3.6}$$

式中，M 为倍增因子，当 $M\alpha_0 \to 1$，则 $I_{\mathrm{CEO}} \to \infty$，即只要 α_0 稍大于 1 就会发生雪崩击穿。根据 PN 结击穿理论，对于单个 PN 结，必须有 $M \to \infty$，才会发生雪崩击穿，故有 $BV_{\mathrm{CEO}} < BV_{\mathrm{CBO}}$。

由硅平面结雪崩倍增因子的经验公式为

$$M = \frac{1}{1 - \left(\dfrac{V}{V_{\mathrm{B}}}\right)^n} \tag{4.3.7}$$

在集电结为雪崩击穿且 $V = BV_{\mathrm{CEO}}$，$V_{\mathrm{B}} = BV_{\mathrm{CBO}}$，击穿时 $M\alpha_0 = 1$，则由式(4.3.7)，得

$$M\alpha_0 = \frac{\alpha_0}{1 - \left(\dfrac{BV_{\mathrm{CEO}}}{BV_{\mathrm{CBO}}}\right)^n} = 1$$

整理，得

$$BV_{\mathrm{CEO}} = \frac{BV_{\mathrm{CBO}}}{\sqrt[n]{1 + \beta_0}} \tag{4.3.8}$$

式中，n 为常数，对于集电结高阻区为 N 型的硅管，$n = 4$；高阻区为 P 型时，$n = 2$。对于锗管，则分别为 3 和 6。

在实际用的共射极连接电路中，常常会在输入端口的基极和发射极之间接入一电阻 R_{B}

或正、反偏电源，或使基极和发射极短路，如图 4.17 所示；这时，相应的击穿电压分别为 BV_{CER}、BV_{CEZ}、BV_{CEX}、BV_{CES}，根据前述晶体管内电流传输理论，不同击穿电压的大小之间有如下关系：

$$BV_{CEZ} < BV_{CEO} < BV_{CER} < BV_{CES} < BV_{CEX} < BV_{CBO} \tag{4.3.9}$$

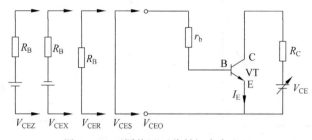

图 4.17 不同偏置下共射极击穿电压

3. BV_{EBO}

BV_{EBO} 为集电极开路，发射极-基极间所能承受的最大反向电压，即发射结的反向击穿电压。实际器件的参数测试中，常规定某一反向电流下发生击穿时的反向电压为击穿电压。发射结两边杂质浓度较高，且为单边结，一般可近似为单边突变结，根据突变结的击穿电压公式可知：高阻边的杂质浓度越低，击穿电压越高；对于发射结，按 PN 结击穿电压公式计算，基区的杂质浓度 N_B 越低，则 BV_{EBO} 越高。由于晶体管的发射结一般处于正偏，故对其击穿电压要求不高，而且基区杂质浓度较高，BV_{EBO} 通常在 20V 以内。

【例 4.13】 设计一个双极型晶体管，使之满足击穿电压的要求。假设是一个硅双极型晶体管，共射极电流增益 $\beta_0 = 100$，基区杂质浓度 $N_B = 10^{17}\,\mathrm{cm}^{-3}$。基极开路时的最小击穿电压为 15V。

解：由式(4.3.8)知，发射极开路时的最小击穿电压为

$$BV_{CBO} = \sqrt[n]{\beta} BV_{CEO}$$

假设经验常数 n 为 3，得

$$BV_{CBO} = \sqrt[3]{100} \times 15 = 69.6\mathrm{V}$$

由图 3.39 可知，集电区杂质浓度最大约为 $7 \times 10^{15}\,\mathrm{cm}^{-3}$。

该例说明，在晶体管电路中，晶体管设计时应该保证可以工作在最坏的情况下。在该例中，晶体管工作在基极开路时，必须保证不会发生击穿。就像先前推导过的，减小集电区杂质浓度可以提高击穿电压。

4.3.3 穿通电压

1. 基区穿通电压

当测量平面晶体管集电结反向击穿特性时，有时会出现图 4.18 所示的电流-电压曲线。当反偏电压超过 V_{PT}（基区穿通电压）时，反向电流随电压近似于线性增加，电压增加到 V_B（雪崩击穿电压）时发生正常的雪崩击穿，发生这种现象的原因，一般认为是基区穿通引起的。在发生雪崩倍增效应前，集电结势垒区在反偏电压作用下向基区一侧扩展，而与发射结势垒区连通在一起的现象称为基区穿通。对于扩散晶体管，基区杂质浓度远高于集电区，集

电结空间电荷区主要往集电区一侧扩展,而向基区一侧扩展很少,不易与发射结空间电荷区相连而出现穿通现象。但由于材料缺陷和工艺不良等,发射结结面会出现"尖峰"。在"尖峰"处基区较薄,这样可能发生局部穿通,如图 4.19 所示。

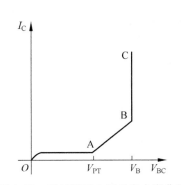

图 4.18　基区穿通电压反向击穿曲线

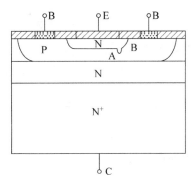

图 4.19　出现结"尖峰"

在将集电结近似为单边突变结且基区杂质浓度较集电区低时,穿通电压为

$$V_{PT} = \frac{qN_B W_b^2}{2\varepsilon_s} \quad (4.3.10)$$

显然,晶体管在反向偏置下,一旦发生基区穿透其反向电流就会急剧增加,不管这时是否发生 PN 结击穿,都可认为出现了击穿现象。因此,如果基区穿通比集电结雪崩击穿先发生,那么就会降低晶体管的雪崩击穿电压,这时

$$BV_{CEO} = V_{PT}$$
$$BV_{CBO} = BV_{EBO} + BV_{CEO}$$

为了避免基区穿通,就应使基区宽度大于或等于集电结发生雪崩击穿时的势垒宽度,即满足

$$W_b \geqslant \left(\frac{2\varepsilon_s V_B}{qN_B}\right)^{1/2} \quad (4.3.11)$$

对于扩散管,$N_B > N_C$,x_{mc} 主要向集电区扩展,只有 W_b 很小时,才能发生基区穿通。

对于合金管,$N_B < N_C$,x_{mc} 主要向基区扩展,电流放大系数又要求 W_b 不能太大,则容易发生基区穿通。

2. 外延层穿通电压

对于硅 NPN 平面晶体管,当外延层厚度太薄时,造成集电区厚度 W_c 过薄,当集电结发生雪崩击穿之前,空间电荷区 x_{mc} 已扩展到衬底 N^+ 层,即外延层穿通。集电结两边杂质浓度高,使集电结击穿。这时外延层穿通电压 V_{PC} 与击穿电压相等,即

$$BV_{CBO} = V_{PC} = V_B \left[\frac{W_c}{x_{mc}}\left(2 - \frac{W_c}{x_{mc}}\right)\right] \quad (4.3.12)$$

为了防止外延层穿通,外延层厚度必须大于结深 x_{jc} 和 x_{mc} 之和,即

$$d \geqslant x_{jc} + x_{mc} \quad (4.3.13)$$

【例 4.14】　硅 NPN 晶体管的基区宽度(冶金结)宽度为 $0.5\mu m$,发射极、基极和集电极的突变杂质浓度分别为 $1 \times 10^{19} cm^{-3}$、$3 \times 10^{16} cm^{-3}$ 和 $5 \times 10^{15} cm^{-3}$。求使发射结偏置对集电极电流(因夹断或雪崩击穿)失去控制的基极-集电极电压上限。(相关常数:$\varepsilon_r = 11.9$,

$\varepsilon_0 = 8.85 \times 10^{-14}\,\mathrm{F/cm}, q = 1.6 \times 10^{-19}\,\mathrm{C}, k = 1.38 \times 10^{23}\,\mathrm{J/K}, T = 300\mathrm{K}, E_\mathrm{g} = 1.12\mathrm{eV}, E_\mathrm{c} = 2.5 \times 10^{5}\,\mathrm{V/cm})_{\circ}$

解：$N_\mathrm{E} = 10^{19}\,\mathrm{cm}^{-3}, N_\mathrm{C} = 3 \times 10^{16}\,\mathrm{cm}^{-3}, N_\mathrm{B} = 5 \times 10^{15}\,\mathrm{cm}^{-3}$

$$N_0 = \frac{N_\mathrm{B} N_\mathrm{C}}{N_\mathrm{B} + N_\mathrm{C}} = 4.3 \times 10^{15}\,\mathrm{cm}^{-3}$$

最大击穿电场为

$$E_\mathrm{m} = 3.5 \times 10^{5}\,\mathrm{V/cm}$$

根据 $E_\mathrm{m} = \left(\dfrac{2qN_0}{\varepsilon_\mathrm{s}} V_\mathrm{CB} \right)^{\frac{1}{2}}$，得

$$V_\mathrm{CB} = 93.7\mathrm{V}$$

基区穿通电压为

$$V_\mathrm{PT} = \frac{qN_\mathrm{B}(N_\mathrm{C} + N_\mathrm{B})}{2\varepsilon_\mathrm{s} N_\mathrm{C}} W_\mathrm{B}^2 = 110\mathrm{V}$$

故

$$V_\mathrm{CB} < V_\mathrm{PT}$$

因此，发射结偏置对集电极电流(因夹断或雪崩击穿)失去控制时 $BV_\mathrm{CBO} = V_\mathrm{CB}$，基极-集电极电压上限为 60V。

4.3.4 基极电阻

1. 基极电阻的产生

晶体管是三端器件，发射极旁边有基极。发射极电流垂直于发射结平面流过，而基极电流则平行于结平面流过。由于横向尺寸比纵向尺寸大得多，基极电流流过基区薄层时，具有一定电阻，即基极电阻，用 r_b 表示。当沿发射结结面的基极电流流过基区时，会产生平行于发射结面的横向压降，如图 4.20(a)所示。由于基极电流所流经的路径不同，故基极电流和电压分布不均匀也逐渐扩展。基于此，基极电阻又称基极扩展电阻。

由于基极电阻不均匀，基极电流在基极电阻上压降不同，故基极电阻一般用平均压降和平均电流的比值来计算。显然，基极电阻的大小与基极电流的流向有关，也与管芯的结构及基区电阻率的分布有关。

2. 梳状晶体管的基极电阻

设梳状结构管芯结构，如图 4.20(b)上部所示。它有 n 个发射条及 $n+1$ 个基极条，以发射区中心为对称轴。

1) 计算思路

先计算半个单元的基极电阻，然后通过并联得到一个单元的电阻，最后将 n 个单元并联就得到晶体管的总基极电阻。为了便于计算，设发射条长、条宽分别为 l_e 及 S_e，基极条长、条宽分别为 l_e 及 S_b，发射条与基极条间距为 S_eb；集电结扩散结深为 x_jc，发射结扩散结深为 x_je；根据电流流向的特点，将半个单元的基极电阻分成 4 部分：r_b1 为发射区下面的电阻(内基区电阻)，r_b2 为发射区边缘和基极接触孔边缘之间的电阻，r_b3 为基极接触孔下面的电阻，r_bc 为基区金属电极条和半导体的接触电阻。其中，r_b1 和 r_b3 具有相同特点，电流分布不均，这里用平均电压法计算；r_b2 和 r_bc 都是均匀的，用欧姆定律直接计算。

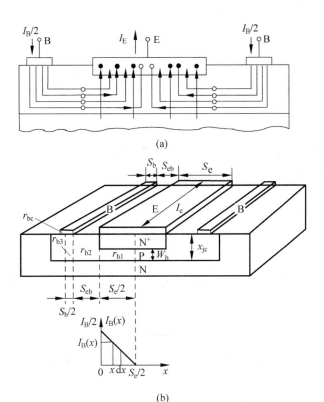

图 4.20 基极电阻计算

(a) 基极电流流向; (b) 梳状结构及电流特性

2) 计算过程

设 r_{b1} 为线性分布,发射结边沿的最大电流为 $I_B/2$,中心的电流为 0,任意 x 处基极电流为

$$I_B(x) = \frac{1}{2}\left(1 - \frac{x}{S_e/2}\right) \qquad (4.3.14)$$

如图 4.20(b)下部所示,若发射区下面基区的平均电阻率为 $\bar{\rho}_b$,则 x 处 $\mathrm{d}x$ 薄层内的微分电阻为

$$\mathrm{d}R = \frac{\bar{\rho}_b \mathrm{d}x}{l_e W_b} = \frac{R_{\square b}}{l_e}\mathrm{d}x \qquad (4.3.15)$$

式中,$R_{\square b} = \dfrac{\bar{\rho}_b}{W_b}$ 为发射区下面基区的方块电阻或称薄层电阻。

$\mathrm{d}R$ 上的微分电压降为

$$\mathrm{d}V_b(x) = I_B(x)\mathrm{d}R$$

基区内 x 处的电势为

$$V_b(x) = \frac{I_B}{2}\left(x - \frac{x^2}{S_e}\right)\frac{R_{\square b}}{l_e} \qquad (4.3.16)$$

将该式在 $0 \sim S_e/2$ 取平均,得 r_{b1} 上的平均电压降为

$$\bar{V}_b = \frac{1}{S_e/2}\int_0^{S_e/2} V_b(x)\mathrm{d}x = \frac{I_B S_e R_{\square b}}{12 l_e} \qquad (4.3.17)$$

进一步,得

$$r_{b1} = \frac{\overline{V}_b}{I_B/2} = \frac{R_{\square b} S_e}{6 l_e} \tag{4.3.18}$$

同理

$$r_{b3} = \frac{R_{\square B} S_e}{6 l_e} \tag{4.3.19}$$

式中,$R_{\square B}$ 为外基区方块电阻,$R_{\square B} = \frac{\overline{\rho}_B}{x_{jc}}$;$\overline{\rho}_B$ 为整个基区扩散层的平均电阻率。

r_{b2} 和 r_{bc} 都是均匀的,由欧姆定律直接计算得

$$r_{b2} = \frac{R_{\square B} S_{eb}}{l_e} \tag{4.3.20}$$

$$r_{bc} = \frac{2 R_C}{S_b l_e} \tag{4.3.21}$$

式中,R_C 为金属和半导体的接触系数,单位为 $\Omega \cdot cm^2$。于是,一个发射条、两个基极条单元的基极电阻为

$$r_b = \frac{1}{2}(r_{b1} + r_{b2} + r_{b3} + r_{bc}) \tag{4.3.22}$$

对于 n 个发射条、$n+1$ 个基极条的梳状结构晶体管的基极电阻,即为 n 个单元电阻的并联,有

$$r_b = \frac{1}{n}\left(\frac{R_{\square b} S_e}{12 l_e} + \frac{R_{\square B} S_{eb}}{2 l_e} + \frac{R_{\square B} S_b}{12 l_e} + \frac{R_C}{S_b l_e} \right) \tag{4.3.23}$$

3) 减小基极电阻的措施

基极电阻 r_b 大,不仅会增大饱和压降,而且还会影响发射极的发射效率,降低功率增益,增大噪声等。降低 r_b 的措施是:①减小发射区条宽、基极电极条宽,减小发射条与基极条间距离、增加条长,但这会受到工艺条件的限制。②增加发射极条数 n,但会受到面积的限制。③降低基区方块电阻或提高基区扩散层的杂质浓度,但这会降低发射效率,影响 α_0、β_0 也会降低击穿电压。因此,在器件的设计中,应全面考虑各种参数的综合要求,对结构参数取一适当的值,以达到优化设计的目的。

3. 圆形晶体管基极电阻

圆形晶体管结构如图 4.21 所示。

发射区半径为 r_1,基区半径为 r_2,基极电阻分成 3 部分:r_{b1} 为发射区下面的基区电阻;r_{b2} 为发射极外部的基区电阻;r_{bc} 由基区金属电极条和接触电阻组成。

设基极注入发射区的空穴电流是均匀的,则通过发射结的空穴电流 I_{pe}、基区体内复合电流 I_{rb}、基极电流 I_B 正比于发射结面积 A_E。基极任意 r 处的基区电流为

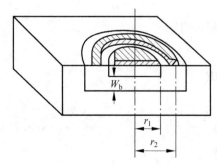

图 4.21 圆形晶体管结构

$$I_B(r) = I_B \frac{r^2}{r_1^2} \tag{4.3.24}$$

在 $r \to r + \mathrm{d}r$ 的微分电阻为

$$\mathrm{d}R = \frac{\bar{\rho}_b \mathrm{d}r}{2\pi r W_b} = \frac{R_{\square b}}{2\pi} \frac{1}{r} \mathrm{d}r \tag{4.3.25}$$

基极电流流过圆环时,在圆环内消耗的功率为

$$I_B^2(r)\mathrm{d}R = I_B^2 \frac{r^4}{r_1^4} \frac{R_{\square b}}{2\pi} \frac{1}{r} \mathrm{d}r = \frac{I_B^2 R_{\square b}}{2\pi r_1^4} r^3 \mathrm{d}r$$

进一步,得

$$r_{b1} = \frac{1}{I_B^2} \int_0^{r_1} \frac{I_B^2 R_{\square b}}{2\pi r_1^4} r^3 \mathrm{d}r = \frac{R_{\square b}}{8\pi} \tag{4.3.26}$$

在 $r_1 \to r_2$ 的微分电阻为

$$\mathrm{d}R = \frac{\bar{\rho}_B \mathrm{d}r}{2\pi r x_{jc}} = \frac{R_{\square B}}{2\pi} \frac{1}{r} \mathrm{d}r \tag{4.3.27}$$

进一步,得

$$r_{b2} = \frac{R_{\square B}}{8\pi} \ln \frac{r_2}{r_1} \tag{4.3.28}$$

式中,$R_{\square B}$ 是厚度为 x_{jc} 的基区扩散层的方块电阻。

设基极电极面积为 A_{mb},则

$$r_{bc} = \frac{R_C}{A_{mb}} \tag{4.3.29}$$

所以,圆形晶体管总基极电阻为

$$r_b = \frac{R_{\square b}}{8\pi} + \frac{R_{\square B}}{8\pi} \ln \frac{r_2}{r_1} + \frac{R_C}{A_{mb}} \tag{4.3.30}$$

4.4 双极型晶体管的特性曲线

晶体管的特性曲线是用图示方法来描述其端电压和各极电流之间的函数关系,不仅直观地表示晶体管直流性能的优劣,同时也反映晶体管内部所发生的物理过程。因此,在实际生产和应用过程中通常用测试特性曲线来评价和确定晶体管的质量指标。晶体管常用特性曲线有两种:输入特性曲线和输出特性曲线,用得最多的是输出特性曲线。

在晶体管应用中有 3 种电路组态:共基极连接、共射极连接和共集电极连接,如图 4.4 所示。其中,共基极电路的输入阻抗很小,只有几十欧姆,而输出阻抗很高,达几兆欧,其电流增益小于 1,故温度稳定性好、失真小。共射极电路有很大的电流增益,功率增益更大,但其输入阻抗比基极大,约 1kΩ;而输出阻抗比共基极的小,为几十千欧,使用较方便。共集电极的输入阻抗很高,而输出阻抗很小;虽有电流放大作用,但无电压放大作用,一般用作阻抗变换。但无论哪种组态,当它们工作在放大状态时,都必须使发射结正偏,集电结反偏。不同组态的晶体管,其特性曲线不同。由于共集电极组态较少使用,这里主要介绍晶体管的共基极和共射极的特性曲线,并以 NPN 管为例。

4.4.1　共基极连接直流特性曲线

图 4.4(a)为晶体管共基极直流特性测量原理图。图中，V_{EB} 为发射极和基极之间的电压降，V_{CB} 为集电极和基极之间的电压降，R_E 为发射极串联电阻，可控制 V_{EB} 或 I_E。

1. 共基极直流输入特性曲线

共基极直流输入特性曲线是指输入回路中电压 V_{EB} 与电流 I_E 的关系曲线，如图 4.22(a)所示。

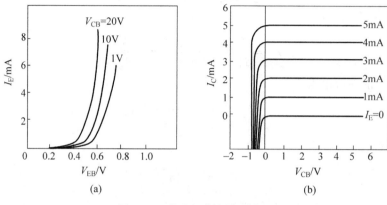

图 4.22　共基极直流特性曲线

(a) 输入特性曲线；(b) 输出特性曲线

输入特性曲线表明：

(1) I_E 是 V_{EB} 和 V_{CB} 的函数。其中，I_E 随 V_{EB} 指数增加，这是由于在共基极的输入回路中，发射结正偏，I_E 与 V_{EB} 的关系曲线实际上就是正偏 PN 结的特性曲线。由前述可知

$$I_E = (J_{pe} + J_{ne})A_E \tag{4.4.1}$$

式中，A_E 为发射结面积；J_{pe} 为空穴扩散电流浓度；J_{ne} 为电子扩散电流浓度，它们都随正向压降增大而呈指数增大，因此 I_E 也必然与 V_{EB} 呈指数规律增大。

(2) 在同样的 V_{EB} 下，I_E 随 V_{CB} 的增大而增大，表现为曲线左移。这是因为集电结势垒区的宽度随 V_{CB} 的增大而展宽，导致有效基区宽度减小，使得在同样的 V_{EB} 下，发射区注入基区的少子浓度梯度增加，流速加快，I_E 增大。因此，输入特性曲线随 V_{CB} 的增大而左移。

2. 共基极直流输出特性曲线

共基极直流输出特性曲线表示输出电流 I_C 与输出电压 V_{CB} 在输入电流 I_E 一定时的关系曲线，如图 4.22(b)所示。输出特性曲线表明：

(1) 在 $V_{CB} > 0$ 时，$I_C \approx I_E$，而且基本上与 V_{CB} 无关。这是因为 $I_C = \alpha_0 I_E$，$\alpha_0 \approx 1$。

(2) 在 $V_{CB} = 0$ 时，I_C 仍保持不变，这是因为在 $V_{CB} = 0$ 时（集电结处于平衡 PN 结），基区靠集电结势垒区边界处少子浓度等于平衡少子浓度，但因基区存在少子浓度梯度，少子不断地向集电结边界扩散，为了保持该处少子浓度等于平衡少子浓度，漂移通过集电结的少子必须大于从集电区扩散到基区的少子（扩散到基区靠近集电结边界的少子仍然靠漂移通过集电结），因此，虽然 $V_{CB} = 0$，但 I_C 并不等于零。换言之，对于零偏压的集电结，依靠势垒区

中由 N 区指向 P 区的自建电场仍可以把基区输送过来的电子收集,然后从集电极输出,因此输出电流 I_C 保持原值不变。要使集电极电流减为零,必须在集电结上加一个小的正偏电压,使基区中少子浓度梯度接近于零,这时 I_C 才会为零。

4.4.2　共射极连接直流特性曲线

图 4.4(b)为晶体管共射极直流输出特性曲线测量原理电路图。图中,V_{BE} 为基极与发射极间压降;V_{CE} 为集电极与发射极间压降;R_B 为基极串联电阻,可控制 V_{BE} 或 I_B。

1. 共射极直流输入特性曲线

共射极直流输入特性曲线是指输入回路中电压 V_{BE} 与电流 I_B 的关系曲线,如图 4.23(a) 所示。在共射极电路中,发射结正偏,所以输入特性曲线总规律要符合 PN 结正向伏安特性曲线,但又存在着差别,其中之一,在同样的 V_{BE} 下,I_B 随 V_{CE} 的增大而减小,特性曲线向右移。这是因为当 V_{CE} 增加时,基区宽度相应减小,注入基区中的少子复合亦减小,故 I_B 减小;其中之二,当 $V_{BE}=0$ 时,$I_B=I_{CBO}$。这是因为此时集电结反偏,V_{CB} 不等于零(或者说 V_{CE} 不为零),所以通过基极的电流应为集电结反向饱和电流 I_{CBO}。

2. 共射极直流输出特性曲线

共发射极直流输出特性曲线表示输出电流 I_C 与输出电压 V_{CE} 在一定的输入电流 I_B 时的关系曲线,如图 4.23(b)所示。

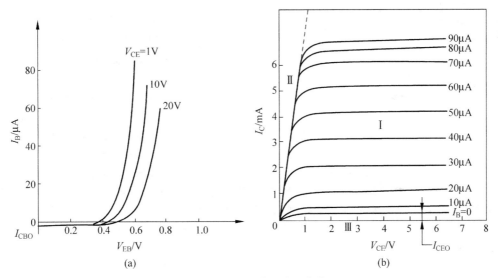

图 4.23　共射极直流特性曲线

(a) 输入特性曲线;(b) 输出特性曲线

输出特性曲线表明:

(1) 当 $I_B=0$ 时,相当于基极开路,集电极输出电流 $I_C=I_{CEO}$。当 $I_B \neq 0$ 时,集电极电流 $I_C=\beta_0 I_B$,而且 V_{CE} 增加,电流放大系数增大,特性曲线微微向上倾斜。

(2) 共射极直流特性曲线可分为 3 个区域。图 4.23(b)中,Ⅰ 为放大区,Ⅱ 为饱和区,Ⅲ 为截止区。放大区的特点是发射结正偏,集电结反偏。饱和区的特点是发射结正偏,集电结正偏。截止区的特点是发射结反偏,集电结反偏。

（3）从特性曲线的疏密程度可判断晶体管电流放大能力的大小（因 $\beta_0 = \Delta I_C / \Delta I_B$）；从曲线的疏密变化情况可观察出 β_0 随 I_C 的变化规律。

（4）晶体管饱和压降的大小也能从图中求出。

4.4.3　共基极与共射极输出特性曲线的比较

比较共基极与共射极两种输出特性曲线，可以看到两者的共同之处：当输入电流一定时，两种特性曲线的输出电流都不随输出电压的增加而变化，只有当输入电流改变了输出电流才会随之变化。换言之，晶体管输出电流受输入电流的控制。因此可以说，晶体管是一种电流控制器件。

然而，两种输出特性曲线之间也存在许多不同的地方，如表 4.1 所示。

表 4.1　两种组态下，输出特性曲线之间的异同点

比较内容	共射极	共基极	解　　释
输入电流	I_B	I_E	
输入电流变化引起输出电流变化情况	输入电流较小变化 ΔI_B 会引起输出电流变化 ΔI_C 较大	输入电流变化 ΔI_E 基本不会引起输出电流变化	
电流放大倍数	$\beta_0 \gg 1$	$\alpha_0 \leqslant 1$	
特性曲线斜率	大	小	输出电压增大引起的基区宽变效应，对 β 的影响比对 α 的影响显著
输出阻抗	小	大	
V_{CE} 对输出电流 I_C 的影响	随着 V_{CE} 减小，特性曲线在 V_{CE} 下降到零之前，就已开始下降	当 $V_{CE} = 0$ 时，仍保持原来水平，直到 $V_{CE} < 0$ 才开始下降	共射极电路的输出电压 $V_{CE} = V_{CB} + V_{BE}$ 在集电结和发射结均有压降，对于 $I_B \neq 0$，发射结偏压 V_{BE} 近似恒定在 0.7V（对于 Si 管）。因此，当 V_{CE} 减小到接近 0.7V 时，集电结上的反向偏压 $V_{CB} \approx 0$，此时的集电结虽处于零偏压，但它仍能依靠势垒区的自建电场将从基区运过来的载流子全部收集，因此，输出电流 I_C 不会显著减小。但 V_{CE} 进一步减少到低于 0.7V 时，集电结相应变为正偏，削弱了势垒区内的电场，使其收集能力明显下降，因而 I_C 迅速下降。同样，在共基极电路中，$V_{CB} = 0$ 的集电极仍具有电流收集能力，导致 I_C 不会明显下降，只有 V_{CB} 变为负值，集电结变为正偏时，收集能力才开始减弱，从而 I_C 才开始下降

4.4.4　共射极输出的非理想特性曲线

晶体管的输出特性曲线，特别是共射极的直流输出特性曲线，在产品质量分析中是很有用的，对于使用者来说，更是选定直流工作点的依据。因此，对共射极输出特性曲线作进一

步讨论很有意义。

1. 正常特性曲线

对于一只性能良好的晶体管,其共射极输出特性曲线应该如图 4.24 所示。

其特征表现为:曲线的起始电流上升很快,然后比较平坦;曲线的间距(β_0 的大小)比较均匀,即 $\Delta I_C / \Delta I_B$ 基本相同;击穿电压比较高,而且 β_0 的大小合乎要求。

但在实际的晶体管制造中,并不是所有器件都能得到图 4.24 所示的理想特性曲线,而会碰到一些不够理想的特性曲线。下面列举几种常遇到的不正常曲线进行简要说明。

2. 特性曲线向上倾斜

整个特性曲线簇向上倾斜(包括零注入线在内),如图 4.25 所示。也就是整个曲线簇的 I_C 均随输出电压 V_{CE} 的增加而明显增加,这是由于晶体管的反向电流过大引起的。也就是说,当 $I_B = 0$ 时(相当于基极开路),集电极的输出电流 I_{CEO} 成为曲线簇中的第一条基准线。当 $I_B = I_{B1}$ 时,$\Delta I_B = I_{B1}$,由此 $\Delta I_{C1} = \beta_0 \Delta I_B = \beta_0 I_{B1}$,因此 $I_C = \beta_0 I_{B1} + I_{CEO}$,相应的特性曲线也就从 I_{CEO} 向上推移 $\beta_0 I_{B1}$ 的距离,就是图 4.25 中的第二条曲线,以此类推就得到一簇共射极输出特性曲线。由于 I_{CEO} 的倾斜,整个曲线簇都倾斜了。显然,是由于反向电流 I_{CEO} 过大引起特性曲线簇的全部倾斜。

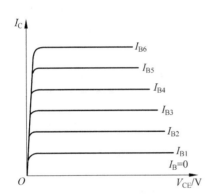

图 4.24　正常晶体管共发射极输出特性曲线

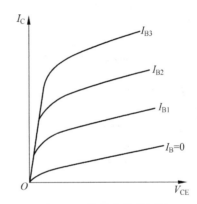

图 4.25　特性曲线的倾斜

3. 特性曲线分散

特性曲线中除零线是平坦的,其余曲线是分散倾斜的,如图 4.26 所示。

特性曲线分散倾斜会降低晶体管的输出阻抗,而放大系数不均匀又会引起信号失真。这是由于晶体管基区宽变效应灵敏所致。晶体管基区宽度一般要求比较薄,但如果因工艺上磷扩散结深控制不准确使基区宽度变得太薄,就会引起基区宽度的相对变化率太大,造成 β_0 随 V_{CB} 的增高而变大。

4. 小注入时特性曲线密集

小注入时特性曲线密集的状况如图 4.27 所示。图中与 I_{B1}、I_{B2}、I_{B3} 相对应的电流增益 β_0 比较小,而与 I_{B4}、I_{B5}、I_{B6} 相对应的 β_0 较大且比较均匀。小注入时 β_0 变低的原因有 3 个:①表面复合作用比较严重,在注入电流比较小时,大部分注入电流都在基区表面被复合掉了。②发射结势垒复合作用比较强,小注入时一部分载流子没能注入基区,而在发射结势垒区内被复合掉了。③发射结特性不好,漏电流太大被旁路掉了,没有起到真正的注入作用。

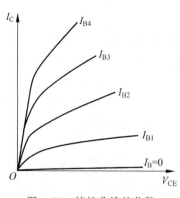

图 4.26　特性曲线的分散

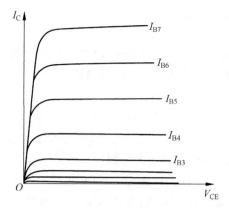

图 4.27　小注入时特性曲线密集

5. 大注入时特性曲线密集

大注入时特性曲线密集的状况如图 4.28 所示。随着基区注入电流的增加,引起了放大系数 β_0 的下降,使曲线变得密集。大注入时引起 β_0 下降是由于发射效率 γ_0 的降低造成的,而大注入引起 γ_0 降低的原因有 3 个:基区电导调制效应;集电结空间电荷限制效应;基区自偏压效应。

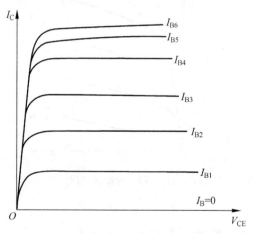

图 4.28　大注入时特性曲线密集

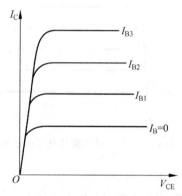

图 4.29　沟道漏电特性曲线

6. 沟道漏电

沟道漏电特性曲线如图 4.29 所示。其特点是发射极与集电极之间有很大的漏电流,使 $I_B=0$ 的曲线(零线)升高。这种现象往往是由沟道效应引起的。若在 NPN 晶体管的 P 型基区表面,受氧化层正电中心作用形成 N 型反型层,则 N 型发射区和 N 型集电区就通过反型层连接起来,通常把这样的连通称"沟道",如图 4.30 所示。由于这个沟道漏电流加在正常的晶体管输出电流上,就出现了包括零线在内的每条输出曲线都明显地升高了一段距离,又由于沟道效应的特殊机制,这个沟道漏电流随电压升到一定数值后就趋于饱和,因此特性曲线基本上仍可维持平行于横坐标不变。

7. 饱和压降大(曲线上升缓慢)

输出特性曲线上升得比较缓慢,即晶体管饱和压降大的状况,如图 4.31 所示。其特征

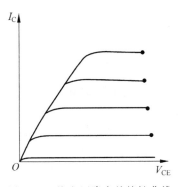

图 4.30 N 型反型层形成的沟道

表现为电流 I_C 上升不陡,从拐点向横坐标作垂线,相交于 V_{CE} 的一点的电压称饱和压降。显然由于曲线不陡,饱和压降会较大。其原因是集电区或者在 E、C 电极接触处有较大的串联电阻,电阻的存在分掉了部分电压,从而使加到结上的电压降减小,造成电流 I_C 上升缓慢。

8. 低击穿特性曲线

低击穿尽管是硬击穿,但击穿电压很低,只有几伏,如图 4.32 所示。低击穿主要是由 E、C 穿通或集电结低击穿所致。

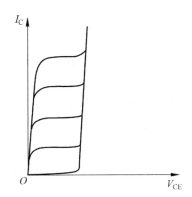

图 4.31 饱和压降大的特性曲线　　图 4.32 低击穿特性曲线

习题 4

4.1 一 NPN 晶体管的基区运输系数为 0.998,发射效率为 0.997,I_C 为 10nA。试计算:

(1) 晶体管的 α_0 和 β_0;

(2) 若 $I_B=0$,发射极电流为多少?

4.2 一理想晶体管的发射效率为 0.999,集-基极漏电流为 $10\mu A$,假设 $I_B=0$,试计算由空穴所形成的放大模式发射极电流。

4.3 一 PNP 晶体管的发射区、基区、集电区杂质浓度分别为 $5\times10^{18}\,\mathrm{cm}^{-3}$、$2\times10^{17}\,\mathrm{cm}^{-3}$ 和 $10^{16}\,\mathrm{cm}^{-3}$。基区宽度为 $1.0\mu m$,且器件截面积为 $0.2\mathrm{mm}^2$,当发射结正偏电压为 0.5V 且集电结反偏电压在 5V 时,试计算:

(1) 中性基区宽度;

(2) 发射结的少数载流子浓度。

4.4 在习题 4.3 中晶体管发射区、基区、集电区中少数载流子的扩散系数分别为 $52\text{cm}^2/\text{s}$、$40\text{cm}^2/\text{s}$ 和 $115\text{cm}^2/\text{s}$,而寿命分别为 10^{-8}s、10^{-7}s 和 10^{-6}s。求出图 4.33 中的各电流成分(I_{ep}、I_{cp}、I_{en}、I_{cn} 和 I_{BB})。

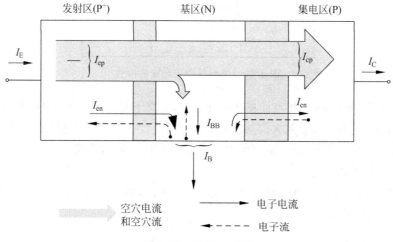

图 4.33 习题 4.4 图

4.5 利用习题 4.3 和习题 4.4 所得结果:

(1) 求出晶体管的端点电流 I_E、I_C 和 I_B;

(2) 计算发射效率、基区运输系数、共基电流增益和共射电流增益;

(3) 讨论如何改善发射效率以及基区运输系数。

4.6 导出总超量少数载流子电荷 Q_B 的表示式。如晶体管工作在放大模式且 $p_n(0) \gg p_{n0}$,请解释为何电荷量可以近似于图 4.34 所示基极中的三角形面积。此外,利用习题 4.3 的结果求出 Q_B。

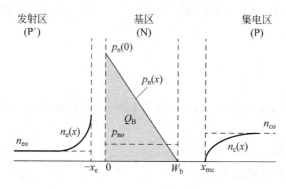

图 4.34 习题 4.6 图

4.7 一 P^+NP 晶体管具有非常高的发射效率,试计算其共射电流增益 β_0。假设基区宽度为 $2\mu\text{m}$,基区中的少数载流子扩散系数为 $100\text{cm}^2/\text{s}$,基区中少数载流子寿命为 $3\times10^{-7}\text{s}$。

4.8 一 NPN 双极型硅晶体管的发射区、基区、集电区杂质浓度分别为 $3\times10^{18}\text{cm}^{-3}$、$2\times10^{16}\text{cm}^{-3}$ 和 $5\times10^{15}\text{cm}^{-3}$,试利用爱因斯坦关系式 $D=\dfrac{kT\mu}{q}$,求出此三区域少数载流子

扩散系数。设在 $T=300\mathrm{K}$ 时,电子的迁移率 $\mu_\mathrm{n}=88+\dfrac{1252}{1+0.698\times10^{-17}N}$,空穴的迁移率

$\mu_\mathrm{p}=54.3+\dfrac{407}{1+0.374\times10^{-17}N}$。

4.9　一离子注入 NPN 晶体管,其中性基区的净杂质浓度 $N(x)=N_\mathrm{A0}\mathrm{e}^{-x/l}$,$N_\mathrm{A0}=2\times10^{18}\mathrm{cm}^{-3}$,$l=0.3\mu\mathrm{m}$。

(1) 求中性基区每单位面积上有多少杂质;

(2) 求出中性基区的杂质浓度,已知中性基区宽度为 $0.8\mu\mathrm{m}$。

4.10　晶体管的反向击穿电压 BV_CBO、BV_CEO、BV_EBO 是如何定义的? 写出 BV_CEO 与 BV_CBO 之间的关系式,并加以讨论。

4.11　有一低频小功率合金晶体管,用 N 型锗作基片,其电阻率为 $1.5\Omega\cdot\mathrm{cm}$,用烧铟合金方法制备发射区和集电区,两区杂质浓度约为 $3\times10^{18}\mathrm{cm}^{-3}$,求 γ_0(已知 $W_\mathrm{b}=50\mu\mathrm{m}$,$L_\mathrm{ne}=5\mu\mathrm{m}$)。

4.12　某一对称的 $\mathrm{P^+NP^+}$ 锗合金晶体管,基区宽度为 $5\mu\mathrm{m}$,基区杂质浓度为 $5\times10^{35}\mathrm{cm}^{-3}$,基区空穴寿命为 $10\mu\mathrm{s}(A_\mathrm{E}=A_\mathrm{C}=10^{-3}\mathrm{cm}^2)$。计算在 $V_\mathrm{EB}=0.26\mathrm{V}$,$V_\mathrm{CB}=-50\mathrm{V}$ 时基极电流 I_B;求出上述条件下的 α_0 和 $\beta_0(\gamma_0=1)$。

4.13　已知均匀基区硅 NPN 晶体管的 $\gamma_0=0.99$,$BV_\mathrm{CBO}=150\mathrm{V}$,$W_\mathrm{b}=18.7\mu\mathrm{m}$,基区中电子寿命 $\tau_\mathrm{b}=1\mu\mathrm{s}$(若忽略发射结空间电荷复合和基区表面复合),求 α_0、β_0、β_0^* 和 BV_CEO(设 $D_\mathrm{n}=35\mathrm{cm}^2/\mathrm{s}$)。

4.14　已知 NPN 双扩散外延平面晶体管,集电区电阻率 $\rho_\mathrm{c}=1.2\Omega\cdot\mathrm{cm}$,集电区厚度 $W_\mathrm{s}=10\mu\mathrm{m}$,硼扩散表面浓度 $N_\mathrm{BS}=5\times10^{18}\mathrm{cm}^{-3}$,结深 $x_\mathrm{jc}=1.4\mu\mathrm{m}$。求集电极偏置电压分别为 25V 和 2V 时产生基区扩展效应的临界电流浓度。

4.15　已知 $\mathrm{P^+NP}$ 晶体管的发射区、基区、集电区的杂质浓度分别是 $5\times10^{18}\mathrm{cm}^{-3}$、$2\times10^{16}\mathrm{cm}^{-3}$、$1\times10^{15}\mathrm{cm}^{-3}$。基区宽度 $W_\mathrm{b}=1.0\mu\mathrm{m}$,器件截面积为 $0.2\mathrm{mm}^2$,当发射结上的正偏电压为 0.5V,集电结反偏电压为 5V 时,计算:(1)中性基区宽度;(2)发射结少数载流子浓度。

4.16　对于习题 4.15 中的晶体管,少数载流子在发射区、基区、集电区的扩散系数分别为 $52\mathrm{cm}^2/\mathrm{s}$、$40\mathrm{cm}^2/\mathrm{s}$、$115\mathrm{cm}^2/\mathrm{s}$,对应的少数载流寿命分别为 $10^{-8}\mathrm{s}$、$10^{-7}\mathrm{s}$、$10^{-6}\mathrm{s}$,求晶体管的各电流分量。

4.17　利用习题 4.15、习题 4.16 所得到的结果,求出晶体管的端点电流 I_E、I_C、I_B。求出晶体管的发射效率、基区运输系数、共基极电流增益和共射极电流增益,并讨论如何改善发射效率和基区输运系数。

4.18　判断下列两个晶体管的最大电压的机构是否穿通:

晶体管 1: $BV_\mathrm{CBO}=105\mathrm{V}$;$BV_\mathrm{CEO}=96\mathrm{V}$;$BV_\mathrm{EBO}=9\mathrm{V}$;$BV_\mathrm{CES}=105\mathrm{V}$($BV_\mathrm{CES}$ 为基极-发射极短路时的集电极-发射极击穿电压)。

晶体管 2: $BV_\mathrm{CBO}=75\mathrm{V}$;$BV_\mathrm{CEO}=59\mathrm{V}$;$BV_\mathrm{EBO}=6\mathrm{V}$。

4.19　晶体管处于饱和状态时 $I_\mathrm{E}=I_\mathrm{C}+I_\mathrm{B}$ 的关系是否成立? 画出少子的分布与电流传输图,并加以证明。

第 5 章

双极型晶体管的交流特性、
功率特性与开关特性

本章先给出了交流小信号概念及 NPN 晶体管共基极交流小信号电路,分析了晶体管交流小信号传输过程及晶体管交流小信号模型等效电路;通过分析交流小信号传输延迟,给出了延迟时间、发射效率、基区输运系数、集电结势垒区输运系数、电流放大系数等与晶体管结构参数、结电容及体电阻等参数间的关系;讨论了截止频率、特征频率与工作频率的关系及高功率增益与最高振荡频率的关系;分析了晶体管的功率特性,包括大注入、基区扩展效应、发射极电流集边效应、集电结最大耗散功率、二次击穿和安全工作区,讨论了晶体管的开关特性、EM 模型和电荷控制模型。

在分析双极型晶体管(BJT)结构、原理、参数及直流特性等时,忽略了载流子传输的瞬态过程和晶体管的一些寄生参数的影响。当输入为交流信号,且频率高到一定程度时,传输的瞬态过程和一些寄生电容的影响就不能忽略了。在实现信号放大的应用中,BJT 输入的通常是交流小信号,即信号电压幅度远小于热电势 kT/q,室温下约为 26mV,比直流偏置电压小得多,相应的交流电流也会比直流偏置下的电流小得多;这时 BJT 工作在正向有源区,作为线性放大,输入信号电流、输出信号电流、输入信号电压及输出信号电压之间可近似为线性变化关系;随着信号频率的升高,BJT 内各种电容效应使电流增益迅速下降,晶体管的使用频率受到限制。所以按工作频率把晶体管分为低频管(3MHz 以下)、高频管(几十至几百兆赫兹)和超高频管(750MHz 以上)。

本章将讨论晶体管在交流小信号、开关大信号及稳态大电流这些应用中所表现出来的基本特性及其物理本质。

5.1 晶体管交流小信号电流增益

5.1.1 晶体管交流小信号模型

晶体管工作在交流小信号状态下,其信号电压叠加在直流偏置电压上,输出总电流应是直流分量和交流分量之和,如图 5.1 所示。

以 NPN 管共基极连接为例,其输出总电压为

$$v_{BE}(t) = V_{BE} + v_{be}(t) \tag{5.1.1}$$

式中,$v_{be}(t)$ 一般为正弦交变分量,即

$$v_{\mathrm{be}}(t) = V_{\mathrm{be}}\, \mathrm{e}^{j\omega t} \qquad (5.1.2)$$

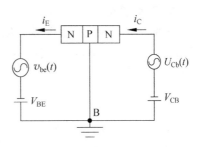

这时,集电极总输出电流为

$$i_{\mathrm{C}}(t) = I_{\mathrm{C}} + i_{\mathrm{c}}(t) \qquad (5.1.3)$$

式中,I_{C} 为直流分量;$i_{\mathrm{c}}(t)$ 为正弦交流分量。

当信号在低频或中频段时,可作准静态近似,交流电流和电压的函数关系与直流电流电压的关系近似相同,将交流变量视为准静态下直流量来处理。所得结果与实际测量值的误差在允许的范围内。

图 5.1　NPN 管共基极交流小信号电路

5.1.2　晶体管交流小信号传输过程

直流电流在晶体管内的传输过程是:发射极电流由发射结注入基区,通过基区输运到集电结,被集电结收集形成集电极输出电流。传输过程中有两次电流损失:一是与发射结反向注入电流的复合;二是基区输运过程中在基区体内的复合。而对于交流小信号电流,其传输过程与直流存在很大不同,主要有 4 个方面:发射结势垒电容充放电效应、基区电荷存储效应或发射结扩散电容充放电效应、集电结势垒区的渡越过程和集电结势垒电容充放电效应。下面以 NPN 管为例分 4 个阶段进行讨论,如图 5.2 所示。

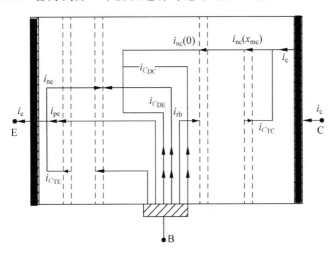

图 5.2　晶体管内交流小信号电流传输

1. 发射结注入

当发射极有一交变信号时,发射结偏压随时间变化会引起发射结势垒宽度、势垒区空间电荷量随时间变化,这可以被看成对发射结势垒电容 C_{TE} 充放电过程。发射结处有正向注入电流 i_{ne} 和反向注入电流 i_{pe},还有发射结势垒电容 C_{TE} 充放电电流 $i_{C_{\mathrm{TE}}}$。故发射极交流电流为

$$i_{\mathrm{e}} = i_{\mathrm{ne}} + i_{\mathrm{pe}} + i_{C_{\mathrm{TE}}} \qquad (5.1.4)$$

交流情况下,发射效率定义为

$$\gamma = \frac{i_{\mathrm{ne}}}{i_{\mathrm{e}}} = \frac{i_{\mathrm{e}} - i_{\mathrm{pe}} - i_{C_{\mathrm{TE}}}}{i_{\mathrm{e}}} = 1 - \frac{i_{\mathrm{pe}}}{i_{\mathrm{e}}} - \frac{i_{C_{\mathrm{TE}}}}{i_{\mathrm{e}}} \qquad (5.1.5)$$

2. 基区输运

正偏时发射结向基区和发射区注入的非平衡载流子浓度是随发射结上电压按指数规律变化的,如图 5.3(a)所示,亦即基区和发射区存储的电荷量随时间变化,故将发射结的扩散电容 C_{DE} 定义为

$$C_{DE} = \frac{\partial Q_{DE}}{\partial V_{BE}}\bigg|_{V_{BC}} \approx \frac{\partial Q_B}{\partial V_{BE}}\bigg|_{V_{BC}} \tag{5.1.6}$$

在外加偏压下,设发射区和基区积累电荷分别为 Q_E 和 Q_B,而发射结扩散区电荷 $Q_{DE} = Q_B + Q_E$,且 $Q_B \gg Q_E$,所以 $Q_{DE} \approx Q_B$。受扩散电容 C_{DE} 的影响,注入基区的电流 i_{ne} 应包括基区的体复合电流 i_{rb} 和扩散电容 C_{DE} 充放电电流 $i_{C_{DE}}$。为什么 $i_{C_{DE}}$ 是基极电流的分量呢?这是因为基区是电中性的,其"多子"空穴由基极电流随时维持与电子等量的变化。

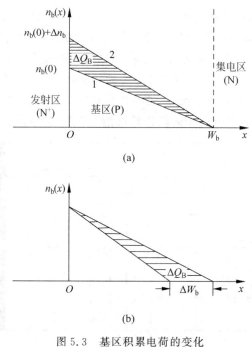

图 5.3 基区积累电荷的变化
(a) C_{DE}; (b) C_{DC}

当发射极有一交变信号时,基区积累电荷 Q_B 也随之发生变化。正半周,Q_B 随发射结偏压的升高而增加,因此,注入基区的电子一部分用于基区复合而形成复合电流 i_{rb};一部分用于增加基区积累电荷,相当于扩散电容的充电。负半周,相当于扩散电容的放电,扩散电容 C_{DE} 充放电电流 $i_{C_{DE}}$ 也转换为基极电流的一部分,以维持基区电中性。

交流情况下,为衡量基区输运能力,引入基区输运系数并定义为

$$\beta^* = \frac{i_{nc}(0)}{i_{ne}} = \frac{i_{nc}(0)}{i_{nc}(0) + i_{rb} + i_{C_{DE}}} \approx 1 - \frac{i_{rb}}{i_{nc}(0)} - \frac{i_{C_{DE}}}{i_{nc}(0)} \tag{5.1.7}$$

3. 集电结势垒区渡越

当载流子达到基区集电结边界时,集电结反偏电压的变化会导致基区宽变效应,使有效基区宽度随时改变,也会导致基区积累电荷随时变化,形成了集电结扩散电容 C_{DC} 的充放电电流 $i_{C_{DC}}$,其也转换为基极电流的一部分,以维持基区电中性。由于 C_{DC} 很小,一般可忽

略不计。当然,在一定的频率范围内,i_{ne} 中的绝大部分电子会传输到集电区。

$$i_{ne} = i_{rb} + i_{C_{DE}} + i_{C_{DC}} + i_{nc}(0) \tag{5.1.8}$$

式中,$i_{nc}(0)$ 为流经集电结势垒区与基区边界的电子电流。在直流稳态情况下,忽略集电结势垒区产生电流,认为流过集电结势垒区两边的电流相等。这相当于假定载流子以无穷大的速度通过集电结势垒区,但实际上载流子的速度是一个有限值,故载流子通过集电结势垒区是需要时间的,在动态情况下,电流的幅度和相位均随时间而变,因此,在某一时刻 t,集电结势垒区两边的电流并不相等。也就是说,需要考虑集电结渡越过程中电子流的损失。为了描述集电结势垒区靠集电区一边的电子电流 $i_{nc}(x_{mc})$ 的减小,引入集电结势垒区输运系数并定义为

$$\beta_d = \frac{i_{nc}(x_{mc})}{i_{nc}(0)} \tag{5.1.9}$$

4. 集电区收集

到达集电结与集电区边界的电流 $i_{nc}(x_{mc})$ 并不能全部被集电区输运而形成集电极电流 i_c,这是因为交变电流通过集电区时,会在集电区体电阻 r_{cs} 上产生一个交变的电压降,其叠加在原集电结直流偏压上,会使集电结势垒区宽度随交流信号的变化而变化。因此,在 $i_{nc}(x_{mc})$ 中又需要一部分电子电流对集电结势垒区充放电,形成集电结势垒电流 $i_{C_{TC}}$,同时,基极也提供相应大小的空穴电流对势垒电容 C_{TC} 充放电,故 $i_{C_{TC}}$ 又成了基极电流的一部分。最终到达集电极的电子电流为

$$i_c = i_{nc}(x_{mc}) - i_{C_{TC}} \tag{5.1.10}$$

为了描述该过程电流的损失,引入集电区衰减因子并定义为

$$\alpha_c = \frac{i_c}{i_{nc}(x_{mc})} = \frac{i_c}{i_c + i_{C_{TC}}} \approx 1 - \frac{i_{C_{TC}}}{i_c} \tag{5.1.11}$$

综上所述,为了响应交流下各种电容充放电的需要,基极电流为

$$i_b = i_{pe} + i_{rb} + i_{C_{TE}} + i_{C_{DE}} + i_{C_{TC}} + i_{C_{DC}} \tag{5.1.12}$$

由此可知,在同样的发射极电流下,基极电流增大,会使输出电流减小,即意味着电流放大系数降低,其原因就在于晶体管内存在势垒电容和扩散电容。

5.1.3 晶体管交流小信号模型等效电路

现利用电阻、电容、恒流源、恒压源等构成晶体管等效电路。该电路在功能上与一个晶体管是等效。下面给出晶体管各部分的等效电路。

1. 发射结和发射区

晶体管发射结正偏电压的变化会引起:①发射结空间电荷区空间电荷量的变化,这一变化用发射结势垒电容 C_{TE} 等效;②发射极电流的变化,这一变化用发射结动态电阻 r_e 等效;③基区、发射区储存电荷的变化,这一变化用发射结扩散电容 C_{DE} 等效。这样,发射结和发射区的等效电路如图 5.4 所示。这种等效是合理的,因为当有交变电压输入时,发射极时变电流 i_e 一部分用来给发射结势垒电容 C_{TE} 充电或放电,用于改变空间电荷区电荷量;一部分用于给

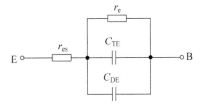

图 5.4 发射结和发射区的等效电路

发射结扩散电容 C_{DE} 充电或放电,用于改变基区和发射区储存电荷量;其余部分通过发射结注入基区而到达集电极(相当于通过 r_e)。现用发射结动态电阻 r_e、发射结势垒电容 C_{TE}、发射结扩散电容 C_{DE} 三者并联来描述发射结所发生的物理过程,发射区相当于一个欧姆电阻 r_{es},如图 5.4 所示。由于发射区一般为重掺杂区,因此 r_{es} 很小。

2. 集电结和集电区

集电区用等效电阻 r_{cs} 表示,集电结电阻用 r_c 表示。当集电区通过时变电流 i_c 时,r_{cs} 上电压降也随着改变(在直流偏压上时变),或者说在集电极-基极间加有时变电压,引起集电结压降的变化。这种变化会引起 3 个效应:①集电结势垒区宽度和空间电荷量的变化;②集电结势垒区宽度和空间电荷量的变化,又会产生基区宽变效应,进一步引起基区储存电荷的变化;③基区宽度的变化,会引起电流放大系数 α、β 的变化,即发射极电流不变,却引起了集电极电流的变化。集电结用集电结势垒电容 C_{TE}、扩散电容 C_{DE} 和动态电阻 r_c 的并联来等效电路,如图 5.5 所示。

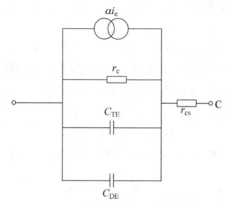

图 5.5　集电结和集电区的等效电路的控制功能

3. 基区

基区储存电荷的变化由扩散电容描述。晶体管的基极电流是一股平行于结平面方向流动的多子电流,它将在基区横向产生电压降,基区的这一作用可用基极电阻 r_b 等效,但没有反映晶体管的发射结和集电结之间的相互关系,即没有反映晶体管两个结的控制功能。因此必须把发射结电流 i_e 通过基区输运而转化为集电极电流的相互控制关系反映出来,为此可用一个恒流源表示,如图 5.6 所示。

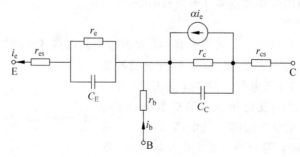

图 5.6　晶体管共基极高频等效电路

4. 共基极高频等效电路

由图 5.4 和图 5.5 可得共基极 T 形等效电路。如果 C_{TE}、C_{DE} 并联后的电容用 C_E 表示，C_{TC}、C_{DC} 并联后的电容用 C_C 表示，则晶体管共基极高频等效电路如图 5.6 所示。

5. 共射极高频等效电路

将共基极晶体管 T 形等效电路中的基极与发射极交换，恒流源 αi_e 用 βi_b 代替，则共射极高频 T 形等效电路，如图 5.7 所示。

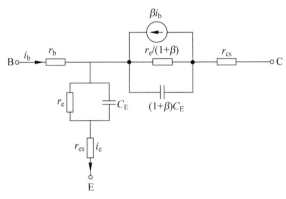

图 5.7　共射极高频等效电路

需要说明的是，与 βi_b 并联的电阻缩小为原来的 $1/(1+\beta)$，而电容则扩大为原来的 $(1+\beta)$ 倍。

5.1.4　交流小信号传输延迟时间

晶体管发射结和集电结都存在势垒电容及扩散电容，当输入交变信号时，电容随之充放电，充放电过程必然造成信号传输的延迟。同时，荷载交流信号的载流子以有限速度经过基区、集电结空间电荷区等均需要一定的渡越时间，也会增加信号的延迟时间，其存在必然会影响交流电流增益。由于电容的容抗随信号频率的升高而下降，故频率越高，容抗越小，电容的充、放电电流越大，晶体管的交流电流增益下降越厉害。

根据上述分析，本征晶体管主要存在 4 个延迟时间，即发射极延迟时间、基区渡越时间、集电结势垒区渡越时间及集电极延迟时间。

1. 发射效率及发射结延迟时间

在交流条件下，考虑到发射结电容 C_{TE} 后，共基极组态下发射结等效电路如图 5.8 所示。

图中，r_e 为发射结的动态电阻，或称微分电阻或发射结电阻。其定义

$$r_e = \frac{\partial V_{BE}}{\partial I_E}\bigg|_{V_{CB}=常数} \qquad (5.1.13a)$$

式中，V_{BE} 及 I_E 视为准静态参数，且 $I_E = I_{E0}\mathrm{e}^{qV_{BE}/kT}$，故

$$r_e = \frac{kT}{qI_E} \qquad (5.1.13b)$$

由图 5.8，得

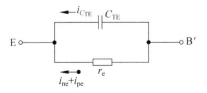

图 5.8　发射结小信号等效电路

$$i_{C_{TE}}\left(\frac{1}{j\omega C_{TE}}\right)=(i_{ne}+i_{pe})r_e \tag{5.1.14}$$

得

$$\frac{i_{C_{TE}}}{i_{ne}+i_{pe}}=j\omega r_e C_{TE} \tag{5.1.15}$$

将发射效率式(5.1.5)改写为

$$\gamma=\frac{i_{ne}}{i_{ne}+i_{pe}+i_{C_{TE}}}\Bigg|_{V_{CB}}=\frac{\dfrac{i_{ne}}{i_{ne}+i_{pe}}}{1+\left[\dfrac{i_{C_{TE}}}{i_{ne}+i_{pe}}\right]}=\frac{\gamma_0}{1+j\omega r_e C_{TE}}=\frac{\gamma_0}{1+j\omega\tau_e} \tag{5.1.16}$$

式中, τ_e 为发射结延迟时间, 即发射结势垒电容的充放电时间, 且

$$\tau_e=r_e C_{TE} \tag{5.1.17}$$

由式(5.1.15), 得

$$|\gamma|=\frac{\gamma_0}{\sqrt{1+(\omega\tau_e)^2}} \tag{5.1.18a}$$

$$\varphi=-\arctan(\omega\tau_e) \tag{5.1.18b}$$

由此可知, 随着角频率 ω 的升高, $|\gamma|$ 减小, 将 $|\gamma|=\frac{\gamma_0}{\sqrt{2}}$ 时的信号角频率称为发射极截止角频率 ω_e, 故

$$\omega_e=\frac{1}{\tau_e}=\frac{1}{r_e C_{TE}} \tag{5.1.19}$$

当 $\omega=\omega_e$ 时, $\varphi=-45°$, 则流过结电阻的电流和势垒电容的充、放电电流相等。

2. 基区运输系数及基区渡越时间

在交流条件下, 考虑到发射结扩散电容 C_{DE} 充放电过程的发射结等效电路如图 5.9 所示。

交流时, 由于 C_{DE} 的充、放电影响, 将基区运输系数式(5.1.7)改写为

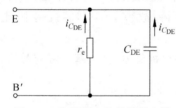

图 5.9　发射结小信号等效电路

$$\beta^*=\frac{i_{nc}(0)}{i_{ne}}\Bigg|_{V_{CB}=常数}=\frac{i_{nc}(0)}{i_{nc}(0)+i_{rb}+i_{C_{DE}}}$$

$$=\frac{i_{nc}(0)}{i'_{ne}+i_{C_{DE}}}=\frac{i_{nc}(0)/i'_{ne}}{1+\dfrac{i_{C_{DE}}}{i'_{ne}}} \tag{5.1.20}$$

式中, $i'_{ne}=i_{nc}(0)+i_{rb}$。

由图 5.9, 得

$$\frac{i_{C_{DE}}}{i'_{ne}}=j\omega C_{DE}r_e \tag{5.1.21}$$

又 $\beta_0^*=\dfrac{i_{nc}(0)}{i'_{ne}}$, 则

$$\beta^*=\frac{\beta_0^*}{1+j\omega C_{DE}r_e}=\frac{\beta_0^*}{1+j\omega\tau_b} \tag{5.1.22}$$

式中，τ_b 称为基区渡越时间，亦即发射结扩散电容 C_{DE} 的充放电时间，且

$$\tau_b = r_e C_{DE} \tag{5.1.23}$$

根据式(5.1.6)，发射结扩散电容 C_{DE} 主要是基区非平衡载流子电子随结上偏压的改变引起的。

对于均匀基区晶体管，有

$$Q_B = \frac{1}{2} A q W_b n_{b0} e^{q V_{BE}/kT}$$

由此可得

$$C_{DE} = \frac{dQ_B}{dV_{BE}} = \frac{1}{2} A q W_b n_{b0} \frac{q}{kT} e^{q V_{BE}/kT} \tag{5.1.24}$$

由于 $I_{ne} = \dfrac{A q D_{nb} n_{b0} e^{q V_{BE}/kT}}{W_b}$，令 $I_{ne} \approx I_E$，即发射效率为1，此时均匀基区晶体管的扩散电容为

$$C_{DE} = \frac{I_E q}{kT} \frac{W_b^2}{2 D_{nb}} \approx \frac{W_b^2}{2 r_e D_{nb}} \tag{5.1.25a}$$

对于缓变基区晶体管，有

$$C_{DE} = \frac{W_b^2}{\lambda r_e D_{nb}} \tag{5.1.25b}$$

从而求得基区渡越时间为

$$\tau_b = r_e C_{DE} = \frac{W_b^2}{\lambda D_{nb}} \tag{5.1.26}$$

对于均匀基区晶体管 $\lambda = 2$，有

$$\beta^* = \frac{\beta_0^*}{1 + j\omega \dfrac{W_b^2}{2 D_{nb}}} = \frac{\beta_0^*}{1 + j\omega \tau_b} \tag{5.1.27}$$

由此可得

$$|\beta^*| = \frac{\beta_0^*}{\sqrt{1 + (\omega \tau_b)^2}} \tag{5.1.28a}$$

$$\varphi = -\arctan(\omega \tau_b) \tag{5.1.28b}$$

由此可知，信号角频率越高，$|\beta^*|$ 越小。令 $|\beta^*| = \beta_0^*/\sqrt{2}$ 的角频率为渡越截止角频率，以 ω_b 表示，即

$$\omega_b = \frac{1}{\tau_b} = \frac{1}{r_e C_{DE}} \tag{5.1.29}$$

当 $\omega = \omega_b$ 时，$\omega \tau_b = 1$，$\varphi = -45°$。

【例5.1】 (1)推导出非均匀掺杂基区晶体管的基区渡越时间表达式，假设 $W_b/L_{nb} \gg 1$；(2)若基区杂质分布 $N_A = N_0 e^{-ax/W_b}$，重复问题(1)。

解： (1)对于缓变基区，设基区少数载流子电子以有效速度 $v(x)$ 渡越基区，则基区电子电流为

$$I_n = q A n_p(x) v(x) \tag{5.1.30}$$

由于 $\mathrm{d}x = v(x)\mathrm{d}t$，运用式(5.1.30)并积分可求出一个电子渡过基区所需的时间为

$$\tau_b = \int_0^{W_b} \frac{\mathrm{d}x}{v(x)} = \int_0^{W_b} \frac{qAn_p(x)}{I_n}\mathrm{d}x \tag{5.1.31}$$

得

$$n_p(x) = -\frac{I_n}{qAD_nN_A}\int_x^{W_b} N_A\mathrm{d}x \tag{5.1.32}$$

（2）由式(5.1.32)积分，得

$$\tau_b = \frac{W_b^2}{D_{nb}a}\left[1 - \frac{1}{a}(1 - \mathrm{e}^{-a})\right]$$

3. 集电结势垒区输运系数及集电结势垒区延迟时间

反偏集电结，与发射结相比，集电结势垒区的电场较强，宽度较宽，一般认为势垒区中载流子电子以饱和漂移速度 v_{sl} 通过势垒区。对于 NPN 晶体管，将到达基区与集电结势垒边界的电子电流记为 $i_{nc}(0)$，将到达集电结势垒区与集电区边界的电子电流记为 $i_{nc}(x_{mc})$。由于集电结势垒区中载流子电子以饱和漂移速度 v_{sl} 运动，故通过集电结势垒区的电流密度 $j_{nc} = qn_cv_{sl}$，该电流密度随电子浓度 n_c 变化，电子浓度 n_c 又随时间变化。因此，电流密度随时间变化，故集电结势垒区电荷分布随时间变化，这就使得 $i_{nc}(x_{mc})$ 的形成滞后于 $i_{nc}(0)$，这一滞后的时间称为集电结势垒区延迟时间 τ_d。若电子渡越集电结势垒区的时间为 τ_s，集电结势垒区的宽度为 x_{mc}，则

$$\tau_s = \frac{x_{mc}}{v_{sl}} \tag{5.1.33}$$

可以证明

$$\tau_d = \frac{\tau_s}{2} = \frac{x_{mc}}{2v_{sl}} \tag{5.1.34}$$

式中，v_{sl} 为电子饱和漂移速度；对 Si 器件，$v_{sl} \approx 10^7\,\mathrm{cm/s}$。

集电极势垒区运输系数式(5.1.9)可写为

$$\beta_d = \frac{i_{nc}(x_{mc})}{i_{nc}(0)}\bigg|_{V_{CB}} = \frac{1}{1 + \mathrm{j}\omega\dfrac{x_{mc}}{2v_{sl}}} = \frac{1}{1 + \mathrm{j}\omega\tau_d} \tag{5.1.35}$$

4. 集电区衰减因子及集电极延迟时间

交流时，计及集电结势垒电容 C_{TC} 充放电过程的共基极输出端等效电路如图 5.11 所示。

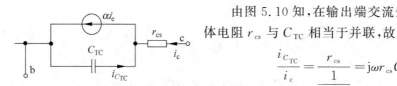

图 5.10　共基极输出端等效电路

由图 5.10 知，在输出端交流短路的情况下，集电区体电阻 r_{cs} 与 C_{TC} 相当于并联，故

$$\frac{i_{C_{TC}}}{i_c} = \frac{r_{cs}}{\dfrac{1}{\mathrm{j}\omega C_{TC}}} = \mathrm{j}\omega r_{cs}C_{TC} = \mathrm{j}\omega\tau_c \tag{5.1.36}$$

式中，τ_c 为集电极延迟时间，且

$$\tau_c = r_{cs}C_{TC} \tag{5.1.37}$$

式中，r_{cs} 为集电区体电阻，若集电区电阻率为 ρ_c，集电区的宽度和集电结的面积分别为 W_c、A_c，则

$$r_{cs} = \frac{\rho_c W_c}{A_c} \quad (5.1.38)$$

实际上，τ_c 为 C_{TC} 充放电时间，由于集电区掺杂较低，体电阻 r_{cs} 较大，当交流信号电流通过 r_{cs} 时，会产生交流电压降，使集电结的偏压变化，即对 C_{TC} 充电或放电。

集电区衰减因子式(5.1.11)可改写为

$$\alpha_c = \frac{i_c}{i_{nc}(x_{mc})}\Bigg|_{V_{CB}} = \frac{i_c}{i_c + i_{C_{TC}}} = \frac{1}{1 + \dfrac{i_{C_{TC}}}{i_c}} = \frac{1}{1 + j\omega r_{cs} C_{TC}} = \frac{1}{1 + j\omega\tau_c} \quad (5.1.39)$$

式(5.1.39)表明，随着频率的升高，电容容抗减小，充放电电流增大，$|\alpha_c|$ 减小。

5.1.5 晶体管交流小信号电流增益及其频率特性

1. 共基极交流短路电流放大系数及其频率特性

共基极交流短路电流放大系数定义为

$$\alpha = \frac{i_c}{i_e}\Bigg|_{V_{CB}} = \frac{dI_C}{dI_E}\Bigg|_{V_{CB}} \quad (5.1.40)$$

将式(5.1.16)、式(5.1.22)、式(5.1.35)及式(5.1.39)代入式(5.1.40)，得

$$\alpha = \frac{i_c}{i_e} = \frac{i_{ne}}{i_e} \times \frac{i_{nc}(0)}{i_{ne}} \times \frac{i_{nc}(x_{mc})}{i_{nc}(0)} \times \frac{i_c}{i_{nc}(x_{mc})} = \gamma \cdot \beta^* \cdot \beta_d \cdot \alpha_c$$
$$= \frac{\gamma_0 \beta_0^*}{(1 + j\omega\tau_e)(1 + j\omega\tau_b)(1 + j\omega\tau_c)(1 + j\omega\tau_d)} \quad (5.1.41)$$

将式(5.1.41)分母相乘并忽略 ω 的高次项，得

$$\alpha = \frac{\alpha_0}{1 + j\omega(\tau_e + \tau_b + \tau_d + \tau_c)} = \frac{\alpha_0}{1 + j\omega\tau_{ec}} \quad (5.1.42)$$

故共基极交流电流放大系数为复数，其模和相角分别为

$$|\alpha| = \frac{\alpha_0}{\sqrt{1 + (\omega\tau_{ec})^2}} \quad (5.1.43)$$

$$\varphi = -\arctan(\omega\tau_{ec}) \quad (5.1.44)$$

式中，τ_{ec} 为共基极连接时，发射极和集电极间的总传输延迟时间，即

$$\tau_{ec} = \tau_e + \tau_b + \tau_d + \tau_c \quad (5.1.45)$$

可见，随着角频率 ω 的增加，延迟时间 τ_{ec} 越长，$|\alpha|$ 越小。

当晶体管共基极交流短路电流放大系数 α 下降到低频值 α_0 的 $1/\sqrt{2}$ 时的角频率称为共基极截止角频率，或称 α 截止角频率，以 ω_α 表示，即当 $|\alpha| = \dfrac{\alpha_0}{\sqrt{2}}$ 时，$\omega = \omega_\alpha$。

若以 dB 为单位，则

$$|\alpha|_{(dB)} = 20\lg\frac{\alpha_0}{\sqrt{2}} = 20\lg\alpha_0 - 3(dB)$$

也就是说，当工作角频率升高到 α 截止角频率时，共基极交流电流放大系数将比直流 α_0 下降 3dB，如图 5.11 所示。

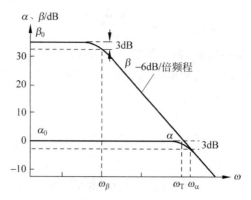

图 5.11　电流放大系数随频率变化的关系

由式(5.1.44)知,当 $\omega\tau_{ec}=1$ 时,$\omega=\omega_a$,故

$$\omega_a = \frac{1}{\tau_{ec}} = \frac{1}{\tau_e + \tau_b + \tau_d + \tau_c} \tag{5.1.46a}$$

将式(5.1.17)、式(5.1.26)、式(5.1.34)及式(5.1.37)代入式(5.1.46a),则 α 截止角频率 ω_a 为

$$\omega_a = \frac{1}{r_e C_{TE} + \dfrac{W_b^2}{\lambda D_{nb}} + \dfrac{x_{mc}}{2v_{s1}} + r_{cs}C_{TC}} \tag{5.1.46b}$$

于是,相应的共基极电流增益及其模与相位角分别为

$$\alpha = \frac{\alpha_0}{1 + j\dfrac{\omega}{\omega_a}} \tag{5.1.47a}$$

$$|\alpha| = \frac{\alpha_0}{\sqrt{1 + \left(\dfrac{\omega}{\omega_a}\right)^2}} \tag{5.1.47b}$$

$$\varphi = -\arctan\left(\frac{\omega}{\omega_a}\right) \tag{5.1.47c}$$

2. 共射极交流电流放大系数及其频率特性

1) 共射极交流短路电流放大系数

共射极交流短路电流增益定义为

$$\beta = \frac{i_c}{i_b}\Big|_{v_{CE}} = \frac{dI_C}{dI_B}\Big|_{v_{CE}} = \frac{\alpha_e}{1 - \alpha_e}\Big|_{v_{CE}} \tag{5.1.48}$$

式中,α_e 是共射极连接下,输出端 C 和 E 间交流短路时相应的共基极电流放大系数。由于交流小信号时 C、E 相连,发射结电压变化会同时对发射结势垒电容 C_{TE} 和集电结势垒电容 C_{TC} 充放电,使发射结延迟时间变为 τ_e',即

$$\tau_e' = r_e(C_{TE} + C_{TC}) \tag{5.1.49}$$

则

$$\alpha_e\Big|_{v_{CE}} = \frac{\alpha_0}{1 + j\omega(\tau_e' + \tau_b + \tau_d + \tau_c)} = \frac{\alpha_0}{1 + j\omega\tau_{ec}'} \tag{5.1.50}$$

将式(5.1.50)代入式(5.1.48),得

$$\beta = \frac{\alpha_0}{1 - \alpha_0 + j\omega\tau'_{ec}} = \frac{\alpha_0}{(1 - \alpha_0)\left[1 + \dfrac{j\omega\tau'_{ec}}{(1 - \alpha_0)}\right]} = \frac{\beta_0}{1 + j\beta_0\omega\tau'_{ec}} \tag{5.1.51}$$

相应的模及相角分别为

$$|\beta| = \frac{\beta_0}{\sqrt{1 + (\beta_0\omega\tau'_{ec})^2}} \tag{5.1.52a}$$

$$\varphi = -\arctan(\beta_0\omega\tau'_{ec}) \tag{5.1.52b}$$

由此可知,信号频率越高,延迟时间越长,晶体管共射极交流电流增益越小。

2) 共射极截止频率及特征频率

晶体管的共射极截止角频率亦称 β 截止角频率,以 ω_β 表示；ω_β 是晶体管共射极交流短路电流放大系数 β 下降到低频值 β_0 的 $1/\sqrt{2}$ 时的角频率,即当 $|\beta| = \dfrac{\beta_0}{\sqrt{2}}$ 时,$\omega = \omega_\beta$。

如图 5.11 所示,若以 dB 为单位,则工作在 ω_β 频率下,$|\beta|$ 将比直流 β_0 下降 3dB,即

$$|\beta|_{(dB)} = 20\lg\frac{\beta_0}{\sqrt{2}} = 20\lg\beta_0 - 3(dB)$$

根据式(5.1.49),共射极交流电流放大系数的模为

$$|\beta| = \frac{\beta_0}{\sqrt{1 + (\beta_0\omega\tau'_{ec})^2}} \tag{5.1.53}$$

于是

$$\beta_0\omega\tau'_{ec} = 1, \quad \omega = \omega_\beta = \frac{1}{\beta_0\tau'_{ec}}$$

所以,有

$$\omega_\beta = \frac{1}{\beta_0\tau'_{ec}} = \frac{1}{\tau'_e + \tau_b + \tau_d + \tau_c} \tag{5.1.54a}$$

将式(5.1.49)、式(5.1.26)、式(5.1.34)及式(5.1.37)代入式(5.1.54a)得,共射极截止角频率为

$$\omega_\beta = \frac{1}{\beta_0\left[r_e(C_{TE} + C_{TC}) + \dfrac{W_b^2}{\lambda D_{nb}} + \dfrac{x_{mc}}{2v_{sl}} + r_{cs}C_{TC}\right]} \tag{5.1.54b}$$

由 ω_β 表示的共射极电流增益 β 及其模与相位角分别为

$$\beta = \frac{\beta_0}{1 + j\dfrac{\omega}{\omega_\beta}} \tag{5.1.55a}$$

$$|\beta| = \frac{\beta_0}{\sqrt{1 + \left(\dfrac{\omega}{\omega_\beta}\right)^2}} \tag{5.1.55b}$$

$$\varphi = -\arctan\left(\frac{\omega}{\omega_\beta}\right) \tag{5.1.55c}$$

由于$|\beta|$较$|\alpha|$大得多,因此当$\omega = \omega_\beta$时,$|\beta|$下降得并不多。也就是说,ω_β并非共射极连接时晶体管工作角频率的极限,故用特征角频率ω_T表示共射极交流电流放大系数$|\beta| = 1$时的角频率。这表明,当工作角频率达到ω_T时,晶体管已没有电流放大功能,即当$\omega = \omega_T$时,

$$| \beta | = \frac{\beta_0}{\sqrt{1 + (\beta_0 \omega \tau'_{ec})^2}} = \frac{1}{\sqrt{\left(\frac{1}{\beta_0}\right)^2 + (\omega \tau'_{ec})^2}} = 1$$

因为$\frac{1}{\beta_0} \ll 1$,可忽略不计,所以$\omega_T = \frac{1}{\tau'_{ec}}$,得

$$\omega_T = \frac{1}{\tau'_e + \tau_b + \tau_d + \tau_c} = \frac{1}{r_e(C_{TE} + C_{TC}) + \dfrac{W_b^2}{\lambda D_{nb}} + \dfrac{x_{mc}}{2 v_{sl}} + r_{cs} C_{TC}} \qquad (5.1.56)$$

角频率ω很高时,需考虑各种寄生电容的影响,则C_{TC}将由C_C代替。C_C称为集电极总的输出电容,且

$$C_C = C_{TC} + C_X + C_{pad} \qquad (5.1.57)$$

式中,C_X为管壳寄生电容;C_{pad}为延伸电极电容,是金属电极的延伸部分、氧化层和半导体之间所构成的 MOS 电容,且

$$C_{pad} = \frac{\varepsilon_0 \varepsilon_{OX}}{t_{OX}} A_{pad} \qquad (5.1.58)$$

式中,A_{pad}为延迟电极面积;t_{OX}为二氧化硅层的厚度。

由式(5.1.55a)和式(5.1.56),得

$$\omega_T = \beta_0 \omega_\beta \qquad (5.1.59)$$

显而易见,晶体管的特征角频率要比共射极截止角频率高得多。由式(5.1.47)和式(5.1.56)知,$\omega_\alpha > \omega_T$,但当$C_{TE} \gg C_{TC}$时,有$\tau'_e \approx \tau_e$,故有$\omega_\alpha \approx \omega_T$,说明特征频率略小于或接近共基极截止角频率。对于同一晶体管ω_α、ω_β、ω_T三者之间的关系为

$$\omega_\beta \ll \omega_T \leqslant \omega_\alpha \qquad (5.1.60)$$

同时,依据$\beta = \dfrac{\beta_0}{1 + \mathrm{j}\dfrac{\omega}{\omega_\beta}}$,若工作频率较高,符合$\omega \gg \omega_\beta$,即$\dfrac{\omega}{\omega_\beta} \gg 1$时,有

$$\beta = \frac{\omega_\beta \beta_0}{\mathrm{j}\omega} = \frac{\omega_T}{\mathrm{j}\omega} \qquad (5.1.61)$$

取β的模,得

$$\omega_T = | \beta | \omega \qquad (5.1.62)$$

式中,$|\beta| \omega$称为增益带宽积,对于给定的晶体管,高频晶体管增益带宽积为一常数。由此可知,角频率升高,$|\beta|$线性下降;或者说角频率每升高 1 倍,$|\beta|$减小 6dB,有时也称为 6dB/倍频关系。图 5.11 也示出了这一关系。利用这一关系,在较低频率下测得某一双极型晶体管的特征角频率ω_T后,可估计某一工作频率下晶体管共射极电流放大系数β的大小。

要改善 BJT 的频率特性,提高其截止频率及特征频率,需要从材料选择、结构设计、工艺制造以及工作点的选择等多方面加以考虑,以减小晶体管高频下的延迟时间τ_e、τ_b、τ_c及τ_d。在这 4 个时间中,一般以τ_b最大,由式(5.1.26)知,要减小τ_b,主要是减小基区宽度W_b

和提高基区的电场因子 η 以增大 λ,同时要增大基区的少子扩散系数;故在提高 $N_B(0)$ 的时候要注意不致使 D_{nb} 下降。由于 τ_e、τ_c 与势垒电容 C_{TE}、C_{TC} 等有关,故要减小晶体管的势垒电容,主要在于减小发射结结面积 A_E 及集电结结面积 A_C;同时,还要适当减小集电区的电阻率 ρ_c 及其宽度 W_c,以减小集电区串联电阻 r_{cs},可使 τ_e、τ_c 减小。由于发射结电阻 r_e 及集电结势垒区宽度 x_{mc} 与工作点 (I_C,V_{CE}) 有关,故要选择合适的工作电压与电流。此外,还要减小各种寄生参数,如 C_{pad}、C_X 等。

【例 5.2】 硅 NPN 晶体管在 300K 时,$I_E=1\mathrm{mA}$,$C_{TE}=1\mathrm{pF}$,$W_b=0.5\mu\mathrm{m}$,$D_{nb}=25\mathrm{cm}^2/\mathrm{s}$,$x_{mc}=2.4\mu\mathrm{m}$,$r_{cs}=20\Omega$,$C_{TC}=0.2\mathrm{pF}$。求发射区-集电区渡越时间和截止频率。

解: 发射结电容充电时间为

$$\tau_e = r_e C_{TE} = \frac{V_T}{I_E}C_{TE} = \frac{0.026}{1\times10^{-3}}\times10^{-12}\mathrm{s} = 26\times10^{-12}\mathrm{s} = 26\mathrm{ps}$$

基区渡越时间为

$$\tau_b = \frac{W_b^2}{2D_{nb}} = \frac{(0.5\times10^{-4})^2}{2\times25}\mathrm{s} = 50\times10^{-12}\mathrm{s} = 50\mathrm{ps}$$

集电结耗尽区渡越时间为

$$\tau_d = \frac{x_{mc}}{v_s} = \frac{2.4\times10^{-4}}{10^7}\mathrm{s} = 24\times10^{-12}\mathrm{s} = 24\mathrm{ps}$$

集电结电容充电时间为

$$\tau_c = r_{cs}C_{TC} = 20\times0.2\times10^{-12}\mathrm{s} = 4\times10^{-12}\mathrm{s} = 4\mathrm{ps}$$

于是,发射区-集电区渡越时间为

$$\tau_{ec} = 26+50+24+4 = 104\mathrm{ps}$$

共基极截止频率为

$$f_a = \frac{\omega_a}{2\pi} = \frac{1}{2\pi\times104\times10^{-12}} = 1.53\mathrm{GHz}$$

特征频率为

$$f_T \approx f_a = 1.53\mathrm{GHz}$$

共射极截止频率为

$$f_\beta = \frac{\omega_\beta}{2\pi} = \frac{f_T}{\beta_0} = \frac{1.53\times10^9}{100} = 15.3\mathrm{MHz}$$

【例 5.3】 计算双极晶体管的发射区-集电区渡越时间和截止频率。$T=300\mathrm{K}$,NPN 硅晶体管参数如下:

$$I_E=1\mathrm{mA} \qquad C_{TE}=1\mathrm{pF}$$
$$W_b=0.5\mu\mathrm{m} \qquad D_{nb}=25\mathrm{cm}^2/\mathrm{s}$$
$$x_{mc}=2.4\mu\mathrm{m} \qquad r_{cs}=20\Omega$$
$$C_{TC}=0.1\mathrm{pF}$$

解: 首先估算不同的时间延迟因素。如果忽略寄生电阻,则发射结的充电时间为

$$\tau_e = r_e C_{TE}$$

其中

$$r_e = \frac{kT}{q}\cdot\frac{1}{I_E} = \frac{0.0259}{1\times10^{-3}} = 25.9\Omega$$

于是

$$\tau_e = 25.9 \times 10^{-12}\,\text{s} = 25.9\,\text{ps}$$

基区渡越时间为

$$\tau_b = \frac{W_b^2}{2D_{nb}} = \frac{(0.5 \times 10^{-4})^2}{2 \times 25}\,\text{s} = 50\,\text{ps}$$

集电结耗尽区渡越时间为

$$\tau_d = \frac{x_{mc}}{v_s} = \frac{2.4 \times 10^{-4}}{10^7}\,\text{s} = 24\,\text{ps}$$

集电结电容充电时间为

$$\tau_c = r_{cs}C_{TC} = 20 \times 0.2 \times 10^{-12}\,\text{s} = 4\,\text{ps}$$

发射区到集电区的延时为

$$\tau_{ec} = (25.9 + 50 + 24 + 4)\,\text{ps} = 103.9\,\text{ps}$$

所以截止频率为

$$f_T = \frac{1}{2\pi\tau_{ec}} = \frac{1}{2\pi \times 103.9 \times 10^{-12}}\,\text{Hz} = 1.53\,\text{GHz}$$

若低频共发射极电流增益为 $\beta = 100$，那么 β 截止频率为

$$f_\beta = \frac{f_T}{\beta_0} = \frac{1.53 \times 10^9}{100}\,\text{Hz} = 15.3\,\text{MHz}$$

说明：设计高频晶体管时，需减小几何尺寸以降低电容，并采用窄基区以减小基区渡越时间。

【例 5.4】 某晶体管 $\beta = 50$，当信号频率 f 为 30MHz 时测得 $|\beta| = 5$，求此管的特征频率 f_T，以及当信号频率 f 分别为 15MHz 和 60MHz 时的 $|\beta|$ 的值。

解： 由式(5.1.62)得

$$f_T = |\beta| f = 5 \times 30 = 150\,\text{MHz}$$

$f = 15\text{MHz}$ 时，

$$|\beta| = \frac{f_T}{f} = \frac{150}{15} = 10$$

$f = 60\text{MHz}$ 时，

$$|\beta| = \frac{f_T}{f} = \frac{150}{60} = 2.5$$

【例 5.5】 一高频双极型晶体管工作于 240MHz 时，其共基极电流放大系数为 0.68，若该频率为截止频率 f_α，试求其 $\beta = 5$ 时的工作频率(设 $\tau_e' = \tau_e$)。

解法 1： 已知 $f = f_\alpha = 240 \times 10^6\,\text{Hz}$ 时，放大系数 $\alpha = 0.68$，所以，直流放大系数为

$$\alpha_0 = \sqrt{2}\alpha = \sqrt{2} \times 0.68 = 0.96$$

因为

$$\tau_e' = \tau_e$$

所以

$$f_T \approx f_\alpha = 240\text{MHz} = \beta \cdot f$$

由此可得

$$f = \frac{f_\alpha}{\beta} = \frac{240}{5} = 48\mathrm{MHz}$$

解法 2：已知 $f = f_\alpha = 240 \times 10^6\,\mathrm{Hz}$ 时，放大系数 $\alpha = 0.68$，所以，共基极直流放大系数

$$\alpha_0 = \sqrt{2}\,\alpha = \sqrt{2} \times 0.68 = 0.96$$

共射极直流放大系数

$$\beta_0 = \frac{\alpha_0}{1 - \alpha_0} = \frac{0.96}{1 - 0.96} = 24$$

由 $\beta = \dfrac{\beta_0}{\sqrt{1 + \left(\beta_0 \dfrac{f}{f_\alpha'}\right)^2}}$，得

$$f = \frac{f_\alpha'}{\beta_0}\sqrt{\left(\frac{\beta_0}{\beta}\right)^2 - 1} = \frac{240}{24}\sqrt{\left(\frac{24}{5}\right)^2 - 1} = 46.7\mathrm{MHz}$$

5.1.6　高频功率增益及最高振荡频率

晶体管工作在高频电路中，用于放大、振荡及倍频等，要求具有优良的功率放大性能，在一定的频率下其功率增益越大越好。但晶体管功率增益会随信号频率升高而下降。为此，需要分析其功率增益和工作频率的内在联系，使晶体管在更高频率工作时，仍能获得所期望的功率增益。

1. 高频最佳功率增益

晶体管输出功率 P_o 与输入功率 P_i 之比称为功率增益 G_P，即

$$G_\mathrm{P} = \frac{P_\mathrm{o}}{P_\mathrm{i}} \tag{5.1.63}$$

设晶体管 T 的功率放大电路如图 5.12 所示。共射极连接时，当输入信号源内阻和晶体管输入电阻 r_b 匹配时，有 $P_\mathrm{i} = i_\mathrm{b}^2 r_\mathrm{b}$。若输出负载为 Z_L，则 $P_\mathrm{c} = i_\mathrm{c}^2 Z_\mathrm{L}$。$i_\mathrm{c}$ 是通过负载 Z_L 的电流。故

$$G_\mathrm{P} = \left|\frac{i_\mathrm{c}}{i_\mathrm{b}}\right|^2 \frac{Z_\mathrm{L}}{r_\mathrm{b}} \tag{5.1.64}$$

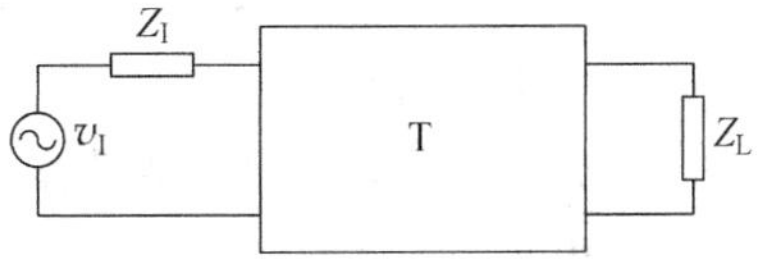

图 5.12　晶体管功率放大电路

式(5.1.64)表明，当 $\omega > \omega_\mathrm{T}$ 时，$\beta < 1$，但负载阻抗 Z_L 可以比 r_b 大很多，所以仍有 $G_\mathrm{P} > 1$，即晶体管具有功率放大功能。要获得最大功率输出或称最佳功率增益，负载 Z_L 和晶体管的输出阻抗必须共轭匹配。由于晶体管的集电结电容 C_c 是并联在输出端的，故 C_c 的容抗随频率升高而减小，输出阻抗也变得越来越小，$|Z_\mathrm{L}|$ 的取值也需减小。可见，当频率足够高时，有可能使 $G_\mathrm{P} \leqslant 1$。

以 G_PM 表示最佳功率增益。当高频晶体管的 $|\beta| \geqslant 100$，即 ω_T 比 ω_β 大两个数量级时，可以认为晶体管工作在图 5.11 所示的 6dB/倍频段，利用 $\mathrm{j}\omega\beta = \omega_\mathrm{T}$，得晶体管共射极输出阻抗为

$$Z_\mathrm{O} = \frac{1}{\mathrm{j}\omega(1 + \beta)C_\mathrm{c}} = \frac{1}{\omega_\mathrm{T}C_\mathrm{c} + \mathrm{j}\omega C_\mathrm{c}} \tag{5.1.65}$$

进一步得，共轭匹配负载为

$$Z_\mathrm{L} = \frac{1}{\omega_\mathrm{T}C_\mathrm{c} - \mathrm{j}\omega C_\mathrm{c}} \tag{5.1.66}$$

在共轭匹配输出并考虑到负载的影响时,有

$$\frac{i_c}{i_b} = \frac{\beta}{2} \tag{5.1.67}$$

用式(5.1.66)代替式(5.1.64)中 Z_L,再将式(5.1.67)代入式(5.1.64),得

$$G_{PM} = \left| \frac{\beta}{2} \right|^2 \frac{\frac{1}{\omega_T C_C}}{r_b} = \frac{\omega_T}{4\omega^2 r_b C_C} \tag{5.1.68}$$

式中,C_C 为集电极总输出电容。由此可知,晶体管共射极最佳功率增益与特征角频率成正比,与基极电阻和输出端电容之积成反比,与工作角频率平方成反比,即角频率 ω 越高,功率增益越小。

2. 最高振荡频率

根据式(5.1.68),当 $G_{PM} = 1$(0dB)时,$\omega = \omega_M$,称 ω_M 为晶体管最高振荡角频率,即共射极最佳功率为 1 时的角频率。由此易得

$$\omega_M = \sqrt{\frac{\omega_T}{4 r_b C_C}} \tag{5.1.69}$$

又因 $\dfrac{\omega_T}{4 r_b C_C} = G_{PM}\omega^2$,故

$$\omega_M = \sqrt{G_{PM}\omega^2} \tag{5.1.70}$$

$G_{PM}\omega^2$ 称为晶体管的高频优值,或称功率增益带宽积。高频优值是一常数,它仅取决于晶体管本身的参数,反映了晶体管工作在高频时的功率放大能力。

3. 提高功率增益的途径

由以上分析可知,要提高功率增益,可通过提高 ω_T,减小 r_b 和 C_C 等来实现,即减小 W_b,增大 λ,即增大 η,如增大基区杂质浓度梯度,及减小 ρ_c 和 W_c 以减小集电区串联电阻 r_{cs} 等,使 ω_T 得以提高;减小发射极和集电极的面积 A_E、A_C 是减小结电容的有效方法,可减小总的集电极输出电容 C_C;减小 r_b 也是提高功率增益不容忽视的方面。由于 $\mu_n > \mu_p$,所以高频管一般选用 NPN 型晶体管。同时还需选用合适的工作点,即选择正确的偏置电压 V_{CE} 与电流 I_C,使器件性能得以更好地发挥。

5.2 双极型晶体管的功率特性

在实际的电路应用中,经常需要晶体管有较大功率输出,这就要求晶体管必须有较大的电流输出。而在大电流条件下,它的交直流特性都会发生明显的变化,最为突出的是直流电流放大系数 β_0 和特征角频率 ω_T 随电流增大而快速下降,这是晶体管尤其是大功率晶体管设计和制造中必须关注的问题。本节将分析晶体管特性参数随电流变化的原因,讨论影响功率的最大电流、最大耗散功率和二次击穿等,最后给出晶体管的安全工作区。

5.2.1 晶体管集电极最大工作电流

晶体管的最大电流就是集电极的最大工作电流 I_{CM}。在电源电压确定的情况下,晶体管要获得大的功率输出,就需要有大的电流输出。而要有大的电流输出就必须有大注入,而

大注人又会引起不同于小注入情况下的许多物理变化,也就是说,输出大电流要受到诸多因素的制约。限制晶体管集电极大电流的主要因素是电流放大系数在大电流下的显著下降。图 5.13(a)表明,在 I_C 较小时,β_0 随 I_C 的增大而增大,当 I_C 增大到一定数值后,β_0 会随电流增大而迅速下降,导致图 5.13(b)所示的输出特性曲线疏密不均匀。大电流下的特性曲线越来越密集,正好反映了 β_0 在大电流下的迅速下降,这会影响晶体管的正常工作。为此就需要对晶体管最大工作电流给予限定。

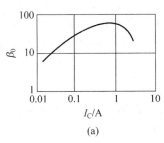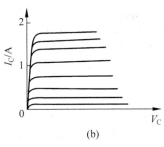

图 5.13 晶体管电流放大系数随集电极电流的变化趋势

(a) β_0 随 I_C 变化;(b) 特性曲线

因此,集电极最大工作电流 I_{CM} 定义为共射极直流短路电流放大系数 β_0 下降到其最大值的一半时所对应的集电极电流。I_{CM} 越大,晶体管大电流特性越好。而大电流情况下电流放大系数下降的原因归结为 3 个效应:基区大注入效应、基区扩展效应和发射极电流集边效应。

5.2.2 基区大注入效应对电流放大系数的影响

1. 大注入基区电导调制效应

小注入是指,注入基区的少数载流子浓度远小于基区多数载流子浓度。而大注入是指,注入基区的少数载流子浓度接近或超过基区的多数载流子浓度。图 5.14 给出了小注入和大注入时基区载流子分布示意图。图 5.14(b)表明,大注入时,不仅少子浓度增加很多,而且多子浓度也等量地增加,这是维持电中性的需要。多子浓度增加,将使基区电阻率下降,由此导致基区电导率受注入电流调制,该调制称为大注入基区电导调制效应。

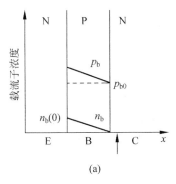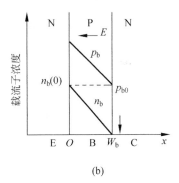

图 5.14 小注入和大注入时基区载流子分布示意图

(a) 小注入时基区载流子分布;(b) 大注入时基区载流子分布

2. 大注入自建电场

如图 5.14(b)所示,大注入基区的少子在基区边扩散边复合,形成一定的浓度梯度分布。为了维持电中性的要求,其多子空穴必须与注入的少子具有相同的浓度梯度,即

$$\frac{\mathrm{d}p_\mathrm{b}(x)}{\mathrm{d}x} = \frac{\mathrm{d}n_\mathrm{b}(x)}{\mathrm{d}x} \tag{5.2.1}$$

由于浓度梯度的存在,少子电子从发射极向集电极扩散,而多子空穴向集电结扩散。然而,集电结反偏电压的反向抽取作用只允许少数载流子电子通过并到达集电极,而不允许多子空穴通过。因此在基区集电结附近形成空穴积累,在发射结边界附近基区一侧,却因空穴扩散离去而使空穴欠缺。因此,基区形成的由集电结指向发射结的自建电场 E 会阻止空穴的扩散运动。该电场是由大注入效应产生的,故称之为大注入自建电场,如图 5.14(b)所示。

在大注入自建电场作用下,载流子在基区内除有扩散运动,还有漂移运动,因而基区电子电流、空穴电流等于各自扩散电流与漂移电流之和,即

$$J_\mathrm{nb} = q\mu_\mathrm{n} n_\mathrm{b} E + q D_\mathrm{n} \frac{\mathrm{d}n_\mathrm{b}}{\mathrm{d}x} \tag{5.2.2}$$

$$J_\mathrm{pb} = q\mu_\mathrm{p} p_\mathrm{b} E - q D_\mathrm{p} \frac{\mathrm{d}p_\mathrm{b}}{\mathrm{d}x} \tag{5.2.3}$$

对于多数载流子空穴,大注入自建电场阻止空穴的扩散运动,当空穴扩散电流等于漂移电流时,达到动态平衡。因而稳定时,基区内的净空穴电流 $J_\mathrm{pb}=0$,得

$$\mu_\mathrm{p} p_\mathrm{b} E = D_\mathrm{p} \frac{\mathrm{d}p_\mathrm{b}}{\mathrm{d}x} \tag{5.2.4}$$

$$E = \frac{D_\mathrm{p}}{\mu_\mathrm{p}} \frac{1}{p_\mathrm{b}} \frac{\mathrm{d}p_\mathrm{b}}{\mathrm{d}x} = \frac{kT}{q} \frac{1}{p_\mathrm{b}} \frac{\mathrm{d}p_\mathrm{b}}{\mathrm{d}x} \tag{5.2.5}$$

当注入较大时,基区中的多数载流子空穴浓度为

$$p_\mathrm{b}(x) = N_\mathrm{B}(x) + n_\mathrm{b}(x) \tag{5.2.6}$$

将式(5.2.6)代入式(5.2.5),得

$$E = \frac{kT}{q} \frac{1}{N_\mathrm{B}+n_\mathrm{b}} \frac{\mathrm{d}}{\mathrm{d}x}(N_\mathrm{B}+n_\mathrm{b}) = \frac{kT}{q}\left[\frac{N_\mathrm{B}}{N_\mathrm{B}+n_\mathrm{b}} \frac{1}{N_\mathrm{B}} \frac{\mathrm{d}N_\mathrm{B}}{\mathrm{d}x} + \frac{1}{N_\mathrm{B}+n_\mathrm{b}} \frac{\mathrm{d}n_\mathrm{b}}{\mathrm{d}x}\right] \tag{5.2.7}$$

式中,$\dfrac{kT}{q}\dfrac{1}{N_\mathrm{B}}\dfrac{\mathrm{d}N_\mathrm{B}}{\mathrm{d}x}$ 表示由基区杂质浓度梯度产生的自建电场 E_b,则

$$E = \frac{N_\mathrm{B}}{N_\mathrm{B}+n_\mathrm{b}} E_\mathrm{b} + \frac{kT}{q} \frac{1}{N_\mathrm{B}+n_\mathrm{b}} \frac{\mathrm{d}n_\mathrm{b}}{\mathrm{d}x} \tag{5.2.8}$$

式(5.2.8)表明,大注入自建电场由两部分组成:第一项表示在大注入情况下,由基区杂质浓度梯度产生的杂质分布自建电场随注入载流子浓度 n_b 的增加(即注入水准的提高)而减小。对非均匀基区,随着注入水准的增加,其杂质浓度梯度漂移电场作用逐渐减弱;对于均匀基区,此项自然等于零。第二项表示少子注入基区后,为了维持电中性,积累相应的空穴而产生的大注入自建电场随注入水准的提高而增强。

可见,在大注入条件下,均匀基区和缓变基区晶体管的基区自建电场都由注入载流子的浓度梯度 $\mathrm{d}n_\mathrm{b}/\mathrm{d}x$ 决定。

3. 大注入基区少子分布

对于均匀基区晶体管,当 $W_b \ll L_{nb}$ 时,小注入时少子浓度分布可近似为线性分布,即

$$\frac{n_b(x)}{n_b(0)} = \left(1 - \frac{x}{W_b}\right) \tag{5.2.9}$$

式中, $n_b(0)$ 表示均匀基区晶体管发射结注入基区的电子浓度的边界值。可见,小注入时,浓度线性分布的斜率为1。

当大注入时,注入浓度达到 $n_b(0) > N_B$ 时,均匀或缓变基区少子浓度都近似为线性分布,有

$$\frac{n_b(x)}{n_b(0)} = \frac{1}{2}\left(1 - \frac{x}{W_b}\right) \tag{5.2.10}$$

式(5.2.10)表明,大注入少子浓度线性分布斜率只有均匀基区晶体管小注入时的一半。这是因为在小注入时,缓变基区晶体管存在杂质分布梯度自建电场,自建电场越强,基区电子漂移电流越大,少子浓度梯度越小,缓变基区和均匀基区少子浓度差别越大。而大注入基区的杂质分布自建电场减弱,在注入水准足够高时,其杂质分布自建电场的作用可以忽略。因而不论是均匀基区还是缓变基区晶体管,基区少子受到的漂移场,都是注入少子浓度梯度 dn_b/dx 所产生的大注入自建电场。因此,二者基区少子分布具有相同的形式。同时,大注入基区电子扩散电流和漂移电流近似相等,从扩散流的角度看,相当于扩散系数比小注入时增大了一倍,因此少子浓度分布的斜率减小一半。

4. 大注入对电流放大系数的影响

分析晶体管的直流特性时,低频电流放大系数 $\beta = I_C/I_B$,而基极电流 I_B 主要由发射结反注入电流 I_{pe}、基区复合电流 I_{rb} 和表面复合电流 I_{sr} 三部分组成,而 $I_C \approx I_{ne}$。因此,低频电流放大系数为

$$\frac{1}{\beta_0} = \frac{I_{pe}}{I_{ne}} + \frac{I_{rb} + I_{sr}}{I_{ne}} \tag{5.2.11}$$

式中,右边第一项为发射效率项,第二项为包括体内复合和表面复合在内的复合项。因此,只要分别求出等式右边 I_{pe}、I_{ne}、I_{rb}、I_{sr} 随工作电流的变化关系, β_0 随着 I_C 变化的关系就清楚了。

1) 发射结电子电流

对于均匀基区晶体管,将式(5.2.7)代入式(5.2.2),得

$$J_{nb}(x) = qD_{nb}\left[1 + \frac{n_b(x)}{n_b(x) + N_B}\right]\frac{dn_b(x)}{dx} \tag{5.2.12}$$

当基区宽度很窄时,载流子线性分布梯度为

$$\frac{dn_b(x)}{dx} \approx -\frac{n_b(0)}{W_b}$$

因此,发射结电子电流密度为

$$J_{ne} = qD_{nb}\left[1 + \frac{n_b(0)}{n_b(0) + N_B}\right]\left[-\frac{n_b(0)}{W_b}\right] \tag{5.2.13}$$

2) 体内复合电流

对均匀基区晶体管,当 $W_b \ll L_{nb}$ 时,载流子分布可近似为线性,体内复合电流为

$$J_{rb} = \frac{1}{\tau_{nb}} \int_0^{W_b} n_b(x)\,\mathrm{d}x = \frac{AqW_b}{2\tau_{nb}} n_b(0) \tag{5.2.14}$$

3) 表面复合电流

$$I_{sr} = -A_s q S n_b(0) \tag{5.2.15}$$

将式(5.2.13)~式(5.2.15)代入式(5.2.11)中的复合项(第二项),得

$$\frac{I_{rb}+I_{sr}}{I_{ne}} = \frac{W_b^2}{2L_{nb}^2} \frac{1+\dfrac{n_b(0)}{N_B}}{1+2\dfrac{n_b(0)}{N_B}} + \frac{SA_s W_b}{AD_{nb}} \frac{1+\dfrac{n_b(0)}{N_B}}{1+2\dfrac{n_b(0)}{N_B}} = a\,\frac{1+\dfrac{n_b(0)}{N_B}}{1+2\dfrac{n_b(0)}{N_B}} \tag{5.2.16}$$

式中,$a = \dfrac{W_b^2}{2L_{nb}^2} + \dfrac{SA_s W_b}{AD_{nb}}$,表示小注入时电流放大系数 $\dfrac{1}{\beta_0}$ 中的复合项。式(5.2.16)表明,电流复合项随 $\dfrac{n_b(0)}{N_B}$ 的增加而下降,因为 $\dfrac{n_b(0)}{N_B}$ 增加,复合电流在传输电流中所占比例减小。当 $\dfrac{n_b(0)}{N_B} \gg 1$ 时,传输电流中的漂移电流与扩散电流相等,使电流复合项下降为小注入时的一半。其原因是大注入自建电场,使电子穿越基区的时间缩短一半,复合概率下降,β_0 上升。

4) 反注入电流

一般情况下晶体管的发射结很薄,发射区宽度 $W_e \ll L_{pe}$。若反注入发射区的少数载流子空穴分布为线性分布,则 NPN 晶体管的发射结反注入电流为

$$I_{pe} = -AqD_{pe}\frac{\mathrm{d}p_e(x)}{\mathrm{d}x} \approx -AqD_{pe}\frac{p_e(0)}{W_e} \tag{5.2.17}$$

由此得,发射效率项为

$$\frac{I_{pe}}{I_{ne}} = \frac{D_{pe}}{D_{nb}}\frac{W_b}{W_e}\frac{p_e(0)}{n_b(0)}\frac{n_b(0)+N_B}{2n_b(0)+N_B} \tag{5.2.18}$$

设发射结压降为 V_j,则利用 $p_e(0)N_E(0) = n_i^2 \mathrm{e}^{qV_j/kT}$ 和 $p_e(0)N_E(0) = p_b(0)n_b(0)$ 将式(5.2.18)简化为

$$\frac{I_{pe}}{I_{ne}} = \frac{D_{pe}}{D_{nb}}\frac{W_b}{W_e}\frac{p_b(0)}{N_E}\frac{n_b(0)+N_B}{2n_b(0)+N_B} \tag{5.2.19}$$

大注入时基区边界空穴浓度由基区杂质浓度 N_B 变为 $p_b(0) = N_B + n_b(0)$,而发射区杂质浓度一般都很高,因而反注入载流子对 N_E 的影响可以忽略。由此得

$$\frac{I_{pe}}{I_{ne}} = \frac{D_{pe}}{D_{nb}}\frac{W_b}{W_e}\frac{N_B}{N_E}\frac{\left(1+\dfrac{n_b(0)}{N_B}\right)^2}{\left(1+\dfrac{2n_b(0)}{N_B}\right)} = b\,\frac{\left(1+\dfrac{n_b(0)}{N_B}\right)^2}{\left(1+\dfrac{2n_b(0)}{N_B}\right)} \tag{5.2.20}$$

式中,$b = \dfrac{D_{pe}}{D_{nb}}\dfrac{W_b}{W_e}\dfrac{N_B}{N_E}$ 为小注入条件下的发射效率项。可见,当工作电流较大时,注入的边界浓度 $n_b(0)$ 将使基区边界浓度明显增加,因而发射效率项随 $\dfrac{n_b(0)}{N_B}$ 的增加而增大,而由于基区电导调制效应存在,会导致晶体管发射效率随 $\dfrac{n_b(0)}{N_B}$ 增大而减小。

由于电流放大系数中的发射效率项$\dfrac{I_{pe}}{I_{ne}}$、复合项$\dfrac{I_{rb}+I_{sr}}{I_{ne}}$都随注入电流而变化,因而电流放大系数必然随注入电流而变化。将式(5.2.16)和式(5.2.20)代入式(5.2.11),得

$$\frac{1}{\beta_0}=b\,\frac{\left(1+\dfrac{n_b(0)}{N_B}\right)^2}{\left(1+\dfrac{2n_b(0)}{N_B}\right)}+a\,\frac{1+\dfrac{n_b(0)}{N_B}}{1+\dfrac{2n_b(0)}{N_B}} \tag{5.2.21}$$

当大注入使$\dfrac{n_b(0)}{N_B}\gg1$时,式(5.2.21)可写为

$$\frac{1}{\beta_0}=\frac{1}{2}b\,\frac{n_b(0)}{N_B}+\frac{1}{2}a \tag{5.2.22}$$

可见,晶体管放大系数β_0随$\dfrac{n_b(0)}{N_B}$的变化关系由发射效率项和复合电流项共同决定。当$\dfrac{n_b(0)}{N_B}$增加时,β_0随发射效率项的增大(即晶体管的发射效率γ_0的下降)而减小,随复合电流项的减小(即基区输运系数β^*的增加)而上升。当注入电流增大到基区输运系数的增加和发射效率的下降相抵消时,β_0达到最大值。再继续增大$\dfrac{n_b(0)}{N_B}$时,复合电流项的影响减弱,而发射效率项的影响加强,所以β_0将随注入的进一步增大而线性减小,如图5.15所示。

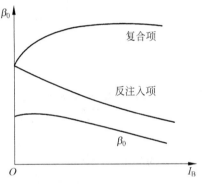

图5.15　β_0随电流的变化关系

对于缓变基区晶体管,当大注入$\dfrac{n_b(0)}{N_B}\gg1$,由于基区杂质分布引起的自建电场可以忽略,以上分析对缓变基区晶体管同样适用。

5) 大注入对基区渡越时间的影响

由式(5.1.31)知,基区渡越时间为

$$\tau_b=\int_0^{W_b}\frac{Aqn_b(x)}{I_{ne}}\mathrm{d}x=\frac{Q_B}{I_{ne}} \tag{5.2.23}$$

假设基区宽度不随注入电流而变化,将小注入时的基区少子分布式(5.2.9)代入式(5.2.23),得均匀基区晶体管小注入时基区渡越时间为

$$\tau_b=\frac{W_b^2}{2D_{nb}} \tag{5.2.24}$$

随着注入的增加,大注入自建电场增强,漂移作用增大,因而渡越时间随注入的增加而减小,当注入电流增加到$\dfrac{n_b(0)}{N_B}\gg1$时,将大注入时的基区少子分布式(5.2.10)代入式(5.2.23),得

$$\tau_b=\int_0^{W_b}\frac{Aqn_b(0)}{I_{ne}}\frac{1}{2}\left[1-\frac{x}{W_b}\right]\mathrm{d}x=\frac{W_b^2}{4D_{nb}} \tag{5.2.25}$$

由此可见,在大注入自建电场E的漂移作用下,均匀基区晶体管的渡越时间会减小到小注

入时的一半,这是因为大注入自建电场的漂移作用相当于使载流子的扩散系数增加一倍所致。

5.2.3 基区扩展效应对 β_0 和 f_T 的影响

在上面讨论集电极电流增大,β_0 随注入电流的增加而下降时,假设基区宽度不变。但实际上在大电流条件下,晶体管特别是缓变基区晶体管的有效基区宽度随注入电流的增大而扩展,称为基区扩展效应或集电结空间电荷限制效应或 Kirk 效应。下面以 $N^+ PNN^+$ 外延平面晶体管为例,如图 5.16 所示,讨论大电流下晶体管电流放大系数和截止频率下降的物理原因。

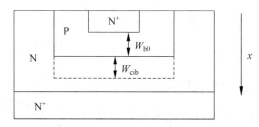

图 5.16 强场下的基区纵向扩展模型

1. 大电流对集电结空间电荷区电场分布的影响

晶体管正常工作时,集电结反偏,集电结空间电荷区总电压降为

$$|V_{TC}| = V_D + |V_{CB}| \tag{5.2.26}$$

式中,V_D 为集电结接触电势差;V_{CB} 为集电极外加反偏电压。

为了简便,假设集电结为突变结,如图 5.17(a)所示。在耗尽层近似下,集电结空间电荷区内电场分布如图 5.17(b)所示。图中斜线部分面积(即电场分布曲线下面积)等于集电结上的电压降 $|V_{TC}|$。

当晶体管集电极电流 I_C 增大时,通过集电结空间电荷区的电子浓度也相应增大,这势必会影响集电结空间电荷区的电场分布。这是因为电子带负电荷,它与集电结空间电荷区基区一侧的电离受主同性,而与集电区一侧电离施主异性,因而使集电结空间电荷区的负空间电荷密度增加了 nq(n 代表可动电子密度),正空间电荷密度减少了 nq。如果结压降不变,靠基区一侧的负空间电荷区将缩小,靠集电区一侧的正空间电荷区将向衬底扩大,如图 5.17(b)所示。集电极电流 I_C 越大,即可动电子浓度 n 越大,负空间电荷区缩小越多,正空间电荷区向衬底扩大越多。集电结势垒区就会一直扩展到 N^+ 衬底,并向 N^+ 衬底收敛,从而使有效基区宽度增大。

基区扩展效应包括基区横向扩展和纵向扩展两种效应,基区宽度扩展的机理与集电结势垒区的电场强弱有关,通常认为两种同时起作用。

1) 基区纵向扩展

图 5.18 给出了 $|V_{TC}|$ 相同而 I_C 不同时,集电结电场分布曲线。图 5.18 中 c 表示集电结电流 I_C 大于 b,而 b 又大于 a。而电场分布曲线下的面积相等,均等于 $|V_{TC}|$。

当集电极电流 I_C 较小时,即可动电子浓度 $n_c \ll N_c$(集电区净杂质浓度),则可动电子对集电结电场分布的影响不明显,如图 5.18 中 a 所示;当集电极电流 I_C 增大,可动电荷密度

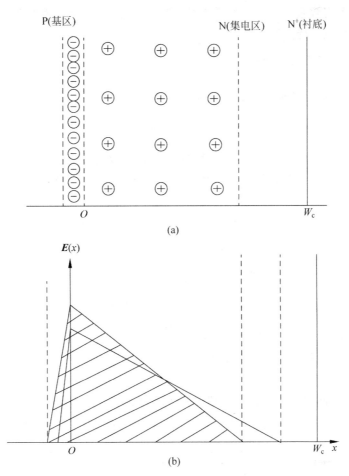

图 5.17 集电结空间电荷区内的电荷与电场分布

（a）电荷分布；（b）电场分布

n_C 与 N_C 相比不能忽略时,电场分布如图 5.18 中 b 所示;当 I_C 增大到 $n_C \approx N_C$ 时,电离施主的正电荷恰好被电子所带的负电荷所抵消,此时集电区外延层内不能形成正空间电荷区,正空间电荷区将移动到衬底 N^+ 区靠外延层交界处薄层内(因为 N^+ 衬底的施主浓度远大于可动电子密度 n_C)。同时,基区一侧负空间电荷进一步缩小。这样,正、负空间电荷区位于集电区外延层的两端,集电区外延层内没有净空间电荷,电场分布均匀,如图 5.18 中 c 所示。

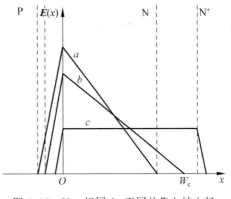

图 5.18 V_{TC} 相同 I_C 不同的集电结电场分布随电流增大的变化

集电结外加反偏电压 V_{CB} 为一定值且比较高时,其势垒区的电场强度较大,当 $E \geqslant E_C = 10^4 \text{V/cm}$ 时,称为强电场,E_C 为速度饱和临界电场。在这样的强电场作用下,载流子将以饱和漂移速度经过势垒区,对于 Si 而言,其电子的饱和漂移速度为 $v_{sl} \approx 10^7 \text{cm/s}$。

那么,强场下有效基区宽度是怎样扩展呢? 为回答这一问题,假设图 5.16 中各区均匀掺杂,发射结和集电结皆为突变结。

若通过集电结的漂移电流密度为 J_C,则

$$J_C = qn_c v_{sl} \tag{5.2.27}$$

式中,v_{sl} 为电子饱和漂移速度。由此可得

$$n_C = \frac{J_C}{qv_{sl}} \tag{5.2.28}$$

如图 5.19 所示晶体管的集电结势垒区结构,如图 5.19 所示。其中,x_{mc} 表示集电结势垒区宽度,x_{mcb} 表示 x_{mc} 在 P 型基区一边的宽度,x_{mcc} 表示 x_{mc} 在 N 型集电区一边的宽度。

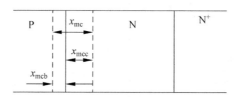

图 5.19   N$^+$PNN$^+$ 管集电结示意图

由 PN 结原理,势垒区两边的电荷总量相等而极性相反。当可动电荷 qn_c 随 J_C 线性增加到一定值时,n_C 和集电区杂质浓度 N_C 相比不可忽略时,需计入电荷总量,故

$$x_{mcb}(N_B^- + n_c)qA_C = x_{mcc}(N_C^+ - n_c)qA_C \tag{5.2.29}$$

式中,A_C 为集电结面积。N_B^-、N_C^+ 分别为势垒区中受主及施主杂质离子浓度。为此,势垒区的电场分布也随电流密度 J_C 变化,由泊松方程并代入式(5.2.28),得

$$E(x) = \frac{q}{\varepsilon_s}\left(N_C^+ - \frac{J_C}{qv_{sl}}\right)x + E(0) \tag{5.2.30}$$

式中,$E(0)$ 为集电结冶金结结面所在处即 $x=0$ 时的电场强度。由式(5.2.30)知,J_C 一定时,$E(x)$ 是 x 的线性函数。

当 $n_c < N_C$ 时,随着 J_C 的增大,n_c 会有所增加,这会导致负空间电荷区 x_{mcb} 变窄,而正空间电荷区 x_{mcc} 增宽。在外加偏压 V_{CB} 一定时,其电场强度 $E(x)$ 分布将发生图 5.18 所示由 a 到 b 的变化。由式(5.2.29)知,x_{mcc} 的增加量会大于 x_{mcb} 的变窄量,最大电场强度 $E_m(0)$ 将降低。

当 $n_c = N_C$ 时,J_C 为集电区临界电流密度,记为 J_{C0},即

$$J_C = qN_C v_{sl} = J_{C0} \tag{5.2.31}$$

因为 $N_C^+ - n_c = 0$,故整个集电区的净电荷密度为 0,由 $\frac{dE}{dx} = 0$,则其电场强度为常数,如图 5.18 所示的 c 曲线。这时正空间电荷区将移至 N$^+$ 衬底,负空间电荷区仍在 x_{mcb} 内,只是其宽度随 n_c 增大而变得更窄。集电区的电场强度为

$$E = \frac{V_D + V_{CB}}{W_C} \tag{5.2.32}$$

式中,V_D 为集电结内建电势差;W_C 为集电区的宽度。

当 $n_c > N_C$ 时,集电区的电荷极性变为净的负空间电荷,原负空间电荷区将移至集电区,衬底中正空间电荷有所增宽,使集电结势垒区结面从集电结(PN)收缩到集电区与衬

底交界的高低结(NN^+结),如图 5.20 所示。

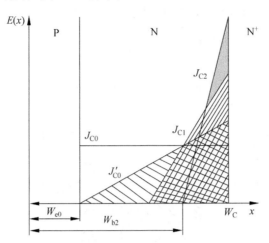

图 5.20 强场情况下基区纵向扩展效应示意图

令集电结冶金结处电场强度 $E(0)=0$ 时的电流密度为有效基区扩展效应的临界电流密度,以 J_{Cr} 表示。将式(5.2.30)作为被积函数在 $0 \sim W_C$ 积分并代入有关条件,得

$$J_{Cr} = q v_{sl} \left[N_C + \frac{2\varepsilon_s}{q W_c^2} (V_D + V_{CB}) \right] \tag{5.2.33}$$

一般情况下,W_c 不会太小,N_C 也不会太低,故式(5.2.33)近似为

$$J_{Cr} \approx q v_{sl} N_C = J_{C0} \tag{5.2.34}$$

如果集电极电流更大,使 J_C 大于 J_{Cr},则负空间电荷区将会向衬底界面收缩并变窄;衬底内的正空间电荷区进一步增宽。负空间电荷区以外的集电区变为准中性区,可看成原中性基区的延伸,称为感应基区,如图 5.16 中的 W_{cid},使有效基区宽度明显增加。在感应基区为 W_{cid} 时,相当于集电区宽度 W_C 变为($W_C - W_{cid}$),将此值代入式(5.2.33),得

$$J_C = q v_{sl} \left[N_C + \frac{2\varepsilon_s (V_D + V_{CB})}{q (W_C - W_{cid})^2} \right] \tag{5.2.35}$$

联立式(5.2.23)及式(5.2.35)得,感应基区宽度为

$$W_{cid} = W_C \left[1 - \left(\frac{J_{Cr} - q v_{sl} N_C}{J_C - q v_{sl} N_C} \right)^{1/2} \right] \tag{5.2.36}$$

此时,有效基区宽度为

$$W_b = W_{b0} + W_{cib} \tag{5.2.37}$$

显然,有效基区扩展效应使基区有效宽度明显增加,导致大电流下电流增益 β_0 下降;高频下,基区渡越时间 τ_b 增大,特征角频率 ω_T 下降。因此,必须使晶体管的最大电流密度限制在临界电流密度以下。

实际上,大电流时,不但强场下存在有效基区扩展效应,弱场下同样会发生有效基区的扩展。如果集电结上的外加反偏电压 V_{CB} 较低,使 $E < E_c$,这时集电极电流密度 $J_{Cr} = q \mu_{nc} n_C E$,只要 $n_C = N_C$,就会出现基区扩展效应,其临界电流密度为

$$J_{Cr} = q \mu_{nc} N_C \frac{V_D + V_{CB}}{W_c} \tag{5.2.38}$$

这是因为集电区杂质浓度 N_C 较低,随着电流的增大,集电区串联电阻 r_{cs} 上的压降增大,因而不可忽略,在 V_{CB} 不变的情况下,使集电结正偏,晶体管进入准饱和状态,如图 5.21 所示。

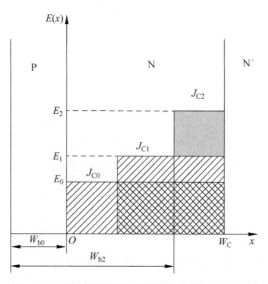

图 5.21　弱场情况下的基区纵向扩展效应示意图

N 型集电区靠近势垒区附近一定范围内将积累大量非平衡空穴,为维持电中性,也会有等量电子积累,从而出现电导调制效应,使该区的电导大为增加。若忽略正偏集电结势垒区在集电区一侧微小的宽度,加之该区有大量的空穴,又是电中性的,故与 N 型集电区不同,可看成是基区的扩展,也称为感应基区 W_{cid}。集电区余下的部分$(W_C - W_{cid})$则称为欧姆导电区,外加电压 V_{CB} 主要降落在这一区上。设这时流过集电区电流密度为 J_C,根据式(5.2.38),则弱场下的感应基区宽度为

$$W_{cid} = W_C - q\mu_{nc} N_C \frac{V_D + V_{CB}}{J_C} \qquad (5.2.39)$$

在弱场情况下,集电区电场相对较弱,载流子的平均漂移速度基本上与电场强度成正比,可以通过增大集电区的电场强度来增大载流子的平均漂移速度,使通过集电区的电流密度 $J_C > J_{cr}$,从而使 J_C 不断增大。但是,随着 J_C 的进一步增大,集电区内电场强度也随着进一步增大。而电场分布曲线下的面积总等于 $|V_{TC}|$。因此电场区便向衬底方向收缩而变窄,如图 5.21 所示。图中 $J_{C2} > J_{C1} > J_{cr}$,相当于有效基区宽度 W_b 逐渐增大,因此,β_0 和 ω_T 下降。J_C 比 J_{Cr} 大得越多,有效基区宽度扩展得也越大,β_0 和 ω_T 下降得也越显著。这种基区扩展现象称为弱场下的基区纵向扩展效应。

2) 基区横向扩展效应

基区横向扩展效应的观点认为:通过集电区的电流密度不能超过 J_{cr},而集电极电流 I_C 的增加是靠扩大电流通道的有效面积来实现的。例如,假定集电结流过电流的面积等于发射结面积 A_E,通过集电极的临界电流 $I_{Cr} = J_{Cr} A_E$。由于集电区所能通过的电流密度有一定限制,所以在 $I_C > I_{Cr}$ 时注入基区的电子流必将沿基区横向(平行于结的方向)散开,以增大集电结电流通道的面积,图 5.22 给出了基区横向扩展效应。该图表明,基区横向扩展效应使得一部分电子通过基区的路程加长了,相当于有效基区厚度 W_b 增加了,因而导致 β_0

和 ω_T 快速下降。

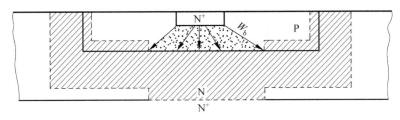

图 5.22 基区横向扩展效应示意图

一般认为,基区的纵向扩展和横向扩展可以同时作用,共同导致 β_0 和 ω_T 下降。而且发生基区纵向扩展效应对应的临界集电极电流密度 J_{Cr} 主要取决于集电区杂质浓度及厚度,集电区杂质浓度越高、厚度越小,所对应的电流越大。

2. 基区扩展效应对晶体管 β_0 和 ω_T 的影响

晶体管电流放大系数可表示为

$$\frac{1}{\beta_0} = \frac{\rho_e W_b}{\rho_b L_{pe}} + \frac{W_b^2}{2L_{nb}^2} \tag{5.2.40}$$

无论是基区横向扩展还是纵向扩展,其最终结果都使基区加宽。式(5.2.40)表明,基区宽度 W_b 变大,电流放大系数显著下降。

另外,基区渡越时间为 $\tau_b = \dfrac{W_b^2}{2D_{nb}}$,而特征角频率 ω_T 为

$$\omega_T = \beta_0 \omega_\beta \approx \frac{1}{\tau_b} \tag{5.2.41}$$

可见,基区宽度 W_b 变大,τ_b 随之增加,ω_T 将下降。

综上所述,大电流下的基区扩展效应,将使晶体管的电流放大系数和特征角频率迅速下降。因此,必须防止基区扩展效应的出现,显然 J_{Cr} 是关键。所以一方面从设计角度尽可能使 J_{Cr} 足够大;另一方面,在应用时要限制集电极电流密度,使其不能超过 J_{Cr}。

5.2.4 发射极电流集边效应

1. 发射极电流集边效应原理

晶体管在大电流工作时,发射结面上的电流密度分布不均匀,电流密度主要集中在发射结边缘部分,越靠中间电流密度越小,这种现象称为发射极电流集边效应,如图 5.23 所示。

为什么会出现电流集边效应呢? 其原因就在于基区电阻的自偏压效应。具体地说,基极电流沿基区横向流动,即基极电流横向流经很窄的基区才能到达发射结。由于基区存在固有的横向电阻,基极电流流经基区电阻时会产生电压降。小电流时,此压降可以忽略;大电流时,此压降不能忽略。由于基极电流在发射区下面基区中流过的路程长短不一样,因此各部分的横向压降不一样。靠近发射结边缘,基区横向压降最小;而靠近发射结中心时,基区横向压降最大。然而,外加在发射极与基极间的正向压降是相同的,由于基区横向压降的存在,使真正加在发射结的正向压降等于发射极与基极间外加电压减去上述的基区压降,而且各处不一样。在发射结边缘部分,发射结上的有效电压最大,根据 $I_E = I_{E0}\mathrm{e}^{qV_{BE}/kT}$,发射结边缘注入电流密度最大。反之,发射结的中心部分注入电流密度最小。发射结面积越大,基

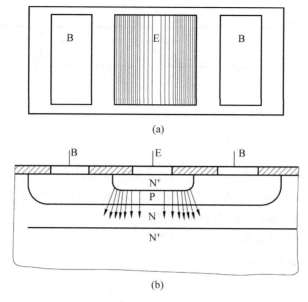

图 5.23　发射极电流集边效应示意图
(a) 俯视图；(b) 剖视图

极电流从边缘到达发射结中心的路径越长,在基区电阻上产生的压降越大,造成边缘电流越大,因而发射结中心的电流越小。这种电流主要集中在发射结边缘的现象称发射结电流集边效应。这一效应主要是由基区电阻引起的,所以也称为基区电阻自偏压效应。

2. 发射结有效宽度

NPN 平面晶体管基极电流流动方向,如图 5.24 所示。为了减小基区横向压降,防止发射极电流集中,应尽量缩小发射极宽度。一般规定,从发射结中心到边缘,基区横向压降变化 $\frac{kT}{q}$ 时的条宽称为发射极有效半宽度。2 倍的有效半宽度称为发射极有效条宽,用 $2S_{\text{eff}}$ 表示,则有 $V(S_{\text{eff}}) = \frac{kT}{q}$。晶体管的条形电极结构和坐标,如图 5.25 所示,坐标原点选在发射结中心,现分析影响 S_{eff} 的因素。

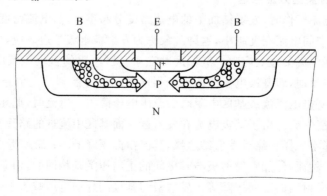

图 5.24　基极电流流动示意图

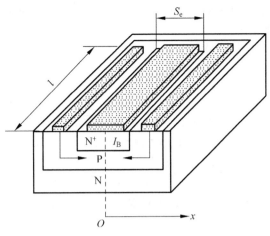

图 5.25 晶体管条形结构

若要求发射条的有效宽度,关键是求出 $V(S_{eff})$。为了简化计算,将基区电流密度视为 x 的线性函数,将发射结中心处基极电流密度记为 $J_B(0)$。根据发射结有效条宽的意义,当 $x=S_{eff}$ 时,$J_B(S_{eff})=eJ_B(0)$(这是因为电流密度下降到发射极边缘的 $1/e$ 倍所对应的点与发射极边缘的间距为发射极的有效半宽度)。晶体管基区电流密度线性近似的直线方程为(基区电流密度分布的线性近似,如图 5.26 所示)。

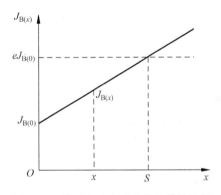

图 5.26 基区电流密度分布的线性近似

$$\frac{J_B(x)-J_B(0)}{x}=\frac{(e-1)J_B(0)}{S_{eff}} \quad (5.2.42)$$

得

$$J_B(x)=\frac{(e-1)J_B(0)}{S_{eff}}x+J_B(0) \quad (5.2.43)$$

在基区 $l\,dx$ 截面内,基极电流增量为

$$dI_B(x)=J_B(x)l\,dx=\left[\frac{(e-1)J_B(0)}{S_{eff}}x+J_B(0)\right]l\,dx \quad (5.2.44)$$

对式(5.2.44)积分,得基区中 x 处的基极电流为

$$I_B(x)=\int_0^x\left[\frac{(e-1)J_B(0)}{S_{eff}}x+J_B(0)\right]l\,dx$$

$$=\frac{(e-1)J_B(0)l}{2S_{eff}}x^2+J_B(0)lx \quad (5.2.45)$$

基极电流 $I_B(x)$ 在 dx 距离上所产生的横向压降为

$$dV(x)=I_B(x)\bar{\rho}_b\frac{dx}{W_bl}=I_B(x)R_{sb}\frac{dx}{l} \quad (5.2.46)$$

式中,$\bar{\rho}_b$ 为基区平均电阻率;R_{sb} 为基区的薄层电阻,$R_{sb}=\bar{\rho}_b/W_b$。

将式(5.2.45)代入式(5.2.46),得

$$V(S_{eff}) = \frac{kT}{q} \int_0^{S_{eff}} dV(x) = \frac{(e-1)J_B(0)R_{sb}}{6}S_{eff}^2 + \frac{1}{2}R_{sb}J_B(0)S_{eff}^2$$

$$= \frac{(e+2)J_B(0)R_{sb}}{6}S_{eff}^2 \tag{5.2.47}$$

由此得

$$S_{eff} = \left(\frac{6}{e+2}\right)^{1/2}\left[\frac{kT/q}{R_{sb}J_B(0)}\right]^{1/2} \tag{5.2.48}$$

低频时 $J_B(0)=(1-\alpha_0)J_E(0)$，将式(5.2.48)写为

$$S_{eff} = \left(\frac{6}{e+2}\right)^{1/2}\left[\frac{kT/q}{R_{sb}(1-\alpha_0)J_E(0)}\right]^{1/2} \tag{5.2.49}$$

将式(5.2.49)中的 $J_E(0)$ 用发射极边缘的峰值电流密度 $J_{Ep}(0)=eJ_E(0)$ 代替，并将 $\beta_0 = \frac{1}{1-\alpha_0}$ 代入，得

$$S_{eff} = \left(\frac{6e}{e+2}\right)^{1/2}\left[\frac{\beta_0 kT/q}{R_{sb}J_{Ep}}\right]^{1/2} = 1.86\left[\frac{\beta_0 kT/q}{R_{sb}J_{Ep}}\right]^{1/2} \tag{5.2.50}$$

由此可见，发射极有效条宽 $2S_{eff}$ 随发射极电流密度的增加而减小，这说明电流越大，发射极电流集边效应越明显。

在晶体管的设计和实际制备中，最小条宽的选择往往受光刻和制版工艺水平限制。因此在选择条宽时，要尽量选用较小的条宽，使发射结面积得到充分利用，以防止电流集边，但条宽过小会增加工艺难度。对于微波功率晶体管条宽的选择以等于或略大于 $2S_{eff}$ 为宜；对于一般高频晶体管的条宽都大于 $2S_{eff}$；对于圆形发射极，由于电流集边效应，电极中心注入电流很小，因此也不能单纯通过增加圆面积来提高电流容量，采用环状结构，以增加周界长度来提高电流容量是最好的方法。

【例 5.6】 梳状结构硅 NPN 平面晶体管，$W_b=2\mu m$，$\rho_b=0.1\Omega\cdot cm$，使其在 500MHz 的工作频率下发射极电流密度能够达到 $2000A/cm^2$，那么发射极的有效条宽是多少？

解： 根据 6dB 倍频关系，工作频率为 500MHz 时共射极电流放大系数为

$$\beta = \frac{f_T}{f} = \frac{900}{500} = 1.8$$

如果发射极电流密度峰值 $J_{EP}=2000A/cm^2$，那么发射极的有效半条宽为

$$S_{eff} = 2.176 \times \sqrt{\frac{(kT/q)W_b\beta}{\rho_b J_{EP}}} = 2.176 \times \sqrt{\frac{0.026 \times 2 \times 10^{-4} \times 1.8}{0.1 \times 2000}} = 4.707 \times 10^{-4} cm$$

如果发射极电流密度平均值 $\bar{J}_E=2000A/cm^2$，那么其峰值为

$$J_{EP} = 2.718J_E(0) = \frac{2.718}{1.718}\bar{J}_E = \frac{2.718}{1.718} \times 2000 = 3164A/cm^2$$

此时发射极的有效半条宽为

$$S_{eff} = 2.176 \times \sqrt{\frac{(kT/q)W_b\beta}{\rho_b J_{EP}}} = 2.176 \times \sqrt{\frac{0.026 \times 2 \times 10^{-4} \times 1.8}{0.1 \times 3164}} = 3.74 \times 10^{-4} cm$$

3. 发射极有效长度

大电流时，需要考虑晶体管发射极有效长度的问题。发射极电流 I_E 经过发射区上面的金属电极条(常称内电极)进入发射区，如图 5.27 所示。由于电极条有一定的电阻，电流会

在电极条长方向引起压降,使发射极条的根部 A 处与顶部 B 处之间出现电势差,该电势差使发射极沿条长方向各处的有效结压降不同,引起注入电流密度分布不均匀性,靠近根部 A 处电流密度大,顶部 B 处电流密度小甚至接近于零。因此,发射极条不宜做得太长。

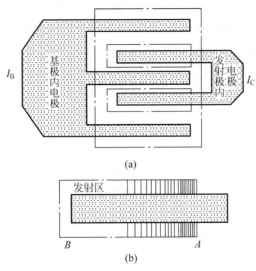

(a)

(b)

图 5.27　内电极及其对电流分布的影响

(a) 内电极;(b) 发射区电流不均匀

为了使整个发射结都能起作用,通常规定:电极根部至顶部(端部)两处电势差等于 kT/q 时所对应的发射极条长度称为发射极条有效长度,记为 l_{eff}。

在大功率晶体管中,发射极都由 n 根小发射极条并联而成,则每一根条上的电流为 I_{E}/n,若用 R_{M} 表示小发射极条电阻,则

$$\frac{I_{\text{E}}}{n}R_{\text{M}} \leqslant \frac{kT}{q} \tag{5.2.51}$$

如果近似认为发射极电流沿条长方向线性分布,则用求基极电阻的方法求发射极金属电流条的等效电阻,得

$$R_{\text{M}} = \frac{R_{\square \text{M}}l_{\text{E}}}{3S_{\text{M}}} \tag{5.2.52}$$

式中,S_{M} 为电极金属膜宽;l_{E} 为发射极条长度;$R_{\square \text{M}}$ 为金属膜的薄膜电阻。

若式(5.2.52)中,$l_{\text{E}} = l_{\text{eff}}$,则

$$\frac{kT}{q} = \frac{l_{\text{E}}}{n} \frac{R_{\square \text{M}}l_{\text{eff}}}{3S_{\text{M}}} \tag{5.2.53}$$

整理得

$$l_{\text{eff}} = \frac{3nS_{\text{M}}kT}{l_{\text{E}}R_{\square \text{M}}q} \tag{5.2.54}$$

对于常用的金属铝,它的条长由铝的电阻率及铝层厚度、宽度以及通过每一根发射条的电流决定。若铝膜厚度为 $1\mu\text{m}$,则其薄层电阻 $R_{\square \text{M}} = 2.8 \times 10^2 \ \Omega/\square$。一般情况下,设计的发射条长度约为发射极宽度的 10 倍。

4. 发射极单位周长上的电流容量

由于电流集边效应,一个晶体管的电流容量不再与发射结面积成正比,而基本与发射结周界长度成正比。发射极总周界长由集电极最大工作电流确定,而发射极单位周长的电流容量是决定发射极总周长的主要根据。可见,改善大电流特性的措施主要是提高发射极单位周长电流容量和采用最佳图形设计,以增加发射极的有效周长。

由于电流集边效应使发射极边上的电流密度大于发射结上的平均电流密度,因此由大注入产生的基区扩展效应将首先在边界发生,为了防止基区扩展效应,必须合理选择发射条周界上的电流容量。可以证明,发射极单位周长上的电流容量 I_{e0} 可以由 S_{eff} 和最大电流密度确定,即

$$I_{e0} = J_{EP} S_{eff} = 1.86 \times \left[\frac{J_{EP} \beta k T / q}{R_{sb}} \right]^{1/2} \tag{5.2.55}$$

为了防止大电流效应使晶体管特性恶化,式(5.2.55)中 J_{EP} 仍然为晶体管的最大限制电流密度。在晶体管设计中,经常采用经验数据:对用于线性放大的晶体管,$I_{e0} < 0.05 \text{mA}/\mu\text{m}$;用于一般放大的晶体管,$I_{e0} = 0.05 \sim 0.15 \text{mA}/\mu\text{m}$;对于开关晶体管,$I_{e0} < 0.4 \text{mA}/\mu\text{m}$,且 I_{e0} 随 ω 增加而减小。

【例 5.7】 晶体管的几何结构,如图 5.28 所示。

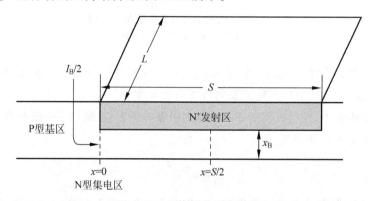

图 5.28 晶体管的几何结构

基区杂质浓度 $N_B = 10^{16} \text{cm}^{-3}$,中性基区宽度 $W_b = 0.80\mu\text{m}$,发射区宽度 $S = 10\mu\text{m}$,发射区长度 $L = 10\mu\text{m}$,空穴迁移率 $\mu_p = 400 \text{cm}^2/(\text{V} \cdot \text{s})$。(1)试确定 $x \in [0, S/2]$ 区间内的基区电阻;(2)若基区电流均匀分布,且 $I_B = 10\mu\text{A}$ 最大,试确定 $x \in [0, S/2]$ 内的电势差;(3)利用(2)的结果,确定 $x = 0, S/2$ 处的发射极电流之比。

解:(1)基区电阻为

$$R = \frac{\rho l}{A} = \left(\frac{1}{q\mu_p N_B} \right) \frac{S/2}{W_b L} = \frac{1}{1.6 \times 10^{-19} \times 400 \times 10^{16}} \frac{5 \times 10^{-4}}{0.8 \times 10^{-4} \times 10 \times 10^{-4}} = 9.77 \text{k}\Omega$$

(2)电势差为

$$\Delta V = \frac{I_B}{2} R = 5 \times 10^{-6} \times 9.77 \times 10^3 = 48.5 \text{mV}$$

(3)$x = 0, S/2$ 处的发射极电流之比为

$$\frac{I_B(x=0)}{I_B(x=S/2)} = \exp\left(\frac{\Delta V}{V_T} \right) = \exp\left(\frac{0.04885}{0.0259} \right) = 6.59$$

该例表明,由于发射区边缘 $x=0$ 的 B-E 结电压比发射区中心 $x=S/2$ 的大,所以发射区边缘的电流大于发射区中心的电流。

5. 提高与改善集电极最大工作电流特性

提高与改善集电极最大工作电流特性,其目的是使 β_0 或 ω_T 开始下降时所对应的电流更大,这在实际中十分重要。

对于图形确定的晶体管,提高 I_{CM} 的主要途径是提高发射极单位周长电容量。但受击穿电压的限制,集电区电阻率不能太低,其厚度也不能太薄;β_0 或 ω_T 由于受成品率的限制也不能过大;由于有发射结扩散及发射结击穿电压,内基区方块电阻也不能做得很小,因此提高最大工作电流特性也有一定的限制。总之,改善大电流特性可归纳为:①提高发射极单位周长电流容量;②从图形设计上,尽能增加发射板有效长度。

对于外延平面管来说,可以采取的途径有:①外延层电阻率低一些,外延厚度薄一些;②β_0 和 ω_T 尽量大一些;③在允许的情况下,适当提高集电结偏压及降低内基区方块电阻。

5.2.5 晶体管最大耗散功率与热阻

晶体管除了受到电学特性的限制,还要受到热学特性的限制,最大耗散功率是晶体管的主要热限制参数。

1. 集电结最大耗散功率 P_{CM}

当晶体管工作时,电流通过发射结、集电结和体串联电阻都会产生功率耗散,因此总耗散功率为

$$P_C = I_E V_{EB} + I_C V_{CB} + I_C r_C \qquad (5.2.56)$$

在正常工作状态下,发射结正偏电压 V_{EB} 远小于集电极反偏电压 V_{CB},发射结结电阻(数十欧到数百欧)亦远小于集电结电阻(高达 $10^6\,\Omega$ 以上),因此,晶体管的功率主要是集电结上的耗散。显然,集电结耗散功率 P_C 在数值上应约等于集电极直流电压和集电极直流电流的乘积,即式(5.2.56)可写为

$$P_C \approx I_C V_{CE} \qquad (5.2.57)$$

耗散功率转换成热量后,集电结成为晶体管的发热中心。如果集电极电流过大,则会因结温过高而使晶体管参数恶化甚至被烧毁。集电结最大耗散功率 P_{CM} 是晶体管参数的变化不超过规定时的最大集电结耗散功率。换言之,在此耗散功率下晶体管仍能正常而又安全的工作。

图 5.29 是集电极电压和电流的输出特性曲线,其中虚线是最大集电极耗散功率曲线,根据该曲线,可得:

(1)安全区:$P < P_{CM}$。

(2)临界线:$P = P_{CM}$。

(3)非安全区:$P > P_{CM}$。在这个区域,晶体管不一定立即损坏,但寿命会缩短。一般手册上参数表中给出的 P_{CM} 值,通常是指在环境温度 $T_a=25℃$ 时的集电极最大允许耗散功率。当周围环境温度升高时,P_{CM} 值要相应降低,这是因为晶体管的最高结温 T_{jM} 是一定的。

【**例 5.8**】 N^+PNN^+ 硅晶体管 $\overline{N}_B = 10^{17}\,cm^{-3}$,$\overline{N}_C = 5 \times 10^{14}\,cm^{-3}$,外延层厚度 $W_{epi} = 15\mu m$,$x_{je} = 3\mu m$,$x_{jc} = 5\mu m$,$D_{nb} = 13cm^2/s$,$V_{CB} = 24V$,试求该晶体管的最大集电极电流

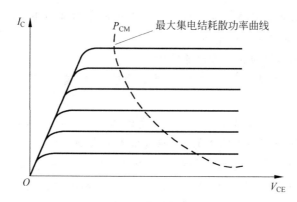

图 5.29　集电极电压和电流的输出特性曲线

密度。

解：势垒区电场强度可以近似估算为

$$E = \frac{V_{CB}}{W_c} = \frac{V_{CB}}{W_{epi} - x_{jc}} = \frac{24}{15 - 5} = 2.4 \text{V}/\mu\text{m}$$

显然，$E > E_C = 10^4 \text{V/cm}$，属于强场。所以基区扩展效应限制的电流密度为

$$J_{CM} = J_{cr} \approx q v_{sl} N_c = 1.6 \times 10^{-19} \times 10^7 \times 5 \times 10^{14} = 800 \text{A/cm}^2$$

利用 $W_b = x_{jc} - x_{je} = 5 - 3 \mu\text{m} = 2 \mu\text{m}$，得电导调制效应限制的最大电流密度为

$$J_{EM} = 1.5 q D_{nb} \frac{\overline{N}_B}{W_b} = 1.5 \times 1.6 \times 10^{-19} \times 13 \times \frac{10^{17}}{2 \times 10^{-4}} = 1560 \text{A/cm}^2$$

比较上述结果，取较小者得到该晶体管的最大集电极电流密度为 800A/cm^2。

2. 晶体管最高结温 T_{jM}

耗散功率转换成热量，将使集电结温度升高。当结温 T_j 高于环境温度 T_a 时，热量就靠温差由管芯通过管壳向外散发，散发出来的热量随温差 $(T_j - T_a)$ 的增大而增加。当结温上升到耗散功率能全部变成耗散的热量时，结温不再上升，晶体管处于热动态平衡状态。在散发条件一定的情况下，耗散功率 P_C 越大，结温越高。当结温升高到基区的本征载流子浓度接近其杂质浓度时，PN 结的单向导电性被破坏，晶体管失去作用。因此，最高结温 T_{jM} 是由基区转变为本征载流子导电的温度限定。对于硅管，最高结温 $T_{jM} = 175 \sim 200℃$，对于锗管，最高结温 $T_{jM} = 85 \sim 100℃$。从器件可靠性方面考虑，结温升高，沾污离子的活动性加大，器件参数的稳定性变差，甚至可能出现焊料软化或合金熔化，管壳密封性变差等。由此引起晶体管内部出现缓慢的不可逆变化，器件性能恶化，失效率增大。例如，硅器件在 140℃ 下的故障率为在 20℃ 时的 7.5 倍；锗器件则还要高。同时，结温升高，反向饱和电流 I_{CBO} 增大，集电极电流 I_C 增加，I_C 的增加又引起 P_C 增大，结温进一步升高，形成恶性循环。若晶体管散热条件欠佳，上述热循环将造成晶体管热击穿，并最终将晶体管烧毁。总之，耗散功率 P_C 的提高要受到结温的限制。

3. 晶体管的热阻 R_T

衡量一个晶体管集电结耗散功率 P_{CM} 大小的另一个参数是热阻 R_T。

晶体管工作时，集电结产生的热量要散发到周围空间中，集电结与周围环境(设环境温度为 T_a)有一定温差，集电结处产生的热量是通过硅片、管壳、散热片等散发到周围的空气中,也就是说热量要散发出去,也会遇到一种阻力,这种阻力叫热阻。热阻越小,热量越容易散发到周围空间中,因而晶体管的热阻 R_T 是表征晶体管工作时产生的热量向外散发的能力,即晶体管散热能力的大小。根据热传导的基本原理,当管芯上每秒钟因消耗功率而产生的热量与散发出去的热量相等时,管芯的温度达到稳定值,即

$$P_C = K(T_j - T_a) \tag{5.2.58}$$

式中,P_C 为消耗在晶体管上的功率;T_j 为管芯的结温;T_a 为环境温度;K 为热导,表示温度每升高 1℃ 所耗散的功率,K 的大小由晶体管管壳的散热能力决定,K 的单位为 mW/℃。显然 R_T 是式(5.2.58)中热导 K 的导数,即

$$R_T = \frac{1}{K} \tag{5.2.59}$$

或

$$P_C = \frac{T_j - T_a}{R_T} \tag{5.2.60}$$

$$P_{CM} = \frac{T_{jM} - T_a}{R_T} \tag{5.2.61}$$

或

$$R_T = \frac{T_{jM} - T_a}{P_{CM}} \tag{5.2.62}$$

所以,热阻 R_T 也可以理解为单位耗散功率所引起的结温升高值,它的单位是 ℃/W 或 ℃/mW。

以上分析可见,提高 P_{CM} 要从减小 R_T 和提高 T_{jM} 着手。一般硅平面晶体管的 T_{jM} 规定在 175~200℃,所以减小热阻 R_T 是提高 P_{CM} 的主要措施。

【例 5.9】 硅晶体管集电区总厚度为 $34\mu m$,面积为 $2 \times 10^{-4} \, cm^2$,当工作电压为 $V_{CB} = 10V$,集电极电流 $I_C = 200mA$ 时,求其管壳与集电结的温度之差(设硅的热导率 $\kappa = 0.85W/(cm \cdot ℃)$)。

解: 晶体管的功耗主要发生在集电结上,其大小为

$$P_C = I_C \cdot V_{CB} = 2 \times 10^{-3} \times 10 = 2W$$

设热流经过的厚度就是集电区的总厚度 W_m,PN 结的结温为 T_j,环境温度即管壳温度为 T_a,散热面积为 $A_C = 2 \times 10^{-4} \, cm^2$,那么管壳与集电结的温度之差为

$$T_j - T_a = \frac{W_m P_C}{\kappa_c A_C} = \frac{34 \times 10^{-4} \times 2}{0.85 \times 2 \times 10^{-4}} = 40℃$$

5.2.6 晶体管的二次击穿与安全工作区

大量实践表明,许多晶体管即使工作在最大耗散功率范围内,也有可能被烧毁,这种现象多数是由于二次击穿引起的,因此晶体管的二次击穿是造成功率晶体管或高频大功率晶体管突然烧毁或早期失效的重要原因。二次击穿已成为影响功率晶体管安全使用和可靠性的一个重要因素,也是晶体管制造者和使用者十分关注的问题。本节将简要介绍二次击穿现象、产生原因及防止措施,并讨论晶体管的安全工作区。

1. 晶体管二次击穿现象

晶体管的二次击穿特性曲线如图 5.30 所示。当集电极反向偏压增大到某一数值后,集

电极电流急剧增加,出现击穿现象,首先出现的击穿现象称为一次击穿。第一次击穿后,集电极反偏电压进一步增大,I_C 增大到某一临界值(图 5.30 中 A 点对应的 I_C)时,晶体管上的压降突然降低,电流继续增大,这种就是二次击穿现象。此时,器件由高压小电流状态突然跃入低压大电流状态。整个二次击穿过程发生在毫秒、微秒甚至更短的时间内,如果没有保护电路,晶体管将被烧毁。

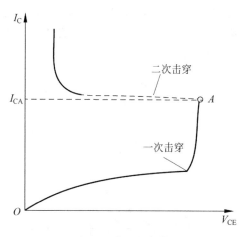

图 5.30　二次击穿现象特征曲线

晶体管在各种偏置状态下,都有可能发生二次击穿,如图 5.31 所示。图中 3 条曲线分别表示晶体管发射结为正偏($I_B>0$)、零偏($I_B=0$)和反偏($I_B<0$)时的二次击穿特性曲线,以 F、O 和 R 标示,以 $I(F)$、$I(O)$、$I(R)$ 分别表示上述 3 种典型情况下开始发生二次击穿的临界电流值。I_B 不同,开始发生二次击穿所对应的临界电流和电压不同,将不同 I_B 下出现二次击穿所对应的电流和电压坐标点连接起来构成的曲线,称为二次击穿功耗线,如图 5.32 所示。

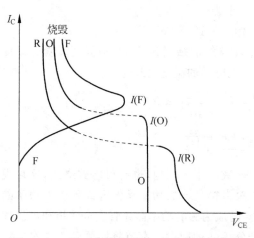

图 5.31　3 种工作状态下的二次击穿特性曲线

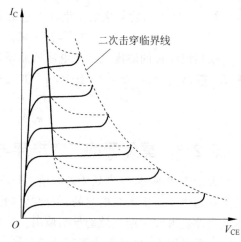

图 5.32　二次击穿功耗线

2. 晶体管二次击穿产生机理及其改善措施

目前关于引起二次击穿原因的解释,主要有以下两种。

1）电流集中二次击穿

该理论认为二次击穿是由于晶体管内部出现电流局部集中（一般认为大电流下发射极电流的高度集边、材料或扩散等工艺造成的不均匀性）引起，电流集中处形成过热点，会导致该处热电击穿或热击穿。因为电流集中处温度升高而且不易散出，形成过热点，而温度过热又使该处电流进一步增加，电流进一步增加又使过热点温度升高，这种恶性循环使过热点温度高达让半导体材料的本征激发载流子浓度超过晶体管的掺杂最低区域的杂质浓度时，PN结的整流特性被破坏，晶体管 C、E 间的压降急剧下降，而电流急剧上升，发生了二次击穿。

一般来说，在正偏（$I_B>0$）时，电流集中二次击穿是最主要的，功率高的晶体管，由于管芯面积大，不均匀性更严重，电流集中二次击穿也更加容易发生。为了改善或防止电流集中二次击穿，也可采取以下措施：

（1）减小内基区电阻（发射结下面的基区电阻），减弱电流集边效应，使发射极电流分布均匀。

（2）尽量减小材料缺陷，提高材料质量和工艺水平，以减小电流的不均匀性。

（3）采用镇流电阻（在各个小晶体管的发射极串联一个小电阻），减小电流的局部集中。

采用发射极镇流电阻是解决正偏二次击穿的一个有效方法。对于一个功率晶体管，每一条发射极可以看成一个单元器件，整个晶体管可看作若干个小晶体管的并联。在每一个单元器件的发射极上串联一个小电阻，称镇流电阻，如图 5.33 所示的 R_{E3}、R_{E2}、$\cdots$、R_{En}。如果由于热不稳定，使某一点电流集中，则这一点所在的单元器件的电流迅速增大，串联在该单元器件上的电阻 R_{En} 上的压降将迅速增大，这就会使单元器件的发射结电压自动降低，从而使通过该单元器件的电流自动减小，消除了电流进一步增加，防止了二次击穿的发生。

由于镇流电阻起电流负反馈作用，能使电流分布均匀，减小电流局部集中，有效防止了二次击穿，但对晶体管功率增益等参数会带来不利影响，因此必须适当控制发射极镇流电阻的阻值：一方面，由于晶体管芯片中心散热比边缘差，同样的电流下，中心温度较高，要使温度均匀，则中心处小晶体管的电流要小，所以镇流电阻应设计成中心位置大、而边缘小的阶梯状布置；另一方面，镇流电阻不能太大，否则会增加功率消耗。常用的镇流电阻有多晶硅、金属薄膜或扩散电阻。

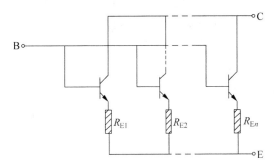

图 5.33 多发射极条管芯等效电路与镇流电阻

2）雪崩注入二次击穿

晶体管的外延层厚度对二次击穿有显著影响，通常称与外延层厚度有关的二次击穿为雪崩注入二次击穿，而且在 $I_B \leqslant 0$ 时是主要击穿。现以 $N^+PN^-N^+$ 晶体管为例，简要分析

$I_B=0$（基极开路）时雪崩注入二次击穿的机理。

当集电极（CB 结）反偏电压较小时，集电结空间电荷区 x_{mc} 较小，电场分布如图 5.34 中 A 所示，最大场强在集电结交界面 $x=0$ 处。集电结反偏电压增大，x_{mc} 随之增大。$x=0$ 处的电场也增强。若外延层比较薄，x_{mc} 增大会引发外延层穿通。当 $V_{CE}=BV_{CEO}$ 时，第一次雪崩击穿发生在 $x=0$ 处，雪崩倍增产生的电子将通过 N^- 到 N^+ 区，从而使 N 区的有效正空间电荷减少；而倍增效应所产生的空穴将穿过基区进入发射区，从而引起发射区向基区更大的注入，使 I_E 增加，I_C 进一步增大。当然，穿过基区的空穴中有一部分与发射区注入来的电子复合，此时的电场分布如图 5.34 中的 B 所示。

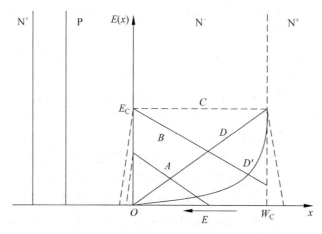

图 5.34　基极开路时集电区电场分布

图 5.34 中，E_C 表示雪崩倍增的临界电场强度。可见，第一次雪崩击穿最大场强略高于 E_C。其原因是只要倍增因子 M 略大于 $1\left(I_C=\dfrac{MI_{CBO}}{1-\alpha M}\right)$，$I_C$ 就趋向于无穷。当第一次击穿后，集电结反偏电压继续上升，集电结电流密度继续增大，当集电结电流密度增大到临界电流 $J_{C0}=qv_{nc}N_C$ 时，$n=N_C$。倍增产生的可动电子的负电荷密度等于 N^+ 型集电区固定正空间电荷密度，此时集电区内净空间电荷为零，电场均匀分布，如图 5.34 中的 C 线所示。若集电结反偏电压再进一步增加，更加强烈的倍增效应会使 $J_C>J_{C0}$，即 $n>N_C$，N^- 区变为负空间电荷区，而由 N^+ 区边界处的电离杂质全部提供正空间电荷。同时，最大电场由 PN 结处移到 N^-N^+ 结附近，即移到 $x=W_C$ 处，雪崩区也随之移到 N^-N^+ 结，其电场分布如图 5.34 中的 D 线所示。在 N^-N^+ 结处新的雪崩区产生的电子直接由集电极收集，空穴则经过 N 区时中和部分负电荷，使负空间电荷区的净电荷密度下降，而空间电荷区的宽度不会收缩，因而电场分布斜线随负空间电荷密度的减小而下降，电场分布由 D 很快过渡到 D' 线，D' 线所包围的面积比 D 线包围的面积有所减小，意味着 V_{CE} 下降，但电流仍在继续上升，故而呈现负阻现象，此时晶体管进入低压大电流的二次击穿状态。上述各阶段的 I_C-V_{CE} 特性如图 5.35 所示。

这种二次击穿的特点是最大电场从 PN 结移到 N^-N^+ 结，N^-N^+ 结的雪崩区向集电结非雪崩区注入空穴引起的，所以称为雪崩注入二次击穿。

由此可见，改善或者消除雪崩注入二次击穿的主要措施是增加外延层厚度，以提高发生

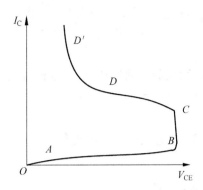

图 5.35　基极开路时 $I_C\text{-}V_{CE}$ 特性曲线示意图

二次击穿的电压。但仅靠增大外延层厚度,会使集电极串联电阻增大,从而增大损耗。为此,可采用多层复合的集电区结构。例如,集电区从 N^-N^+ 结构变为 N^-NN^+ 结构。

3. 晶体管的安全工作区

不使晶体管损坏和老化,而工作可靠性又较高的区域称为安全工作区。

晶体管的安全工作区通常是指电流极限线 $I_C = I_{CM}$,电压极限线 $V_{CE} = BV_{CEO}$,最大耗散功率线 $I_C V_{CE} = P_{CM}$ 所限定的区域。但二次击穿的存在,晶体管在上述区域内工作不一定安全可靠,仍有可能被烧毁。考虑到二次击穿对安全工作区的限制,真正的安全工作区应该是由最大耗散功率线、电流集中二次击穿临界线、雪崩注入二次击穿临界线三者中最低者与电流极限线和电压极限线所限定的区域,如图 5.36 中画有斜线的区域。显然,二次击穿临界线与晶体管使用的条件有关,因此安全工作区与使用条件有关。

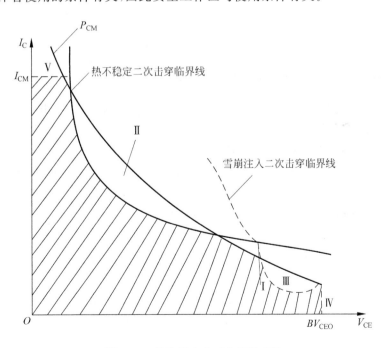

图 5.36　晶体管安全工作区示意图

从晶体管设计制造的角度讲,应力图做到安全工作区由最大集电极电流、最大集电极电压和最大耗散功率所限定。要扩大安全工作区,首先改善二次击穿特性,将二次击穿临界线移到 P_{CM} 线之外。

另外,二次击穿与电路有关,例如电感性负载、大电流开关最易因二次击穿而损坏晶体管。因此从电路角度还有一个正确使用大功率晶体管的问题。

5.3 双极型晶体管的开关原理

5.3.1 晶体管开关作用

在晶体管开关电路中,共基极、共射极、共集电极 3 种接法都可采用,但共射极连接是最通用的。图 5.37(a)是晶体管共射极开关电路;图 5.37(b)是晶体管开关输入输出波形;图 5.37(c)是晶体管共射极输出特性曲线。

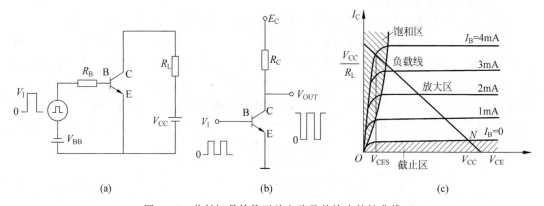

图 5.37 共射极晶体管开关电路及其输出特性曲线

(a) 晶体管共射极开关电路;(b) 晶体管开关输入输出波形;(c) 晶体管共射极输出特性曲线

设 R_L 为开关电路的负载,V_{CC} 为输出回路电压,V_{BB} 为输入回路电压,V_I 为输入脉冲信号,V_{OUT} 为输出脉冲信号。

1. 从开关电路分析晶体管开关作用

当输入正脉冲 $V_I \gg V_{BB}$ 时,发射结正偏,基极有一个很大的注入电流,从而集电极有一个很大的集电极电流。这时,V_{CC} 几乎降落在 R_L 上,而晶体管 C、E 之间的压降很小,可视为短路,称晶体管处于导通状态或开态。当输入负脉冲或零电平时,发射结反偏或零偏,基极没有注入电流,从而集电极电流很小,仅等于集电极反向饱和电流,这时晶体管 C、E 之间的阻抗很大,$V_{CE} \approx V_{CC}$,R_L 上压降很小,此时称晶体管处于截止状态或关态。由此可见,用基极输入脉冲信号控制集电极回路的通或断,可实现晶体管的开关作用。

如果在基极加一连串的脉冲信号,晶体管就会在开和关两种状态下交替工作,则输出端也出现一连串的脉冲电压,图 5.37(b)所示。输出波形与输入波形的相位相差 180°。当输入电压为 0 时,输出电压为高电平;当输入电压为高电平时,输出电压为零电平,电压波形形成一倒相。这种电路被称为倒相器。

2. 从晶体管的输出特性曲线分析晶体管开关作用

图 5.37(c) MN 为负载线。当基极回路中的正脉冲信号到来时,基极有注入电流 I_B,则集电极电流 $I_C = \beta I_B$。电流 I_B 增大,晶体管工作点沿负载线上移;电流 I_B 足够大,则 $I_C = I_{CS}$(集电极饱和电流),这时工作点落到 M 点,它在饱和区,晶体管上的压降很小,处于开态。当基极的负脉冲信号到来时,$I_B \leqslant 0$,这时流过集电极电流很小,管压降几乎等于 V_{CC},晶体管工作点沿负载线下移,落在截止区 N 点,管处于关态。因此,晶体管的开关过程就是从特性曲线上 M 点沿负载线移动到 N 点,或从 N 点沿负载线移动到 M 点的往返过程。

一个良好的晶体管,处于导通状态时,饱和压降 V_{CES} 越小越好,而处于截止状态时,反向漏电流越小越好。另外,开关时间越短越好。

5.3.2 晶体管开关工作区域

1. 截止区

当输入回路中没有信号输入,即 $V_I = 0$,由于 V_{BB}、V_{CC} 的作用,晶体管发射结与集电结均处于反偏,即 $V_{BE} < 0$,$V_{BC} < 0$,晶体管处于截止状态,晶体管工作在图 5.37(c) 所示输出特性曲线 $I_B = 0$ 以下的截止区。故输入输出回路中只有很小的反向饱和电流,输入基极电流和集电极输出电流分别为

$$I_B = I_{CBO} + I_{EBO} \tag{5.3.1a}$$

$$I_C = I_{CBO} \tag{5.3.1b}$$

式中,I_{CBO}、I_{EBO} 分别为流过集电结和发射结的反向漏电流,如图 5.38 所示。图 5.39 给出了晶体管处于截止状态时,其内部少子的分布。曲线 1 和 2 分别表示发射结为零偏和反偏情况。

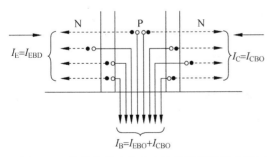

图 5.38 晶体管截止状态电流传输情况示意图

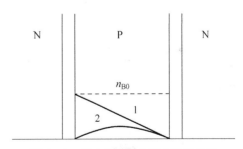

图 5.39 截止状态时内部少子的分布

2. 放大区

当晶体管的输入端加上一正脉冲 $V_I > 0$,其发射结、集电结上的偏压分别为 $V_{BE} > 0$,$V_{BC} < 0$,这时输入基极电流为

$$I_B = \frac{V_I - V_{BB} - V_{BE}}{R_B} \tag{5.3.2}$$

若 V_I 使晶体管工作在线性放大区,有 $I_C = \beta_0 I_B$。即晶体管工作在图 5.37(c) 所示输出特性曲线的 MN 段,Q 为静态工作点,位于 MN 段的中点,即处于放大工作状态。

3. 饱和区

当 R_B、V_I 等选取使 $I_B = I_{BS}$（临界饱和基极电流）时，集电极输出电流为集电极饱和电流，即

$$I_{CS} = \frac{V_{CC}}{R_L} \tag{5.3.3}$$

令

$$I_{BS} = \frac{I_{CS}}{\beta_0} = \frac{V_{CC}}{\beta_0 R_L} \tag{5.3.4}$$

以上说明，由于晶体管本身放大能力及外电路负载的限制，集电极最大电流只能趋近 I_{CS}，相应的临界饱和基极电流 I_{BS} 提供的空穴恰能补充基区和发射区的非平衡载流子复合所需要的空穴电荷，即形成基区复合电流 I_{rb} 和通过发射结注入的空穴电流 I_{pe}，满足 $I_{CS} = \beta_0 I_{BS}$，晶体管处于临界饱和状态。这时，发射结正偏、集电结零偏，即 $V_{BE} > 0$，$V_{BC} = 0$，晶体管内非平衡少子浓度分布，如图 5.40(a) 所示。

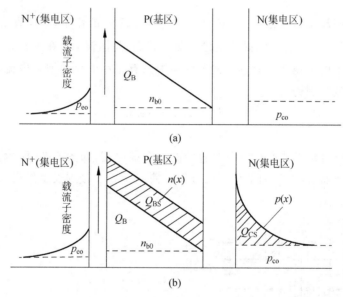

图 5.40 晶体管中电荷分布

(a) 临界饱和态电荷分布；(b) 饱和态超量存储分布

当 $I_B > I_{BS}$ 时，有

$$I_B > \frac{V_{CC}}{\beta_0 R_L} \tag{5.3.5}$$

这时，晶体管处于过驱动状态。过驱动基极电流 I_{BX} 为

$$I_{BX} = I_B - I_{BS} \tag{5.3.6}$$

I_{BX} 使晶体管内部产生大量的非平衡载流子，但 $I_C = I_{CS}$ 时不能再增加，故这些载流子在晶体管内堆积。当它们填充到发射结、集电结空间电荷区时，就会使其宽度变窄，使发射结上的正偏电压进一步升高、使集电结由零偏压转变为正偏压，结果发射结和集电结都会具有正向注入作用，于是，就会在基区和集电区分别产生超量储存电荷 Q_{BS} 和 Q_{CS}，如图 5.40(b) 所示，这时晶体管处于饱和状态。为表示晶体管的饱和的程度，饱和深度或过驱动因子定

义为

$$S = \frac{I_B}{I_{BS}} = \frac{I_B}{V_{CC}/\beta_0 R_L} \tag{5.3.7}$$

显然,S 越大,饱和越深,产生的超量储存电荷越多。

由上述分析可知,当信号使晶体管在开和关两种状态之间转换时,就能起到电子开关的作用。如果晶体管工作在截止和饱和两种状态切换,则称晶体管为饱和型开关。当晶体管工作在截止和放大两种状态间切换,常称非饱和型开关。与饱和型开关相比,非饱和型开关时间短,但抗干扰能力较差。

【例 5.10】 一个 $\beta_0 = 50$ 的晶体管工作在 $V_{CC} = 5V$、$R_L = 1k\Omega$ 的共射极电路中,当基极电流 $I_B = 50\mu A$ 时,(1)该晶体管是否进入饱和态? (2)若负载 R_L 改为 $5k\Omega$ 又将如何?

解:(1)晶体管的饱和电流为

$$I_{CS} = \frac{V_{CC}}{R_L} = \frac{5}{1000} = 5mA$$

晶体管的饱和基极电流为

$$I_{BS} = I_{CS}/\beta_0 = 5 \times 10^{-3}/50 = 10^{-4}A = 100\mu A$$

显然,当 $I_B = 50\mu A$ 时,$I_B < I_{BS}$,所以晶体管未进入饱和态。

(2) 若 $R_L = 5k\Omega$,则

$$I_{BS} = \frac{V_{CC}}{R_L \beta_0} = \frac{5}{5 \times 1000 \times 50} = 2 \times 10^{-5}A = 20\mu A$$

故有 $I_B > I_{BS}$,所以晶体管已经进入饱和态。

5.3.3 晶体管开关波形与开关时间

1. 理想晶体管开关波形

由前述分析知,晶体管在电路中可以视为一个倒相器。当基极电路没有输入信号时,基极回路电压 V_{BB} 使发射结反偏,晶体管截止;某时刻 t_0,输入一正脉冲电压 V_1,使之导通,作为一理想开关,就应在输出端立即产生一个相位相反且被放大的输出电压 V_0,如图 5.37(b)所示的输入输出波形。

2. 实际晶体管开关波形和开关时间

实际的输出波形总会延迟于输入波形,如图 5.41 所示。由图可见,晶体管开关有一个时间上的延迟,输出滞后于输入。也就是说,晶体管的开关转换是需要时间的。

各阶段所需时间定义如下:

(1) 延迟时间 t_d。从 t_0 时刻脉冲信号加入后到 t_1 时刻集电极电流达到 $0.1I_{CS}$ 为止所需的时间为延迟时间,即 $t_d = t_1 - t_0$。

(2) 上升时间 t_r。集电极电流从 $I_C = 0.1I_{CS}$ 增加到 t_2 时刻 $I_C = 0.9I_{CS}$ 为止所需的时间为上升时间,即 $t_r = t_2 - t_1$。

(3) 储存时间 t_s。当 t_3 时刻基极脉冲信号去掉(变为低电平或负脉冲开始),到集电极电流下降到 $0.9I_{CS}$ 为止所需的时间为储存时间,即 $t_s = t_4 - t_3$。

(4) 下降时间 t_f。集电极电流从 $0.9I_{CS}$ 下降到 $0.1I_{CS}$ 为止所需的时间为下降时间,即 $t_f = t_5 - t_4$。

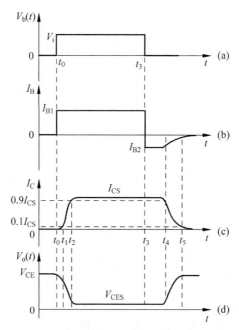

图 5.41　晶体管开关的实际波形

(a) 输入电压波形；(b) 基极电流波形；(c) 集电极电流波形；(d) 输出电压波形

需要说明的是：这里的上升和下降都是对集电极电流增大和减小来说的，对输出电压刚好相反。例如，集电极电流从 $0.1I_{CS}$ 上升到 $0.9I_{CS}$ 时，输出电压则从 V_{CC} 减小到 V_{CES}。

将延迟时间、上升时间、储存时间及下降时间总称为开关时间。通常把 $t_d + t_r = t_{on}$ 称为开启时间，把 $t_s + t_f = t_{off}$ 称为关闭时间。

由于开关时间的存在使晶体管的开关开闭速度受到了限制，因此，需要缩短开关时间。这就需要分析影响开关时间的因素。

5.3.4　晶体管开关过程

将上述开关过程分为延迟、上升、储存及下降 4 个子过程，以进一步分析每一子过程所产生的物理现象和导致这一过程的原因。

1. 延迟过程

从 t_0 时刻脉冲信号加入后到 t_1 时刻集电极电流达到 $0.1I_{CS}$ 的过程称为延迟过程。由于脉冲信号加入以前，发射结、集电结均反偏，相应的势垒区宽度较宽；加入幅值为 V_1 的正脉冲后，立即产生过驱动基极电流 I_{B1}，如图 5.41(a)、(b) 所示，由式 (5.3.2) 可求 I_{B1} 的值，但开始时没有形成集电极电流 I_C。这是因为加入的正脉冲首先使发射结由负偏压变为零乃至正偏，一般将集电极电流 $I_C = 0.1I_{CS}$ 时发射结偏压称为正向导通电压 V_{jo}，或称微导通电压。对于硅 PN 结，V_{jo} 约为 0.5V。同时集电结上的负偏压也相应从 $-(V_{CC} + V_{BB})$ 降低为 $-(V_{CC} - V_{jo})$。这就是说，发射结和集电结势垒区都相应变窄，相当于要给发射结势垒区电容 C_{TE} 和集电结势垒区电容 C_{TC} 充电；基极电流提供的空穴用以中和发射结和集电结势垒区基区一边的负空间电荷，而正的空间电荷将由相应的电子流去填充。伴随着这一过程的进行，基区的少子浓度也会由低于平衡值逐渐增加到与 $0.1I_{CS}$ 相适应的 $n_b(t_1)$，如

图 5.42(a)、(b)所示。基极电流提供的空穴使基区的多子达到相应的累积,以维持电中性,这相当于给扩散电容 C_{DE} 充电。

2. 上升过程

集电极电流从 $I_C = 0.1 I_{CS}$ 增加到 t_2 时刻 $I_C = 0.9 I_{CS}$ 的过程为上升过程。在这一过程中,基极电流 I_{B1} 大于 I_{BS},给发射结势垒电容 C_{TE} 继续充电,使其正偏电压继续升高,从 V_{j0} 上升到通常的导通电压 0.7V 左右。同时,集电结电压由 $-(V_{CC}-V_{j0})$ 上升至接近零偏压,即继续给 C_{TC} 充电。基区积累的电子浓度则由 $n_b(t_1)$ 增加到 $n_b(t_2)$,即继续给扩散电容 C_{DE} 放电,如图 5.42(c)所示。此外,基区复合电流也会增加。

上升过程后,大于 I_{BS} 的基极电流还将对 C_{TE}、C_{TC}、C_{DE} 继续充电,不但发射结正偏电压有所提高,集电结也将由负偏转为零偏,进而达到 0.5V 左右的正偏电压,集电区通过正偏集电结就会向基区注入电子,而基区向集电区注入空穴,这使得基区、集电区产生超量储存电荷 Q_{BS} 及 Q_{CS},如图 5.40(b)所示。直到晶体管进入稳定的饱和状态,集电极电流达到 I_{CS}。

3. 储存过程

当 t_3 时刻基极脉冲信号去掉(变为低电平或负脉冲开始),到集电极电流下降为 $0.9 I_{CS}$ 的过程称为储存过程。这一过程中,当 t_3 时刻基极脉冲信号去掉,首先就必须使超量储存电荷 Q_{BS} 及 Q_{CS} 从基区和集电区消失,使集电极电流下降到 $0.9 I_{CS}$,如图 5.42(d)所示。当 $V_b(t)$ 突然去掉,超量储存电荷并不会立即消失,I_{CS} 也不会立即变小。这时,基极电流将成为反向抽取电流 I_{B2},其方向与 I_{B1} 相反,且

$$I_{B2} = \frac{V_{BB} + V_{BE}}{R_B} \tag{5.3.8}$$

超量储存电荷消失的主要途径:① I_{B2} 用于泻放基区、集电区超量储存的空穴,相应的超量储存电子则从集电极流出;②基区及集电区非平衡少子的复合也会加速超量储存电荷的消失。

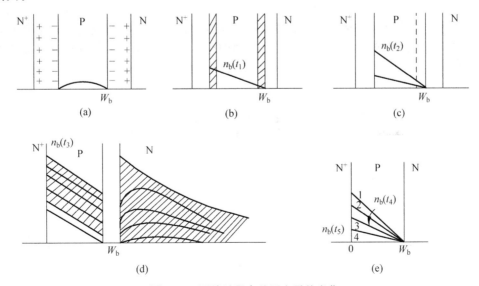

图 5.42 开关过程中基区少子的变化

(a) t_0 前晶体管截止;(b) 延迟过程;(c) 上升过程;(d) 储存过程;(e) 下降过程

在超量储存电荷泻放过程中,基区电荷密度梯度不变,集电极电流仍维持饱和值 $I_{CS} \approx V_{CC}/R_L$。这意味着发射结注入电子减少,发射结注入电流由 $I_E = I_{CS} + I_{B1}$ 变为 $I_E = I_{CS} - I_{B2}$。随着载流子不断被抽出和复合,Q_{BS} 及 Q_{CS} 逐渐消失后,发射结正偏就会降低,集电结偏压也会由正偏转为零偏,进一步变为负偏,相当于势垒电容 C_{TE} 和 C_{TC} 放电。这时,晶体管脱离饱和状态,进入放大状态,到 t_4 时刻集电极电流从 I_{CS} 下降到 $0.9I_{CS}$。

4. 下降过程

下降过程相当于上升过程的逆过程。晶体管进入放大态后,基区积累电荷已大为减少,故 I_{B2} 很快衰减,如图 5.41(b)所示;基区少子浓度从 t_4 时刻的 $n_b(t_4)$ 很快下降到 t_5 时刻的 $n_b(t_5)$,如图 5.42(e)所示。基区积累电荷减少,浓度梯度下降,使 I_C 从 $0.9I_{CS}$ 减小到 $0.1I_{CS}$,相当于 C_{DE} 放电过程。同时,集电结反偏电压升高、势垒区增宽,相当于势垒电容 C_{TC} 放电过程。发射结正偏电压减小,由 $0.7V$ 减小到微导通电压 V_{jo},势垒区增宽,相当于势垒电容 C_{TE} 放电过程。尽管下降过程中,基极电流 I_{B2} 减小很快,但仍从基极流出,进一步抽出空穴,电子仍从集电极流出;同时,基区电子和空穴的复合,也加速了放电进程。下降过程后,V_{BB} 使晶体管的发射结又处于反偏,集电结反偏电压恢复为 $(V_{CC} + V_{BB})$;晶体管由放大区进入截止区,从而使晶体管完成了从截止到导通再到截止的开关过程。

5.4 晶体管模型及其等效电路

5.4.1 晶体管 Ebers-Moll 模型及其等效电路

1. Ebers-Moll 模型

Ebers-Moll 模型常简称 EM 模型,是双极晶体管的经典模型之一,由 J. J. Ebers 和 J. L. Moll 于 1954 年在分析晶体管大信号工作时提出,广泛应用于分析结型器件和集成电路的器件。在分析中,将晶体管视为由单独发射结二极管和单独集电结二极管组成的,将晶体管的电流视为一个正向晶体管和一个倒向晶体管叠加后各自所具有的电流并联而成。在共基连接的状态下,当晶体管发射结正偏 $V_{BE} > 0$,集电结零偏 $V_{BC} = 0$,称为正向晶体管;同理,当集电结正偏 $V_{BC} > 0$,发射结零偏 $V_{BE} = 0$,则称为倒向晶体管。设端电流流进晶体管为电流的正向,那么,由式(4.2.45)不难得出正向晶体管和倒向晶体管端电流的表示式。正向晶体管和倒向晶体管各物理量对照如表 5.1 所示。

表 5.1 正向晶体管和倒向晶体管各物理量间关系

正向晶体管		倒向晶体管	
参数	表达式	参数	表达式
共基极电流放大系数 α_F	$\alpha_F = \dfrac{I_{CF}}{I_{EF}}$	共基极电流放大系数 α_R	$\alpha_R = \dfrac{I_{CR}}{I_{ER}}$
发射极电流 I_{EF}	$I_{EF} = I_{ES}(e^{qV_{BE}/kT} - 1) = I_F$	发射极电流 I_{ER}	$I_{ER} = I_{ES}(e^{qV_{BC}/kT} - 1) = I_R$
集电极电流 I_{CF}	$I_{CF} = \alpha_F I_{EF}$ $= \alpha_F I_{ES}(e^{qV_{BE}/kT} - 1)$	集电极电流 I_{CR}	$I_{CR} = \alpha_R I_{ER}$ $= \alpha_R I_{CS}(e^{qV_{BC}/kT} - 1)$

续表

正向晶体管		倒向晶体管	
参数	表达式	参数	表达式
集电极短路时发射极反向饱和电流 I_{ES}	$I_{ES} = A\left(\dfrac{qD_{nb}n_{b0}}{W_b} + \dfrac{qD_{pe}p_{e0}}{L_{pe}}\right)$	发射极短路时集电结的反向饱和电流 I_{CS}	$I_{CS} = A\left(\dfrac{qD_{nb}n_{b0}}{W_b} + \dfrac{qD_{pc}p_{c0}}{L_{pc}}\right)$

将双极型晶体管看成正向晶体管和倒向晶体管的叠加,且正向与倒向晶体管均为NPN管,如图5.43(a)所示,则其端电流均以流入为正方向,这时

$$I_E = -I_{EF} + I_{CR} = -I_F + \alpha_R I_R \tag{5.4.1a}$$

$$I_C = I_{CF} - I_{ER} = \alpha_F I_{EF} - I_{ER} \tag{5.4.1b}$$

将表5.1中的 I_{EF} 和 I_{ER} 代入式(5.4.1),得

$$I_E = -I_{ES}(e^{qV_{BE}/kT} - 1) + \alpha_R I_{CS}(e^{qV_{BC}/kT} - 1) \tag{5.4.2a}$$

$$I_C = \alpha_F I_{ES}(e^{qV_{BE}/kT} - 1) - I_{CS}(e^{qV_{BC}/kT} - 1) \tag{5.4.2b}$$

上述方程对应的等效电路如图5.43(b)所示。

如果考虑NPN管电流的实际方向,则式(5.4.3)中各项符号相反,即发射极电流实际是从管中流出,应为 $I_E = I_{ES}(e^{qV_{BE}/kT} - 1) - \alpha_R I_{CS}(e^{qV_{BC}/kT} - 1)$。与式(4.2.25)比较,得

$$\alpha_F I_{ES} = \alpha_R I_{CS} = A\frac{qD_{nb}n_{b0}}{W_b} \tag{5.4.3}$$

在实际器件中,一般都有 $\alpha_F > \alpha_R$,故有 $I_{CS} > I_{ES}$。

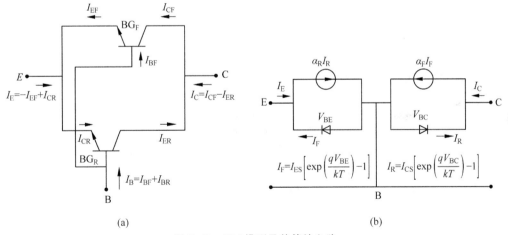

图5.43 EM模型及其等效电路

(a)正向晶体管和倒向晶体管叠加;(b)等效电路

图5.43或式(5.4.2)中的 V_{BE} 与 V_{BC} 分别为

$$V_{BE} = V_T \ln \frac{I_C(1-\alpha_R) + I_B + I_{ES}(1-\alpha_F\alpha_R)}{I_{ES}(1-\alpha_F\alpha_R)} \tag{5.4.4a}$$

$$V_{BC} = V_T \ln \frac{\alpha_F I_B - (1-\alpha_F)I_C + I_{CS}(1-\alpha_F\alpha_R)}{I_{CS}(1-\alpha_F\alpha_R)} \tag{5.4.4b}$$

图 5.43 或式(5.4.2)中的 V_{BE} 与 V_{BC} 分别为

$$V_{BE} = V_T \ln \frac{I_C(1-\alpha_R) + I_B + I_{ES}(1-\alpha_F\alpha_R)}{I_{ES}(1-\alpha_F\alpha_R)} \qquad (5.4.5a)$$

$$V_{BC} = V_T \ln \frac{\alpha_F I_B - (1-\alpha_F)I_C + I_{CS}(1-\alpha_F\alpha_R)}{I_{CS}(1-\alpha_F\alpha_R)} \qquad (5.4.5b)$$

进一步,得

$$V_{CES} = V_{BE} - V_{BC} = V_T \ln \left[\frac{I_C(1-\alpha_R) + I_B}{\alpha_F I_B - (1-\alpha_F)I_C} \frac{I_{CS}}{I_{ES}} \right] \qquad (5.4.6a)$$

利用式(5.4.3),得

$$V_{CES} = V_T \ln \left[\frac{I_C(1-\alpha_R) + I_B}{\alpha_F I_B - (1-\alpha_F)I_C} \frac{\alpha_F}{\alpha_R} \right] \qquad (5.4.6b)$$

2. EM1 模型

式(5.4.2)是以晶体管某二极短路时的反向饱和电流来表示端电流的 Ebers-Moll 方程,常称 EM 方程;同样也可以某一极开路时的反向饱和电流来表示 EM 方程。如对 I_{EBO},有 $I_C = 0$,$V_{BE} < 0$,且有 $|V_{BE}| \gg \dfrac{kT}{q}$,由此条件及式(5.4.2),得

$$I_{EBO} = (1-\alpha_F\alpha_R)I_{ES} \qquad (5.4.7)$$

同理,对于 I_{CBO},有 $I_E = 0$,$V_{BC} < 0$,且有 $|V_{BC}| \gg \dfrac{kT}{q}$,再代入式(5.4.2),得

$$I_{CBO} = (1-\alpha_F\alpha_R)I_{CS} \qquad (5.4.8)$$

亦即

$$I_{ES} = \frac{I_{EBO}}{1-\alpha_F\alpha_R} \qquad (5.4.9a)$$

$$I_{CS} = \frac{I_{CBO}}{1-\alpha_F\alpha_R} \qquad (5.4.9b)$$

将式(5.4.9)代入式(5.4.1),得

$$I_E = \alpha_R I_C + I_{EBO}(e^{qV_{BE}/kT} - 1) \qquad (5.4.10)$$

$$I_C = \alpha_F I_E - I_{CBO}(e^{qV_{BC}/kT} - 1) \qquad (5.4.11)$$

式(5.4.10)、式(5.4.11)说明,晶体管的发射极电流和集电极电流都可以用一个恒流源和一个 PN 结二极管的并联电路表示,这就是 Ebers-Moll 模型,常称 EM1 模型。对于 NPN 管,相应的等效电路如图 5.44 所示。该模型适合于双极型晶体管放大、截止及饱和 3 种工作状态,只要将某一工作状态下具体的偏压条件代入式(5.4.10)及式(5.4.11)中就能得到相应的 EM 方程及其等效电路。

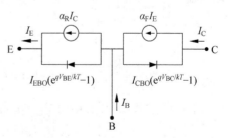

图 5.44 EM1 模型等效电路

【例 5.11】 证明共射极状态下的 EM 方程可以表示为:

$$I_E = -\beta_R I_B + (1+\beta_R)I_{EBO}\left(e^{\frac{qV_{BE}}{kT}} - 1\right)$$

$$I_C = \beta_F I_B - (1 + \beta_F) I_{CBO}(e^{\frac{qV_{BC}}{kT}} - 1)$$

画出此时的等效电路。

证明：将 $\alpha_F = \dfrac{\beta_F}{1+\beta_F}$，$\alpha_R = \dfrac{\beta_R}{1+\beta_R}$ 代入式(5.4.10)与式(5.4.11)，得

$$I_E = \frac{\beta_R}{1+\beta_R} I_C + I_{EBO}(e^{\frac{qV_{BE}}{kT}} - 1)$$

$$I_C = \frac{\beta_F}{1+\beta_F} I_E - I_{CBO}(e^{\frac{qV_{BC}}{kT}} - 1)$$

整理，得

$$(1+\beta_R)I_E = \beta_R I_C + (1+\beta_R) I_{EBO}(e^{\frac{qV_{BE}}{kT}} - 1)$$

$$(1+\beta_F)I_C = \beta_F I_E + (1+\beta_F) I_{CBO}(e^{\frac{qV_{BC}}{kT}} - 1)$$

进一步，得

$$I_E = -\beta_R(I_E - I_C) + (1+\beta_R) I_{EBO}(e^{\frac{qV_{BE}}{kT}} - 1)$$

$$I_C = \beta_F(I_E - I_C) + (1+\beta_F) I_{CBO}(e^{\frac{qV_{BC}}{kT}} - 1)$$

利用公式 $I_B = I_E - I_C$，得

$$I_E = -\beta_R I_B + (1+\beta_R) I_{EBO}(e^{\frac{qV_{BE}}{kT}} - 1)$$

$$I_C = \beta_F I_B - (1+\beta_F) I_{CBO}(e^{\frac{qV_{BC}}{kT}} - 1)$$

上述二式即为共射极状态下的 EM 方程。该方程表明，I_E 和 I_C 均由一个恒流源和流过一个二极管的电流组成。此时的等效电路如图 5.45 所示。

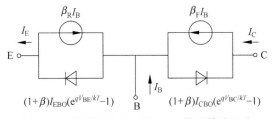

图 5.45 共射极状态下的 EM1 模型等效电路

5.4.2 电荷控制模型

电荷控制模型是分析晶体管开关瞬态特性的重要模型。由于晶体管的开关过程是高度非线性的，不能通过求解非平衡少数载流子连续性方程得到有关的电流密度，而是将晶体管视为一个电荷控制器件，以其各中性区的非平衡载流子电荷作为控制变量，依据电荷守恒原理，建立某区电荷同各级电流之间的比例关系式，即为电荷控制方程。求解开关时间时，主要考虑某一时刻基区瞬态电荷总量的变化和端电流的电荷控制方程，通过各个具体开关过程电流的变化求解便可得到相应的开关时间，至于少子电荷具体如何分布并不重要。由于电荷控制模型得出的是一些线性方程，故可使问题的求解得到简化。

1. 稳态情况下时间常数

由基区"少子"连续性方程可求得基极电流为

$$i_b = \frac{\partial Q_B}{\partial t} + \frac{Q_B}{\tau_{nb}} \tag{5.4.12}$$

式中，Q_B 为基区非平衡载流子电荷总量；τ_{nb} 为基区非平衡电子寿命。该式表示瞬态基极电流所提供的电荷用于增加基区电荷的积累及补充基区内部非平衡少数载流子的复合损失。在稳态情况下 $\frac{\mathrm{d}Q_B}{\mathrm{d}t} = 0$，式(5.4.12)变为

$$I_B = \frac{Q_B}{\tau_{nb}} \tag{5.4.13}$$

式(5.4.13)表明，在稳态情况下基极电流等于基区内少子电荷的复合电流。说明基区电荷总量与时间有关，为此可定义一基极时间常数 τ_B，从而将稳态情况下储存在基区内的"少子"电荷与相应的基极电流联系起来，即

$$\tau_B = \frac{Q_B}{I_B} = \tau_{nb} \tag{5.4.14}$$

同理，将稳态下基区总电荷与相应集电极电流相联系的集电极时间常数 τ_C 定义为

$$\tau_C = \frac{Q_B}{I_C} \tag{5.4.15}$$

将基区电荷与发射极电流相联系的发射极时间常数 τ_E 定义为

$$\tau_E = \frac{Q_B}{I_E} \tag{5.4.16}$$

以上定义的 τ_B、τ_E、τ_C 都是电荷控制参数。从前面的讨论知：基极时间常数 τ_B 即基区少子寿命 τ_{nb}，发射极时间 τ_E 即基区渡越时间 τ_b，即

$$\tau_E = \frac{W_b^2}{\lambda D_{nb}} = \tau_b$$

对于均匀基区晶体管，$\lambda = 2$。由 I_C 和 I_E 的关系，得集电极时间常数为

$$\tau_C = \frac{\tau_E}{\alpha_0}$$

根据 I_E、I_C、I_B 大小关系，可知 $\tau_E < \tau_C < \tau_B$。

2. 晶体管由截止状态转向放大状态过程的电荷控制方程

由电荷控制模型可以得到晶体管开关过程的电荷控制方程。由 5.3.4 节分析知：在正脉冲信号加入之前，晶体管处于截止状态。在 t_0 时刻，基极输入幅值为 V_1 的正脉冲信号后，立即形成的过驱动基极电流不会立即引起集电极电流 I_C 的增加(可认为 $I_C \approx 0$)，而是使发射结由反偏转向正偏；同时降低了集电结负偏压。基极电流提供的空穴主要用于对发射结与集电结势垒区电容充电。在这一过程中，晶体管脱离截止状态转向放大状态，其电荷控制方程为

$$i_b = \frac{\mathrm{d}Q_{TE}}{\mathrm{d}t} + \frac{\mathrm{d}Q_{TC}}{\mathrm{d}t} = C_{TE}\frac{\mathrm{d}V_{BE}}{\mathrm{d}t} + C_{TC}\frac{\mathrm{d}V_{BC}}{\mathrm{d}t} \tag{5.4.17}$$

3. 晶体管处于放大状态的电荷控制方程

当集电极输出电流由 $I_C = 0$ 不断增大到 $I_C = 0.9I_{CS}$ 时，基极电流继续对发射结扩散电

容、发射结和集电结势垒电容充电；同时，还补充电荷给非平衡载流子复合。此时，晶体管仍处于放大状态，其电荷控制方程为

$$i_b = \frac{dQ_{TE}}{dt} + \frac{dQ_{TC}}{dt} + \frac{dQ_B}{dt} + \frac{Q_B}{\tau_{nb}}$$ (5.4.18)

式中

$$\frac{dQ_{TE}}{dt} = C_{TE} \frac{dV_{BE}}{dt} = C_{TE} r_e \frac{dI_C}{dt}$$

$$\frac{dQ_{TC}}{dt} = C_{TC} \frac{dV_{BC}}{dt} = C_{TC}(R_L + r_{cs}) \frac{dI_C}{dt}$$

$$\frac{dQ_B}{dt} = C_{DE} \frac{dV_{BE}}{dt} = C_{DE} r_e \frac{dI_C}{dt}, \quad \frac{Q_B}{\tau_{nb}} = \frac{I_C}{\beta_0}$$

因为势垒电容随外加电压的变化而不同，故在一定电压范围内可取其平均值，即

$$\bar{C}_T = \frac{1}{V_2 - V_1} \int_{V_1}^{V_2} C_T(V) dV$$ (5.4.19)

基于上述诸因素，放大态电荷控制方程(5.4.18)可写为

$$i_b = \left(\frac{1}{\bar{\omega}_T} + R_L \bar{C}_{TC} \right) \frac{dI_C}{dt} + \frac{I_C}{\beta_0}$$ (5.4.20)

式中，$\frac{1}{\bar{\omega}_T} \approx \tau_e + \tau_b + \tau_c, \tau_e = r_e \bar{C}_{TE}, \tau_b = r_e C_{DE}, \tau_c = r_{cs} \bar{C}_{TC}$。

解此微分方程得通解为

$$t = -\left(\frac{1}{\bar{\omega}_T} + R_L \bar{C}_{TC} \right) \ln \frac{i_b \beta_0 - I_C}{i_b \beta_0}$$ (5.4.21)

4. 退出饱和状态的电荷控制方程

当脉冲信号去掉，外加发射结上的偏压转而为负，但因超量储存电荷的存在，其泻放需要一定时间；同时发射结和集电结正向压降也会下降，直至集电结上的正偏电压下降到零，超量储存电荷才消失，I_C 维持在 I_{CS}。此外，基区非平衡载流子的复合也会加速超量储存电荷的消失，同时认为发射结和集电结空间电荷区的电荷保持不变，故退出饱和状态的电荷控制方程应为

$$i_b = \frac{Q_B}{\tau_{nb}} + \frac{Q_X}{\tau_s} + \frac{dQ_X}{dt}$$ (5.4.22)

式中，$Q_X = Q_{BS} + Q_{CS}, \frac{Q_X}{\tau_s} = I_{BX}, \tau_s$ 称为饱和时间常数，$I_{BX} = I_{B1} - I_{BS}$。

以上分析的是晶体管开关过程中的几个典型电荷控制方程，主要考虑瞬态基极电流。当然也可用发射极电流或集电极电流来考虑。

5.5 开关时间计算

在应用电荷控制方程计算开关时间时，采用准静态近似方法。即把任一瞬态晶体管内的结压降或电流近似为相应时刻的稳态值，也就是认为直流稳态下电流和电荷之间的关系在瞬态时成立。基于此思路，可计算开关时间，下面仅给出结果。

5.5.1　延迟时间

延迟时间细分为两个阶段：第一阶段是从基极输入正脉冲的 t_0 时刻到晶体管开始导通的 t' 时刻，此时 $I_C \approx 0$，这段时间记为 t_{d1}。此后，I_C 由 0 上升到 t_1 时刻的 $0.1 I_{CS}$，所需要的时间记为 t_{d2}，利用晶体管由截止状态转向放大状态的电荷控制方程求得总延迟时间为

$$t_d = t_{d1} + t_{d2} \tag{5.5.1}$$

式中

$$
t_{d1} = \frac{V_{DE} C_{TE}(0)}{I_{B1}(1 - n_E)} \left[\left(1 + \frac{V_{BB}}{V_{DE}}\right)^{1 - n_E} - \left(1 - \frac{V_{j0}}{V_{DE}}\right)^{1 - n_E} \right]
$$
$$
+ \frac{V_{DC} C_{TC}(0)}{I_{B1}(1 - n_C)} \left[\left(1 + \frac{V_{CC} + V_{BB}}{V_{DC}}\right)^{1 - n_C} - \left(1 + \frac{V_{CC} - V_{j0}}{V_{DC}}\right)^{1 - n_C} \right] \tag{5.5.2}
$$

式中，V_{DE}、V_{DC} 分别为发射结和集电结的内建电势，可取 $0.8\mathrm{V}$；V_{j0} 为 PN 结微导通电压，对于硅约为 $0.5\mathrm{V}$；$C_{TE}(0)$、$C_{TC}(0)$ 分别为零偏压下的发射结和集电结势垒电容。

对于突变结，有

$$C_{TE}(0) = A_e \left[\frac{q \varepsilon_s N_B}{2 V_{DE}} \right]^{1/2} \tag{5.5.3}$$

对于线性缓变结，有

$$
\begin{cases}
C_{TE}(0) = A_e \left[\dfrac{q (\varepsilon_s)^2 a_{je}}{12 V_{DE}} \right]^{1/3} \\[3mm]
C_{TE}(V_{BE}) = \dfrac{C_{TE}(0)}{\left(1 - \dfrac{V_{BE}}{V_{DE}}\right)^{1/3}}
\end{cases} \tag{5.5.4}
$$

式中，a_{je} 为发射结处的杂质浓度梯度。

将突变结和线性缓变发射结的势垒电容表达式统一为

$$C_{TE}(V_{BE}) = C_{TE}(0) \left(1 - \frac{V_{BE}}{V_{DE}}\right)^{-n_E} \tag{5.5.5a}$$

同理，将突变结和线性缓变集电结的势垒电容表达式统一为

$$C_{TC}(V_{BC}) = C_{TC}(0) \left(1 - \frac{V_{BC}}{V_{DC}}\right)^{-n_C} \tag{5.5.5b}$$

对于突变结，n_E、n_C 取 $1/2$；对于线性缓变结，n_E、n_C 取 $1/3$。显然，若发射结为突变结，集电结为线性缓变结，则 n_E 取 $1/2$，n_C 取 $1/3$，$V_{BC} = -V_{CB}$。

$$t_{d2} = \beta_0 \left(\frac{1}{\omega_T} + \overline{C}_{TC} R_L \right) \ln \frac{I_{B1} \beta_0}{I_{B1} \beta_0 - 0.1 I_{CS}} \tag{5.5.6}$$

式中，对突变结，$\overline{C}_{TC} = 2 C_{TC}(V_{CC})$；对线性缓突变结，$\overline{C}_{TC} = 1.5 C_{TC}(V_{CC})$；一般扩散结 $\overline{C}_{TC} = 1.7 C_{TC}(V_{CC})$。

从 t_{d1}、t_{d2} 知，影响延迟时间的因素有：①发射结初始状态结偏压负值越大，或两个结的结电容越大，则由关态到开态需要补充的可动电荷数越多。②I_{B1} 增大时，单位时间可提供的电荷数增加，可使延迟时间 t_d 减小。

5.5.2　上升时间

在上升过程中,集电极输出电流从 t_1 时刻的 $0.1I_{CS}$ 增大到 t_2 时刻的 $0.9I_{CS}$,这时晶体管处于放大态。将 t_1 及此时 $I_C = 0.1I_{CS}$ 和 t_2 及 $I_C = 0.9I_{CS}$ 代入式(5.4.21)得,上升时间为

$$t_r = t_2 - t_1 = \beta_0 \left(\frac{1}{\omega_T} + \bar{C}_{TC} R_L \right) \ln \frac{I_{B1}\beta_0 - 0.1I_{CS}}{I_{B1}\beta_0 - 0.9I_{CS}} \tag{5.5.7}$$

式(5.5.7)表明,影响上升时间的因素主要有:①结电容 C_{TE}、C_{TC} 的大小,影响向两个空间电荷区充入的电荷量;②基区宽度 W_b 决定着建立一定的基区少子浓度梯度所需要的电荷量;③基区少子寿命影响复合损失所需要的电荷量;④基极充电电流 I_{B1} 的大小决定充电速度。

5.5.3　储存时间

储存时间也包括两个时间段,即超量储存电荷消失所需的时间 t_{s1} 和集电极电流由最大值 I_{CS} 下降到 $0.9I_{CS}$ 所需的时间 t_{s2},总储存时间 $t_s = t_{s1} + t_{s2}$。其中,t_{s1} 由退出饱和状态的电荷控制方程求出,t_{s2} 由放大状态电荷控制方程求出。

$$t_{s1} = \tau_s \ln \left(\frac{I_{B1} + I_{B2}}{I_{B2} + I_{CS}/\beta_0} \right) \tag{5.5.8}$$

式中,τ_s 为饱和时间常数,可应用 EM 方程及电荷控制方程求得。在一定近似条件下,对于硅平面管,当集电区厚度大于其少子空穴扩散长度时,有

$$\tau_s = \begin{cases} \dfrac{0.6}{\omega_b} + \dfrac{\tau_{pc}}{2}, & W_c > L_{pc} \\[3mm] \dfrac{0.6}{\omega_b} + \dfrac{W_c^2}{2D_{pc}}, & W_c < L_{pc} \end{cases} \tag{5.5.9}$$

式中,τ_{pc} 为集电区"少子"空穴寿命;D_{pc} 为其扩散系数;ω_b 为基区渡越截止角频率。

$$t_{s2} = \beta_0 \left(\frac{1}{\omega_T} + \bar{C}_{TC} R_L \right) \ln \left(\frac{I_{CS} + I_{B2}\beta_0}{0.9I_{CS} + I_{B2}\beta_0} \right) \tag{5.5.10}$$

式(5.5.8)和式(5.5.10)表明,影响储存时间长短的因素有:①晶体管进入饱和状态时积存的超量存储电荷与 I_{B1}、饱和深度、基区宽度 W_b、集电区厚度 W_c 等因素有关;②关断过程中超量存储电荷消失的快慢与 I_{B2}、少子寿命 τ_{pc} 等因素有关。

5.5.4　下降时间

下降时间为 t_4 到 t_5 的时间段,这时晶体管已退出饱和状态,进入放大状态,由晶体管处于放大状态的电荷控制方程求出。

$$t_f = t_5 - t_4 = \beta_0 \left(\frac{1}{\omega_T} + \bar{C}_{TC} R_L \right) \ln \left(\frac{0.9I_{CS} + I_{B2}\beta_0}{0.1I_{CS} + I_{B2}\beta_0} \right) \tag{5.5.11}$$

在上述 4 个开关时间中,存储时间最长,缩短存储时间也就能大幅度地缩短整个开关时间,也就是说减小 t_s 是缩短整个开关时间的关键。缩短存储时间的主要措施有:①开启时,在保证导通的前提下,I_{B1} 不要太大,即不要让晶体管饱和程度太深,以减少 Q_{BS} 和 Q_{CS};

②在外延结构中,在保证集电结结耐压的前提下,尽可能地减小外延层厚度,而在无外延层结构中,应设法减小集电区少子扩散长度 L_{pc},其目的都是减少超量存储电荷的储存空间;③加大抽取电流;④缩短集电区少子寿命 τ_{pc},对于硅 NPN 晶体管,采用掺金工艺可以有效缩短 τ_{pc},减小饱和时间常数 τ_s,从而提高开关速度。

5.6 开关晶体管的正向压降和饱和压降

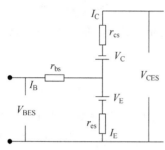

图 5.46 饱和态晶体管等效电路

在共射极连接状态下,晶体管工作在饱和态时,输入端基极和发射极之间的压降称为正向压降,以 V_{BES} 表示。在饱和态下输出端集电极和发射极之间的压降,常称共射极反向饱和压降,以 V_{CES} 表示。晶体管工作在饱和状态下,等效电路如图 5.46 所示。

由图 5.46 得,晶体管饱和时基极和发射极之间的正向压降为

$$V_{BES} = V_E + I_B r_{bs} + I_E r_{es} \approx V_E + I_B r_{bs} \quad (5.6.1)$$

式中,r_{bs} 为晶体管工作在饱和态时的基极电阻;r_{es} 为饱和态时的发射区串联电阻。由于发射区杂质浓度高,故其串联电阻很小,可忽略不计。V_E 为晶体管发射结压降,与电流有关,即

$$V_E = \frac{kT}{q} \ln\left(\frac{I_E - \alpha_R I_C}{I_{EBO}} + 1\right) \quad (5.6.2)$$

同理,反向饱和压降为

$$V_{CES} = V_E - V_C + r_{es} I_E + r_{cs} I_C$$
$$\approx V_{CE} + r_{cs} I_C \quad (5.6.3)$$

式中,V_C 为集电结压降;r_{cs} 为集电区体电阻,且

$$V_C = \frac{kT}{q} \ln\left(\frac{\alpha_F I_E - I_C}{I_{CBO}} + 1\right) \quad (5.6.4)$$

$$r_{cs} = \rho_c \frac{W_c}{A_C} \quad (5.6.5)$$

式(5.6.2)~式(5.6.5)知,降低开关晶体管饱和压降措施为:①选择集电区电阻率 ρ_c 低的材料;②在保证击穿电压的情况下减小集电区厚度 W_c;③尽量降低各区与电极金属层的接触电阻;④增大饱和深度或减小饱和压降 V_{CES},因为饱和深度因子 S 越大,过驱动程度越高,驱动电流增大,储存电荷增多,进而 V_C 提高,使 V_{CES} 下降。

习题 5

5.1 一个高频双极型晶体管工作于 240MHz 时,其共基极电流放大系数为 0.78,若该频率为其截止频率 f_α,试求 $\beta = 6$ 时其工作频率(设 $\tau'_e = \tau_e$)。

5.2 已知 NPN 晶体管共射极电流增益 $\beta_0 = 110$,在工作频率 20MHz 下测得 $\beta = 70$;试计算:①f_β 及 f_T;②工作频率上升到 480MHz 时 β 下降到多少?

5.3 已知 NPN 双扩散外延平面晶体管,集电区电阻率 $\rho_c = 1.2\Omega \cdot cm$,集电区厚度 $W_c = 10\mu m$,硼扩散表面浓度 $N_{BS} = 5 \times 10^{18} cm^{-3}$,结深 $x_{jc} = 1.4\mu m$。求集电极偏置电压分别为 25V 和 2V 时产生基区扩展效应的临界电流密度。

5.4 已知 NPN 晶体管共射极电流增益低频值 $\beta_0 = 100$,在 20MHz 下测得电流增益 $|\beta| = 60$。求工作频率上升到 400MHz 时,β 下降到多少?计算出该管的 f_β 和 f_T。

5.5 在 $T = 300K$ 下,均匀掺杂硅基双极型晶体管参数如下:

$$I_E = 0.25mA \qquad C_{TE} = 0.35pF$$
$$W_b = 0.65\mu m \qquad D_b = 25cm^2/s$$
$$x_{mc} = 2.2\mu m \qquad r_{cs} = 18\Omega$$
$$C_{TC} = 0.040pF \qquad \beta = 125$$

试计算:

(1) 计算传输时间系数 τ_e、τ_b、τ_d 和 τ_c;

(2) 计算总传输时间 τ_{ec};

(3) 计算截止频率 f_T;

(4) 计算 β 截止频率 f_β。

5.6 在一个特殊的双极型晶体管中,基区传输时间为总时间的 20%,基区宽度为 $0.5\mu m$,基区扩散系数 $D_b = 20cm^2/s$,试确定截止频率。

5.7 假设 BJT 基区运输时间为 100ps,载流子以 $10^7 cm/s$ 的速度穿过 $1.2\mu m$ 的 B-C 空间电荷区。E-B 结充电时间为 25ps,集电极电容和电阻分别为 0.1pF 和 10Ω,确定截止频率。

5.8 画出 NPN 晶体管小注入和大注入时基区少子分布图,简述两者的区别与原因。

5.9 硅 NPN 平面晶体管,其外延厚度为 $10\mu m$,杂质浓度 $N = 10^{15} cm^{-5}$,计算 $|V_{CB}| = 20V$,产生有效基区扩展效应的临界电流密度。

5.10 硅 NPN 平面管的基区杂质为高斯分布,在发射区表面的受主浓度为 $10^{19} cm^{-3}$,发射结结深为 $0.75\mu m$,集电结结深为 $1.5\mu m$,集电区杂质浓度为 $10^{15} cm^{-3}$,试求其最大集电极电流密度。

5.11 硅晶体管的集电区总厚度为 $100\mu m$,面积为 $10^{-4} cm^2$,当集电极电压为 10V,电流为 110mA 时,该结温与管壳温度之差为几摄氏度(忽略其他介质的热阻)?

5.12 硅 NPN 晶体管基区平均杂质浓度为 $5 \times 10^{17} cm^{-3}$,基区宽度为 $2\mu m$,发射极条宽为 $12\mu m$,如果基区横向压降为 $\dfrac{kT}{q}$,求发射极最大电流密度。

5.13 在习题 5.11 中晶体管的 f_T 为 800MHz,工作频率为 500MHz,如果通过发射极的电流密度为 $300mA/cm^2$,则其发射极有效条宽应为多少?

5.14 NPN 双极型晶体管的饱和电压 V_{CES} 随基极电流的增加缓慢下降。在 Ebers-Moll 模型中,假设 $\alpha_F = 0.99$,$\alpha_R = 0.20$,$I_C = 1mA$,$T = 300K$,求基极电流 I_B,以使:(1) $V_{CES} = 0.3V$;(2) $V_{CES} = 0.2V$;(3) $V_{CES} = 0.1V$。

5.15 对于一个工作于有源区的 NPN 双极晶体管,运用 Ebers-Moll 模型将基极电流 I_B 用 α_F,α_R,I_{ES},I_{CS} 和 V_{BE} 表示出来。

5.16 对 Ebers-Moll 模型,将基极开路,使 $I_B = 0$。证明,当施加 C-E 结电压 V_{CE}

时,有

$$I_C \equiv I_{CEO} = I_{CS} \frac{(1 - \alpha_F \alpha_R)}{(1 - \alpha_F)}$$

5.17 Ebers-Moll 模型中,$\alpha_F = 0.9920$,$I_{ES} = 5 \times 10^{-14}$ A,$I_{CS} = 10^{-13}$ A。$T = 300$K 时,画出在 -0.5V$< V_{CB} < 2$V 时以下三种情况下的 I_C-V_{CB} 曲线(注意,$V_{CB} = -V_{BC}$):(1)$V_{BE} = 0.2$V;(2)$I_{ES} = 5 \times 10^{-14}$ A;(3)$V_{BE} = 0.6$V。

5.18 在 Ebers-Moll 模型中,由式(5.4.6b)可以得到 C-E 结饱和电压的表达式。设一个功率 BJT 参数 $\alpha_F = 0.975$,$\alpha_R = 0.150$,$I_C = 5$A,请画出 I_B 在 0.15A$\leqslant I_B \leqslant 1.0$A 变化时,$V_{CES}$ 随 I_B 变化的曲线。

5.19 (1)设计一个 NPN 硅基双极型晶体管,在 $T = 300$K 时,厄尔利电压至少为 140V,共射极电流增益至少为 $\beta = 120$;(2)换成 PNP 晶体管重做(1)。

5.20 设计一个均匀掺杂的 NPN 双极型晶体管,使 $T = 300$K 时,$\beta = 100$。C-E 结最大电压为 15V,击穿电压至少为此值的 3 倍。假设复合系数为 0.995。晶体管工作于小注入条件下,最大集电极电流 $I_C = 5$mA。设计时应尽量减少禁带变窄和基区宽度调制效应的影响。令 $D_e = 6$cm²/s,$D_b = 25$cm²/s,$\tau_{E0} = 10^{-8}$s,$\tau_{b0} = 10^{-7}$s。试确定杂质浓度、冶金结基区宽度、有源区面积和最大允许电压 V_{BE}。

5.21 设计一对互补的 NPN 和 PNP 双极型晶体管。它们有同样的冶金结基区宽度和发射区宽度:$W_b = 0.75\mu$m,$W_e = 0.5\mu$m。假设两种器件有相同的少子参数:

$$D_n = 23 \text{cm}^2/\text{s}, \quad \tau_{n0} = 10^{-7} \text{s}$$

$$D_p = 8 \text{cm}^2/\text{s}, \quad \tau_{p0} = 5 \times 10^{-8} \text{s}$$

两种器件的集电区杂质浓度均为 $N_C = 5 \times 10^{15}$ cm^{-3},复合系数均为 0.995。试求:

(1) 如果可能,设计器件使 $\beta = 100$;如果不可能,则能得到的最接近的值为多少?

(2) 在 B-E 结上加相等的正偏电压,使晶体管工作在小注入条件下时,集电极电流 $I_C = 5$mA,试确定有源区的横截面积。

第 6 章

MOS 场效应晶体管

本章在介绍场效应晶体管与双极型晶体管差异基础上,从金属与半导体接触类型入手,先分析理想 MOS 结构特点、不同偏压下电荷状态、电容电压特性等,再分析实际 MOS 结构及其特性,包括功函数差、氧化层中电荷、能带图与电荷分布及平带电压等;在分析MOSFET 基本结构、工作原理、基本类型、特性曲线和阈值电压及其影响因素基础上,先分析 MOSFET 直流特性、击穿特性、亚阈特性及其影响因素(包括耗尽层电荷的变化、沟道长度调制效应、迁移率调制效应、温度的影响等),再分析 MOSFET 交流小信号特性与参数及交流小信号低高频特性。讨论了 MOSFET 开关特性,包括开关电路与电流电压波形、NMOS 开关类型与开关所带负载的关系等,最后,分析了短沟道效应、窄沟道效应及它们对阈值电压的影响。

场效应晶体管(Field Effect Transistor,FET)包括结型场效应晶体管(PN Junction FET,PNJFET)、金属-半导体接触型场效应管(Metal Semiconductor FET,MESFET)及金属-氧化物-半导体场效应管(Metal Oxide Semiconductor FET,MOSFET)等。

与双极型晶体管相比,FET 具有许多不同的特点:①它是一种电压控制器件,而 BJT 是电流控制器件;②它是多子器件和单极器件,因而无少子扩散引起的散粒噪声,仅有热噪声,故噪声较低;③只有一种极性的载流子参与工作,而 BJT 是两种极性的载流子都参与工作;④输入阻抗高,有利于放大器的直接耦合,且输入功耗小;⑤温度稳定性好,具有零或负温度系数,大电流下工作稳定,增益在较高漏电流下是常数;⑥制造工艺较 BJT 简单,增强型 MOS 管(EMOS)具有天然的隔离,有利于提高集成度。

MOSFET 在大规模集成电路(LSIC)及超大规模集成电路(VLSIC)中,已成为最重要的一类电子器件。本章重点论述 MOSFET 结构、原理、特性等基本理论及应用。

6.1　金属与半导体接触

金属与半导体接触可以是欧姆接触也可以是整流接触(也称肖特基势垒结),但究竟是何种接触,取决于两种材料的功函数之差、半导体的电子亲和势、半导体的表面态密度及杂质浓度等因素。

对于金属与真空的界面,设金属中的电子逸出到真空所需要的最低能量为 $q\phi_m$,称为金属功函数(常简称 ϕ_m 为功函数,二者单位不同);以半导体费米能级与真空能级能量 E_0 之

差为 $q\phi_s$，称为半导体的功函数；真空能级与半导体导带底的能量之差为 $q\chi$，称为半导体的亲和能，则

$$q\phi_s = q\chi + (E_C - E_F) \tag{6.1.1}$$

当金属与 N 型半导体接触时，有以下几种情况。

6.1.1 整流接触

若 $\phi_m > \phi_s$，如图 6.1(a)所示，半导体中的自由电子向金属流动，同时在界面附近形成由电离施主构成的空间电荷区，由于金属的电子浓度很高，N 型半导体的杂质浓度较低，故空间电荷区主要在半导体一边，能带向上弯曲。这种电子的流动一直持续到金属与半导体的费米能级达到一致，电子的能量分布再次达到平衡。其结果是对于金属中的电子来说产生了高度为 $q(\phi_m - \chi)$ 的势垒，相当于金属中的电子跳到导带所需的最低能量，即为肖特基势垒；若以 ϕ_{sb} 表示肖特基势垒的接触电势，则

$$\phi_{sb} = \phi_m - \chi \tag{6.1.2}$$

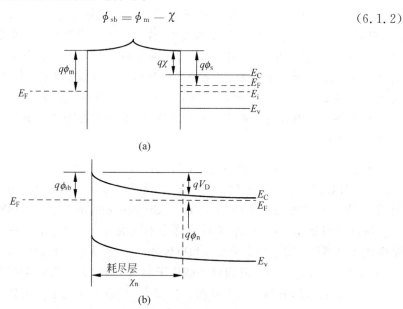

图 6.1　金属与半导体接触

(a)接触前能带；(b)肖特基势垒能带

对 N 型半导体中的电子而言，产生的势垒为 $q\phi_{ms}$，ϕ_{ms} 为金属-半导体的接触电势，即

$$\phi_{ms} = \phi_m - \phi_s \tag{6.1.3}$$

这与 PN 结的接触电势的意义相同，但一般金属-半导体的接触电势要比 PN 结的低。当外加偏压的极性变化时，流过结区的电流大小将不同，从而形成所谓的整流接触。

事实上，半导体表面不可避免地存在大量的表面态，使金属-半导体接触界面处费米能级钉扎在带隙中离价带约 $E_g/3$ 处；对于 N 型半导体，其能带会在界面处向下弯曲，对空穴形成势垒；故金属功函数的大小并不是主要因素，肖特基势垒的接触电势 ϕ_{sb} 的大小与 ϕ_m 的关系不大，而由表面态密度决定；实际上，肖特基势垒高度都是从实验测得的电流-电压特性或电容-电压特性中得到。表 6.1 是一些代表性的半导体与金属接触形成的 ϕ_{sb} 在

300K 时测定值。

表 6.1 常用金属-半导体接触形成肖特基势垒高度（单位：eV）

电极金属	半 导 体							
	Si	Ge	SiC	GaP	GaAs	ZnS	ZnSe	CdS
Al	0.5~0.7	0.48	2.0	1.05	0.8	0.8	—	欧姆接触
Ag	0.56~0.79	—	—	1.20	0.88	1.65		0.35~0.56
Au	0.81	0.45	1.95	1.30	0.90	2.0	1.36	0.68~0.78
Cu	0.69~0.79	0.48	—	1.20	0.82	1.75	1.10	0.36~0.5
Mg	—	—	—	1.04	—	0.82	0.70	—
Ni	0.67~0.70	—	—	—	—	—		0.45
Pb	0.40~0.79	—	—	—	—	—		—
Pd	0.71	—	—	—	—	1.87		0.62
Pt	0.90	—	—	1.45	0.86	1.84	1.40	0.85~1.1
PtSi	0.85	—						
W	0.66	0.48						

6.1.2 欧姆接触

若 $\phi_m < \chi < \phi_s$，其界面处半导体能带将向下弯曲，它对于金属一侧的电子和半导体一侧的电子都不存在事实上的势垒，从而形成欧姆接触。

在杂质浓度很低的情况下，电子主要依靠越过势垒形成的电流，即热电子发射，在高掺杂的半导体中，由于肖特基势垒结的耗尽层很薄，电子可以隧穿势垒，以场发射的方式形成电流。在杂质浓度很高的情况下，金属-半导体间的接触电阻很低，其电流-电压特性为线性，即为欧姆接触。

【例 6.1】 对于金属与半导体接触，若加入一高掺杂层形成 M-N^+N 结，可以成为欧姆接触，试解释之。

解：对于 N^+N 结，由于 N^+ 区的 E_F 高于 N 区的 E_F，当它们形成 N^+N 结（高低结）后，N^+ 区的电子向低掺度 N^- 区的电子移动，使界面处能带弯曲，如图 6.2(a)所示。正偏时，N 区接"＋"，N^+ 区接"－"，接触势垒降低，N^+ 区的电子很容易进入 N 区中，故正向电流很大，如图 6.2(b)所示。

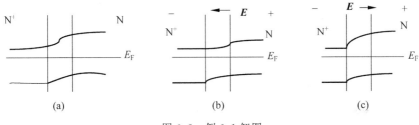

图 6.2 例 6.1 解图

反偏时，势垒升高，由于 N 区的电子是多子，所以由 N 区到 N^+ 区的电子流仍然很大。如图 6.2(c)所示。因此，N^+N 结正反向均不呈现高阻，是良好的欧姆接触。

对于 M-N$^+$ 结,是一个肖特基结,其接触电阻与半导体的电阻率有关,电阻率越低,接触电阻越小,其接触后的能带如图 6.3(a)所示。对于 N$^+$ 区,由于高掺杂使载流子趋于简并化,故类似金属。正偏时,接触势垒降低,半导体 N$^+$ 的多子(电子)向金属层运动,故正向电流大,如图 6.3(b)所示。

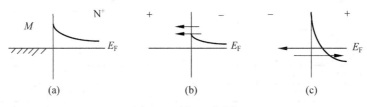

图 6.3 例 6.1 解图

加反偏电压后,N$^+$ 区的 E_c 低于金属的 E_F;通过隧道效应,N$^+$ 区的多子(电子)进入金属,同样金属中的电子进入 N$^+$ 的导带,使接触电阻变得很小,形成欧姆接触,如图 6.3(c)所示。综述以上两种情况,整个 M-N$^+$ N 结是欧姆接触。

【例 6.2】 利用金属-半导体接触,推导非均匀掺杂半导体的杂质浓度的表达式为

$$N(x_m) = \cfrac{1}{q\varepsilon_s \left[\cfrac{\mathrm{d}\left(\cfrac{1}{C^2}\right)}{\mathrm{d}V}\right] A^2} \quad (A \text{ 为金属 - 半导体结的面积})$$

并加以讨论说明。

解:对于非均匀掺杂半导体,金属与半导体肖特基势垒的空间电荷的示意图,如图 6.4 所示。

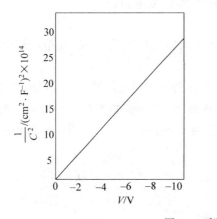
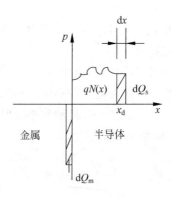

图 6.4 例 6.2 解图

在给定的直流反偏电压 V_a 下($V_a < 0$),空间电荷区宽度为 x_m,稍微增加 V_a 值,就会引起空间电荷 Q_s 的一个增量 $\mathrm{d}Q_s$

$$\mathrm{d}Q_s = qN(x_m)A\,\mathrm{d}x = C\,\mathrm{d}V_a$$

式中,小信号电容 C 是在 V_a 下进行测量的。上式可写成

$$N(x_m) = \frac{C}{qA\left(\dfrac{\mathrm{d}x}{\mathrm{d}V_s}\right)}$$

式中,小信号电容 C 为

$$C = \frac{A\varepsilon_s}{x_m}$$

式中,ε_s 为半导体的介电常数。因此

$$\frac{\mathrm{d}x}{\mathrm{d}V_a} = \frac{\mathrm{d}x}{\mathrm{d}C}\frac{\mathrm{d}C}{\mathrm{d}V_a} = -\frac{\varepsilon_s A}{C^2}\left(\frac{\mathrm{d}C}{\mathrm{d}V_a}\right)$$

于是

$$N(x_m) = \frac{C}{qA\left(\dfrac{\mathrm{d}x}{\mathrm{d}V_a}\right)} = -\frac{C^3}{q\varepsilon_s A^2\left(\dfrac{\mathrm{d}C}{\mathrm{d}V_a}\right)}$$

由于

$$\frac{\mathrm{d}\left(\dfrac{1}{C^2}\right)}{\mathrm{d}V_a} = -\frac{2}{C^3}\frac{\mathrm{d}C}{\mathrm{d}V_a}$$

故

$$N(x_m) = \frac{2}{q\varepsilon_s\left[\dfrac{\mathrm{d}\left(\dfrac{1}{C^2}\right)}{\mathrm{d}V_a}\right]A^2}$$

该例表明,$\dfrac{1}{C^2}$ 与偏压 V_a 的曲线斜率直接可以表示出空间电荷层边缘的杂质浓度,用实验所得曲线的斜率去除 $\dfrac{2}{q\varepsilon_s A^2}$ 即可求出 $N(x_m)$。

6.2　MOS 结构及其性质

由金属-氧化物-半导体组成的 MOS 结构是 MOSFET 的核心,现以基于 P-Si 半导体衬底的 MOS 结构为例,分析其在外电压作用下半导体表面层电荷的变化及 C-V 特性。如图 6.5 所示,氧化物层为 SiO_2 层,金属可以是 Al 或其他导电金属。

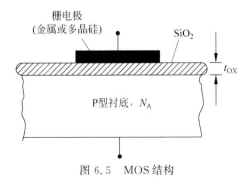

图 6.5　MOS 结构

6.2.1 理想 MOS 结构

1. 理想 MOS 结构特点

理想 MOS 结构具有以下特点：①忽略金属和半导体的功函数差；②忽略氧化层的可动离子及固定电荷；③忽略氧化膜与半导体界面的表面态；④氧化层中无电流流动。没有外加电压时，半导体的能级处于平齐状态，如图 6.6 所示。

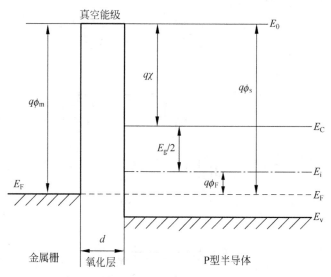

图 6.6　热平衡下理想 MOS 二极管能带图

图 6.6 为 $V_{GS}=0$ 时理想 MOS 二极管能带图。金属和半导体的功函数分别为 $q\phi_m$ 和 $q\phi_s$，$q\chi$ 为亲和能，$q\phi_F=E_i-E_F$。在 $V_{GS}=0$ 时，有

$$q\phi_{ms}=q\phi_m-q\phi_s=q\phi_m-\left(q\chi+\frac{E_g}{2}+q\phi_F\right)=0 \tag{6.2.1}$$

2. 理想 MOS 结构不同偏压下电荷状态

当 MOS 结构加有偏置电压时，将在半导体表面产生一定的感应电荷。其电荷类型与外加电压有关，可归纳为图 6.7 所示的 4 种基本情况。

第一种情况：空穴积累。当外加电压 $V_G<0$，会产生由半导体表面指向金属电极的垂直电场，将 P 型半导体中的多数载流子（空穴）吸引到表面，使表面形成空穴积累层。这时半导体的能带在表面将略微上弯，空穴的浓度会大量增加，如图 6.7(a) 所示。其中，Q_s 为半导体中每单位面积的正电荷量，Q_m 为金属中每单位面积的负电荷量，$|Q_m|=Q_s$。

当外加电压 $V_G>0$，其电场方向则是由金属指向半导体，会将 P 型半导体表面层中的空穴赶走，形成负的表面电荷层，这时会有图 6.7(b)~(d) 三种情况。

第二种情况：耗尽层。若 V_G 较低，那么将形成表面耗尽层，空穴流走后，剩下带负电的受主离子，其能带将在表面略微向下弯曲，此种情况称为耗尽现象。半导体中每单位面积的空间电荷 $Q_{BM}=qN_AW$，W 为表面耗尽区的宽度。由于外加电压 V_G 在氧化层及半导体表面层分压，设表面层的压降为 V_s，又称半导体的表面势，这时有

$$V_s<\phi_F \tag{6.2.2}$$

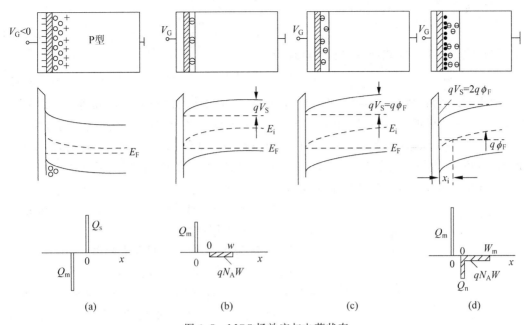

图 6.7 MOS 场效应与电荷状态

(a) 积累；(b) 耗尽；(c) 弱反型；(d) 强反型

ϕ_F 称为费米势，表示半导体内部本征能级和费米能级之差，即

$$q\phi_F = (E_i - E_F) \tag{6.2.3}$$

根据载流子浓度的玻尔兹曼统计分布规律，P 型半导体中多子空穴的浓度可由 ϕ_{FP} 表示为

$$p_{p_0} = n_i e^{(E_i - E_F)/kT} = n_i e^{q\phi_{FP}/kT} = N_A \tag{6.2.4}$$

故

$$\phi_{FP} = \frac{E_i - E_F}{q} = \frac{kT}{q} \ln \frac{N_A}{n_i} \tag{6.2.5}$$

同理，对于 N 型材料，其费米势应为

$$\phi_{FN} = \frac{E_i - E_F}{q} = -\frac{kT}{q} \ln \frac{N_D}{n_i} \tag{6.2.6}$$

图 6.7(b)表明，由于表面本征能级向费米能级接近，使空穴浓度大大减少，虽有微量电子产生，但与电离杂质的空间电荷相比，可忽略不计，故可视为耗尽层。

第三种情况：弱反型层。若 V_G 较高，使半导体表面层的压降增大，达到

$$\phi_F < V_s < 2\phi_F \tag{6.2.7}$$

这时能带明显下弯，本征能级在表面将达到或稍微超过费米能级 E_F，说明表面层内已有电子的积累，由 P 型向 N 型转化，故称这种情况为"弱反型"，如图 6.7(c)所示。

第四种情况：强反型层。当 V_G 增加到使半导体的表面势达到

$$V_s \geqslant 2\phi_F \tag{6.2.8}$$

因表面电子浓度可表示为

$$n_s = n_i e^{(E_F - E_i)/kT} \tag{6.2.9}$$

也可表示为

$$n_s = n_{p0} e^{qV_s/kT} \qquad (6.2.10)$$

通过热平衡方程及式(6.2.4),不难得到

$$n_s = N_A e^{q(V_s - 2\phi_F)/kT} \qquad (6.2.11)$$

故当 $V_s = 2\phi_F$,则有 $n_s = N_A$,即表面的电子浓度和体内的空穴浓度相等,表面层由 P 型变成了 N 型,出现"强反型"。在此情况之后,大部分在半导体中额外的负电荷是由电子在很窄的 N 型反型层($0 \leqslant x \leqslant x_i$)中产生的 Q_n 所组成,如图 6.7(d)所示。这时,能带在表面弯曲得厉害,本征能级在 E_F 之下,E_F 离导带底的距离比价带顶的距离更近。

表面电子浓度和表面势的关系曲线如图 6.8 所示。

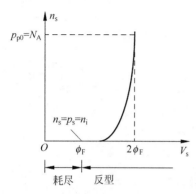

图 6.8 表面电子浓度和表面势

以上讨论的是 P 型衬底的情况,对于 N 型衬底,读者可以据此做出相应分析。

3. 理想 MOS 结构的电容电压特性

理想 MOS 结构可视为平板电容,其 SiO_2 层是绝缘电介质;金属与半导体视为电容器的两个极板,称为 MOS 电容。由于外加电压的变化,导致半导体的表面电荷出现"积累",或"耗尽"或"反型"状态,其厚度也随之变化,相当于 MOS 两极板间距离随之变化。MOS 电容器的电容应为氧化层电容 C_{OX} 和半导体表面耗尽层电容 C_s 的串联,其等效电路,如图 6.9(a)所示;其 C-V 特性如图 6.9(b)所示。根据图 6.9,有

$$C_{MOS} = \frac{1}{\dfrac{1}{C_{OX}} + \dfrac{1}{C_s}} = \frac{C_{OX} C_s}{C_{OX} + C_s} \qquad (6.2.12)$$

式中

$$C_{OX} = \frac{\varepsilon_{OX}}{t_{OX}} \qquad (6.2.13a)$$

$$C_s = \frac{\varepsilon_{OX}}{x_d} \qquad (6.2.13b)$$

式中,t_{OX} 为氧化层厚度;ε_{OX} 为氧化层的介电常数,对于 SiO_2,$\varepsilon_0 = 3.9$;x_d 为耗尽层厚度;ε_{rOX} 为半导体的相对介电常数,$\varepsilon_{OX} = \varepsilon_0 \varepsilon_{rOX}$。

在平带条件下($\phi_{ms} = 0$),有

$$C_{s\text{-平带}} = \frac{\sqrt{2}\,\varepsilon_{OX}}{L_D} \qquad (6.2.14)$$

$$C_{MOS\text{-平带}} = \frac{\varepsilon_{OX}}{t_{OX} + \dfrac{1}{\sqrt{2}}\left(\dfrac{\varepsilon_{OX}}{\varepsilon_s}\right) L_D} \qquad (6.2.15)$$

图 6.9 表明:在 $V_G < 0$ 的状态,半导体表面为积累层,故 MOS 电容就等于氧化层电容 C_{OX};在 $V_G > 0$ 的状态,MOS 电容等于氧化层电容 C_{OX} 和耗尽层电容 C_s 的串联,使总电容 C_{MOS} 小于 C_{OX};当电压升高,耗尽层增厚时,C_s 变小,使 C_{MOS} 随 V_G 升高而变小。当 V_G 升

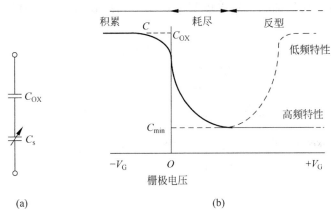

图 6.9　MOS 电容及 $C\text{-}V$ 特性

(a) 等效电路；(b) $C\text{-}V$ 特性

高使半导体表面出现反型层时，反型层下面的耗尽层厚度达到最大值，因为反型层中高的载流子浓度会对外电压所产生的电场造成屏蔽。故耗尽层电容基本恒定，MOS 电容达到最小值 $C_{\min}$。在反型情况下，若 V_G 再有微小变化，MOS 电容的大小为所加交流信号频率的函数。如信号频率足够低(10Hz)，反型电荷的变化速度能跟得上外加电压的变化，其电压的变化就会引起反型层电荷的变化，这时，其微分电容将和平板电容一样，即等于氧化层电容。如果交流偏压的频率高，反型电荷密度的变化跟不上交流偏压的变化，这时电压的变化仍依靠耗尽层边缘的移动，故高频 MOS 电容将基本维持在一个恒定的最低值 $C_{\min}$。

6.2.2　实际 MOS 结构及其特性

对于实际的 MOS 结构，金属电极功函数差 $q\phi_{ms}$ 不为零，氧化层内部或 $SiO_2\text{-}Si$ 界面处存在不同的电荷，将以各种方式影响理想 MOS 结构的特性。

1. 功函数差的影响

在实际的 MOS 结构中，金属-半导体功函数差 $q\phi_{ms}=q(\phi_m-\phi_s)$ 不等于零，半导体能带向下弯曲，如图 6.10 所示，图中，金属和半导体各自的费米能级分别为 E_{Fm} 和 E_{FS}，功函数分别为 $q\phi_m$ 和 $q\phi_s$；E_0 表示真空能级。在热平衡状态下，金属含正电荷，而半导体表面为负电荷，故半导体能带需向下弯曲。以铝为例，硅的功函数较大，铝的功函数较小，因此在 $Al\text{-}SiO_2\text{-}Si$ 组成的 MOS 结构中，铝的费米能级比 P 型硅高，当把两者短路连接时，电子将会从铝流到 P 型硅中。达到平衡状态时，在氧化膜和硅表面区就产生一定的电势梯度，使能带弯曲向下，表面区出现耗尽或反型情况。为达到如图 6.6 所示的理想平带状况，需外加一个相当于功函数差 $q\phi_{ms}$ 的电压，使能带变成如图 6.11 所示

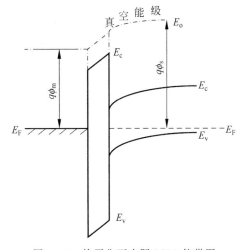

图 6.10　热平衡下实际 MOS 能带图

的状况。在此需在金属外加一个负电压 V_{FB}，吸引空穴到表面区，以补偿表面区的负电荷，称此电压为平带电压。

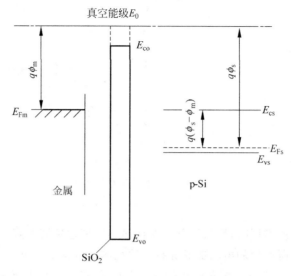

图 6.11　实际使 MOS 平带情况

2. 氧化层中电荷的影响

除了金属与半导体功函数不同会引起半导体表面能带发生弯曲以外，在 MOS 结构氧化膜中存在的电荷也会引起平衡态下硅表面区中能带发生弯曲。通常 SiO_2-Si 结构中包括以下 4 种情况，如图 6.12 所示。

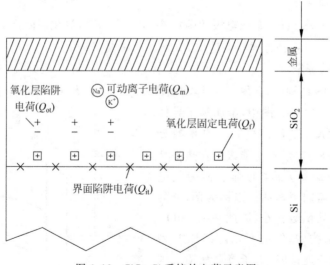

图 6.12　SiO_2-Si 系统的电荷示意图

（1）界面中陷阱电荷（亦称界面态电荷）Q_{it}。Q_{it} 是由 SiO_2-Si 界面特性所造成，且与界面处的化学键有关。这些陷阱位于 SiO_2-Si 界面处，而其能级位于硅的禁带中。界面态的密度与硅片的晶向有关，<111>面最大，<100>面最小。因此，MOS 晶体管都选择硅的<100>面作衬底。

（2）氧化层中固定电荷 Q_f。Q_f 位于距离 SiO_2-Si 界面约 $3nm$ 处，固定不动，基本不随外加电压变化，一般来说为正电荷，电荷密度为 $10^{10} \sim 10^{11}$ 个/cm^2 数量级。在通常的外电场作用下，它们不移动，带电状况也不随硅表面势的变化而变化。固定电荷的产生与氧化、退火条件及硅的晶体方向有关。当氧化停止时，一些离子化的硅留在界面处，而这些离子与表面未完全成键的硅结合（Si-Si 和 Si-O）可能导致产生正的界面电荷 Q_f。固定电荷密度 $<111>$ 晶面为最大，$<100>$ 晶面为最小。由于 $<100>$ 晶面具有较低的 Q_{it} 与 Q_f，所以常用硅基的 MOSFET。

（3）氧化层陷阱电荷 Q_{ot}。它们常随着 SiO_2 的缺陷产生。这些电荷可由电离辐射和热电子效应产生，分布于氧化层内部，大部分与工艺有关的 Q_{ot} 可通过低温退火而消除。

（4）可动离子电荷 Q_m。Q_m 是进入 SiO_2 膜中的碱金属离子 Na^+、K^+ 等，它们在工作温度和电场的作用下能够在 SiO_2 膜中移动，可能会导致器件稳定性变差，并使 C-V 曲线沿着电压轴产生位移。因此，在器件制作过程中需特别注意钠离子沾污的可能来源。

上述 4 种电荷位于 SiO_2-Si 界面附近时，硅表面能带弯曲最大。为达到平带条件，所需的外加电压最大。当将氧化膜所有空间电荷用一个位于 SiO_2-Si 界面处的薄层电荷 Q_{OX} 来等效时，实验发现：Q_{OX} 与衬底的导电类型无关，与衬底的晶向有关，在通常的热氧化生长的氧化膜中，Q_{OX} 是正电荷。

6.2.3　平带电压

1. 实际 MOS 结构能带图与电荷分布

在 Al-SiO_2-Si 组成的 MOS 结构中，假定金属与半导体的功函数差为零，但氧化膜中存在正电荷 Q_{OX}，其会在半导体表面感应出负电荷，使 P 型半导体表面耗尽或反型，使 N 型半导体表面出现积累。当式（6.2.8）取等号时，就得到达强反型的临界状态。即表面势为费米势的 2 倍，即

$$V_s = 2\phi_F = \frac{2kT}{q}\ln\frac{N_A}{n_i} \tag{6.2.16}$$

MOS 结构强反型时的能带图与电荷分布如图 6.13 所示。

图 6.13 中，Q_m 为外加栅压在金属电极上产生的面电荷密度；Q_{OX} 为栅绝缘层中固定电荷、可移动电荷和界面态在 Si-SiO_2 界面处的等效表面态电荷密度；Q_n 为反型层中单位面积上的导电电子电荷密度；Q_{BM} 是表面耗尽层中空间电荷面密度。其中，Q_m 与 Q_{OX} 为正电荷；反型层中的面电荷密度为 Q_n，对于 P 型衬底为电子电荷密度，对于表面耗尽层中受主离子电荷的面电荷密度 Q_{BM}，为负电荷。

在同一 MOS 系统中，正负电荷应相等，故有

$$Q_m + Q_{OX} + Q_n + Q_{BM} = 0 \tag{6.2.17}$$

强反型刚出现时，$Q_n \ll Q_{BM}$，Q_n 可忽略不计，故

$$Q_{OX} + Q_n + Q_{BM} = 0 \tag{6.2.18}$$

强反型一旦出现，沟道电子浓度就按指数规律急剧增加，因而对外加电压有屏蔽作用，使之不能伸入半导体内部，故耗尽层宽度将达到最大值而不再增加。由于强反型时反型层很薄，平均约为 $5nm$，比表面耗尽层厚度小得多，可近似认为表面势主要降落在耗尽层上，即忽略反型层上的电压降。故最大耗尽层厚度为

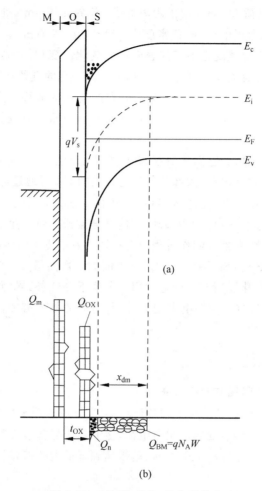

图 6.13　M(Al)-SiO₂-Si 电荷分布

（a）能带图；（b）电荷分布

$$x_{dm} = \sqrt{\frac{2\varepsilon_s V_s}{qN_A}} = \sqrt{\frac{2\varepsilon_s 2\phi_{FP}}{qN_A}} \tag{6.2.19}$$

耗尽层的电荷密度亦达到最大值，即

$$Q_{BM} = -qN_A x_{dm} = -\sqrt{2\varepsilon_s qN_A 2\phi_{FP}} \tag{6.2.20}$$

耗尽层电荷达到饱和后，如果栅源电压继续增加，将导致表面反型沟道电荷的增加。

2. 平带电压

对于 M(Al)-SiO₂-Si 结构的 MOS 系统，与理想 MOS 不同。首先，实际 MOS 中由于金属和半导体功函数不同，金属-半导体接触会产生功函数差 $q\phi_{ms}$；其次，氧化层中存在一定的电荷密度 Q_{OX}。图 6.11 也可认为是 Al 和 P-Si 在接触前的能带图，由图可知，Al 的费米能级 E_{Fm} 比 P-Si 费米能级 E_{FS} 高，其功函数比 P-Si 的功函数小。当 Al-SiO₂-P-Si 紧密接触形成 MOS 结构，成为统一的系统时，其费米能级必然处于同一水平上；其表面能带将向下发生弯曲，电子将从 Al 流向 P-Si。故金属和半导体的功函数差应为

$$q\phi_{ms} = q\phi_m - q\phi_s \tag{6.2.21}$$

从导带底移动一个电子到真空中所需的能量称为亲和能 $q\chi$。同时考虑到由于金属和半导体间之间的 SiO_2 层对功函数 $q\phi_m$、$q\phi_s$ 及 χ 的影响,将影响后的功函数及亲和势可分别表示为 $q\phi'_m$、$q\phi'_s$、χ',故由图看出,Al 和 P-Si 的功函数差可表示为

$$q\phi_{ms} = q(\phi'_m - \phi'_s) = q\phi'_m - \left(q\chi' + \frac{E_g}{2} + kT\ln\frac{N_A}{n_i}\right) \tag{6.2.22}$$

由于铝金属的功函数常比硅的功函数小,故 ϕ_{ms} 一般为负值。

SiO_2 层中的电荷 Q_{OX} 一般为正电荷,会在 P 型半导体表面感应产生负电荷,当 Q_{OX} 浓度达到一定值,会使 P 型半导体表面耗尽或反型,使 N 型半导体表面出现积累。

为了使半导体中能带保持平直,就必须外加一个负栅压,即为平带电压,其值应为

$$V_{FB} = -\frac{Q_{OX}}{C_{OX}} \tag{6.2.23}$$

当金属-半导体的功函数差和氧化膜中电荷都存在时,MOS 结构的平带电压或式(6.2.23)可改写为

$$V_{FB} = \phi_{ms} - \frac{Q_{OX}}{C_{OX}} \tag{6.2.24}$$

【例 6.3】 计算 MOS 电容的 C_{OX}、C_{min} 和 C_{FB}。设 $T = 300K$ 时的 P 型硅衬底器件,杂质浓度 $N_A = 10^{16}\,cm^{-3}$,栅氧化层厚度为 180Å 的 SiO_2,栅材料为铝。

解:氧化层电容为

$$C_{OX} = \frac{\varepsilon_{OX}}{t_{OX}} = \frac{3.9 \times 8.85 \times 10^{-14}}{180 \times 10^{-8}} = 1.917 \times 10^{-7}\,F/cm^2$$

为了计算最小电容,需计算

$$\phi_{Fp} = V_T\ln\frac{N_A}{n_i} = 0.0259\ln\frac{10^{16}}{1.5 \times 10^{10}} = 0.3473V$$

$$x_{dT} = \left(\frac{4\varepsilon_s\phi_{Fp}}{qN_A}\right)^{1/2} = \left(\frac{4 \times 11.7 \times 8.85 \times 10^{-14} \times 0.3473}{1.6 \times 10^{-19} \times 10^{16}}\right)^{1/2} = 0.30 \times 10^{-4}\,cm$$

$$C_{min} = \frac{\varepsilon_{OX}}{t_{OX} + \frac{1}{\sqrt{2}}\left(\frac{\varepsilon_{OX}}{\varepsilon_s}\right)L_D} = \frac{3.9 \times 8.85 \times 10^{-14}}{180 \times 10^{-8} + \left(\frac{3.9}{11.7}\right)(0.3 \times 10^{-4})} = 2.925 \times 10^{-8}\,F/cm^2$$

可以得到

$$\frac{C_{OX}}{C_{min}} = \frac{2.925 \times 10^{-8}}{1.917 \times 10^{-7}} = 0.1525$$

平带电容为

$$C'_{FB} = \frac{\varepsilon_{OX}}{t_{OX} + \left(\frac{\varepsilon_{OX}}{\varepsilon_s}\right)\sqrt{\frac{V_T\varepsilon_s}{qN_A}}} = \frac{3.9 \times 8.85 \times 10^{-14}}{180 \times 10^{-8} + \left(\frac{3.9}{11.7}\right)\sqrt{\dfrac{(0.0259 \times 11.7 \times 8.85 \times 10^{-14})}{1.6 \times 10^{-19} \times 10^{16}}}}$$

$$= 1.091 \times 10^{-7}\,F/cm^2$$

同理,得

$$\frac{C'_{FB}}{C_{min}} = \frac{1.091 \times 10^{-7}}{1.9175 \times 10^{-7}} = 0.569$$

【例 6.4】 在受主浓度为 $10^{16} \mathrm{cm}^{-3}$ 的 P 型硅衬底上,理想 MOS 电容具有 $0.1\mu\mathrm{m}$ 厚度的氧化层,$\varepsilon_{\mathrm{rN}}=4$。计算下列条件下的电容值:

(1) $V_{\mathrm{G}}=+2\mathrm{V}$ 和 $f=1\mathrm{Hz}$; (2) $V_{\mathrm{G}}=20\mathrm{V}$ 和 $f=1\mathrm{Hz}$; (3) $V_{\mathrm{G}}=20\mathrm{V}$ 和 $f=1\mathrm{MHz}$。

解:(1) 已知 $V_{\mathrm{G}}=+2\mathrm{V}, f=1\mathrm{Hz}$

由 $V_{\mathrm{T}}=-\dfrac{Q_{\mathrm{B}}}{C_{\mathrm{OX}}}+V_{\mathrm{s}}$

$$C_{\mathrm{OX}}=\frac{\varepsilon_{\mathrm{OX}}}{t_{\mathrm{OX}}}=\frac{4\times 8.854\times 10^{-14}}{0.1\times 10^{-4}}=3.54\times 10^{-8}\,\mathrm{F/cm^2}$$

$$V_{\mathrm{s}}=2\phi_{\mathrm{FP}}=2V_{\mathrm{T}}\ln\frac{N_{\mathrm{A}}}{n_{\mathrm{i}}}=2\times 0.026\ln\frac{10^{16}}{1.45\times 10^{10}}=0.70\mathrm{V}$$

$$Q_{\mathrm{BM}}=-qN_{\mathrm{A}}x_{\mathrm{dm}}=-\sqrt{2\varepsilon_{\mathrm{s}}qN_{\mathrm{A}}V_{\mathrm{s}}}$$

$$=-\sqrt{2\times 11.9\times 8.854\times 10^{-14}\times 1.6\times 10^{-19}\times 10^{16}\times 0.7}$$

$$=-4.86\times 10^{-8}\,(\mathrm{C/cm^2})$$

则

$$V_{\mathrm{T}}=-\frac{Q_{\mathrm{BM}}}{C_{\mathrm{OX}}}+V_{\mathrm{s}}=\frac{4.88\times 10^{-8}}{3.54\times 10^{-8}}+0.70=2.08\mathrm{V}$$

因为 $V_{\mathrm{G}}<V_{\mathrm{T}}$,所以

$$C=\frac{C_{\mathrm{OX}}C_{\mathrm{s}}}{C_{\mathrm{OX}}+C_{\mathrm{s}}}=\frac{C_{\mathrm{OX}}}{\left(1+\dfrac{2C_{\mathrm{OX}}^2 V_{\mathrm{G}}}{qN_{\mathrm{A}}\varepsilon_{\mathrm{s}}}\right)^{1/2}}$$

$$=\frac{3.54\times 10^{-8}}{\left[1+\dfrac{2\times(3.54\times 10^{-8})^2\times 2}{1.6\times 10^{-19}\times 10^{16}\times 11.9\times 8.854\times 10^{-14}}\right]^{1/2}}$$

$$=1.78\times 10^{-8}\,\mathrm{F/cm^2}$$

(2) 已知 $V_{\mathrm{G}}=20\mathrm{V}, f=1\mathrm{Hz}$

因为 $V_{\mathrm{G}}>V_{\mathrm{T}}$,低频,所以

$$C=C_{\mathrm{OX}}=3.54\times 10^{-8}\,\mathrm{F/cm^2}$$

(3) 已知 $V_{\mathrm{G}}=20\mathrm{V}, f=1\mathrm{MHz}$

因为 $V_{\mathrm{G}}>V_{\mathrm{T}}$,高频总电容为 C_{OX} 与 C_{s} 串联,所以

$$C_{\mathrm{s}}=C_{\mathrm{smin}}=\frac{\varepsilon_{\mathrm{s}}}{x_{\mathrm{dm}}}=\frac{\varepsilon_{\mathrm{s}}}{\sqrt{\dfrac{2\varepsilon_{\mathrm{s}}V_{\mathrm{s}}}{qN_{\mathrm{A}}}}}=\sqrt{\frac{\varepsilon_{\mathrm{s}}qN_{\mathrm{A}}}{2V_{\mathrm{s}}}}=3.48\times 10^{-8}\,\mathrm{F/cm^2}$$

故

$$C=\frac{C_{\mathrm{s}}C_{\mathrm{OX}}}{C_{\mathrm{s}}+C_{\mathrm{OX}}}=1.75\times 10^{-8}\,\mathrm{F/cm^2}$$

【例 6.5】 在 MOS 结构的氧化层中存在着 $1.5\times 10^{12}\mathrm{cm}^{-3}$ 的正电荷,氧化层的厚度为 150nm。计算这种电荷在下列几种情况下的平带电压:

(1) 正电荷在氧化层中均匀分布;

（2）全部电荷都位于硅-二氧化硅的界面上；

（3）电荷呈三角分布，峰值在 $x=0$ 处，$x=t_{OX}$ 处为零。

解：（1）电荷分布表示为

$$\int_0^{t_{OX}} \rho(x)\mathrm{d}x = Q_o$$

因为电荷均匀分布，所以

$$\rho(x) = \rho_o = \frac{Q_o}{t_{OX}} = \frac{1.5 \times 10^{12}}{1.5 \times 10^{-5}} = 10^{17}\,\mathrm{cm}^{-3}$$

$$V_{G2} = -\frac{q}{C_{OX}}\int_0^{t_{OX}} \frac{x\rho(x)}{t_{OX}}\mathrm{d}x = -\frac{q\rho_o t_{OX}^2}{2\varepsilon_{OX}} = \frac{1.6 \times 10^{-19} \times 10^{17} \times (1.5 \times 10^{-5})^2}{2 \times 4 \times 8.854 \times 10^{-14}} = -5.08\mathrm{V}$$

（2）因为 $\rho(x) = \begin{cases} 0, & x \neq t_{OX} \\ Q_0, & x = t_{OX} \end{cases}$

所以

$$\rho(x) = Q_o\delta(x - t_{OX})$$

$$V_{G2} = -\frac{qQ_o}{C_{OX}}\int_0^{t_{OX}} \frac{x\delta(x-t_{OX})}{t_{OX}}\mathrm{d}x = -\frac{qQ_o}{C_{OX}} = -\frac{qQ_o t_{OX}}{\varepsilon_{OX}}$$

$$= \frac{1.6 \times 10^{-19} \times 1.5 \times 10^{12} \times 1.5 \times 10^{-5}}{4 \times 8.854 \times 10^{-14}} = -10.16\mathrm{V}$$

（3）电荷分布呈三角形，峰值在 $x=0$ 处，$x=t_{OX}$ 处为零。由此可设

$$\rho(x) = \rho_m\left(1 - \frac{x}{t_{OX}}\right), \rho_m = 常数$$

$$Q_o = \frac{\rho_m}{2}t_{OX}$$

$$\rho_m = \frac{2Q_o}{t_{OX}^2}$$

$$\rho(x) = \frac{2Q_o}{t_{OX}^2}(t_{OX} - x)$$

所以

$$V_{G2} = -\frac{q}{C_{OX}}\int_0^{t_{OX}} \frac{x}{t_{OX}}\frac{2Q_o}{t_{OX}^2}(t_{OX} - x)\mathrm{d}x = -\frac{qQ_o t_{OX}}{3\varepsilon_s} = -\frac{10.16}{3} = -3.39\mathrm{V}$$

6.3 MOSFET 结构及工作原理

6.3.1 MOSFET 基本结构

MOSFET 的基本结构是由上述 MOS 结构和两个背对背的 PN 结构成。在 P 型硅衬底上生长一 SiO$_2$ 薄层的厚度为 t_{OX}，再在氧化层上积淀金属或掺杂多晶硅的导电层作为栅极（G），并在栅极两侧由扩散或离子注入法形成两个高掺杂 N$^+$ 区，分别称为源区和漏区，其扩散深度即 PN 结的结深为 x_j，再在其上制作金属导电层作为源极（S）和漏极（D）。源区和

漏区之间的区域称为沟道区。两 PN 结结面之间的距离为 MOSFET 的沟道长度 L,其已达到亚微米级。与沟道长度方向垂直的水平方向的沟道区尺寸称为沟道宽度,常以 W 表示。现代 MOS 集成电路中的 MOSFET 三维立体结构图如图 6.14 所示。

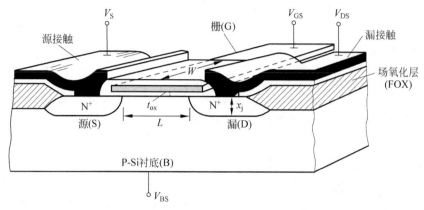

图 6.14 MOSFET 三维立体结构

图中的氧化层是用来实现单元器件之间的隔离。导电栅为掺杂多晶硅栅,下面的 SiO_2 层为绝缘栅,其厚度为 t_{ox},比场氧化层要小得多,如 100nm 左右。现代 MOSFET 常采用掺杂多晶硅作导电栅,故称这种 MOS 为硅栅 MOS。由于 MOS 集成器件中在 MOSFET 源和衬底之间加有衬偏电压,故 MOSFET 实际上为四端器件,4 个电极分别为源 S、漏 D、栅 G 和衬底 B。

6.3.2 MOSFET 基本类型

(1) 按导电载流子极性分为 NMOS 和 PMOS。

在 P 型半导体衬底上制作 N^+ 型源、漏区,以电子导电,称之为 N 沟 MOSFET,简称 NMOS。

在 N 型半导体衬底上制作 P^+ 型源、漏区,以空穴导电,称之为 P 沟 MOSFET,简称 PMOS。

(2) 按工作方式分为增强型和耗尽型。

增强型 MOSFET 是指当栅极未加偏压时,不存在导电沟道,也就没有漏源电流,只有当外加栅电压大于某一特定的阈值电压时才会形成导电沟道的器件,常简称 EMOS,也称常闭型。

相反,当 MOSFET 制成后就已形成导电沟道,只要有漏源电压,不加栅电压也会有漏源电流,称为耗尽型 MOSFET,简称 DMOS,也称常开型。那么为什么在没有外加栅电压时就会有导电沟道? 这是因为与理想 MOS 有所不同,对于实际 MOSFET 而言,由于栅金属和半导体间存在功函数差,同时 SiO_2 层中不可避免地存在表面电荷,且一般为正电荷,使得在栅电压为零时,半导体表面能带就已发生弯曲。尤其对 P 型衬底,若表面电荷密度较大,衬底杂质浓度又很低,那么半导体表面就很易因正电荷感应而形成 N 型反型层,从而形成导电沟道。

理论上,N 沟 MOSFET 和 P 沟 MOSFET 均有增强型和耗尽型之分。这就构成了 4 种基本类型的 MOSFET。其电路符号及外加电压的极性等情况如表 6.2 所示。

（3）按沟道位置分为表面沟道器件和埋沟器件。

通常 MOSFET 的沟道位于栅介质和半导体交界面的衬底表面,故属于表面沟道器件。如果在 P 型衬底一定深度的表面层内注入剂量足够大的 N 型杂质,以补偿衬底 P 型杂质,而形成位于衬底一定深度的 N 型沟道,故称这种器件为耗尽型 MOSFET 埋沟器件;其特点是载流子的迁移率比表面沟道器件高约 50%,而且受短沟道的影响较小。随着工艺技术的发展,也可以在 N 型衬底中注入 P 型杂质,从而形成 P 沟耗尽型及 P 沟增强型 MOSFET。

表 6.2　MOSFET 4 种基本类型

名称	工作方式	电路符号	衬底类型	漏源区	导电载流子	漏源电压	阈值电压
NMOSFET	D	G⊣ D B S	P	N^+	电子	$V_{DS}>0$	$V_P<0$
	E	G⊣ D B S					$V_T>0$
PMOSFET	D	G⊣ D B S	N	P^+	空穴	$V_{DS}<0$	$V_P>0$
	E	G⊣ D B S					$V_T<0$

6.3.3　MOSFET 工作原理

以 N 沟增强型 MOS 晶体管共源连接为例,说明其工作原理,如图 6.15 所示。

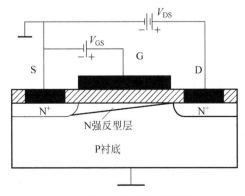

图 6.15　MOS 管工作原理

图 6.15 中,栅、源及漏、源之间的直流偏置电压分别为 V_{GS} 和 V_{DS},源极和衬底一般连接在一起。

(1) 当外加栅压 $V_{GS}=0$ 时,P 区将 N^+ 源、漏区隔开,相当于两个背对背的 PN 结。这时,即使在漏源之间加有一定的电压,也只有微小的反向电流,可以忽略不计。

(2) 当栅极加有的正向电压 V_{GS} 不断增大时,P 型表面将先出现耗尽层,随着 V_{GS} 的增加,半导体表面会再由耗尽转为反型;当 $V_{GS}>V_T$ 时,表面就会形成 N 型反型沟道。这时,在漏源电压 V_{DS} 作用下,沟道中将会有漏源电流流过。

(3) 当 V_{DS} 一定时,V_{GS} 越高,沟道越厚,即导电电子越多,沟道电流越大。

总之,MOSFET 的工作原理是基于半导体的表面场效应,实质上相当于由外电压控制的特殊电阻。

如果进一步分析 MOSFET 的转移特性,将有助于深入理解 MOSFET 的工作原理。

6.3.4 MOSFET 特性曲线

1. 转移特性曲线

当 V_{DS} 恒定时,栅源电压 V_{GS} 和漏源电流 I_{DS} 的关系曲线就是 MOSFET 的转移特性。图 6.16(a)和(b)分别为 N 沟增强型和耗尽型 MOSFET 的转移特性曲线示意图;图 6.16(c)和(d)分别为 P 沟增强型和耗尽型 MOSFET 的转移特性曲线示意图。

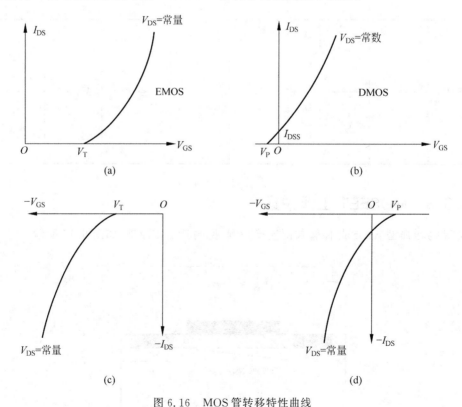

图 6.16 MOS 管转移特性曲线

(a) N 沟 EMOS;(b) N 沟 DMOS;(c) P 沟 EMOS;(d) P 沟 DMOS

对于 N 沟 EMOS 器件,在一定的 V_{DS} 下,$V_{GS}=0$ 时,$I_{DS}=0$;只有 $V_{GS}>V_T$ 时,才有 $I_{DS}>0$。

对于 N 沟道 DMOS 器件,$V_{GS}=0$ 时导电沟道就已存在,故在恒定的 V_{DS} 下,就有一定的漏源电流 I_{DS};若 $V_{GS}>0$,则沟道厚度增加,反型层电子增多,I_{DS} 进一步增加,只有加上负栅压 $V_{GS}<0$,才会使导电载流子减少,即电流减小;当 $V_{GS}=V_P$ 时,沟道夹断,使 $I_{DS}=0$。沟道夹断时的负栅压称为夹断电压,以 V_P 表示。

对于 P 沟 EMOS 器件,在一定的 V_{DS} 下,$V_{GS}=0$ 时,$I_{DS}=0$;$V_{GS}<V_T<0$ 时,管子才导通,而且 V_{GS} 增大时,I_{DS} 随之增加,反之亦然。对于 P 沟 DMOS 器件,也可作出分析,这时不再赘述。

2. 输出特性曲线

在一定的 V_{GS} 下,漏极电流 I_{DS} 和漏源电压 V_{DS} 的变化关系曲线称为 MOSFET 的输出特性。

图 6.17 为增强型 NMOSFET 的输出特性曲线簇。可以将它分成 4 个区域来分析其特性。

1) 非饱和区,即 Ⅰ 区

该区 $0<V_{DS}<V_{DSat}$,V_{GS} 固定于某一常数时,曲线 OA 段为线性段,由于 V_{DS} 很小,虽然 V_{DS} 降落在沟道上,但从源到漏的压降差很小,可以忽略不计,此时沟道可等效为电阻,I_{DS} 随 V_{DS} 线性增大,称该区为线性区。在 V_{GS} 为某一常数时,曲线 AB 段为可调电阻段,这一段随着 V_{DS} 增加,从源到漏的电势差变大,不可忽略,沟道厚度逐渐减薄,相当于沟道电阻增大,I_{DS} 随 V_{DS} 增大的速度变慢,曲线 AB 段可称为可调电阻区。这时,NMOSFET 沟道区的状态如图 6.18(a)所示。

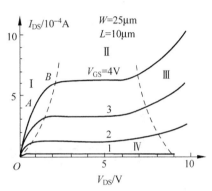

图 6.17 增强型 NMOSFET 的
输出特性曲线簇

2) 饱和区,即 Ⅱ 区

该区 $V_{DS}=V_{DSat}$,沟道在漏端被夹断,在夹断点处沟道厚度为零,沟道区从源到夹断点的电势差为饱和漏源电压 V_{DSat},沟道与漏扩散区之间隔着耗尽区,I_{DS} 基本上不随 V_{DS} 变化而达到饱和。图 6.18(b)为饱和时 MOSFET 沟道及空间电荷区的状态。当 $V_{DSat}<V_{DS}<BV_{DS}$ 时,降落在耗尽区上的电势差($V_{DS}-V_{DSat}$)使漏端耗尽区略有展宽,使夹断点稍向源端移动,沟道长度 L 略有减小,使 I_{DS} 随 V_{DS} 进一步增大而略有增加,如图 6.18(c)所示。但总的来说,I_{DS} 基本上不随 V_{DS} 而变化,故称饱和区。

3) 雪崩区,即 Ⅲ 区

该区 $V_{DS}\geqslant BV_{DS}$,V_{DS} 使漏衬 PN 结处于反偏状态,当其达到 PN 结的雪崩击穿电压时,漏衬结将发生雪崩击穿,使 I_{DS} 急剧增加。

4) 截止区,即 Ⅳ 区

该区 $0<V_{GS}<V_T$,当栅源电压低于开启电压时,半导体表面将处于弱反型状态,导电载流子浓度很低,漏源电流很小,主要是 PN 结的反向泄漏电流,故称为截止区。

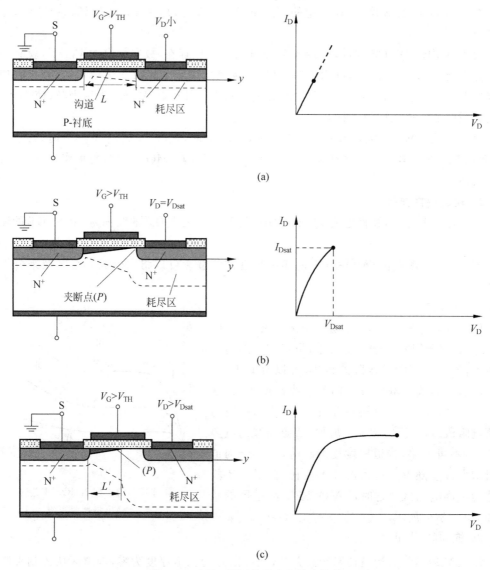

图 6.18　MOS 管工作状态和输出特性

（a）低漏电压时；（b）开始饱和，P 点表示夹断点；（c）饱和之后

6.4　MOSFET 阈值电压

6.4.1　阈值电压及其计算

MOSFET 中，沟道源端的半导体表面栅表面开始出现强反型，所需加的栅源电压就是阈值电压，也可视为 MOSFET 导通与截止两种状态间的临界栅电压。因此，对于增强型 MOSFET，阈值电压为由截止转变成导通的栅源电压，又称为开启电压，常以 V_T 表示；对于耗尽型 MOSFET，阈值电压为由导通转变为截止的栅源电压，又称为夹断电压，常以 V_P

表示。影响阈值电压的因素很多,与 MOSFET 多个结构参数及工艺参数有关。从使用的角度考虑,总是希望阈值电压低些好。

对理想 MOS,如果先不计其 ϕ_{ms} 及 Q_{OX} 对表面反型的影响。这时,外加栅压将分别降落在氧化层和半导体表面,有

$$V_{GS} = V_{OX} + V_s \tag{6.4.1}$$

将 MOS 结构视为一个平板电容器,则有

$$V_{OX} = \frac{Q_G}{C_{OX}} = -\frac{Q_{BM}}{C_{OX}} \tag{6.4.2}$$

式中,Q_{BM} 为耗尽层电荷密度最大值。

当 $V_s = 2\varphi_F$ 时的外加栅压,即为理想 MOS 的阈值电压。对 N 沟 MOSFET,将式(6.2.16)及式(6.2.20)代入式(6.4.1),有

$$V_T = -\frac{Q_{BM}}{C_{OX}} + 2\phi_{FP} = \frac{\sqrt{2\varepsilon_s q N_A 2\phi_F}}{C_{OX}} + 2\frac{kT}{q}\ln\frac{N_A}{n_i} \tag{6.4.3}$$

对于实际 MOSFET,必须考虑接触电势差 ϕ_{ms} 及氧化层电荷 Q_{OX} 的影响。这时,只要加上平带电压 V_{FB} 即可,由式(6.4.3)和式(6.2.24),得

$$V_T = -\frac{Q_{BM}}{C_{OX}} + 2\phi_{FP} + \phi_{ms} - \frac{Q_{OX}}{C_{OX}} \tag{6.4.4}$$

式(6.2.16)及式(6.2.20)代入式(6.4.4)中,N 沟 MOSFET 的阈值电压为

$$V_{TN} = \frac{\sqrt{2\varepsilon_s q N_A 2\phi_{FP}}}{C_{OX}} + 2\frac{kT}{q}\ln\frac{N_A}{n_i} + \phi_{ms} - \frac{Q_{OX}}{C_{OX}} \tag{6.4.5}$$

同理,P 沟 MOSFET 的阈值电压为

$$V_{TP} = -\frac{\sqrt{2\varepsilon_s q N_D |2\phi_{FN}|}}{C_{OX}} - 2\frac{kT}{q}\ln\frac{N_D}{n_i} + \phi_{ms} - \frac{Q_{OX}}{C_{OX}} \tag{6.4.6}$$

式(6.4.3)、式(6.4.5)及式(6.4.6)只适用于 MOSFET 没有外加漏源电压 V_{DS} 及衬偏电压 V_{BS} 的平衡情况。它们反映了 MOSFET 结构、材料、工艺等方面参数和 V_T 的基本关系。在衬底和源极之间加一反偏电压 $V_{BS} \neq 0$,将使阈值电压 V_T 的表达式有所不同。

半导体表面形成反型层时,衬底与反型层间同样形成 PN 结,这是由半导体表面的电场引起的,故称为场感应结。V_{BS} 使场感应结反偏,且主要降落在耗尽层上,则其耗尽层宽度增加为

$$x'_{dm} = \sqrt{\frac{2\varepsilon_s(2\phi_{FP} - V_{BS})}{qN_A}} \tag{6.4.7}$$

耗尽层电荷密度变为

$$Q'_{BM} = -qN_A x'_{dm} = -\sqrt{2\varepsilon_s q N_A(2\phi_{FP} - V_{BS})} \tag{6.4.8}$$

衬偏压作用下的阈值电压为

$$V'_{TN} = -\frac{Q'_{BM}}{C_{OX}} + 2\phi_{FP} + \phi_{ms} - \frac{Q_{OX}}{C_{OX}} \tag{6.4.9}$$

经过计算得,NMOSFET 阈值电压变化量为

$$\Delta V_{TN} = \gamma_n(\sqrt{2\phi_{FP} - V_{BS}} - \sqrt{2\phi_{FP}}) \tag{6.4.10}$$

同理,PMOSFET 阈值电压变化量为

$$\Delta V_{TP} = \gamma_P (\sqrt{V_{BS} - 2\phi_{FN}} - \sqrt{-2\phi_{FN}}) \qquad (6.4.11)$$

式中,$\gamma_n = \dfrac{\sqrt{2\varepsilon_s q N_A}}{C_{OX}}$,$\gamma_P = \dfrac{\sqrt{2\varepsilon_s q N_D}}{C_{OX}}$。一般情况下,令 $\gamma = \dfrac{\sqrt{2\varepsilon_s q N_B}}{C_{OX}}$,称 γ 为衬底偏置调制系数或体效应系数;N_B 为衬底杂质浓度。

因 $V_{BS} = V_B - V_s$,故对 N 型衬底 $V_{BS} < 0$。由式(6.4.10)和式(6.4.11)知,无论 NMOSFET 还是 PMOSFET,衬偏电压 V_{BS} 都会使之向增强型方向变化。

6.4.2　影响阈值电压的因素

由式(6.4.5)及式(6.4.9)知,阈值电压主要由栅氧化层电容 C_{OX}、衬底杂质浓度、氧化层电荷浓度 Q_{OX} 等因素决定。

1. 栅氧化层厚度的影响

由 $C_{OX} = \dfrac{\varepsilon_{OX}}{t_{OX}}$ 知,栅氧化层的介电常数 ε_{OX} 越大,氧化层厚度 t_{OX} 越薄,则 C_{OX} 越大,V_T 越低;但氧化层太薄,容易击穿。因此,对阈值电压低的器件,需要薄而致密的栅氧化层。

2. 氧化层电荷浓度 Q_{OX} 的影响

Q_{OX} 由表面态、固定电荷、可动离子和电离陷阱等组成,总是正的。它严重影响 MOSFET 工作模式和阈值电压的高低。可动电荷主要包括多种金属离子,如钠离子沾污,钠离子随着器件温度的升高而快速漂移,致使阈值电压随之漂移;陷阱电荷由辐射引起,它会通过俘获电子而带负电,同样引起阈值电压的漂移;固定电荷来源于界面附近 SiO_2 层中的硅离子过剩,由热氧化过程引起,它强烈地依赖于晶体取向、氧化及退火条件。

3. 功函数差的影响

由于金属和半导体的功函数不同,故二者接触会产生功函数差 $q\phi_{ms}$。

对 N 沟 MOS,功函数差为

$$q\phi_{ms} = q\phi'_m - \left(q\chi' + E_g/2 + kT\ln\frac{N_A}{n_i}\right) \qquad (6.4.12a)$$

对 P 沟 MOS,功函数差为

$$q\phi_{ms} = q\phi'_m - \left(q\chi' + E_g/2 - kT\ln\frac{N_D}{n_i}\right) \qquad (6.4.12b)$$

式(6.4.12)表明,功函数差 $q\phi_{ms}$ 随着衬底杂质浓度的变化而变化,也与栅金属材料有关。但实验证明,该变化的范围不大。例如,衬底杂质浓度从 $10^{15}\,cm^{-3}$ 变到 $10^{17}\,cm^{-3}$ 时,ϕ_{ms} 变化 0.1V。

从阈值电压表达式知,功函数越大,阈值电压越高。为降低阈值电压,应选择功函数差低的材料,如掺杂多晶体硅栅电极有利于降低阈值电压。

4. 费米势的影响

对 N 沟 MOS,费米势为

$$\phi_{FP} = \frac{kT}{q}\ln\frac{N_A}{n_i} \qquad (6.4.13a)$$

对 P 沟 MOS,费米势为

$$\phi_{FN} = -\frac{kT}{q}\ln\frac{N_D}{n_i} \tag{6.4.13b}$$

显然,费米势随衬底浓度的增加而升高,即绝对值增大,但增加量很小。实验证明,当杂质浓度增加两个数量级时,费米势仅变化 0.1V。因此,衬底浓度变化对费米势产生的影响是很弱的。

5. 耗尽层电荷浓度 Q_{BM} 的影响

表面形成强反型后,随着 V_{GS} 的增加,耗尽区宽度将保持不变,使耗尽层的电荷密度达到最大值 Q_{BM}。由式(6.2.20)知,Q_{BM} 随衬底杂质浓度的增加而增加,从而给阈值电压带来明显的影响。

综上所述,费米势 ϕ_F、功函数差 $q\phi_{ms}$ 及耗尽层电荷 Q_{BM} 都反映了衬底杂质浓度对阈值电压的影响,其中以 Q_{BM} 的影响最大。

图 6.19～图 6.21 分别给出了阈值电压 V_T 随衬底杂质浓度和氧化层电荷浓度变化的关系、衬底杂质浓度对阈值电压 V_T 的影响及费米势随衬底杂质浓度的变化关系。

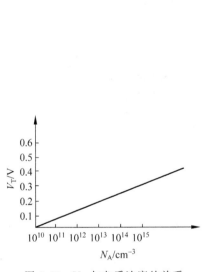

图 6.19　V_T 与杂质浓度的关系

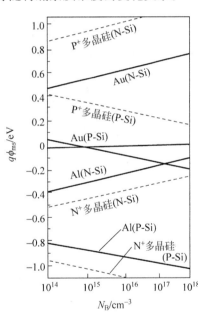

图 6.20　功函数差 $q\phi_{ms}$ 与衬底浓度 N_B 的关系

在现代 MOS 技术中,为了达到预期的阈值电压,一般采用离子注入方法向沟道所在区域注入一定量的杂质离子,通过控制注入剂量和注入深度以调整沟道区的杂质分布,从而达到调整阈值电压的目的。这一方法既适用于表面沟道器件,也适用于埋沟器件。对于 N 沟或 P 沟增强型或耗尽型 MOSFET,其注入杂质的类型与注入深度均有所不同,应根据具体器件的结构予以确定。

离子注入的杂质分布可作 δ 函数近似或阶跃函数近似,如图 6.22 所示。当 MOS 器件处于耗尽或反型状态,并且注入杂质原子处于空间电荷区内,即注入深度 $x_1 < x_{dm}$ 时,阈值电压由空间电荷密度决定,若将受主杂质注入 P 型或 N 型衬底,阈值电压的变化量均为正

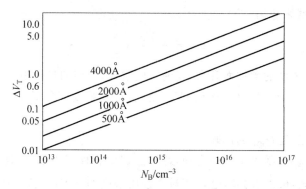

图 6.21　衬底浓度对 V_T 的影响

值；若注入施主杂质，则阈值电压的变化量均为负值。

设被注入衬底为 P 型且靠近氧化层与半导体界面，杂质分布可用 δ 函数近似，如图 6.22(a)所示。N_{DI} 为单位面积的受主杂质浓度，采用一级近似，阈值电压的变化量为

$$\Delta V_T = +\frac{qN_{DI}}{C_{OX}} \tag{6.4.14}$$

如注入杂质视为阶梯形结，且 $x_I > x_{dm}$，则阈值电压取决于表面杂质浓度 N_s。若 $x_I < x_{dm}$，如图 6.22(b)所示，则利用泊松方程求得最大空间电荷区宽度为

$$x_{dm} = \sqrt{\frac{2\varepsilon_s}{qN_A}} \left[2\phi_{FP} - \frac{qx_I^2}{2\varepsilon_s}(N_s - N_A) \right]^{\frac{1}{2}} \tag{6.4.15}$$

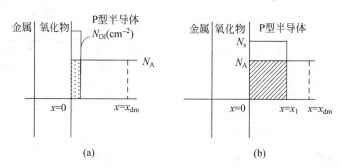

图 6.22　离子注入的杂质分布

(a) 离子注入的函数近似；(b) 阶跃函数近似

故当 $x_I < x_{dm}$，经过一次阶梯注入后，阈值电压可调整为

$$V_T = V_{T0} + \frac{qN_{DI}}{C_{OX}} \tag{6.4.16}$$

式中，V_{T0} 为注入前的阈值电压，其中单位面积注入的离子数 N_{DI} 为

$$N_{DI} = (N_s - N_A)x_I \tag{6.4.17}$$

6. 温度的影响

阈值电压还和温度有关。虽然氧化层电荷 Q_{OX} 及金属-半导体功函数差在很宽的温度范围内与温度无关，但因本征载流子浓度随温度升高而增加，使费米势 ϕ_F 随温度而变化；对于 P 型硅衬底，ϕ_{FP} 随温度升高而减小，故 NMOSFET 的阈值电压随温度升高而下降。

相反,PMOSFET 的阈值电压则随温度的升高而增大。

【例 6.6】　在 $N_A = 10^{15} \text{cm}^{-3}$ 的 P 型 Si<111>衬底上制成一铝栅 MOS 晶体管。栅氧化层厚度为 120nm,Si-SiO$_2$ 界面电荷密度为 $3 \times 10^{11} \text{cm}^{-2}$,计算阈值电压。

解：$\phi_{FP} = V_T \ln \dfrac{N_A}{n_i} = 0.026 \ln \dfrac{10^{15}}{1.5 \times 10^{10}} = 0.289\text{V}$

$$V_s = 2\phi_{FP} = 2V_T \ln \frac{N_A}{n_i}$$

$$x_{dm} = \left(\frac{2\varepsilon_s V_s}{qN_A}\right)^{1/2} = \left(\frac{2 \times 11.9 \times 8.854 \times 10^{-14} \times 0.578}{1.6 \times 10^{-19} \times 10^{15}}\right)^{1/2}$$

$$= 8.72 \times 10^{-5} \text{cm}$$

$$Q_{BM} = -qN_A x_{dm} = -1.39 \times 10^{-8} \text{C/cm}^2$$

$$C_{OX} = \frac{\varepsilon_{OX}}{t_{OX}} = 2.95 \times 10^{-8} \text{F/m}$$

$$\phi'_{ms} = \phi'_m - \phi'_s = \phi'_m - \left(\chi' + \frac{E_g}{2} + \phi_{FP}\right)$$

$$= 3.2 - \left(3.25 + \frac{1.1}{2}0.289\right) = -0.89\text{V}$$

则阈值电压为

$$V_{TH} = \phi'_{ms} + V'_s - \frac{Q_{BM}}{C_{OX}} - \frac{Q_{OX}}{C_{OX}}$$

$$= -0.89 + 0.578 + \frac{1.4 \times 10^{-8}}{2.95 \times 10^{-8}} - \frac{3 \times 10^{11} \times 1.6 \times 10^{-19}}{2.95 \times 10^{-8}} = -1.47\text{V}$$

【例 6.7】　一个 MOS 结构中由 $N_A = 5 \times 10^{15} \text{cm}^{-3}$ 的 N 型衬底、100nm 厚的氧化层以及铝接触构成,测得阈值电压为 2.5V,计算 Si-SiO$_2$ 界面电荷密度。

解：$n = n_i e^{-\phi_{FN}/V_T} = N_D$

$$\phi_{FN} = -V_T \ln \frac{N_D}{n_i} = -0.331\text{V}$$

$$V_s = 2\phi_{FN} = -0.662\text{V}$$

$$Q_{BM} = [2\varepsilon_s qN_D(-V_s)]^{1/2}$$

$$= (2 \times 11.9 \times 8.854 \times 10^{-14} \times 1.6 \times 10^{-19} \times 5 \times 10^{15} \times 0.662)^{1/2}$$

$$= 3.372 \times 10^{-8} \text{C} \cdot \text{cm}^{-2}$$

$$C_{OX} = \frac{\varepsilon_{OX}}{t_{OX}} = \frac{4 \times 8.854 \times 10^{-14}}{1.0 \times 10^{-5}} = 3.54 \times 10^{-8} \text{F/cm}^2$$

$$\phi'_{ms} = \phi'_m - \phi'_s = \phi'_m - \left(\chi' + \frac{E_g}{2} + \phi_{FN}\right)$$

$$= 3.2 - \left(3.25 + \frac{1.1}{2} - 0.33\right) = -0.27\text{V}$$

阈值电压为

$$V_T = \phi'_{ms} + V'_s - \frac{Q_{BM}}{C_{OX}} - \frac{Q_{OX}}{C_{OX}}$$

$$Q_{OX} = \frac{C_{OX}}{q}\left(\phi'_{ms} + V_s - \frac{Q_B}{C_{OX}} - V_T\right)$$

$$= \frac{3.54 \times 10^{-8}}{1.6 \times 10^{-19}}\left(-0.27 - 0.662 - \frac{3.327 \times 10^{-8}}{3.54 \times 10^{-8}} + 2.5\right)$$

$$= 1.39 \times 10^{11} \text{C/cm}^2$$

6.5 MOSFET 直流特性

直流特性是 MOSFET 的重要特性之一。本节主要论述 MOSFET 在直流偏置下漏源电流 I_{DS} 和栅源电压 V_{GS}、漏源电压 V_{DS} 的函数关系,也称静态特性。

6.5.1 萨支唐方程

萨支唐方程即 Sah 方程,是 MOSFET 最基本的漏源电流方程,是一种针对长沟道器件的分段模型。由于其比较简单,在器件设计及电路模拟中用得较多。

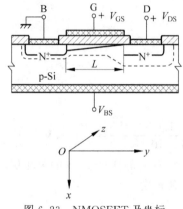

图 6.23 NMOSFET 及坐标

首先给出理想模型。以 N 沟道 MOSFET 为例,如图 6.23 所示。设 MOSFET 沟道的长、宽、厚分别为 L、W 及 x_C。坐标系以沟道长度方向为 y 轴,以沟道宽度及厚度方向分别为 z 轴、x 轴;沟道长度方向 y 处电势分布为 $V(y)$,电场强度为 E_y;沟道中 x 处电荷密度为 $n(x,y)$,电流密度为 $J_y(x,y)$,一维沟道电流为 I_y;迁移率为 μ_n;反型层中面电荷密度为 $Q_n(y)$。

该理想模型具有下列近似:

(1) 一维近似:沟道电流只沿 y 方向变化。

(2) 强反型近似:当 $V_s > \phi_F$ 时,反型沟道开始形成。

(3) 缓变沟道近似:在沟道任一点 y 处,沟道垂直方向的电场 E_x 远大于电流流动方向的电场 E_y,即 $|E_x| \gg |E_y|$。

(4) 沟道电流近似:只考虑漂移电流,不计及扩散电流。

(5) 忽略反向泄漏电流:不计及漏、源与衬底间及沟道-衬底间的反向泄漏电流。

(6) 忽略电阻:不计及漏、源扩散区和金属电极的接触电阻及体电阻。

(7) 沟道杂质分布要求:均匀分布。

(8) 迁移率近似:沟道载流子迁移率为常数。

(9) 耗尽层电荷近似:耗尽层电荷密度 Q_B 为常数。

设 MOSFET 外加栅源电压 $V_{GS} > V_T$,根据以上近似,外加漏源电压 V_{DS} 将全部降落在沟道上,产生从源到漏的电势分布 $V(y)$,形成沟道横向电场 E_y 和一维沟道电流 I_y,即

$$E_y = -\frac{dV(y)}{dy} \tag{6.5.1}$$

$$I_y = -\mu_n W \frac{dV(y)}{dy}\int_0^{x_C} qn(x,y)dx = -\mu_n W \frac{dV(y)}{dy}Q_n(y) \tag{6.5.2}$$

式中，$Q_n(y)$ 为 y-z 面单位截面上的电荷总量，即反型层中的面电荷密度，且

$$Q_n(y) = \int_0^{x_C} qn(x,y)\,\mathrm{d}x \tag{6.5.3}$$

在强反型条件下，沟道已形成，若栅极面电荷密度为 Q_G，反型沟道与衬底间的耗尽层最大面电荷密度为 Q_{BM}，故 MOS 系统的电荷应遵循电中性条件，即

$$Q_G + Q_{BM} + Q_n(y) = 0 \tag{6.5.4}$$

即

$$Q_G = -(Q_{BM} + Q_n(y))$$

又氧化层上的压降应为

$$V_{OX} = \frac{Q_G}{C_{OX}} = -\frac{Q_{BM} + Q_n(y)}{C_{OX}} \tag{6.5.5}$$

而

$$V_{GS} = 2\phi_F + V_{OX} + V_{FB} + V(y) = 2\phi_F - \frac{Q_{BM} + Q_n(y)}{C_{OX}} + V_{FB} + V(y)$$

故

$$\begin{aligned} Q_n(y) &= -C_{OX}[V_{GS} - V_{FB} - 2\phi_F - V(y)] - Q_{BM} \\ &= -C_{OX}[V_{GS} - V_T - V(y)] \end{aligned} \tag{6.5.6}$$

将式(6.5.6)代入式(6.5.2)，得到 I_y 并取漏源电流 I_{DS} 从漏流向源为正，则

$$I_{DS} = -W\mu_n Q_n(y)\frac{\mathrm{d}V(y)}{\mathrm{d}y} = W\mu_n C_{OX}[V_{GS} - V_T - V(y)]\frac{\mathrm{d}V(y)}{\mathrm{d}y} \tag{6.5.7}$$

式(6.5.7)对 y 积分，得

$$I_{DS} = \frac{W\mu_n C_{OX}}{L}\left[(V_{GS} - V_T)V_{DS} - \frac{1}{2}V_{DS}^2\right] \tag{6.5.8}$$

即为 Sah 方程。

令

$$\beta = \frac{\mu_n W C_{OX}}{L} \tag{6.5.9}$$

常称 β 为增益因子，或称为几何跨导参数。

下面对 Sah 方程(6.5.8)作进一步定量分析。

1. 线性区

该区 $V_{DS} \ll V_{GS} - V_T$。由于 V_{DS} 很小，忽略 V_{GS}^2 项后，得

$$I_{DS} = \beta(V_{GS} - V_T)V_{DS} \tag{6.5.10}$$

式(6.5.10)表明，I_{DS} 随 V_{DS} 线性增加，故称为线性区。实际上忽略了沟道上电势的变化，当栅源电压一定，沟道相当于一恒定电阻，只不过 V_{GS} 不同，阻值不同。这时，源-漏之间的沟道电阻也常称导通电阻 R_{on}，由式(6.5.10)确定为

$$R_{on} = \frac{V_{DS}}{I_{DS}} = [\beta(V_{GS} - V_T)]^{-1} \tag{6.5.11}$$

式(6.5.11)表明，R_{on} 也随$(V_{GS} - V_T)$ 线性变化，$(V_{GS} - V_T)$ 为有效栅压。在此种情况下，MOSFET 可视为一压控可变电阻。

2. 可变电阻区

该区 $V_{DS} < V_{GS} - V_T$，V_{DS} 增大且仍小于 $(V_{GS} - V_T)$。V_{DS} 在沟道上产生一从源到漏的电势分布,故从源到漏沟道反型层厚度越来越小;在 V_{GS} 一定时,V_{DS} 越大,沟道越薄,沟道电阻越大,I_{DS}-V_{DS} 曲线斜率越小。常将该区称为可变电阻区或非饱和区。此区 V_{DS} 不能忽略,即

$$I_{DS} = \beta \left[(V_{GS} - V_T)V_{DS} - \frac{V_{DS}^2}{2} \right] \quad (6.5.12)$$

按式(6.5.12),V_{GS} 一定时,I_{DS}-V_{DS} 曲线为一条通过原点的抛物线,如图 6.24 所示,I_{DS} 随 V_{DS} 增加而增加;达到峰值后,随 V_{DS} 增加而下降。

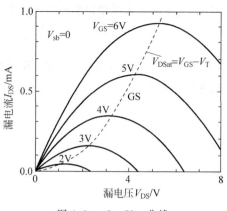

图 6.24 I_{DS}-V_{DS} 曲线

峰值电流下的漏源电压 $V_{DS} = (V_{GS} - V_T)$,在该电压下,I_{DS}-V_{DS} 曲线斜率 $\dfrac{\mathrm{d} I_{DS}}{\mathrm{d} V_{DS}} = 0$。但并未观察到 I_{DS} 随 V_{DS} 而减小这一现象,这是因为 I_{DS} 达到峰值后不再遵循 Sah 方程。

3. 饱和区

该区 $V_{DS} \geqslant (V_{GS} - V_T)$。将 $V_{DS} = (V_{GS} - V_T)$ 代入式(6.5.8),得

$$I_{DSat} = \frac{W \mu_n C_{OX}}{2L}(V_{GS} - V_T)^2 = \frac{\beta}{2}(V_{GS} - V_T)^2 \quad (6.5.13)$$

式(6.5.13)表明,漏源电流 I_{DS} 与漏源电压 V_{DS} 无关,即达到饱和,称为饱和漏电流 I_{DSat},令饱和漏电压为 V_{DSat},且

$$V_{DSat} = (V_{GS} - V_T) \quad (6.5.14)$$

在饱和区,漏端有 $V_{GS} - V_{DS} = V_T$,又 $V(L) = V_{DS}$,由式(6.5.6)得沟道漏端的电荷密度为

$$Q_n(L) = -C_{OX}[V_{GS} - V_T - V(L)] = 0 \quad (6.5.15)$$

式(6.5.15)表明,漏端沟道反型层消失,沟道在漏端被夹断,即沟道电荷为 0,式(6.5.8)失效,不能用该方程模拟饱和区的特性,缓变沟道近似不再成立。

由式(6.5.13)知,I_{DSat} 是栅电压 V_{GS} 的函数,随栅电压的平方而增加,故常称 MOSFET 为平方率器件。

【例 6.8】 一个 P 沟道铝栅极 MOS 晶体管 $t_{OX} = 100\mathrm{nm}$,$N_D = 2 \times 10^{15} \mathrm{cm}^{-3}$,$Q_{OX} = 10^{11} \mathrm{cm}^{-2}$,$L = 10\mu\mathrm{m}$,$Z = 50\mu\mathrm{m}$,$\mu_p = 230\mathrm{cm}^2/(\mathrm{V} \cdot \mathrm{s})$。计算在 V_G 等于 $-4\mathrm{V}$ 和 $-8\mathrm{V}$ 时的 I_{DS},并给出电流-电压关系。

解: $\phi_F = -V_T \ln \dfrac{N_D}{n_i} = -0.026 \ln \dfrac{2 \times 10^{15}}{1.5 \times 10^{10}} = -0.31\mathrm{V}$

$V_s = 2\phi_F = -0.62\mathrm{V}$

$Q_B = [2\varepsilon_s q N_D(-V_s)]^{1/2}$

$\quad = \sqrt{2 \times 12 \times 8.854 \times 10^{-14} \times 1.6 \times 10^{-19} \times 2 \times 10^5 \times 0.62} = 2.05 \times 10^{-8} \mathrm{C/cm}^2$

$C_{OX} = \dfrac{\varepsilon_{OX}}{t_{OX}} = \dfrac{4 \times 8.854 \times 10^{-141.5}}{1.5 \times 10^{-5}} = 3.54 \times 10^{-8} \mathrm{F/cm}^2$

$$\phi'_{ms}=\phi'_m-\phi'_s=\phi'_m-\left(\chi'+\frac{E_g}{2}+\phi_F\right)=3.2-\left(3.25+\frac{1.1}{2}-0.31\right)=-0.29V$$

$$V_{TH}=\phi'_{ms}+V_s-\frac{Q_B}{C_{OX}}-\frac{Q_{OX}}{C_{OX}}=-0.29-0.62-\frac{2.05\times10^{-8}}{3.54\times10^{-8}}-\frac{10^{11}\times1.61\times10^{-19}}{3.54\times10^{-8}}$$

$$=-1.94V$$

饱和时

$$I_{DS}=\frac{Z}{L}C_{OX}\mu_p\frac{(V_{GS}-V_T)^2}{2}=\frac{50\times3.54\times10^{-8}\times230}{2\times10}(V_{GS}+1.94)^2$$

$$=2.0355\times10^{-5}(V_{GS}+1.94)^2$$

(1) 当 $V_G=-4V$ 时, $I_{DS}=8.64\times10^{-5}A$;

(2) 当 $V_G=-8V$ 时, $I_{DS}=7.475\times10^{-5}A$;

(3) 电流-电压特性曲线

$$\begin{cases} I_{DS}=2.0355\times10^{-5}(V_{GS}+1.94)^2, & V_{GS}<V_T \\ I_{DS}=0, & V_{GS}>V_T \end{cases}$$

6.5.2　影响直流特性的因素

上述直流特性是在理想模型下导出的。实际上,还有一些其他因素会对 MOSFET 直流特性产生影响。

1. 耗尽层电荷的变化

在理想模型中,耗尽层电荷密度 Q_B 为常数,沿沟道长度方向耗尽层宽度不变。但事实上,当 MOSFET 加有外加直流偏置电压时,表面空间电荷区宽度将随沟道压降的增加而展宽,这就必须考虑从源到漏耗尽层内电荷密度的变化。在这种情况下,设耗尽层电荷密度为 Q''_{BM}。Q''_{BM} 随 V_{DS} 的变化为

$$Q''_{BM}=-qN_Ax'_{dm}=-\{2\varepsilon_sqN_A[2\phi_{FP}-V_{BS}+V(y)]\}^{\frac{1}{2}} \tag{6.5.16}$$

代入式(6.5.7)的有关项,得

$$I_{DS\text{-}Q_{BM}}=\beta\{[(V_{GS}-V_{FB}-2\phi_{FP})V_{DS}-\frac{V_{DS}^2}{2}]$$

$$-\frac{2}{3}\frac{(2\varepsilon_sqN_A)^{\frac{1}{2}}}{C_{OX}}[(V_{DS}+2\phi_{FP}-V_{BS})^{\frac{3}{2}}-(2\phi_{FP}-V_{BS})^{\frac{3}{2}}]\}<I_{DS\text{-}Sah} \tag{6.5.17}$$

考虑耗尽层电荷密度变化后,沟道反型层电荷密度随耗尽层电荷密度的增加而减少,故式(6.5.17)成立。

饱和时,由 $\dfrac{dI_{DS\text{-}Q_{BM}}}{dV_{DS}}=0$ 且 V_{GS} 为常数及式(6.5.17)得,饱和漏源电压为

$$V_{DSat\text{-}Q_{BM}}=V_{GS}-V_{FB}-2\phi_F-\frac{\varepsilon_sqN_A}{C_{OX}^2}\left\{\left[1+\frac{C_{OX}^2}{\varepsilon_sqN_A}(V_{GS}-V_{FB})\right]^{\frac{1}{2}}-1\right\}<V_{DSat\text{-}理想}$$

$$\tag{6.5.18}$$

将不等式(6.5.18)的左边代入式(6.5.17)的右边,即可求得饱和区的漏源电流。

2. 沟长调制效应

在讨论直流伏安特性时,假设沟道长度为常数。对长沟道器件,基于此假设的计算结果与实验基本相符。对短沟道器件,会存在一定误差。当 MOSFET 工作在饱和区时,漏衬耗尽区向沟道横向扩展,从而减小了有效沟道长度,如图 6.25 所示。图中,ΔL 为扩展的宽度。

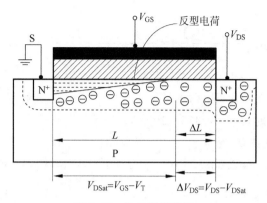

图 6.25　沟长调制效应

当 $V_{DS} > V_{DSat}$ 时,有效沟道长度 L_{eff} 为

$$L_{eff} = L - \Delta L \tag{6.5.19}$$

将漏衬 N^+P 结视为单边突变结,大部分反偏电压降落在低掺杂的 P 区,漏衬结空间电荷区扩展进 PN 结 P 型区的宽度应为

$$x_p = \sqrt{\frac{2\varepsilon_s}{qN_A}(\phi_{FP} + V_{DS})} \tag{6.5.20}$$

在图 6.25 中,当 $V_{DS} > V_{DSat}$ 时,沟道长度 L 受 ΔL 调制。作为一级近似,可以认为当 $V_{DS} = V_{DSat}$ 时,ΔL 等于总空间电荷区宽度减去饱和时空间电荷区宽度,即

$$\Delta L = \sqrt{\frac{2\varepsilon_s}{qN_A}} \left[\sqrt{\phi_{FP} + V_{DSat} + \Delta V_{DS}} - \sqrt{\phi_{FP} + V_{DSat}} \right] \tag{6.5.21}$$

式中

$$\Delta V_{DS} = V_{DS} - V_{DSat}$$

显然,当所施加的 $V_{DS} > V_{DSat}$ 时,有效沟道长度受漏源电压调制。

由式(6.5.13)知,饱和漏电流与沟道长度成反比,则

$$I'_{DSat} = \frac{W\mu_n C_{OX}}{2(L - \Delta L)}(V_{GS} - V_T)^2 = \frac{I_{DSat}}{1 - \dfrac{\Delta L}{L}} \tag{6.5.22}$$

式中,I_{DSat} 为理想模型漏电流;I'_{DSat} 为实际漏电流。式(6.5.22)分母作一级近似后,得

$$\left(1 - \frac{\Delta L}{L}\right)^{-1} = 1 + \frac{\Delta L}{L} = 1 + \lambda V_{DS} \tag{6.5.23}$$

代入式(6.5.22),得

$$I'_{DSat} = I_{DSat}\left(1 + \frac{\Delta L}{L}\right) = I_{DSat}(1 + \lambda V_{DS}) \tag{6.5.24}$$

式中，λ 称为沟长调制系数，是电路模拟中常用的模型参数，定义为

$$\lambda = \frac{\Delta L}{L V_{DS}} \tag{6.5.25}$$

图 6.26 给出了一典型短沟道 MOSFET 的 I'_{DSat}-V_{DS} 曲线。在饱和区，由于沟长调制效应，斜率均为正值。理想情况下，将 I'_{DSat} 曲线从饱和区沿反方向外推，其延长线与 V_{DS} 轴相交于 $1/\lambda$。随着 MOSFET 的尺寸越来越小，沟道长度的变化率很大，λ 越大，沟道长度调制效应明显。

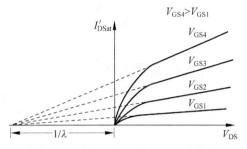

图 6.26 沟长调制效应与 $1/\lambda$ 的关系

3. 迁移率调制效应

在理想模型中，沟道载流子迁移率为常数，故其漂移速度随电场强度增加而加快。但实际中，沟道载流子在漂移过程中，一方面由于栅压产生的垂直电场会引起迁移率变化，另一方面横向电场强度增大会使载流子速度接近饱和极限，导致载流子有效迁移率下降。

1) 栅电场的影响

反型层电荷由垂直电场产生，如图 6.27(a)所示，在 NMOSFET 中，正向栅压使反型层中的电子向表面移动，对于沿沟道向漏极漂移的电子，也受到表面的吸引，但同时受到空间电荷区中固定杂质电荷的排斥而产生表面散射效应，如图 6.27(b)所示。表面散射效应减小了迁移率，同时 Si-SiO$_2$ 界面的固定正电荷会产生附加库仑力，使迁移率进一步下降。

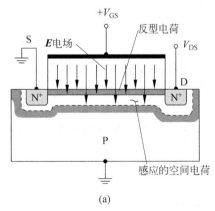
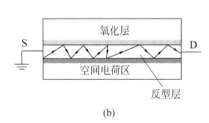

图 6.27 NMOSFET 中电场与载流子散射效应

(a) 垂直电场分布；(b) 载流子表面散射效应

设栅电压产生的有效电场为 E_{eff}，在其作用下的有效电子迁移率为 μ_{eff}，它们之间关系的经验公式为

$$\mu_{eff} = \mu_0 \left(\frac{E_C}{E_{eff}} \right)^v \tag{6.5.26}$$

式中，μ_0 为低场迁移率，或称低场表面迁移率。对于电子，$\mu_0 = 400 \sim 700 \text{cm}^2/(\text{V} \cdot \text{s})$；对于

空穴，$\mu_0 = 100 \sim 300 \text{cm}^2 / (\text{V} \cdot \text{s})$；$E_C$ 为临界电场，当电场 $E < E_C$ 时，$\mu_{\text{eff}} = \mu_0$；当电场 $E > E_c$ 时，μ_{eff} 开始下降；v 为经验常数；E_{eff} 是栅电压作用于沟道载流子的有效电场，与耗尽层电荷密度及反型层电荷密度有关，即

$$E_{\text{eff}} = \frac{Q_{\text{BM}} + 0.5 Q_{\text{n}}}{\varepsilon_{\text{s}}} \tag{6.5.27}$$

图 6.28 给出了 $T = 300 \text{K}$ 时有效电子迁移率在不同杂质浓度及不同氧化层厚度的变化情况。该图表明，有效迁移率仅仅是反型层电场强度的函数，而与氧化层厚度和杂质浓度无关。由于晶格散射的存在，反型电荷有效迁移率随温度升高而减小。

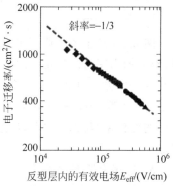

图 6.28 反型层电子迁移率与电场的关系

当 V_{DS} 较低时，在电路模拟中采用的迁移率模型可以为

$$\mu_{\text{eff}} = \frac{\mu_0}{1 + a_0 E_{\text{eff}}} \tag{6.5.28}$$

式中，a_0 为散射常数。

式(6.5.27)和式(6.5.28)适应于 $E_{\text{eff}} < 5.5 \times 10^5 \, (\text{V/cm})$ 的情况。研究表明，对 NMOSFET，强电场电子迁移率 μ_{eff} 按 E_{eff}^{-2} 下降，中等电场电子迁移率 μ_{eff} 按 $E_{\text{eff}}^{-0.3}$ 下降；对 PMOSFET，强电场空穴迁移率按 E_{eff}^{-1} 下降，中等电场空穴迁移率按 $E_{\text{eff}}^{-0.3}$ 下降。

2) 横向电场的影响

在长沟 MOSFET 中，迁移率为常数，随着电场强度的增加，载流子的漂移速度也随之持续增加，一直增加到电流达到理想电流为止。但实际上，当电场强度增加到一定值后，载流子速度会达到饱和。对短沟器件，由于漏源电压一定时，沟道越短，相应的横向电场强度越大，速度饱和尤其突出。

设速度饱和时的临界电场强度为 E_C，它与载流子饱和漂移速度 v_{sl} 的关系为

$$E_C = \frac{v_{\text{sl}}}{\mu_{\text{eff}}} \tag{6.5.29}$$

电子的饱和漂移速度在 $5 \times 10^5 \sim 9 \times 10^5 \text{cm/s}$，空穴的饱和漂移速度在 $4 \times 10^5 \sim 8 \times 10^5 \text{cm/s}$。

设沟道横向电场强度为 E_y，在此电场时载流子速度为

$$v = \begin{cases} \dfrac{\mu_{\text{eff}} E_y}{1 + \dfrac{E_y}{E_C}}, & E_y \leqslant E_C \\ \mu_{\text{eff}} E_C = v_{\text{sl}}, & E_y > E_C \end{cases} \tag{6.5.30}$$

式中，$E_y = \left| \dfrac{\text{d} V(y)}{\text{d} y} \right|$。由式(6.5.30)，得

$$v = \frac{\mu_{\text{eff}} E_y}{1 + \dfrac{E_y}{E_C}} \tag{6.5.31}$$

这时通过计算，可得由速度饱和导致的饱和漏源电流为

$$I_{DSv} = WC_{OX}\mu_{eff}E_C\left[\sqrt{(V_{GS}-V_T)^2+(E_CL)^2}-E_CL\right] \tag{6.5.32}$$

当沟道很短时,可近似为

$$I_{DSv} = WC_{OX}(V_{GS}-V_T)v_{sl} \tag{6.5.33}$$

由于垂直于电场和表面散射的作用,饱和速度下降,饱和速度对应的 I_{DSv} 值比理想时低,V_{DSv} 的值也比理想模型下的 V_{DSat} 低。这时,伏安特性如图 6.29 所示,图中虚线表示迁移率为常数时的理想伏安特性。当沟道很短时,I_{DSv} 与 V_{GS} 具有线性关系。

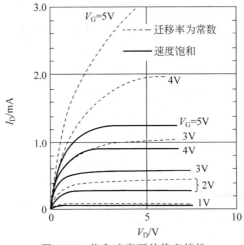

图 6.29　饱和速度下的伏安特性

在理想伏安特性中,对 NMOSFET 而言,当漏端反型电荷密度为零时,电流饱和,这时漏源电压为

$$V_{DSat} = V_{GS}-V_T \tag{6.5.34}$$

当漏源电压达到 V_{DSat} 时,沟道夹断,但速度饱和时漏源电压也饱和,而沟道一般不会夹断,即无须满足这一饱和条件。当横向电场强度达到大约 10^4 V/cm 时,速度达到饱和。例如,$V_{DS}=5$V,沟道长度 $L=1\mu$m,则平均电场强度为 5×10^4 V/cm,显然,速度饱和效应更易于在短沟道器件中发生。

4. 温度的影响

载流子迁移率在一定的温度范围内是温度的函数。随着温度升高,表面迁移率下降,使 β 因子具有负温度系数;同时,阈值电压也具有一定的温度系数。因此,温度变化会对漏源电流 I_{DS} 产生影响。

当 $(V_{GS}-V_T)$ 较大时,I_{DS} 的温度特性主要由迁移率的温度效应确定,具有负温度系数,即温度升高,I_{DS} 有所下降。

当 $(V_{GS}-V_T)$ 较小时,I_{DS} 的温度特性主要由阈值电压的温度效应确定,具有正温度系数,即温度升高,I_{DS} 有所增大。

因此,MOSFET 和 BJT 不同,选择合适电压可使其温度系数为零。

6.6　MOSFET 击穿特性

当加于 MOSFET 的漏源电压 V_{DS} 升高到一定值时,其漏源电流急剧增大,输出特性曲线向上翘起而进入击穿区的现象称为漏源击穿。达到漏源击穿时的漏源电压称为漏源击穿

电压 BV_{DS}。当 MOSFET 的栅源电压增高到一定值会使栅氧化层发生击穿,造成栅源短路、电流增大,损坏 MOSFET 的现象称为栅源击穿。达到栅源击穿时的栅源电压称为栅源击穿电压 BV_{GS}。下面将讨论漏源击穿、氧化层击穿及寄生 NPN 击穿等现象。

6.6.1 漏源击穿

1. 漏区与衬底之间 PN 结雪崩击穿

在通常情况下,源区与衬底相连并处于接地状态。当漏源电压 V_{DS} 很大时,漏扩散区与衬底之间的 PN 结被加上很大的反向偏压,如果耗尽区中电场强度达到临界电场强度,则高掺杂的漏区与低掺杂的衬底之间就发生雪崩击穿。雪崩击穿电压由衬底的电阻率、扩散结的结深和扩散杂质浓度决定。但实验证明,漏源 PN 结的结深约为 $1.37\mu m$ 的 MOSFET,BV_{DS} 在 20~40V,比单个没有栅电极的孤立漏源 PN 结的雪崩击穿电压要低。

在 MOSFET 中,栅极金属有一部分要覆盖在漏极上。由于金属栅的电势一般低于漏区的电势,从而在金属栅极与漏区棱角处形成附加电场。这个电场使栅极下面 PN 结耗尽区电场增大,如图 6.30 所示。因而,漏源耐压大大降低。去除栅金属后,同是漏源 PN 结的结深约为 $1.37\mu m$ 的 MOSFET,BV_{DS} 可上升到约 70V。

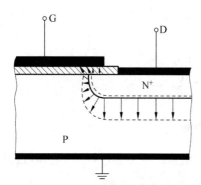

图 6.30　MOS 管漏区的电场分布

2. 漏源穿通

在短沟道高阻衬底的 MOS 器件中,漏源穿通效应是指漏衬空间电荷区完全通过沟道区扩展至源衬空间电荷区,源、漏结的耗尽区连在一起,漏、源势垒完全被消除,从而导致漏电流增大,即发生漏源击穿。

事实上,在穿通还未形成前,漏电流开始增加。当 MOSFET 漏源电压较小时,较高的势垒防止了漏源之间的大电流。随着漏源电压 V_{DS} 的升高,漏衬耗尽层向源端靠近,漏端附近的空间电荷区与源空间电荷区相互作用,势垒高度降低。由于电流是势垒高度的函数,因此,一旦达到穿通,在漏端电压作用下,电流将迅速增加。

图 6.31 所示为漏源穿通时,短沟器件一典型的伏安特性曲线。

当漏结耗尽区和源衬耗尽区相连时的漏源电压称为穿通电压,记为 V_{PT}。与双极型晶体管中的基区穿通相比,沟道穿通电压可写为

$$V_{PT} = \frac{qN_A L^2}{2\varepsilon_s} - V_D \qquad (6.6.1)$$

式中,V_D 为 PN 结接触电势。

如果 $V_{PT} < BV_{DS}$,就限制了器件的正常工作,使用电压受到穿通电压的限制。

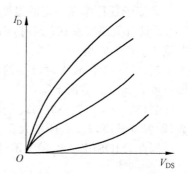

图 6.31　漏源穿通时,短沟器件的伏安特性曲线

6.6.2 氧化层击穿

MOSFET 栅氧化层为良绝缘体,若氧化层内的电场足够强,就会发生介电击穿,造成栅源短路,电流剧增,损坏器件,永久失效,即称为栅源击穿。这时,栅源击穿电压 BV_{GS} 为

$$BV_{GS} = E_{OX(max)} t_{OX} \qquad (6.6.2)$$

式中,$E_{OX(max)}$ 是栅氧化层 SiO_2 击穿的临界电场强度,一般为 $6 \times 10^6 V/cm$,比硅中的电场要大。尽管栅氧化层很薄,大约 30V 的栅压就可使厚度为 50nm 的氧化层被击穿,最常见的保险系数为 3,即在 $t_{OX} = 50nm$ 时,允许的最大栅压为 10V。为什么要设置保险系数呢?这是因为在电场强度低于击穿场强时,氧化层中可能存在一些缺陷。除了功率器件和超薄氧化层器件外,氧化层一般不会造成严重后果。但通过栅电容的感应电场 $E = Q/t_{OX} C_{OX}$,t_{OX}、C_{OX} 均小,只需少量电荷,即可产生很强的场强。理论上,$E_{OX(max)}$ 可高达 $10^7 V/cm$;实际上,$E_{OX(max)} > 5 \times 10^5 V/cm$ 时,SiO_2 层就可能被击穿。故在使用 MOS 器件或集成电路时必须有良好接地,以免吸附电荷产生的感应强电场造成栅 SiO_2 层击穿而损坏电路或器件。

由于栅极及其他因素的影响,MOS 器件击穿电压 BV_{DS} 比较低。要提高 BV_{DS} 强度就要缓和电场集中,或提高漏源耐压。

6.6.3 寄生 NPN 击穿

寄生 NPN 击穿易有负阻特性,多发生在高阻衬底的短沟道 NMOS 中,是一种二级效应。N 沟增强型 MOSFET 的几何结构如图 6.32(a)所示。源、漏区均为 N^+ 区,衬底为 P 型,源极及衬底接地,从而形成了 NPN 寄生双极型晶体管,如图 6.32(b)所示。

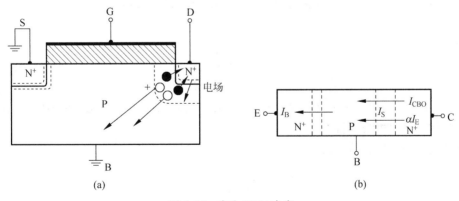

图 6.32 寄生 NPN 击穿

(a) 雪崩倍增;(b) 寄生 NPN 管

雪崩击穿是一种渐进式击穿,在电流较小且电场强度略低于击穿场强时,雪崩倍增效应会形成漏端电流,而空穴通过衬底流向体电极,会形成衬底电流 I_{Sub}。在源端附近,I_{Sub} 在衬底串联电阻产生压降 V_{BS},源衬短接,该电阻跨接在源衬 PN 结上,V_{BS} 相当于给源衬结加上正向偏压,正偏源衬 N^+P 结和反偏漏衬 N^+P 形成寄生双极型晶体管。源区是重掺杂 N^+ 区,当降落在衬底上的压降 V_{BS} 达到源衬 PN 结的导通电压 $0.6 \sim 0.7V$ 时,大量电子从源区向衬底注入,一部分注入电子将沿寄生基区扩散进入反偏漏端空间电荷区,漏电流因此增加。

随着 I_{Sub} 增加，V_{BS} 增加。寄生 BJT 的发射极将向 P 型基区发射更多电子，I_{Sub} 进一步增大，并同时受到倍增，漏电流的迅速增大就导致击穿，这种击穿比 MOSFET 的本征 FET 击穿来得早。

雪崩击穿过程不仅与电场强度有关，而且与载流子浓度有关，当漏端空间电荷区的载流子数量增加时，雪崩击穿概率增加。漏端附近的雪崩击穿产生了衬底电流，从而产生了正向偏置的源衬 PN 结电压。正向偏置结注入载流子又扩散回漏端从而进一步加剧了雪崩倍增，这是一种再生或正反馈机制，正反馈形成不稳定因素，容易引发二次击穿。

寄生 NPN 击穿输出特性曲线如图 6.33 所示。

击穿时的负阻效应可通过寄生双极型晶体管

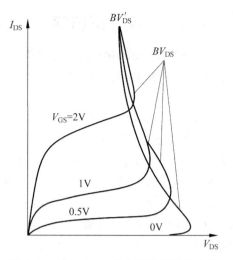

图 6.33　寄生 NPN 击穿的输出特性曲线

作如下解释：由于雪崩击穿产生的衬底电流与外加电压无关，即寄生双极型晶体管基极电位几乎不变，这相当于一基极开路的双极型晶体管；MOSFET 的漏电流相当于寄生晶体管的集电极电流。即

$$I_C = \alpha_0 I_E + I_{CBO} \tag{6.6.3}$$

式中，α_0 为共基极电流增益；I_{CBO} 为基极-集电极反向截止电流。基极开路时，$I_C = I_E$，故式(6.6.3)可写为

$$I_C = \alpha_0 I_C + I_{CBO} \tag{6.6.4}$$

击穿时，B-C 结电流具有雪崩倍增效应，设倍增因子为 M，则

$$I_C = M(\alpha_0 I_C + I_{CBO}) \tag{6.6.5}$$

由此得

$$I_C = \frac{M I_{CBO}}{1 - \alpha_0 M} \tag{6.6.6}$$

因此，当 $\alpha_0 M \to 1$，或基极开路下当 $M \to 1/\alpha_0$ 时发生击穿，其倍增因子比单一 PN 结小得多，相当于晶体管共射极击穿特性。

倍增因子的常用经验公式为

$$M = \frac{1}{1 - (BV_{CE}/BV_{BD})^n} \tag{6.6.7}$$

式中，n 为经验常数，为 3～6；BV_{BD} 为结的雪崩击穿电压；BV_{CE} 相当于 BV_{DS}。

共基极电流增益 α_0 强烈地依赖于集电极电流，尤其在集电极电流较小时，B-E 结复合电流占总电流很大一部分，因此共基极增益较小。当集电极电流增加时，α_0 值也增加。雪崩击穿开始时，I_C 较小，M 及 B_{CE} 具体的值必须满足 $\alpha_0 M = 1$；当集电极电流增加时，α_0 增加，因此，发生雪崩击穿所需的 M 及 B_{CE} 均更小，负阻特性就显而易见了。负阻效应可通过降低衬底重掺杂，以防止任何压降的突变。

因为电子的电离率随电场增加上升快，易于引发雪崩效应，而且空穴迁移率比电子的小，P 型衬底电阻率高，衬底电流流过时很容易造成源衬正偏，故寄生 NPN 击穿常发生在 NMOS 中。

6.7　MOSFET 亚阈特性

6.7.1　MOSFET 亚阈电流

当栅压 V_{GS} 小于或等于阈值电压 V_T 时,理想的伏安特性曲线表明漏电流为零。而实验结果表明,当 $V_{GS} \leqslant V_T$ 时,I_{DS} 并不为零。图 6.34(a)为实验曲线与理想特性的对比。MOS 器件工作在 $V_{GS} < V_T$ 时,有小的漏电流流过晶体管,这时的工作区称亚阈区,相应的漏电流称亚阈电流,这时的器件处于弱反型状态,类似于 BJT 的截止区。亚阈电流的存在,使器件的截止漏电流增大、开关特性恶化、静态功耗增加。因此,对于低压低功耗器件及逻辑电路,尤其在使用了多个 MOSFET 的大规模集成电路中,电路设计时必须考虑亚阈值电流的影响,并确保 MOSFET 在截止态下的偏压低于阈值电压。因此,尽可能减小亚阈电流有实际意义。

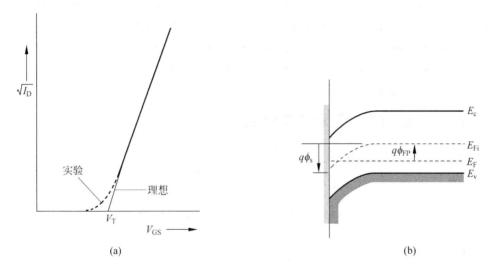

图 6.34　实验曲线与理想特性的对比

(a) 理想与实验 $\sqrt{I_{DS}} - V_{GS}$ 的关系;(b) $|\phi_{FP}| < V_s < 2|\phi_{FP}|$ 时的能带图

由于衬底表面处于弱反型状态,其表面势 V_s 满足的关系为

$$\phi_{FP} < V_s < 2\phi_{FP} \tag{6.7.1}$$

图 6.34(b)为 P 型衬底 MOS 结构在 $V_s < 2\phi_{FP}$ 时的能带图,这时费米能级更靠近导带,因而半导体表面呈现轻掺杂 N 型材料特性。可以通过弱反型沟道来观察 N^+ 源极与漏极之间的导电性能。

当给器件漏端施加一小偏压,其在积累、弱反型和阈值时沿沟道长度方向的表面势如图 6.35 所示。其中假设 P 型衬底的电势为零。图 6.35(b)和图 6.35(c)分别表示积累和弱反型情况。此时 N^+ 源区和沟道之间存在一个势垒,电子必须克服势垒才能产生沟道电流。这些势垒与 PN 结中的势垒相比,沟道电流是 V_{GS} 的指数函数。图 6.35(d)表明,反型模式下势垒非常小,亚阈电流不再是 V_{GS} 的指数函数,此时的 PN 结更像欧姆接触。

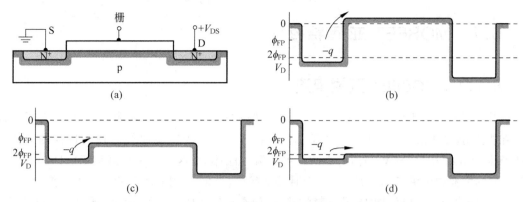

图 6.35 不同模式下的能带图

(a) N 沟道 MOSFET 截面图；(b) 积累模式的能带图；(c) 弱反型模式的能带图；(d) 弱反型模式的能带图

假设衬底电势为零，当外加漏源电压 V_{DS} 较小时，在 P 型衬底表面处于积累和弱反型状态下，N^+ 源区和 P 衬底表面之间存在势垒，由于 V_{DS} 使漏区和弱反型沟道间的 PN 结反偏，其势垒更高，故沟道中源端载流子浓度高于漏端，源区电子越过势垒注入弱反型沟道，并从源端向漏端形成扩散电流，并且有正偏的漏极收集，从而形成弱反型区的漏电流，即亚阈电流。在强反型时，势垒高度太小以致可以忽略，此时 N^+ 源区和表面 N^+ 沟道可看作欧姆接触。

6.7.2 MOSFET 亚阈电流计算

采用类似于均匀基区晶体管求集电极电流的方法来求亚阈值电流。具体步骤如下：

第一步：写出漏源电流 I_{DS} 与电子浓度梯度 $\dfrac{\mathrm{d}n(x)}{\mathrm{d}x}$ 的关系式；

第二步：写出在源端 $x=0$ 和漏端 $x=L$ 处的电子浓度 $n(0)$ 和 $n(L)$；

第三步：用 $n(0)$ 和 $n(L)$ 表示亚阈值电流；

第四步：求弱反型时的表面电场 E_s；

第五步：求最终亚阈电流的表达式。

按以上五步，求得结果为

$$I_{DSub} = \frac{W\mu_n}{L}\left(\frac{kT}{q}\right)^2 q\left(\frac{\varepsilon_s}{2qN_A V_s}\right)$$
$$\left(\exp\left(\frac{q(V_s - \phi_F)}{kT}\right)\right) \cdot \left(1 - \exp\left(\frac{-qV_{DS}}{kT}\right)\right)$$

$$(6.7.2)$$

式(6.7.2)说明：V_{DS} 为常数时，I_{DSub} 随 V_s 增大而指数增加；当 $V_{DS} > 3\dfrac{kT}{q}$ 时，亚阈值电流 I_{DSub} 与 V_{DS} 无关。

图 6.36 给出了亚阈值电流 I_{DSub} 随 V_{DS} 变化的曲线，同时也标明了阈值电压的值。

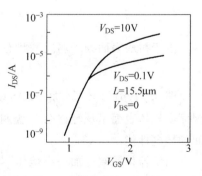

图 6.36 亚阈值电流 I_{DSub} 随 V_{DS} 变化的曲线

6.7.3　MOSFET 栅压摆幅

为了衡量 MOS 器件亚阈特性的优劣,引入栅压摆幅 S 并定义和计算得

$$S = \frac{\mathrm{d}V_{GS}}{\mathrm{d}(\lg I_{DSub})} = \frac{kT}{q} \cdot \frac{\mathrm{d}V_{GS}}{\mathrm{d}V} = \frac{kT/q}{1 - \left(1 + \frac{2C_{OX}}{B}V_{GS}\right)} \tag{6.7.3}$$

式中

$$B = \frac{\varepsilon_s}{\varepsilon_{OX}} N_A q t_{OX} \tag{6.7.4}$$

影响 S 的因素很多,SiO_2 的厚度减小、C_{OX} 增大、衬底杂质浓度增加都可使 S 减小。另外,受衬底电压 V_{BS} 的影响,当 MOSFET 的栅氧化层厚度为 570Å,衬底杂质浓度为 $5.6 \times 10^{16}\,\mathrm{cm}^{-3}$ 时,使电流减小一个数量级所需的栅极电压摆幅 $S = 83\mathrm{mV}(V_{BS} = 0\mathrm{V})$、$S = 67\mathrm{mV}(V_{BS} = 3\mathrm{V})$、$S = 63\mathrm{mV}(V_{BS} = 10\mathrm{V})$。

对于短沟道 MOSFET,表面势 V_s 不再是常数而是随位置而改变,其亚阈电流的特性将在短沟道 MOSFET 中讨论。

6.8　MOSFET 小信号特性

MOSFET 用于信号放大时,其输入信号一般为交流信号。器件工作点一定时,输入若为交流小信号时,则电流的变化量和电压的变化量具有线性关系,可用线性方程组进行描述并求解。在低频下,可采用准静态方法进行分析。

6.8.1　交流小信号参数

MOSFET 低频小信号参数包括跨导 g_m、漏导 g_d 及电压放大系数 G_V 等;在准静态下,根据它们各自的定义,将直流伏安特性方程中的参数视为“准静态”参数,即可由此方程直接求得。故理想模型下交流小信号参数为不随信号电压、电流变化的常数。

1. 跨导

在一定的漏源电压及衬偏电压下,漏源电流随栅源电压的变化率称为栅跨导,简称为跨导,用 g_m 表示。由其说明栅源电压对漏源电流的控制能力,该值越大表明器件的放大能力越强。定义为

$$g_m = \frac{\partial I_{DS}}{\partial V_{GS}}\bigg|_{V_{DS}, v_{BS}} \tag{6.8.1}$$

1) 线性区跨导 g_{ml}

在线性区,$V_{DS} < V_{DSat}$,这时 g_{ml} 与 V_{DS} 是线性关系,即

$$g_{ml} = \beta V_{DS} \tag{6.8.2}$$

式中,β 的表达式为式(6.5.9)。

2) 饱和区跨导 g_{ms}

在饱和区,$V_{DS} > V_{DSat}$,这时

$$g_{ms} = \beta V_{DSat} = \beta(V_{GS} - V_T) \tag{6.8.3}$$

在饱和区,不考虑沟道调制效应,跨导基本上与 V_{DS} 无关。

在线性区或非饱和区,跨导随 β 或 V_{DS} 的增加而增大。考虑高场迁移率效应后,当沟道电场达到载流子速度饱和临界电场时,由式(6.5.33)可得由载流子饱和速度决定的最大跨导为

$$g_{mv} = WC_{OX}v_{sl} \tag{6.8.4}$$

可见,g_{mv} 与 V_{DS} 及 L 无关。

在饱和区,g_{ms} 随 β 或随 V_{GS} 的增加而增大;但 V_{GS} 增大会使迁移率 μ_n 下降,故 g_{ms} 先是随 V_{GS} 的升高而增大,当 μ_n 下降和 V_{GS} 升高的影响完全抵消时,g_{ms} 达到最大值;此后,μ_n 下降起主要作用,V_{GS} 增加,g_{ms} 减小。

3) 衬底跨导 g_{mb}

当衬底和源极之间加有负偏压 V_{BS} 且漏源电压及栅源电压一定时,漏源电流随衬底偏压的变化率称为衬底跨导,以 g_{mb} 表示,它表示衬偏电压对漏源电流的控制能力。定义为

$$g_{mb} = \frac{\partial I_{DS}}{\partial V_{BS}}\bigg|_{V_{DS}, V_{GS}} \tag{6.8.5}$$

将 I_{DS} 的表达式对 V_{BS} 求导,得

$$g_{mb} = -\frac{W\mu(2q\varepsilon_s N_A)^{\frac{1}{2}}}{L}\left[(2\phi_{FP} - V_{BS} + V_{DS})^{\frac{1}{2}} - (2\phi_{FP} - V_{BS})^{\frac{1}{2}}\right] \tag{6.8.6}$$

式中,对 NMOS,V_{BS} 取负值;g_{mb} 主要由 N_A、W/L、V_{BS} 和 V_{DS} 等参数决定;V_{BS} 越高,即绝对值越大,耗尽层电荷越多,反型层电荷越小,则漏源电流越小,故 g_{mb} 越小。通过在源极和衬底之间加一衬偏电压,控制耗尽层和反型层的电荷分配之比以达到控制漏源电流的目的,说明一定条件下,衬底也能起到栅极的作用,故常将衬底称为"背栅"。

4) 串联电阻 R_S、R_D 对跨导影响

当漏源电流流过源、漏区的串联电阻 R_S、R_D(包括源、漏区都存在的体电阻及欧姆接触电阻)时,会在串联电阻上产生压降,使实际加在沟道区上的栅源电压及漏源电压减小,因此 MOSFET 的实际跨导比上述理论值低。

设有效栅源电压为 V'_{GS},有

$$V'_{GS} = V_{GS} - I_{DS}R_S \tag{6.8.7}$$

同理,实际加在沟道上的有效漏源电压为 V'_{DS},则

$$V'_{DS} = V_{DS} - I_{DS}(R_S + R_D) \tag{6.8.8}$$

将式(6.8.7)、式(6.8.8)依次代入式(6.5.10)及式(6.5.13)中的 V_{GS}、V_{DS},再求导并整理即得线性区或非饱和区的有效跨导为

$$g_m^* = \frac{g_m}{1 + g_m R_S + g_{ms}(R_S + R_D)} \tag{6.8.9}$$

饱和区的有效跨导为

$$g_{ms}^* = \frac{g_{ms}}{1 + g_{ms} R_S} \tag{6.8.10}$$

可见,串联电阻越大,有效跨导越小。

根据以上分析,提高跨导的措施有:

（1）选用迁移率高的衬底材料和晶向，提高表面迁移率，提高工艺水平，使界面尽量平整；

（2）制作高质量的薄栅氧化层；

（3）设计宽长比大的图形结构；

（4）尽可能减小源、漏区串联电阻。

2. 漏源电导

当栅源电压及衬底偏压一定时，漏源电流随漏源电压的变化率称为漏源电导，简称漏导，用 g_d 表示，由其反映漏源电压对漏源电流的控制能力。定义为

$$g_d = \frac{\partial I_{DS}}{\partial V_{DS}} \bigg|_{V_{GS}, v_{BS}} \tag{6.8.11}$$

1）非饱和区

由非饱和区的 Sah 方程，对 V_{DS} 求导可得

$$g_d = \beta(V_{GS} - V_T - V_{DS}) \tag{6.8.12}$$

2）线性区

当 $V_{DS} \ll (V_{GS} - V_T)$ 时，忽略式（6.8.12）中的 V_{DS} 得线性区的漏源电导为

$$g_{dl} = \beta(V_{GS} - V_T) \tag{6.8.13}$$

同样，当源、漏区存在串联电阻 R_S、R_D 时，得

$$g_{dl}^* = \frac{g_{dl}}{1 + g_{dl}(R_S + R_D)} \tag{6.8.14}$$

显然，R_S、R_D 的存在使漏源电导下降。

若考虑迁移率随栅压的增加而下降，则在漏源电流较大时，漏电导随栅压增加而上升的速率将下降。

3）饱和区

在饱和区，由式（6.5.13）可知：$g_{ds} = 0$。但这只是理想模型下的结果，对长沟道 MOS 器件较符合。然而，由于实际存在沟道长度调制效应，饱和区的有效沟道长度随 V_{DS} 升高而变短，漏源电流增大，故 $g_{ds} \neq 0$，只是很小而已。

此外，在高阻衬底及短沟道 MOS 器件中，还要考虑漏区电场静电反馈效应及空间电荷限制效应的影响。

3. 电压放大系数

在漏源电流一定时，漏源电压随栅源电压的变化率称为电压放大系数。以 G_V 表示，即

$$G_V = -\frac{\partial V_{DS}}{\partial V_{GS}} \bigg|_{I_{DS}} \tag{6.8.15}$$

1）非饱和区

在非饱和区，由 Sah 方程求全微分，即

$$G_V = \frac{V_{DS}}{V_{GS} - V_T - V_{DS}} \tag{6.8.16}$$

比较式（6.8.2）及式（6.8.3），得

$$G_V = \frac{g_{ml}}{g_d} \tag{6.8.17}$$

2）饱和区

在饱和区，g_{ms} 具有最大值，g_{ds} 为有限小值，故有

$$G_V = \frac{g_{ms}}{g_{ds}} \tag{6.8.18}$$

可见，MOSFET 在饱和区的电压放大系数具有最大值。

6.8.2 交流小信号等效电路

MOSFET 在交流动态工作时，一个增强型 MOSFET 共源连接电路如图 6.37 所示。当输入交变信号 v_{gs} 时，其输出电压及电流都将随时间而变化。这时，直流分量和交流分量之和就是总电流或电压，即

$$V_{gs} = V_{GS} + v_{gs} \tag{6.8.19}$$

$$I_{ds} = I_{DS} + i_{ds} \tag{6.8.20}$$

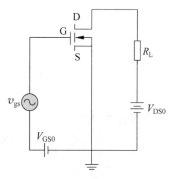

图 6.37　NMOSFET 交流共源电路

式中，V_{gs} 表示交流小信号下的总栅源电压；I_{ds} 表示总漏源电流；V_{GS}、I_{DS} 和 v_{gs}、i_{ds} 分别表示栅源电压及漏源电流的直流分量和交流分量。

MOS 器件作为电压控制器件，漏极输出电流是栅源电压和漏源电压的函数，即

$$I_{ds} = f(V_{gs}, V_{ds}) \tag{6.8.21}$$

对式（6.8.21）两边求全微分，得

$$dI_{ds} = \frac{\partial I_{ds}}{\partial V_{gs}}\bigg|_{V_{ds}=C} dV_{gs} + \frac{\partial I_{ds}}{\partial V_{ds}}\bigg|_{V_{gs}=C} dV_{ds} \tag{6.8.22}$$

对照式（6.8.19）及式（6.8.20），在小信号工作状态下，式（6.8.22）可写为

$$i_{ds} = g_m v_{gs} + g_d v_{ds} \tag{6.8.23}$$

同理，输入端栅极交流电流为

$$i_g = C_{gs} \frac{dv_{gs}}{dt} + C_{gd} \frac{dv_{gd}}{dt} \tag{6.8.24}$$

式中，C_{gs} 为栅源电容，它是输出交流短路时，栅极总电荷 Q_{GT} 随栅源电压的变化率；C_{gd} 为栅漏电容，它是输入对交流短路时，栅电荷随栅漏电压的变化率。它们统称为本征电容。

下面讨论 C_{gs} 和 C_{gd} 的特性。

C_{gs} 定义为

$$C_{gs} = \frac{\partial Q_{GT}}{\partial V_{gs}}\bigg|_{V_{ds}} \tag{6.8.25}$$

在漏极和源极交流短路的情况下，不计及体电荷，即耗尽层空间电荷变化，认为空间电荷密度为常数，则栅电荷 Q_{GT} 的变化和沟道反型层电荷 Q_{nT} 的变化相同，只是电荷的极性相反而已，即 $\Delta Q_{GT} = -\Delta Q_{nT}$。在准静态近似下，利用直流特性的有关方程式，得

$$Q_{GT} = C_{OX} WL \left\{ V_{GS} - \frac{3(V_{GS} - V_T)V_{DS} - 2V_{DS}^2}{3[2(V_{GS} - V_T) - V_{DS}]} \right\} \tag{6.8.26}$$

将式（6.8.26）代入式（6.8.25），得

$$C_{gs} = C_G \left\{ 1 - \frac{V_{DS}^2}{3[2(V_{GS} - V_T) - V_{DS}]^2} \right\} \tag{6.8.27}$$

式中，$C_G = C_{OX}WL$，是栅极总电容。由式(6.8.27)知：

(1) 当 V_{DS} 很小，可忽略不计时，在线性区，有

$$C_{gs} \approx C_G \tag{6.8.28}$$

(2) 当 $V_{DS} = V_{GS} - V_T = V_{DSat}$，在饱和区，有

$$C_{gs} \approx \frac{2}{3}C_G \tag{6.8.29}$$

同理，栅漏电容为

$$C_{gd} = \frac{\partial Q_{GT}}{\partial V_{GD}}\bigg|_{V_{gs}} = \frac{\partial Q_{GT}}{\partial V_{ds}}\bigg|_{V_{gs}} \tag{6.8.30}$$

式中，$V_{gd} = V_{gs} - V_{ds}$。电容具有对称性，C_{gd} 和 C_{dg} 等价，电荷的变化由 V_{gs} 或 V_{ds} 引起的，这里，是由 V_{ds} 引起的，可不计及正负。

栅源交流短路时，沟道反型层电荷为

$$Q_{nT} = C_{OX}WL\left\{(V_{GS} - V_T) - \frac{3(V_{GS} - V_T)V_{DS} - 2V_{DS}^2}{3[2(V_{GS} - V_T) - V_{DS}]}\right\} \tag{6.8.31}$$

将式(6.8.31)代入式(6.8.30)，得栅漏电容为

$$C_{gd} \approx \frac{2}{3}C_G\left\{1 - \frac{(V_{GS} - V_T)^2}{[2(V_{GS} - V_T) - V_{DS}]^2}\right\} \tag{6.8.32}$$

在线性区，以 $V_{DS} \approx 0$ 代入，得

$$C_{gd} \approx \frac{1}{2}C_G \tag{6.8.33}$$

在饱和区，将 $V_{DS} = V_{GS} - V_T = V_{DSat}$ 代入，得

$$C_{gd} \approx 0 \tag{6.8.34}$$

由于栅-源和栅-漏之间的电容 C_{gs} 和 C_{gd} 存在，MOS 晶体管 RC 分布参数模型如图 6.38 所示。

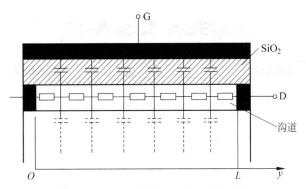

图 6.38　MOS 管的 RC 分布参数模型

当计及栅漏电容充放电在漏端产生的增量电流时，交流漏极电流可表示为

$$i_{ds} = g_m v_{gs} + g_d v_{ds} - C_{gd}\frac{\mathrm{d}v_{gd}}{\mathrm{d}t} \tag{6.8.35}$$

根据式(6.8.24)及式(6.8.35)得 MOSFET 的本征等效电路，如图 6.39 中点画线框内所示。图中，C_{gd} 和 C_{gs} 分别是图 6.38 所示中的 RC 分布参数的等效集总参数。R_{gs} 是栅源

电容充放电的等效沟道串联电阻,它是输入回路中的有效串联电阻,必小于器件的沟道电阻,可以证明

$$R_{gs} = \frac{2}{5} \cdot \frac{1}{\beta(V_{GS} - V_T)} \tag{6.8.36}$$

实际上,MOSFET 在交流工作时,还应考虑其寄生电容及串联电阻的影响,如源极串联电阻 R_S、漏极串联电阻 R_D、栅源寄生电容 C'_{gs}、栅漏寄生电容 C'_{gd},以及漏衬 PN 结耗尽层电容 C_{ds}、衬底寄生电容等,其实际的物理模型如图 6.40 所示。

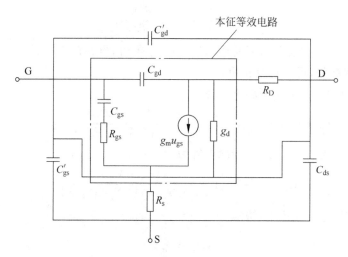

图 6.39 MOS 管小信号等效模型

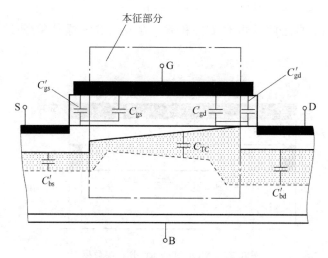

图 6.40 MOS 管小信号物理模型

由于电子器件在电路中的工作状态不同,故有各种等效电路,如低频等效电路、中频或高频等效电路,还有小信号等效电路、开关应用的大信号等效电路等。此外,由于对电路参数的定义会有所不同,又形成了多种不同参数体系的等效电路。这里所列举的仅仅是 MOSFET 中最基本的常用等效模型。

低频时,输入端电容 C_{gs} 的阻抗很大,栅极回路的电流很小,电阻上的压降可忽略不计,信号电压的改变量就等于栅源电容 C_{gs} 二端电压的变化量,也就是说,栅压的变化在栅源电容 C_{gs} 两端感应出符号相反的电荷,使沟道电荷随栅压的变化而变化,产生相应的漏电流 ΔI_{ds}。

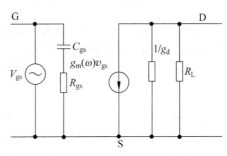

图 6.41　MOS 高频共源等效电路

高频下,C_{gs} 的阻抗下降,使栅极回路的电流增大,外加栅源电压必然要在 C_{gs} 和 R_{gs} 上分压,电阻上的压降不能忽略,这时图 6.39 中点画线框内等效电路如图 6.41 所示。

加在电容上的电压随频率的升高而下降,使输出端的漏电流增量 ΔI_{ds} 减小。只有在输入电压更大时才能在沟道中得到低频时同样的漏电流增量。因此,求得的高频跨导为

$$g_m(\omega) = \frac{g_m}{1 + j\omega R_{gs} C_{gs}} \tag{6.8.37}$$

由式(6.8.37)知,跨导随信号频率升高而减小。为了保证 MOSFET 在高频下仍有一定的放大能力,特定义了跨导截止频率 f_{gm}(或 ω_{gm})和截止频率 f_T(或 ω_T)两个截止频率,以限制器件的使用频率。

1) 跨导截止频率 f_{gm}

高频跨导 $g_m(\omega)$ 下降到低频值的 $\dfrac{1}{\sqrt{2}}$ 时所对应的频率,称为跨导截止频率。即当 $\omega = \omega_{gm}$ 时,$|g_m(\omega)| = \dfrac{g_m}{\sqrt{2}}$,代入式(6.8.37),得

$$\omega_{gm} = \frac{15}{4} \cdot \frac{\mu_n(V_{GS} - V_T)}{L^2} \tag{6.8.38}$$

或者

$$f_{gm} = \frac{15}{8\pi} \cdot \frac{\mu_n(V_{GS} - V_T)}{L^2} \tag{6.8.39}$$

2) 截止频率 f_T

在 MOS 管中,当流经输入电容 C_{gs} 的电流正好等于电压控制电流源 $g_m V_{gs}$ 的电流时所得的频率称为 MOS 管的截止频率 f_T。因为流过 C_{gs} 中的电流就是 MOS 管的输入电流,$g_m V_{gs}$ 正是漏极输出电流的主要部分,故 f_T 表示 MOSFET 共源电路中输出短路电流放大系数等于 1 时的截止频率。而在双极型晶体管中,定义 $\beta = 1$ 时的频率 f_T 为特征频率。要注意两者的含义不同。根据以上定义,结合图 6.41,得

$$\omega_T C_{gs} v_{gs} = g_m v_{gs}$$

得

$$\omega_T = \frac{g_{ms}}{C_{gs}} \tag{6.8.40}$$

将式(6.8.3)及式(6.8.29)代入式(6.3.128),得饱和区的截止频率为

$$f_T = \frac{3\mu_n(V_{GS} - V_T)}{4\pi L^2} \tag{6.8.41}$$

当图 6.41 中 $R_L \gg \dfrac{1}{g_m}$ 时，可以求证 MOSFET 饱和区的增益带宽乘积 $|G_V| \cdot f$ 和式(6.8.41)的结果完全相同，故有时也将 f_T 称为 MOSFET 的增益带宽乘积，即电压增益 $|G_V|$ 和工作频率 f 的乘积为一常数。

由式(6.8.39)及式(6.8.41)知，要提高 MOSFET 的 f_T 或增益带宽乘积，主要有以下几个方面：

（1）缩短沟道长度 L 是最为重要的措施。

（2）迁移率是重要因素。增大沟道载流子的迁移率 μ 是有效手段。实际中，使用 NMOS 比 PMOS 有利，因为电子迁移率比空穴迁移率大得多；减少界面态、表面态有利于提高载流子的表面迁移率；采用埋沟器件，能避免表面散射对迁移率的影响。

（3）减小寄生电容，对于改善 MOSFET 的频率特性至关重要。可以通过采用扩散自对准工艺和偏置栅结构以减小栅源、栅漏之间的交叠电容。同时，采用 SOI 结构，即将器件制作在绝缘衬底上，也能显著减小衬底的寄生电容。

【例 6.9】 在例 6.5 中的 MOS 晶体管中，令 $V_G - V_{TH} = -1\text{V}$

（1）计算氧化层电容和截止频率。

（2）若 $Z = 10\mu\text{m}, L = 50\mu\text{m}$，重复（1）。

解：（1）氧化层电容为

$$C_{OX} = \frac{\varepsilon_{OX}}{t_{OX}} ZL = \frac{4 \times 8.854 \times 10^{-14}}{1 \times 10^{-5}} \times 50 \times 10^{-8} = 1.77 \times 10^{-13}\text{F}$$

由等效电路，得

$$\omega_{C0} C_{OX} = 2\pi f_{C0}(C_{gd} + C_{gs}) = g_m$$

$$f_{OX} = \frac{g_m}{2\pi C_{OX}} = \frac{1}{2\pi C_{OX}} \frac{\mu_p C_{OX} Z}{L}(V_G - V_{TH}) = \frac{\mu_p}{2\pi L^2}(V_G - V_{TH})$$

$$= \frac{230}{2 \times \pi \times (10 \times 10^{-4})^2} = 3.66 \times 10^7\text{Hz}$$

（2）氧化层电容为

$$C_{OX} = \frac{\varepsilon_{OX}}{t_{OX}} ZL = 1.77 \times 10^{-13}\text{F}$$

截止频率为

$$f_{OX} = \frac{\mu_p}{2\pi L^2}(V_G - V_{TH}) = 1.46 \times 10^6\text{Hz}$$

6.9　MOSFET 开关特性

MOSFET 不仅能对模拟电信号进行放大，还能作为电路开关广泛应用于各种开关及数字电路中。近代大规模集成电路中 90% 是 MOS 集成电路，作为数字 MOSIC 的基础就是 MOSFET 的开关作用。

6.9.1　开关原理

1. 开关电路与电流电压波形

对于增强型 MOSFET,当 $V_{GS} > V_T$ 时,MOS 管有大的漏电流流过,即导通;相反,当 $V_{GS} < V_T$ 时,通过 MOS 管的电流近似为零,即截止。对于耗尽型 MOSFET,当 $V_{GS} = 0$ 时,就导通;当 $V_{GS} \geqslant V_P$ 时,就截止。若 MOS 管在导通和截止两种状态间转换就能起到电子开关的作用。这是 MOSFET 的基本功能之一。

一个 NMOS 开关电路如图 6.42(a)所示。图中,R_L 为负载电阻,C_L 为负载电容。当栅极输入 V_{GS} 为高电平,MOS 管有一定的漏源电流,即开关导通,因 MOS 管的导通电阻 $R_{on} \ll R_L$,电源电压大都降落在负载 R_L 上,因此输出电压近似为零,即为低电平;当栅极 $V_{GS} = 0$ 时,则 NMOS 管漏电流近似为零,即开关截止,电源电压降落在 MOS 管上,输出高电平。所以,MOSFET 开关为一个倒相器,其电压电流波形如图 6.42(b)所示。

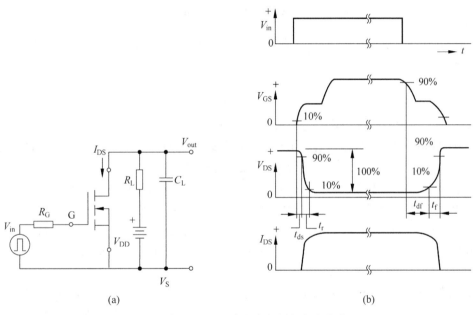

图 6.42　NMOS 开关电路及电压电流波形
(a) NMOS 开关电路;(b) 电压电流波形

2. NMOS 开关类型与开关所带负载的关系

实际 NMOS 开关常由 NMOS 管充当负载。以增强型管为负载的称为 E/ENMOS 开关;以耗尽型管为负载的称为 E/DMOS 开关。其电路连接分别如图 6.43(a)、(b)所示。在 E/ENMOS 中,负载 T_L 管的 G、D 都与 V_{DD} 相连。因此 T_L 管总满足 $V_{DSL} > (V_{GSL} - V_{TL})$,$V_{TL}$ 是负载管的阈值电压。

当 $V_{in} = 0$ 时,输入管 T_1 截止,流过其中的电流近似于零,只有 PN 结的反向泄漏电流,T_L 仍饱和导通。输出高电平为

$$V_{out} = V_{DD} - V_{TL} \tag{6.9.1}$$

当 $V_{in} = 1$ 时,T_L 和 T_1 都导通,都有同一电流流过,输出低电平。为了使低电平足够低

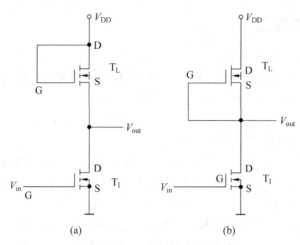

图 6.43 MOS 管开关电路类型

(a) E/ENMOS; (b) E/DMOS

(如 $V_{OL} < 0.3V$),就要求 T_L 的导通电阻远大于 T_I 的导通电阻。研究表明,导通电阻与沟道长宽比成正比,故要求

$$\frac{W_I}{L_I} \gg \frac{W_L}{L_L} \tag{6.9.2}$$

即负载管的长宽比要远大于输入管的长宽比。

在 E/DMOS 开关中,输入管为 EMOS 管,负载管为 DMOS 管,该管的 G、S 极相连,即工作 $V_{GS}=0$ 条件下,且一直处于导通状态,故为耗尽型。

当输入管栅极输入高电平 V_{in},如 $V_{GS}=V_{DD}$,输入管导通,工作在非饱和区,而负载管工作在饱和区,其导通电阻比输入管的大得多,电源电压基本降落在负载管上,故输出低电平。

当输入管栅极输入低电平,如 $V_{GS}=0$ 时,输入管截止,负载管工作在非饱和区,其导通电阻比输入管漏源之间的等效截止电阻小得多。故 V_{DD} 基本降落在输入管上,输出 V_{out} 为高电平。

无论 NMOS 还是 PMOS,都不是一个理想开关。如当 NMOS 传输电平为 V_{DD} 时,输出电平最高为 $(V_{DD}-V_{TN})$,即存在阈值损失。当然,还会受到衬偏调制效应及沟道长度的影响。最佳组合是 CMOS,即互补 MOS 对管,由一个 EPMOS 和一个 ENMOS 并联组成,通常以 PMOS 为负载管,NMOS 为输入管,如图 6.44 所示。

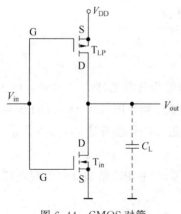

图 6.44 CMOS 对管

两管的栅极 G 并联在一起作为输入端,NMOS 的源极接地,PMOS 的源极接 V_{DD},两个漏极 D 并联在一起作为输出端。当栅极输入低电平 $V_{in}=0$,NMOS 截止,PMOS 导通,输出高电平。当输入高电平 $V_{in}=V_{DD}$,NMOS 管导通,PMOS 管截止,输出低电平。无论输入是低电平还是高电平,两管中总有一管截止,截止电阻约为 $10^{12}\Omega$,静态电流极小,静态功耗极低,仅在纳瓦级。所

以,输出高电平接近 V_{DD},低电平接近地电势。

6.9.2 开关时间

图 6.42(b)表明,MOS 开关的输出电压波形与输入脉冲间存在一定的时间延迟,即需要一定的开关时间,它来源于两个方面:其一是载流子通过沟道输运所造成的时间延迟,称为本征延迟;其二是 MOS 管的 PN 结电容、引线电容及其杂散电容和负载电容等引起的,统称为负载延迟。导通时间和关断时间统称为 MOSFET 的开关时间。

1. 本征延迟时间

本征延迟时间 t_{ch} 为载流子从源到漏总的渡越时间,选取沟道长度 L 内某一微小单元 dy,载流子在该处的漂移速度为 v,则计算得

$$t_{ch} = \int_0^L \frac{dy}{v} = \frac{4L^2}{3\mu_n} \frac{3(V_{GS}-V_T)^2 - 3(V_{GS}-V_T)V_{DS} + V_{DS}^2}{V_{DS}[2(V_{GS}-V_T)-V_{DS}]^2} \tag{6.9.3}$$

(1)线性区,当 $V_{DS} \to 0$,载流子的渡越时间为

$$t_{chl} = \frac{L^2}{\mu_n V_{DS}} \tag{6.9.4}$$

(2)饱和区,当 $V_{DS} \geqslant V_{GS}-V_T$,载流子的渡越时间为

$$t_{chs} = \frac{4L^2}{3\mu_n(V_{GS}-V_T)} \tag{6.9.5}$$

式(6.9.4)与式(6.9.5)表明,缩短沟道长度 L 是减小本征延迟时间的最佳途径。研究表明,当 MOSFET 沟道长度小于 $5\mu m$ 时,MOS 数字集成电路的开关速度一般而言主要由负载延迟决定。

2. 非本征开关时间

MOSFET 的延迟时间由输入电容充电方程推得

$$V_{GS}(t) = V_{GG}[1 - \exp(-t/R_{gen}C_{in1})] \tag{6.9.6}$$

式中,V_{GG} 是峰值栅电压;R_{gen} 是电流脉冲发生器的内阻;C_{in1} 是输入电容。

当 $V_{GS}(t) = V_T$ 时,导通延迟结束,由式(6.9.6)得

$$t_d = C_{in1}R_{gen}\ln(1 - V_T/V_{GG})^{-1} \tag{6.9.7}$$

在上升期间,由于密勒效应,输入电容 C_{in1} 和 C_{in2} 不同,假定 C_{in2} 为常数,令 V_{GS2} 为上升时间结束时的栅压,可得

$$t_d = C_{in2}R_{gen}\ln\left(1 - \frac{V_{GS2}-V_T}{V_{GG}-V_T}\right)^{-1} \tag{6.9.8}$$

6.10 沟道变化效应

前面采用缓变沟道近似的一维模型,讨论了长沟道 MOS 器件的阈值电压、直流伏安特性及交流小信号特性等。实际上,当沟道长度减小到可以和源、漏扩散结的耗尽区宽度相比拟时,缓变沟道近似的一维模型不再适用,就会出现一些偏离长沟道器件特性的现象,即所谓短沟道效应。

6.10.1　短沟道效应及其对阈值电压的影响

广义上的短沟道效应包括：①阈值电压随沟道长度的减小及沟道宽度的变窄而变化。②沟道电场随沟道变短而增大导致迁移率调制效应,使载流子饱和速度、饱和漏源电压和饱和漏电流比长沟器件的理论值减小,I_{DSat} 和($V_{GS}-V_T$)近似为线性关系而不完全饱和,漏源电导随沟道长度的进一步缩短而增大,跨导下降以至于近似常数。③亚阈特性变坏,亚阈电流 I_{DSub} 随 V_{DS} 而变化。

在讨论理想 MOSFET 求解阈值电压时,不仅假设栅极面积与半导体有源区面积相等,而且只考虑等效的表面电荷,并不计任何由于漏源空间电荷区扩展进有源沟道区而引起的空间电荷变化,即把反型沟道及下面的耗尽层看成是一个规则的矩形,忽略了沟道在源、漏两端的边缘效应。

在实际 MOSFET 中,源衬及源衬两个 PN 结耗尽层不可避免地要延伸进沟道区。这里分两种情况考虑：①对长沟道器件,这一延伸区只占整个沟道区的很小一部分,可忽略不计；对反型情形,栅电压基本能控制在沟道区产生的空间电荷量。②当沟道长度变短时,源衬及源衬耗尽区靠得很近,这一延伸区不仅不能被忽略,而且栅极控制的表面空间电荷随沟道长度缩短而减小,会引起阈值电压 V_T 的变化,这也是短沟道效应的具体表现。实际上,当计及漏端和源端耗尽层的边缘效应时,表面耗尽层电荷会同时受到漏压和栅压的控制,沟道电势由横向电场和纵向电场的梯度决定。而长沟道模型认为沟道耗尽层的空间电荷只受栅压控制,而与漏源电压的横向电场无关,故在短、窄沟 MOS 器件中不能采用缓变沟道近似的一维模型,而需进行二维分析。

设短沟 NMOSFET 漏源电压 V_{DS} 为零,栅源电压为 V_{GS},其源、漏与沟道耗尽层结构模型如图 6.45 所示。

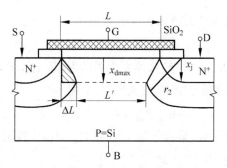

图 6.45　短沟道效应的几何模型

图 6.45 中,ΔL 为源、漏耗尽层延伸至沟道耗尽层的长度,x_j 为源、漏扩散区的结深。由于 ΔL 的存在,沟道空间电荷区由理想的矩形变成为梯形,梯形的顶边为沟长 L,底边则为 $L'=L-2\Delta L$。通过计算得到的物理量如下。

短沟道 MOSFET 沟道空间电荷总量 Q_{BT} 为

$$Q_{BTS} = -qN_A x_{dmax} W\left(\frac{L+L'}{2}\right) = Q_{BM} \cdot W(L-\Delta L) \qquad (6.10.1)$$

单位面积平均空间电荷密度为

$$Q'_{BM} = Q_{BM}\left(1 - \frac{\Delta L}{L}\right) \tag{6.10.2}$$

假定源衬、漏衬及沟道三处的空间电荷区宽度基本相等，即

$$x_{ds} \approx x_{dd} \approx x_{dmax} \tag{6.10.3}$$

式中，x_{ds}、x_{dd} 分别表示源衬及漏衬 PN 结空间电荷区宽度；x_{dmax} 是沟道耗尽层最大宽度。此时，由图 6.45 可以证明

$$\Delta L = x_j\left(\sqrt{1 + \frac{2x_{dmax}}{x_j}} - 1\right) \tag{6.10.4}$$

短沟 NMOSFET 的阈值电压 $V_{T(S)}$ 为

$$V_{T(S)} = V_{FB} + 2\phi_{FP} - \frac{Q'_{BM}}{C_{OX}} \tag{6.10.5}$$

短沟 NMOSFET 的阈值电压 $V_{T(S)}$ 与理想模型下长沟道 NMOSFET 的阈值电压 V_{TN} 之差为

$$\Delta V_T = V_{T(S)} - V_{TN} = \frac{Q_{BM}\Delta L}{C_{OX}L} = -\frac{qN_A x_{dmax}}{C_{OX}}\left[\frac{x_j}{L}\left(\sqrt{1 + \frac{2x_{dmax}}{x_j}} - 1\right)\right] \tag{6.10.6}$$

由式(6.10.6)知，$\Delta V_T < 0$，考虑沟道变短的影响后，MOSFET 的阈值电压 $V_{T(S)}$ 变小，即沟道长度减小，短沟 NMOSFET 向耗尽型变化；沟长 L 越小，$|\Delta V_T|$ 越大，变化越严重。而且阈值电压随沟长 L 的减小而变化还与杂质浓度 N_A、漏源电压 V_{DS}、衬源电压 V_{BS} 等有关。

6.10.2　窄沟道效应及其对阈值电压的影响

实际上，当 MOS 结构加上一定栅压后，耗尽区既会向衬底扩展也会向宽度方向的两侧扩展，当器件偏置在反型区时由反型电荷形成的电流垂直于沟道宽度方向，MOSFET 沟道宽度方向的耗尽层不是规则的矩形，如图 6.46 所示。

图 6.46 所示由栅压控制的沟道宽度方向两边存在附加的空间电荷区。在计算理想 MOS 长沟道器件阈值电压时，忽略了这一部分附加的空间电荷。当沟道长度变短，沟道宽度变窄时，空间电荷本来就很少，就不能再忽略这附加空间电荷。这时，窄沟道 MOSFET 的阈值电压与理想 MOSFET 的阈值电压表达式是不同的，这一现象常称窄沟道效应。

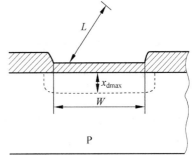

图 6.46　NMOSFET 沟道宽度方向耗尽区截面图

设沟道宽度方向耗尽层扩展的体积为 1/4 圆柱体，则沟宽两侧扩展的总体积为 $\frac{\pi}{2}x_{dmax}^2 L$。若忽略沟道变短效应，对一均匀掺杂 P 型半导体衬底，则耗尽层内总电荷为

$$Q_{BTN} = -qN_A\left(x_{dmax}LW + \frac{\pi}{2}x_{dmax}^2 L\right) \tag{6.10.7}$$

耗尽层平均电荷密度为

$$Q''_{BM} = -qN_A x_{dmax} - \frac{\pi}{2W} qN_A x_{dmax}^2 = Q_{BM} + \Delta Q_B \tag{6.10.8}$$

式中，Q_{BM} 为理想长沟道模型的耗尽层单位面积电荷；ΔQ_B 为沟道宽度方向两端单位面积附加电荷。根据阈值电压表达式，窄沟道 NMOSFET 阈值电压 $V_{T(N)}$ 为

$$V_{T(N)} = V_{FB} + 2\phi_{FP} - \frac{Q''_{BM}}{C_{OX}} \tag{6.10.9}$$

$$\Delta V_T = V_{T(N)} - V_{TN} = -\frac{\Delta Q_B}{C_{OX}} = \frac{qN_A x_{dmax}}{C_{OX}} \left(\frac{\pi x_{dmax}}{2W} \right) \tag{6.10.10}$$

因此，对于 NMOSFET，考虑窄沟道效应的影响，阈值电压 $V_{T(N)}$ 将增大，即沿正方向变化。W 越小，ΔV_T 越大，两侧扩展耗尽层范围内空间电荷对 V_T 的影响越大；杂质浓度 N_A 越高，ΔV_T 越大。衬底杂质浓度越低，沟道耗尽层越宽，窄沟道效应越显著。阈值电压与沟道宽度之间的函数关系如图 6.47 所示。由图可见，当沟道宽度与空间电荷区宽度可以比拟时，阈值电压漂移才变得比较明显。

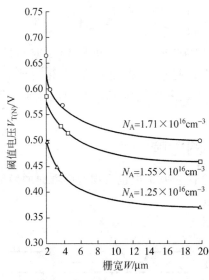

图 6.47　不同杂质下 $V_{T(N)}$ 与 W 的关系

由于沟道宽度两侧边缘氧化区要厚一些，或者由于离子注入造成的非均匀掺杂导致横向扩展空间电荷区并不规则，其宽度与垂直宽度 x_{dmax} 不等，故很难用统一模型来计算 ΔQ_B。一般情况下，引用拟合系数 ξ 来表示边缘扩展耗尽层宽度与原耗尽层垂直宽度的关系，则有

$$\Delta V_T = \frac{qN_A x_{dmax}}{C_{OX}} \left(\frac{\xi x_{dmax}}{2W} \right) \tag{6.10.11}$$

当宽度 W 减小时，ξ 越大，沟道变窄效应就越明显。

综上所述，当沟道长度和沟道宽度变小以后，沟道耗尽层的实际形状是一楔形，而非规则的矩形；分别考虑了沟道长度变短及沟道宽度变窄效应的影响后，其阈值电压相对于理想 MOSFET 的阈值电压都会发生变化。图 6.48(a) 和 (b) 形象地描绘了 NMOSFET 阈值电压 V_T 随沟道长度 L 及沟道宽度 W 的变化趋势。短沟 MOS 器件随 L 变小，阈值电压减小；窄沟 MOS 器件随 W 变小，阈值电压增大。对于同时具有短沟效应和窄沟效应的器件，两种模型必须相结合，采用三维空间电荷区近似，进行综合分析。

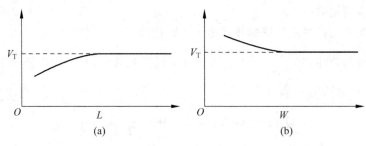

图 6.48　NMOSFET 阈值电压 V_T 随沟道长度及沟道宽度的变化
(a) 沟道长度；(b) 沟道宽度

习题 6

6.1 一 N 沟道增强型 MOSFET 偏置情况如图 6.49 所示。画出下列情况下 I_D-V_{DS} 特性：

(1) $V_{GD}=0$；

(2) $V_{GD}=V_T/2$；

(3) $V_{GD}=2V_T$。

6.2 图 6.50 为包含源极和漏极电阻的 NMOS 期间的剖面图。这些电阻表征了体区 N^+ 半导体电阻和欧姆接触电阻。可以通过将理想方程中的 $V_G-I_D R_S$ 代替 V_{GS} 并且 $V_D-I_D(R_S+R_D)$ 代替 V_{DS} 得到电流-电压关系。设晶体管参数为：$V_T=1V$，$\beta=1mA/V^2$。

(1) 画出：①$R_S=R_D=0$，②$R_S=R_D=1k\Omega$ 时，$0\leqslant V_D\leqslant 5V$ 且 $V_G=2V$ 和 3V 的 I_D-V_D 的函数关系图。

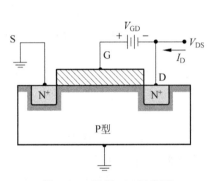

图 6.49 习题 6.1 示意图

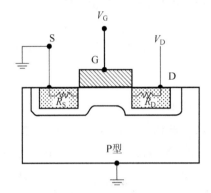

图 6.50 习题 6.2 示意图

(2) 在同一幅图中画出：①$R_S=R_D=0$，②$R_S=R_D=1k\Omega$ 时，$0\leqslant I_D\leqslant 1mA$ 且 $V_D=0.1V$ 和 5V 的 $\sqrt{I_D}-V_G$ 的函数关系图。

6.3 一个 N 沟道 MOSFET 的跨导 $g_m=\partial I_D/\partial V_{GS}=1.25mA/V(V_{DS}=50mV)$，阈值电压 $V_T=0.3V$。试求：

(1) β；

(2) 当 $V_{GS}=0.8V$，$V_{DS}=50mV$ 时的电流大小；

(3) 当 $V_{GS}=0.8V$，$V_{DS}=1.5V$ 时的电流大小。

6.4 偏置在饱和区的理想 N 沟道 MOSFET 的实验特性，如图 6.51 所示。如果 $W/L=10$，$t_{OX}=425\text{Å}$，确定 V_T 和 μ_n。

6.5 N 沟道 MOSFET 的 $I_{Dsat}=2\times10^{-4}A$，$V_{Dsat}=4V$，$V_T=+0.80V$。

(1) 栅压是什么？

(2) 导带参数值是什么？

(3) 若 $V_G=2V$，$V_{DS}=2V$，求 I_D。

(4) 若 $V_G=3V$，$V_{DS}=1V$，求 I_D。

(5) 对(3)和(4)中给定的条件，分别画出通过沟道的反型电荷密度和耗尽区。

6.6 一理想 N 沟道 MOSFET 的反型载流子迁移率 $\mu_n = 450\,\mathrm{cm}^2/(\mathrm{V} \cdot \mathrm{s})$，阈值电压为 $V_T = +0.4\mathrm{V}$。氧化层厚度为 $t_{OX} = 150\text{Å}$。当偏置在饱和区时，$V_{GS} = 2.0\mathrm{V}$ 时所需的电流为 $I_{Dsat} = 0.8\mathrm{mA}$。试确定：

(1) 所需的宽长比；

(2) 一 P 沟道 MOSFET，当 $V_{GS} = 5\mathrm{V}$ 时有同样的要求，它的参数与(1)中的相同，只是 $\mu_p = 210\,\mathrm{cm}^2/(\mathrm{V} \cdot \mathrm{s})$，$V_T = -0.4\mathrm{V}$。试求：(1)器件跨导参数；(2)宽长比。

6.7 设 MOSFET 的亚阈值电流为

$$I_D = 10^{-15} \exp\left(\frac{V_{GS}}{2.1 V_T}\right)$$

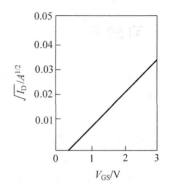

图 6.51 习题 6.4 示意图

式中，$0 \leqslant V_{GS} \leqslant 1\mathrm{V}$，因子 2.1 考虑了界面态的影响。假设同一芯片上 10^6 个相同的晶体管都偏置在 V_{GS}，且 $V_{DD} = 5\mathrm{V}$。

(1) 若 $V_{GS} = 0.5\mathrm{V}$、$0.7\mathrm{V}$ 和 $0.9\mathrm{V}$ 时，需要提供给芯片的总电流是多少？

(2) 计算(1)中各 V_{GS} 的芯片总功耗。

6.8 已知 N 沟道 MOSFET 的受主杂质浓度 $N_A = 10^{16}\,\mathrm{cm}^{-3}$，阈值电压 $V_T = \pm 0.75\mathrm{V}$。

(1) 若 $V_{DS} = 5\mathrm{V}$，$V_{GS} = 5\mathrm{V}$ 时，沟道长度的变化量 ΔL 不大于初始沟道长度 L 的 10%，试确定最小沟道长度；

(2) 若 $V_{GS} = 2\mathrm{V}$，重做(1)的问题。

6.9 N 沟道 MOSFET 的衬底杂质浓度 $N_A = 4 \times 10^{16}\,\mathrm{cm}^{-3}$，氧化层厚度 $t_{OX} = 400\text{Å}$，界面电荷密度 $Q'_{SS} = 3 \times 10^{10}\,\mathrm{cm}^{-2}$，功函数差 $\varphi_{ms} = 0$，器件偏置条件为 $V_{GS} = 5\mathrm{V}$，$V_{BS} = 0$。

(1) 考虑沟道长度调制效应，试画出在 $V_{Dsat} \leqslant V_{DS} \leqslant V_{Dsat} + 5\mathrm{V}$，$\Delta L$ 随 V_{DS} 变化的关系曲线；

(2) 若 $\Delta L/L$ 的最大值为 10%，试确定最小沟道长度 L。

6.10 若 N 沟道 MOSFET 的衬底杂质浓度 $N_A = 10^{16}\,\mathrm{cm}^{-3}$，$V_{Dsat} = 2\mathrm{V}$。画出 $0 \leqslant \Delta V_{DS} \leqslant 3\mathrm{V}$，$\Delta L$ 随 ΔV_{DS} 的变化曲线。

6.11 (1) N 沟道增强型 MOSFET 的宽长比 $W/L = 10$，氧化层电容 $C_{OX} = 6.9 \times 10^{-8}\,\mathrm{F/cm}^2$，阈值电压 $V_T = 1\mathrm{V}$。假设 $\mu_n = 500\,\mathrm{cm}^2/(\mathrm{V} \cdot \mathrm{s})$，且保持不变。试画出晶体管偏置在饱和区时，$(I_D)^{1/2} - V_{GS}$ 在 $0 \leqslant V_{GS} \leqslant 5\mathrm{V}$ 的变化关系；

(2) 若假设沟道的有效迁移率为 $\mu_{eff} = \mu_0 \left(\dfrac{E_{eff}}{E_c}\right)^{-1/3}$

式中，$\mu_0 = 1000\,\mathrm{cm}^2/(\mathrm{V} \cdot \mathrm{s})$，$E_c = 2.5 \times 10^4\,\mathrm{V/cm}$。作为一级近似，设 $E_{eff} = V_{GS}/t_{OX}$。若用 μ_{eff} 代替 $(I_D)^{1/2} - V_{GS}$ 曲线中的 μ_n，试画出 $(I_D)^{1/2} - V_{GS}$ 曲线在 $0 \leqslant V_{GS} \leqslant 5\mathrm{V}$ 的变化关系；

(3) 在同一图中画出(1)和(2)的曲线。从两条曲线的斜率，可以得到什么结论？

6.12 N 沟道增强型 MOSFET 的 $t_{OX} = 40\text{Å}$，$V_{FB} = -1.2\mathrm{V}$，$N_A = 5 \times 10^{16}\,\mathrm{cm}^{-3}$，$L = 2\mu\mathrm{m}$，$W = 20\mu\mathrm{m}$。

(1) 设迁移率 $\mu_n = 400\,\mathrm{cm}^2/(\mathrm{V} \cdot \mathrm{s})$，且保持不变。试画出 $V_{GS} - V_T = 1\mathrm{V}$ 和 $V_{GS} - V_T = $

$2V$ 时,$I_D - V_{GS}$ 曲线在 $0 \leqslant V_{GS} \leqslant 5V$ 的变化关系。

（2）若考虑图 6.52 所示的载流子速度与 V_{DS} 的分段线性模型,试画出与（1）相同的电压条件下,$I_D - V_{GS}$ 的关系曲线。比较（1）和（2）曲线中的 V_{DSsat} 值。

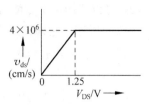

6.13 NMOS 晶体管的阈值电压 $V_T = 0.4V$。试在同一图中画出:（1）理想 MOSFET（迁移率为常数）在 $0 \leqslant V_{GS} \leqslant 3V$ 的 V_{Dsat} 变化曲线;（2）漂移速度如图 6.52 所示器件在 $0 \leqslant V_{GS} \leqslant 3V$ 的 V_{Dsat} 变化曲线。

图 6.52 习题 6.12 和习题 6.13 中的分段线性模型

6.14 已知 N 沟道 MOSFET 的杂质浓度 $N_A = 10^{16} cm^{-3}$,氧化层浓度 $t_{OX} = 450\text{Å}$,扩散结结深 $x_j = 0.3\mu m$,栅长 $L = 1\mu m$。试确定由短沟道效应引起的阈值电压漂移。

6.15 已知 N 沟道 MOSFET 的杂质浓度 $N_A = 3 \times 10^{16} cm^{-3}$,氧化层厚度 $t_{OX} = 800\text{Å}$,扩散结结深 $x_j = 0.6\mu m$。若短沟道效应引起的阈值电压漂移 $\Delta V_T = -0.2V$,试确定最小沟道长度 L。

6.16 短沟道效应引起的阈值电压漂移由式（6.10.6）确定,假设空间电荷区宽度处处相等。如果施加漏电压,则这个假设不再成立。采用同样的梯形近似,证明阈值电压漂移公式为

$$\Delta V_T = \frac{q N_A x_{dmax}}{C_{OX}} \cdot \frac{x_j}{2L} \left[\left(\sqrt{1 + \frac{2x_{ds}}{r_j} + \alpha^2} - 1 \right) + \left(\sqrt{1 + \frac{2x_{dD}}{r_j} + \beta^2} - 1 \right) \right]$$

式中

$$\alpha^2 = \frac{x_{ds}^2 - x_{dmax}^2}{x_j^2}, \quad \beta^2 = \frac{x_{dD}^2 - x_{dmax}^2}{x_j^2}$$

式中,x_{ds} 和 x_{dD} 分别表示源、漏空间电荷区宽度。

6.17 假设 MOSFET 的沟道长度 L 足够大,沟道空间电荷区可用图 6.45 所示的梯形电荷区来定义,那么由短沟道效应引起的阈值电压漂移则可由式（6.10.6）确定。若沟长长度 L 很短,则梯形近似变为三角形近似。试推导在这种情况下 ΔV_T 的表达式。假设不会发生穿通。

6.18 一 N 沟道 MOSFET: $t_{OX} = 150\text{Å}, W = 8\mu m, L = 1.2\mu m, \mu_n = 450 cm^2/(V \cdot s)$,$N_s = 5 \times 10^{16} cm^{-3}, V_{FB} = -0.5V$。

（1）试求体效应系数;

（2）画出 $0 \leqslant I_D \leqslant 0.5mA$ 晶体管偏置在饱和区衬源电压分别为: $V_{BS} = 0V$、$1V$、$2V$ 和 $4V$ 时 $\sqrt{I_{Dsat}}$ 和 V_{GS} 的函数关系图;

（3）确定（2）中的阈值电压。

6.19 一 N 沟道 MOSFET 的衬底杂质浓度和体效应系数分别为: $N_A = 10^{16} cm^{-3}$、$\gamma = 0.12V, V_{SB} = 2.5V$ 时阈值电压 $V_T = 0.5V$,那么 $V_{BS} = 0V$ 时阈值电压 V_T 等于多少?

6.20 考虑一 P 沟道 MOSFET,$t_{OX} = 200\text{Å}, N_D = 5 \times 10^{15} cm^{-3}$,求:

（1）体效应系数 γ;

（2）体-源电压 V_{BS}、阈值电压偏移量 ΔV_T,其中 $V_{BS} = 0V$ 曲线上的 $\Delta V_T = -0.22V$。

6.21 一 NMOS 器件参数: N^+ 多晶硅栅,$t_{OX} = 400\text{Å}, N_A = 10^{15} cm^{-3}, Q'_{ss} = 5 \times 10^{10} cm^{-2}$。

(1) 求 V_T；

(2) 可以施加一 V_{BS} 使得 $V_T = 0$？如果可以，V_{BS} 是多大？

6.22 研究衬底偏置效应引起的阈值电压。阈值电压偏移由式(6.4.12)给出。画出不同 N_A 和 t_{OX} 下，ΔV_T 和 V_{BS} 的函数关系图，其中 $0 \leqslant V_{BS} \leqslant 5V$。求在 V_{BS} 的范围内使得 $\Delta V_T \leqslant 0.7V$ 的条件。

6.23 一 N 沟道 MOSFET 的 $\mu_n = 400 cm^2/(V \cdot s)$，$t_{OX} = 500 \text{Å}$，$V_T = 0.75V$，$L = 2\mu m$，$W = 20\mu m$，假设晶体管偏置在饱和区，$V_{GS} = 4V$。

(1) 计算理想截止电压；

(2) 假设源、漏处均有 $0.75\mu m$ 的栅氧化层交叠。如果负载电阻 $R_L = 10k\Omega$ 接至输出，计算截止电压。

6.24 当电子的速度达到饱和值 $V_{Sat} = 4 \times 10^6 cm/s$ 时，重做习题 6.23。

6.25 设计一理想 N 沟道多晶硅栅 MOSFET，$t_{OX} = 300 \text{Å}$，$L = 1.25\mu m$，$Q'_{ss} = 1.5 \times 10^{11} cm^{-2}$。

(1) 希望漏电流为 $I_{Dsat} = 50\mu A$，$V_T = 0.65V$，$V_{DS} = 0.10V$，$V_{GS} = 2.5V$。确定所需衬底杂质浓度、沟道宽度和栅的类型。

(2) 希望漏电流为 $I_{Dsat} = 50\mu A$，$V_T = -0.65V$，$V_{GS} = 0V$。确定所需衬底掺杂杂物浓度、沟道宽度和栅的类型。

6.26 一理想 N 沟道和 P 沟道 MOSFET 互补对，要将其设计为偏置时的伏安曲线相同。器件有相同的氧化层厚度 $t_{OX} = 250 \text{Å}$，相同的沟道长度 $L = 2\mu m$，假设二氧化硅层是理想的。N 沟器件的沟道宽度 $W = 20\mu m$，$\mu_n = 600 cm^2/(V \cdot s)$，$\mu_p = 220 cm^2/(V \cdot s)$，且保持不变。

(1) 确定 P 型和 N 型衬底杂质浓度。

(2) 阈值电压是多少？

(3) P 沟道器件的沟道宽度是多少？

第 7 章

异质结双极型晶体管

本章首先讨论了半导体异质结结构、分类与能带图,分析了异质结晶格失配、异质结的伏安特性;讨论了异质结双极型晶体管的结构与特性,包括宽带隙发射区、缓变基区、宽带隙集电区及增益特性和频率特性;讨论了 GaAs MESFET 器件结构、工作原理和理论模型;以及高电子迁移率晶体管的量子阱结构、器件结构与工作原理和理论模型。

在常规硅晶体管中,发射区重掺杂所导致的禁带宽度变窄效应使晶体管的增益下降。如果有意识地改变半导体组分使发射区的禁带宽度大于基区的禁带宽度,可大大提高晶体管的性能。早在 1951 年,Schokley 提出用宽带材料做晶体管发射极提高增益的思想。后来,H. Kroemer 对此进行了比较详细的阐述。适当改变半导体材料的结构所引起的导带和价带的能量梯度可以产生一个电场,驱动载流子运动;禁带宽带变化可以分别对电子和空穴受到的作用进行控制,为双极器件的设计提供了新的十分有用的自由度。本章先讨论半导体异质结,再讨论异质结双极型晶体管。

7.1 半导体异质结

7.1.1 半导体异质结及其能带图

1. 半导体异质结的分类

按界面两侧半导体掺杂类型的不同,半导体异质结可分为同型异质结和异型异质结等。若用小写字母表示窄带隙材料的掺杂类型,用大写字母表示宽带隙材料的掺杂类型,则又可以将半导体异质结细分如下:

$$
半导体异质结
\begin{cases}
同型异质结
\begin{cases}
pP\ 结 \\
nN\ 结
\end{cases} \\
异型异质结
\begin{cases}
pN\ 结 \\
pn\ 结
\end{cases}
\end{cases}
$$

这 4 种异质结在导电性能上各有特点。

2. 异质界面的晶格失配

无论是用半导体异质结制作电子器件还是激光器,都要求构成异质结的两种材料不仅晶格结构类型要相同,而且晶格常数要匹配,即晶格常数近似相等。然而,无论是元素半导体还是化合物半导体,晶格常数很难一致。因此,异质结总存在着晶格失配(如图 7.1 所示),导致界面不完整,在界面处产生悬挂键,出现位错和界面态,充当载流子的陷阱和产生复合中心,从而使器件性能退化。

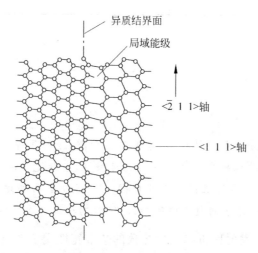

图 7.1　异质结晶格失配示意图

如果在异质的外延层和衬底之间或在相邻两个外延层之间存在晶格常数的差异,就有晶格失配,失配率定义为

$$f = \frac{(a_1 - a_2)}{\frac{1}{2}(a_1 + a_2)} = \frac{\Delta a}{\overline{a}} \tag{7.1.1}$$

式中,a_1 和 a_2 分别为两种材料的晶格常数,并且假设 $a_1 > a_2$;$\overline{a}$ 为两种材料晶格常数的平均值。

一般情况下,认为 $f < 1\%$ 为基本匹配,$f > 1\%$ 为失配。例如,Ge/Si 异质结,$a_{\text{Ge}} = 5.6575\text{Å}$,$a_{\text{Si}} = 5.4307\text{Å}$,$f = 4.09\%$,两种材料晶格失配;而 GaAs/AlAs,$a_{\text{AlAs}} = 5.6622\text{Å}$,$a_{\text{GaAs}} = 5.6533\text{Å}$,$f = 0.16\%$,两种材料晶格基本匹配。

当晶格常数不同的两个半导体单晶组成异质结时,在界面处出现了一些刃型位错与悬挂键,如图 7.1 所示。单位面积的悬挂键的数目称为悬挂键密度,可以由晶格常数之差粗略地估计出来。假设界面为矩形,长为 L、宽为 W,其面积 $S = LW$。上面材料组成格点的数目为 S/a_1^2,下面材料组成格点的数目为 S/a_2^2,两者之差就是悬挂键的数目(假定 $a_1 > a_2$),即

$$N_s = \left(\frac{S}{a_2^2} - \frac{S}{a_1^2}\right)/S = \frac{a_1^2 - a_2^2}{a_1^2 a_2^2} \approx \frac{\Delta a}{\overline{a}^3} \tag{7.1.2}$$

在金刚石和闪锌矿结构中,因为所取的原胞和布拉菲格子不同,计算稍复杂些。对于 $(1\,0\,0)$ 面有 $N_s = 8\Delta a/\overline{a}^3$,对于 $(1\,1\,1)$ 面,有 $N_s = 8\Delta a/\overline{a}^3$。表 7.1 列出了一些常见的异质结对的晶格失配和悬挂键密度。

表 7.1 常见异质结界面失配情况

异质结名称	适配率(%)	悬挂键密度/cm^{-2}
Ge/Si	4.1	1.1×10^{14}
Ge/AlAs	0.08	1.5×10^{12}
GaAs/AlAs	0.16	4.3×10^{12}
InP/GaAs	3.7	9.3×10^{13}
CdTe/HgTe	0.29	3.5×10^{12}
PbTe/SnTe	2.1	4.1×10^{13}
InAs/GaSb	0.6	1.3×10^{13}
Ge/ZnSe	0.18	5.1×10^{12}

3. 半导体异质结的能带排列

半导体异质结的能带图是分析异质结特性的重要基础,所谓能带排列就是异质结界面两侧的导带最低能级和价带最高能级的能量随坐标变化而变化的规律。

图 7.2 为两种不同禁带宽度的半导体在未形成异质结之前,分离的 N-Al$_x$Ga$_{1-x}$As 和 P-GaAs 的能带图,这两种材料有不同的禁带宽度 E_g,不同的介电常数 ε 和不同的功函数 $q\phi_s$ 以及不同的亲和势 χ。图中最上面的横虚线代表真空能级 E_0,它对所有的材料都是相同的。电子的亲和势 χ 随材料的种类不同而不同,取决于材料本身的性质,和其他外界因素无关。下面的讨论中,下标 1 表示窄禁带半导体,下标 2 表示宽禁带半导体,当两种材料组合成异质结对时,它们导带的位置差称为导带偏移,定义为

$$\Delta E_c = \chi_1 - \chi_2 \tag{7.1.3}$$

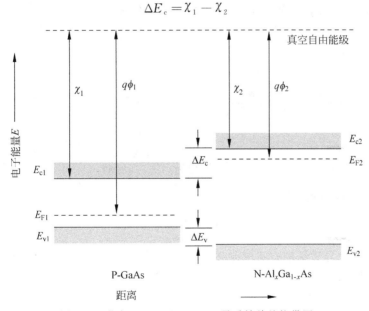

图 7.2 形成 GaAs-Al$_x$Ga$_{1-x}$As 异质结前的能带图

价带顶的位置差为

$$\Delta E_v = (E_{g2} + \chi_2) - (E_{g1} + \chi_1) = \Delta E_g - \Delta E_c \tag{7.1.4}$$

两侧的半导体材料接触以后,由于费米能级不同而产生电荷转移,直到费米能级拉平,

这样就形成了势垒。

在突变结及耗尽层近似情况下,空间电荷区内的泊松方程为

$$\frac{d^2\phi_1}{dx^2} = \frac{qN_A}{\varepsilon_{s1}} \tag{7.1.5}$$

$$\frac{d^2\phi_2}{dx^2} = -\frac{qN_D}{\varepsilon_{s2}} \tag{7.1.6}$$

式中,ϕ_1,ϕ_2 分别称为 GaAs 区和 $Al_x Ga_{1-x} As$ 区的空间电荷区电势分布。$\varepsilon_{GaAs} = \varepsilon_{r1} = 13.1$,$\varepsilon_{AlAs} = 10.6$,$\varepsilon_{Al_x Ga_{1-x} As} = \varepsilon_{r2} = 13.1 - 3.0x$。

取空间电荷区边界处的电场为零,得

$$E_1 = -\frac{d\phi_1}{dx} = -\frac{qN_A}{\varepsilon_{s1}}(x + x_p), \quad -x_p < x < 0 \tag{7.1.7}$$

$$E_2 = -\frac{d\phi_2}{dx} = -\frac{qN_D}{\varepsilon_{s2}}(x_n - x), \quad 0 < x < x_n \tag{7.1.8}$$

由边界 $\phi_1(-x_p) = 0$,得

$$\phi_1(x) = \frac{qN_A}{2\varepsilon_{s1}}(x + x_p)^2 \tag{7.1.9}$$

由此得 P 区的自建电势差为

$$\phi_{01} = \phi_1(0) - \phi_1(-x_p) = \frac{qN_A}{2\varepsilon_{s1}}x_p^2 \tag{7.1.10}$$

取 $\phi_2(x_n) = V_D$ 为整个内建电势差,则 N 区电势分布为

$$\phi_2(x) = V_D - \frac{qN_D}{2\varepsilon_{s2}}(x_n - x)^2, \quad 0 \leqslant x < x_n \tag{7.1.11}$$

或

$$\phi_2(x) = \phi_{01} + \frac{qN_D}{2\varepsilon_{s2}}[x_n^2 - (x_n - x)^2], \quad 0 \leqslant x < x_n \tag{7.1.12}$$

N 区自建电势差为

$$\phi_{02} = V_D - \phi_2(0) = \frac{qN_D}{2\varepsilon_{s2}}x_n^2 \tag{7.1.13}$$

在 $x = 0$ 处,$\phi_1(0) = \phi_2(0)$,于是

$$V_D = \phi_{01} + \phi_{02} = \frac{qN_A}{2\varepsilon_{s1}}x_p^2 + \frac{qN_D}{2\varepsilon_{s2}}x_n^2 \tag{7.1.14}$$

根据以上结果,异质结的空间电荷分布、电场分布及自建电势分布,如图 7.3 所示。

由于异质结 $x = 0$ 界面上没有自由电荷,则电位移向量法向分量连续,即

$$\varepsilon_{s1}E_1 = \varepsilon_{s2}E_2 \tag{7.1.15}$$

在空间电荷区电中性要求,有

$$N_A x_p = N_D x_n \tag{7.1.16}$$

由式(7.1.10)和式(7.1.13)及式(7.1.16),得 P 侧和 N 侧耗尽层宽度分别为

$$x_p = \left(\frac{2\varepsilon_{s1}\phi_{01}}{qN_A}\right)^{1/2} \tag{7.1.17}$$

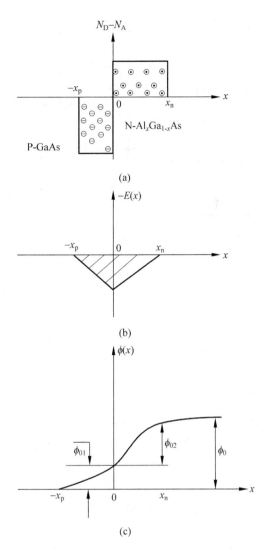

图 7.3　热平衡 $GaAs-Al_xGa_{1-x}As$ 异质结

（a）空间电荷分布；（b）电场分布；（c）电势分布

$$x_n = \left(\frac{2\varepsilon_{s2}\phi_{02}}{qN_D}\right)^{1/2} \tag{7.1.18}$$

由上面的分析知，与同质 PN 结情况一样，由于空间电荷区自建电场 $\phi(x)$ 的存在，电子出现附加电势能 $E(x) = -q\phi(x)$。该电势能的存在，使得异质结与同质结不同的是，在能带图上要加上导带和价带的不连续引起的 ΔE_v，ΔE_c。热平衡 $N-Al_xGa_{1-x}As$ 异质 PN 结能带图如图 7.4 所示。

图 7.4 中，ΔE_v，ΔE_c 是由于两种不同材料的亲和势不同引起的在界面处亲和势突变，出现了一个尖峰。尖峰的存在阻碍载流子通过界面，起限制载流子的作用，这一现象在同质结是没有的。在异质结中，由于两侧掺杂水平的不同，尖峰的位置也有不同：①当宽带材料杂质浓度比窄带小得多时，势垒尖峰主要落在宽带区；②两边掺杂水平差不多时，势垒尖峰

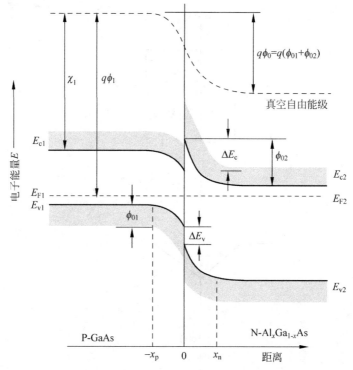

图 7.4　热平衡 N-Al$_x$Ga$_{1-x}$As/GaAs 异质 PN 结能带图

在平衡时并不露出 p 区的导带底,但在有正向外加电压时有可能影响载流子的输运;③宽带材料杂质浓度比窄带大得多时,尖峰靠近势垒的根部。尖峰的不同位置对异质结的输运性质有不同的影响。

【例 7.1】　求金刚石结构的材料构成异质结时在界面上悬挂键密度与晶格失配的关系。若设晶格常数分别为 a_1、a_2,当分别在(100)、(110)及(111)面构成异质结时,求悬挂键密度。

解： 设金刚石材料 1、2 的单位面积上分别有 N_{s1}、N_{s2} 根键,则结面上悬挂键密度 ΔN_s 为两个面键密度之差,即

$$\Delta N_s = N_{s2} - N_{s1} \quad (\text{设 } N_{s2} > N_{s1})$$

设 a_1、a_2 极接近于 $\bar{a}$

$$\bar{a} = \frac{a_2 + a_1}{2}$$

$\Delta a = a_2 - a_1$,则

$$晶格失配 = \frac{\Delta a}{\bar{a}}$$

键密度 $N_s = \dfrac{A}{\bar{a}^2}$,$A$ 为该晶面上键数。

当晶格常数改变 Δa 时,键密度的改变量为

$$\Delta N_s = \frac{|-2A\,\Delta a|}{\bar{a}^3} = 2N_s \frac{\Delta a}{\bar{a}}$$

该结果说明,悬挂键密度和晶格常数失配 $\dfrac{\Delta a}{a}$ 成正比。对金刚石结构(100)晶面,其面积为 $\bar{a}^2$,属于该晶面的原子个数为 2,每个原子伸出 2 个键,共 4 个键。所以

$$\Delta N_{s\langle 100\rangle} = 4\left(\frac{1}{a_2^2} - \frac{1}{a_1^2}\right)$$

同理,对(110)晶面,其面积为 $\sqrt{2}\,\bar{a}^2$,属于该晶面的原子数为 2,每个原子伸出该晶面 2 个键。

对(111)晶面,其面积为 $\dfrac{\sqrt{3}}{2}\bar{a}^2$,属于该晶面的原子数为 2,每个原子伸出 1 个键。所以

$$\Delta N_{s\langle 111\rangle} = \frac{4}{\sqrt{3}}\left(\frac{1}{a_2^2} - \frac{1}{a_1^2}\right)$$

【例 7.2】 试导出外加正向偏压 V 时的 p-GaAs 和 N-Al$_x$Ga$_{1-x}$As 异质结的空间电荷区宽度和电容表达式。

解:图 7.5 表示外加正向偏压 V 时的异质结接触电势的分布情况。若外加电压 V 的 p 区成分为 V_1,n 区成分为 V_2 时,则

$$\phi = \phi_{01} + \phi_{02} \tag{1}$$

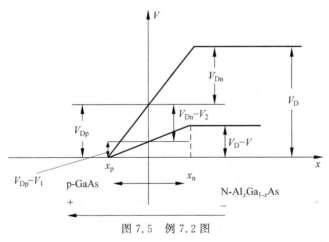

图 7.5　例 7.2 图

在 $x=0$ 的边界条件与 $V=0$ 时不同,由式(7.1.17)和式(7.1.18),得

$$V_{Dp} - \phi_{01} = \frac{qN_{A1}}{2\varepsilon_{s1}}x_p^2 \tag{2}$$

$$V_{Dn} - \phi_{02} = \frac{qN_{D2}}{2\varepsilon_{s2}}x_n^2 \tag{3}$$

另外,根据 $D = \varepsilon_s E$ 的连续性条件,得

$$\frac{V_{Dn} - \phi_{02}}{V_{Dp} - \phi_{01}} = \frac{qN_{A1}}{qN_{D2}} \tag{4}$$

以及

$$V_D - \phi = (V_{Dp} - \phi_{01}) + (V_{Dn} - \phi_{02}) \tag{5}$$

由式(3)、式(4)、式(5)可得到 ϕ_{01} 和 ϕ_{02}。空间电荷区宽度 $x_m = x_n + x_p$,由式(3)、式(2)

可得

$$x_p = \left[\frac{2\varepsilon_{s1}(V_{Dp} - \phi_{01})}{qN_{A1}} \right]^{\frac{1}{2}}$$

$$x_n = \left[\frac{2\varepsilon_{s2}(V_{Dn} - \phi_{02})}{qN_{D2}} \right]^{\frac{1}{2}}$$

因此

$$x_m = x_n + x_p = \left[\frac{2}{q} \frac{(N_{A1} + N_{D2})}{N_{A1} + N_{D2}} \cdot \frac{\varepsilon_{s1}\varepsilon_{s2}(V_D - \phi)}{\varepsilon_{s1}N_{A1} + \varepsilon_{s2}N_{D2}} \right]^{\frac{1}{2}} \tag{6}$$

正偏电压 V 增加时,电荷 Q 减少,因此,结电容为

$$C = -\frac{dQ}{dV}$$

式中

$$Q = qN_{A1}x_p = \left[2\varepsilon_{s2}(V_{Dp} - \phi_{01})qN_{A1} \right]^{\frac{1}{2}} \tag{7}$$

将此根号内乘以 $\left(\dfrac{\varepsilon_{s1}N_{A1} + \varepsilon_{s2}N_{D2}}{\varepsilon_{s1}N_{A1} + \varepsilon_{s2}N_{D2}} \right)$,再利用式(4),把 $(V_{Dp} - \phi_{01})$ 改写成 $(V_{Dp} - \phi)$,得

$$Q = \left[\frac{2q\varepsilon_{s1}\varepsilon_{s2}N_{A1}N_{D2}(V_D - \phi)}{\varepsilon_{s1}N_{A1} + \varepsilon_{s2}N_{D2}} \right]^{\frac{1}{2}} \tag{8}$$

因此,结电容为

$$C = -\frac{dQ}{dV} = \left(\frac{q\varepsilon_0\varepsilon_{s1}\varepsilon_{s2}N_{A1}N_{D2}}{2(\varepsilon_{s1}N_{A1} + \varepsilon_{s2}N_{D2})} \right)^{\frac{1}{2}} (V_D - \phi)^{\frac{1}{2}}$$

4. 异质结对的类型

异质结对的能带结构排列方式不仅取决于两种半导体材料的禁带宽度,还取决于它们的亲和势。江崎把异质结分为下面几种类型。

跨立型,如图 7.6(a)所示。在 GaAs/AlAs 异质结对的能带中,GaAs 的禁带宽度小于 AlAs 的,而 GaAs 的导带底在 AlAs 的导带底之下,价带顶在 AlAs 的价带顶之上,禁带宽度小的材料的禁带刚好居于禁带宽度大的材料的禁带之中。

错开型,如图 7.6(b)所示。一种材料的导带底位于另一种材料的导带底之下,价带顶位于另一种材料的价带顶之下。

倒转型,如图 7.6(c)所示。在 InAs/GaSb 异质结对的能带中,InAs 的导带底位于 GaSb 的价带顶之下。

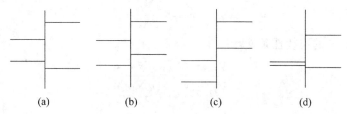

图 7.6　异质结对能带排列类型

(a) 跨立型;(b) 错开型;(c) 倒转型;(d) 特殊类型

而在 HgTe/CdTe 异质结对的能带中,HgTe 为零带隙材料,它的禁带位于 CdTe 的禁带之中,构成一特殊类型的能带排列,如图 7.6(d)所示。

7.1.2　半导体异质结的伏安特性

伏安特性是 PN 结的基本特性之一,反映了载流子通过 PN 结时的输运过程。半导体异质结中的能带断续、能带渐变、界面态和掺杂等因素都将影响异质结的伏安特性。本节以 p-GaAs/N-AlGaAs 异质 PN 结为例,说明半导体异质结的伏安特性。

1. 异质结的伏安特性和注入特性

1) 渐变异质结的伏安特性

对渐变异质结 PN 结,可用扩散理论分析异质结的注入比。假设:①在空间电荷区之外半导体是电中性的;②载流子浓度可用玻耳兹曼分布来近似;③小信号情况即注入少子的浓度比多子的小得多;④耗尽层中没有产生复合效应,没有界面态。

图 7.7 为平衡时 p-CaAs/N-AlGaAs 结的能带图。

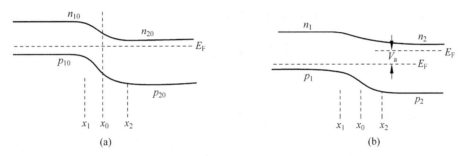

图 7.7　平衡时 p-CaAs/N-AlGaAs

(a) 平衡渐变异质结;(b) 偏置渐变异质结

现用 n_{10}、p_{10} 和 n_{20}、p_{20} 分别表示平衡时 p-GaAs 和 N-AlGaAs 中电子和空穴的浓度, 1 代表 GaAs,2 代表 AlGaAs。根据玻耳兹曼分布,有

$$n_{10} = n_{1i}\exp[(E_F - E_{1i})/kT] \tag{7.1.19}$$

$$p_{10} = n_{1i}\exp[(E_{1i} - E_F)/kT] \tag{7.1.20}$$

$$n_{20} = n_{2i}\exp[(E_F - E_{2i})/kT] \tag{7.1.21}$$

$$p_{20} = n_{2i}\exp[(E_{2i} - E_F)/kT] \tag{7.1.22}$$

$$n_{10}p_{10} = n_{1i}^2, \quad n_{20}p_{20} = n_{2i}^2 \tag{7.1.23}$$

图 7.7(b)所示为外加偏压时,电子和空穴的费米能级 E_{Fn} 和 E_{Fp} 的变化,二者之差等于外加电压的大小,即

$$E_{Fn} - E_{Fp} = qV_a \tag{7.1.24}$$

非平衡情况下,载流子浓度为

$$n_1 = n_{1i}\exp[(E_{Fn} - E_{1i})/kT] \tag{7.1.25}$$

$$p_1 = n_{1i}\exp[(E_{1i} - E_{Fn})/kT] \tag{7.1.26}$$

$$n_2 = n_{2i}\exp[(E_{Fp} - E_{2i})/kT] \tag{7.1.27}$$

$$p_2 = n_{2i}\exp[(E_{2i} - E_{Fp})/kT] \tag{7.1.28}$$

则

$$n_1 p_1 = n_{1i}^2 \exp\left[(E_{Fn} - E_{Fp})/kT\right] \tag{7.1.29}$$

$$n_2 p_2 = n_{2i}^2 \exp\left[(E_{Fn} - E_{Fp})/kT\right] \tag{7.1.30}$$

将式(7.1.24)代入式(7.1.29)和式(7.1.30)中,得

$$n_1 p_1 = n_{1i}^2 \exp(qV_a/kT) \tag{7.1.31}$$

$$n_2 p_2 = n_{2i}^2 \exp(qV_a/kT) \tag{7.1.32}$$

在 p-GaAs 中,空穴为多子,电子为少子,所以在小信号下,有

$$p_1 \approx p_{10} \tag{7.1.33a}$$

$$n_1 = \frac{n_{1i}^2}{p_1} \exp(qV_a/kT) = n_{10} \exp(qV_a/kT) \tag{7.1.33b}$$

在 N-AlGaAs 中,电子为多子,空穴为少子,有

$$n_2 \approx n_{20} \tag{7.1.34a}$$

$$p_2 = \frac{n_{1i}^2}{n_2} \exp(qV_a/kT) = p_{20} \exp(qV_a/kT) \tag{7.1.34b}$$

在扩散模型中,p 区和 n 区的稳态连续性方程为

$$\frac{d^2 n_1}{dx^2} - \frac{n_1 - n_{10}}{D_{n1} \tau_{n1}} = 0 \tag{7.1.35a}$$

$$\frac{d^2 p_2}{dx^2} - \frac{p_2 - p_{20}}{D_{p2} \tau_{p2}} = 0 \tag{7.1.35b}$$

解上述方程,得电子和空穴的扩散电流密度分别为

$$J_{n1} = \left(-qD_{n1}\frac{dn_1}{dx}\right)\Bigg|_{x=x_1} = \frac{qD_{n1}n_{10}}{L_{n1}}\left[\exp\left(\frac{qV_a}{kT}\right) - 1\right] \tag{7.1.36}$$

$$J_{p2} = \left(-qD_{p2}\frac{dp_1}{dx}\right)\Bigg|_{x=x_2} = \frac{qD_{p2}p_{20}}{L_{p2}}\left[\exp\left(\frac{qV_a}{kT}\right) - 1\right] \tag{7.1.37}$$

式中,L_n、L_p、D_n、D_p 分别是在 GaAs 中的少子电子和在 AlGaAs 中的少子空穴的扩散长度和扩散系数;τ_n 和 τ_p 是电子和空穴的寿命,且 $L = \sqrt{D\tau}$。

总电流密度为

$$J = J_{n1} + J_{p2} = \left(\frac{qD_{n1}n_{10}}{L_{n1}} + \frac{qD_{p2}p_{20}}{L_{p2}}\right)\left(\exp\left(\frac{qV_a}{kT}\right) - 1\right) \tag{7.1.38}$$

这就是由扩散理论得出的 PN 异质结的伏安特性关系。也可写为

$$J = J_0\left(\exp\left(\frac{qV_a}{kT}\right) - 1\right) \tag{7.1.39}$$

$$J_0 = \frac{qD_{n1}n_{10}}{L_{n1}} + \frac{qD_{p2}p_{20}}{L_{p2}} \tag{7.1.40}$$

可见,渐变型 PN 结的伏安特性与同质 PN 结非常相似。异质 PN 结同样具有单向导电性,即具有整流特性。

2) 半导体异质结的注入比

注入比是指 PN 结加正偏电压时,n 区向 p 区注入的电子流与 p 区向 n 区注入的空穴流之比。在半导体器件(如晶体管、激光器等)中,注入比决定了晶体管的放大倍数、激光器的阈值电流密度的注入效率。在总电流中,只有注入基区中的少子才对器件的功能发挥真

正的作用。

由式(7.1.36)和式(7.1.37)得,渐变异质结的注入比为

$$\eta = \frac{J_{n1}}{J_{p2}} = \frac{qD_{n1}n_{10}L_{p2}}{qD_{p2}p_{20}L_{n1}} = \frac{D_{n1}L_{p2}}{D_{p2}L_{n1}} \frac{n_{1i}^2 n_{10}}{n_{2i}^2 p_{20}} \tag{7.1.41}$$

在式(7.1.41)中,令 $n_{1i}^2 = n_{2i}^2$,则同质 PN 结的注入比为

$$\eta' = \frac{J_n}{J_p} = \frac{D_n L_p}{D_p L_n} \frac{n_{10}}{p_{20}} = \frac{D_n L_p}{D_p L_n} \frac{N_D}{N_A} \tag{7.1.42}$$

一般情况下,L_n、L_p、D_n、D_p 相差不大,都是同一个数量级。因而在同质 PN 结中,要得到大注入比,只有对发射极一侧的半导体进行重掺杂。在异质结中,结两边材料的禁带宽度不同,而本征载流子浓度和禁带宽度成指数反比关系,即

$$n_i = (N_c N_v)^{\frac{1}{2}} \exp(-E_g / 2kT) \tag{7.1.43}$$

$$\eta = \frac{J_{n1}}{J_{p2}} = \frac{D_{n1}L_{p2}N_{D1}(m_{p1}^* m_{n1}^*)}{D_{p2}L_{n1}N_{A2}(m_{p2}^* m_{n2}^*)} \exp[(E_{g2} - E_{g1})/kT] \tag{7.1.44}$$

式中,m_{p1}^*、m_{n1}^*、m_{p2}^*、m_{n2}^* 分别是 GaAs 和 AlGaAs 中电子和空穴的有效质量。

两种材料中载流子的有效质量、扩散长度和扩散系数不会相差太大,但禁带宽度的差别在指数上,这是异质结提高注入比的关键因素。在室温下,kT 约为 0.026eV,禁带宽度每相差 0.06eV,注入比就提高一个数量级。对于 p-GaAs/N-Al$_{0.3}$Ga$_{0.7}$As 异质结的禁带宽度,注入比可以达到 7.4×10^5。所以,用宽带材料做发射极能够得到很高的注入比,这与同质结相比有很大的优越性。

3) 异质结中的超注入现象

超注入是异质结的又一优点。所谓超注入,是指在异质 PN 结中注入窄带材料中的少数载流子的数量比宽带材料本身的多子还要多。图 7.8 是 p-GaAs/N-AlGaAs 结加了很大的正偏电压后的能带图。

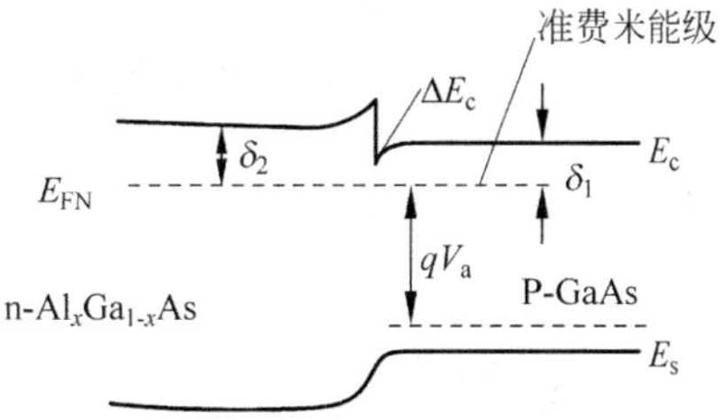

由于外加正偏电压较大,则有较大的正向电流,原有的静电势基本被拉平。在稳态平衡条件下,有 $\delta_2 > \delta_1$。窄带(GaAs)材料中的电子浓度为

$$n_1 = N_{c1} \exp(-\delta_1 / kT) \tag{7.1.45}$$

图 7.8　异质结超注入现象

宽带(AlGaAs)材料中的电子浓度为

$$n_2 = N_{c2} \exp(-\delta_2 / kT) \tag{7.1.46}$$

式中,N_{c1} 和 N_{c2} 分别为窄带和宽带材料中的导带等效态密度,一般不会相差太大。

因为 $\delta_2 > \delta_1$,所以有 $n_1 > n_2$。n_1 为窄带材料中的少子浓度,n_2 为宽带材料中的多子浓度。n_1 是由宽带材料注入过来的,但它的数目可以超过宽带材料中原有的电子(多子)浓度 n_2。这一现象在 GaAs/AlGaAs 激光器中得到了实验的验证。为了得到大的注入比,同质结的发射极必须重掺杂,但是在异质结激光器中杂质浓度可以下降到 10^{17}cm^{-3} 以下,仍可使窄带区中的注入载流子浓度达到 10^{18}cm^{-3} 以上,从而实现粒子数反转。

【例 7.3】　试估计 GaAs 和 Al$_{0.3}$Ga$_{0.7}$As PN 结在 300K 时的注入比。

解：根据 Al$_x$Ga$_{1-x}$As 材料的禁带宽度与组分 x 的关系

$$E_{\text{g-Al}_x\text{Ga}_{1-x}\text{As}} = 1.424 - 1.247x$$

室温下 $x = 0.3$ 时,得

$$E_{\text{g-Al}_x\text{Ga}_{1-x}\text{As}} = 1.798(\text{eV})$$

室温下 GaAs 的禁带宽度为

$$E_{\text{g-GaAs}} = 1.424(\text{eV})$$

故

$$\Delta E_{\text{g}} = E_{\text{g-Al}_{0.3}\text{Ga}_{0.7}\text{As}} - E_{\text{g-GaAs}} = 0.374(\text{eV})$$

已知

$$\frac{J_{\text{n1}}}{J_{\text{n2}}} = \frac{D_{\text{n1}} N_{\text{D2}} L_{\text{p2}}}{D_{\text{p2}} N_{\text{A1}} L_{\text{n1}}} \exp\left(\frac{\Delta E_{\text{g}}}{kT}\right)$$

式中,D_{n1} 与 D_{p2},L_{p2} 与 L_{n1} 均在同一数量级,而 ΔE_{g} 远大于 kT,即使 $N_{\text{D2}} < N_{\text{A1}}$,但由于指数项远远大于1,因此可将指数前因子近似取为1,故

$$\frac{J_{\text{n1}}}{J_{\text{p2}}} = \exp\left(\frac{\Delta E_{\text{g}}}{kT}\right) = \exp\left(\frac{0.374}{0.026}\right) \approx 5 \times 10^6$$

2. 突变异质结的伏安特性

1) 热电子发射模型

理想突变异质结的能带图上有一个势垒的尖峰,由于界面上能带是断续的,两种载流子越过的势垒高度不同,一般只有一种载流子起主要作用,故在此只考虑电子流的输运。平衡时,宽带材料中只有能克服势垒 qV_{D2} 的电子才能越过势垒在窄带材料的边界上聚集。设 $\bar{v}_2$ 是一个电子在宽带材料中的平均速度,从 N→p,单位时间内撞击到单位面积上的电子数为 $\frac{1}{\sqrt{6\pi}} \bar{v}_2 N_{\text{D2}}$,其中只有那些能量超过 qV_{D2} 电子才能进入 p 区,这一部分电子数目为 $\frac{1}{\sqrt{6\pi}} \bar{v}_2 N_{\text{D2}} \exp(-qV_{\text{D2}}/kT)$,电子的速度可以由能量均分定理求出,即 $\frac{1}{2} m\bar{v}_2^2 = \frac{3}{2} kT$,$\bar{v}_2 = \sqrt{\frac{3kT}{m}}$。经过复杂的推导过程,得

$$J = qN_{\text{D2}} \left(\frac{kT}{2\pi m}\right)^{\frac{1}{2}} \exp(-qV_{\text{D2}}/kT)\left[\exp(qV_{\text{a2}}/kT) - \exp(qV_{\text{a1}}/kT)\right] \quad (7.1.47)$$

正向时忽略方括号中的第二项,得

$$J \propto \exp(qV_{\text{a}}/\beta kT) \quad (7.1.48)$$

式中,$\beta = \dfrac{V_{\text{a}}}{V_{\text{a1}}}$ 称为理想因子。

若 $\beta = 1$,则过渡到渐变异质结的情形。

2) 隧穿电流模型

由于势垒尖的厚度有限,电子无须具有高出整个势垒的能量也可以隧穿的方式由 n 区进入 p 区。设想一个三角形势垒如图7.9所示,加正向电压后电子由右向左的隧穿概率为

$$T \propto \exp\left[-\frac{4}{3}(2m^*)^{\frac{1}{2}} \frac{E_{\text{b}}}{hF_0}\right]^{\frac{3}{2}} \times \exp\left[2(2m^*)^{\frac{1}{2}} \frac{E_{\text{b}}^{\frac{1}{2}}}{hF_0} qV_{\text{a}}\right] \quad (7.1.49)$$

式中，E_b 是三角形势垒的高度；F_0 是三角形势垒的电场。

隧穿电流密度是隧穿概率和入射电子流的乘积，即

$$J = J_s(T)\exp(AV_a) \qquad (7.1.50)$$

式中，$J_s(T)$ 是与温度 T 有微弱依赖关系的常数；A 是与温度无关的常数。所以隧穿电流密度 $\ln J$-V 曲线斜率与温度无关。

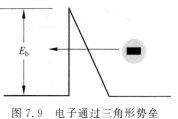

图 7.9 电子通过三角形势垒的隧穿现象

在异质结输运机制中，隧穿电流和热电子发射电流同时存在。当正向电压较小时，只有少量的电子能到达势垒尖处，总电流主要是热电子发射电流；当正向电压较大时，大量电子都可到达势垒尖处，总电流的产生主要是按隧穿机制进行。所以，突变异质结的伏安特性曲线上会出现一个转折点。在转折点之下的是热电子发射机制，与温度有关；在转折点之上的是隧穿机制，与温度无关。

7.2 异质结双极型晶体管的结构与特性

7.2.1 HBT 的器件结构

异质结双极型晶体管（Heterojunction Bipolar Transistor，HBT）是指两个结由不同半导体材料构成的晶体管。与常规同质结双极型晶体管相比，异质结双极型晶体管具有独特的优点：高跨导、大电流增益、低噪声、强电流驱动能力和良好的电压承载特性等。具有这些优点的主要原因为：①构成发射结的两种材料禁带宽度不同，一般而言，发射区材料比基区材料的禁带宽度宽、注入比高，即使发射区和基区杂质浓度相同，也可以达到很高的注入效率。②利用分子束外延工艺可以精确控制器件的纵向结构参数，包括基区厚度、基区和发射区的杂质浓度，以降低基区串联电阻和缩短载流子的基区渡越时间。③超薄的基区可以使载流子以弹道方式渡越基区，明显提高器件的增益和改善频率特性，实现器件高速工作。

从能带排列出发，常用的 HBT 结构大致有以下几种。

1. 宽带隙发射区

宽带隙发射区 HBT 是指发射区禁带宽度较大，基区和集电区的禁带宽度相对较窄的 HBT。图 7.10 给出了 AlGaAs/GaAsHBT 能带图。由于突变发射结上的尖峰会阻碍电子从发射区向基区的注入，所以采用缓变发射结的结构更好。在这种结构中，材料组分在几十个纳米的范围内连续变化，所形成的等效电场能够提高载流子的漂移速度，并且由于是宽窄异质结，也有很高的注入效率。

2. 缓变基区

缓变基区 HBT 就是通过调节基区中材料的组分，使得从发射结到集电结基区的禁带宽度逐渐变小，产生了一个能量梯度，相当于附加一个电场使电子同时通过扩散和漂移运动渡越基区，有效改善 HBT 中载流子的输运特性。图 7.11 所示的漂移电场强度 $E = -\Delta E_g/W_b$，可达同质结双极型晶体管的 2～5 倍以上，能大大提高器件的截止频率。

3. 宽带隙集电区

设计宽带隙集电区 HBT 主要是为了在集电结正偏时，能阻止空穴从集电区向基区注

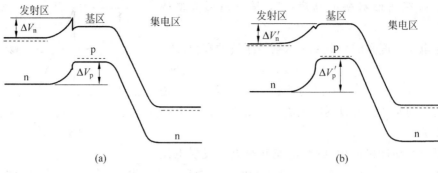

图 7.10 AlGaAs/GaAsHBT 能带图

(a) 突变宽带隙发射结；(b) 渐变宽带隙发射结

入。一方面，可以减小饱和存储电荷密度，提高器件处于饱和区的关闭速度；另一方面，可以增大击穿电压。从电路设计和制作出发，采用对称双异质结设计 HBT，可以增加灵活性和降低成本。图 7.12 为双异质结 HBT 的能带排列示意图。

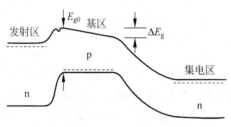

图 7.11 缓变基区 HBT 能带图

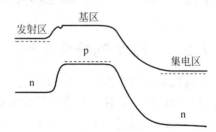

图 7.12 双异质结 HBT 能带图

7.2.2 HBT 特性

1. 增益特性

图 7.13 为一个组分渐变的 Npn 型 HBT 结构。

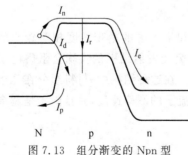

图 7.13 组分渐变的 Npn 型
HBT 结构

其发射极为 n 型宽带隙材料，而基区和集电区均用窄带隙材料。发射极电流 I_e 为

$$I_e = I_{ne} + I_{pe} + I_d \tag{7.2.1a}$$

式中，I_{ne} 为越过势垒由发射极注入基区导带中成为少子的电子电流；I_d 为通过界面缺陷进入基区价带和空穴复合的缺陷电流（包括复合电流和隧道电流）；I_{pe} 为基区空穴越过势垒进入发射区的空穴电流。

基极电流为

$$I_b = I_{rb} + I_{pe} + I_d \tag{7.2.1b}$$

因为集电结反偏，反向电流很小，故集电极电流 I_c 为

$$I_c = I_{ne} - I_{rb} \tag{7.2.1c}$$

式中，I_{rb} 为基区复合电流。晶体管的共发射极电流放大倍数（即增益）为

$$\beta = \frac{I_c}{I_b} = \frac{I_{ne} - I_{rb}}{I_{pe} + I_{rb} + I_d} < \frac{I_{ne}}{I_{pe}} = \eta_0 \tag{7.2.2}$$

式中,η_0 是发射结的注入比。

宽带隙材料作发射极可以获得高达 10^5 左右注入比。

影响 HBT 晶体管电流增益的主要因素有发射结注入效率和基区输运系数。发射结注入效率 γ_0 是注入的电子电流 I_{ne} 和总发射极电流之比,即

$$\gamma_0 = \frac{I_{ne}}{I_{ne} + I_{pe} + I_d} \tag{7.2.3}$$

基区输运系数 β_0^* 是通过基区的电子电流与进入基区的电子电流之比,即

$$\beta_0^* = \frac{I_{ne} - I_{rb}}{I_{ne}} \tag{7.2.4}$$

当基区输运系数 β_0^* 非常接近 1 时,共射电流增益为

$$\beta_0 \equiv \frac{\alpha_0}{1 - \alpha_0} \equiv \frac{\gamma_0 \beta_0^*}{1 - \gamma_0 \beta_0^*} = \frac{\gamma_0}{1 - \gamma_0}, \quad \beta_0^* = 1 \tag{7.2.5}$$

进一步,得(NPN 晶体管)

$$\beta_0 = \frac{1}{\dfrac{D_e}{D_n} \dfrac{p_{e0}}{n_{p0}} \dfrac{W}{L_E}} \approx \frac{n_{p0}}{p_{e0}} \tag{7.2.6}$$

发射区和基区中的少数载流子浓度为

$$p_{e0} = \frac{n_i^2(\text{发射区})}{N_E(\text{发射区})} = \frac{N_c N_v \exp\left(-\dfrac{E_{gE}}{kT}\right)}{N_E} \tag{7.2.7}$$

$$n_{p0} = \frac{n_i^2(\text{基区})}{N_B(\text{基区})} = \frac{N_c' N_v' \exp\left(-\dfrac{E_{gE}}{kT}\right)}{N_B} \tag{7.2.8}$$

式中,N_c 和 N_v 分别为导带和价带底的有效状态密度;E_{gE} 为发射区半导体的静态宽度;N_c'、N_v' 和 E_{gB} 为基区半导体上相应的参数。这时电流增益为

$$\beta_0 \propto \frac{N_E}{N_B} \exp\left(\frac{E_{gE} - E_{gB}}{kT}\right) = \frac{N_E}{N_B} \exp\left(\frac{\Delta E_g}{kT}\right) \tag{7.2.9}$$

【例 7.4】 一 HBT 其发射区禁带宽度为 1.62eV,基区禁带宽度为 1.42eV,一双极型晶体管发射区和基区禁带宽度皆为 1.42eV;而其发射区杂质浓度为 10^{18}cm^{-3},基区杂质浓度为 10^{15}cm^{-3}。

(1) 若 HBT 与双极型晶体管具有相同的杂质浓度,问 β_0 改善多少?

(2) 若 HBT 的发射区杂质浓度和 β_0 与双极型晶体管相同,请问可以将基区杂质浓度提高到多少?假设其他器件参数皆相同。

解:(1) $\dfrac{\beta_0(\text{HBT})}{\beta_0(\text{BJT})} = \dfrac{\exp\left(\dfrac{E_{gE} - E_{gB}}{kT}\right)}{1}$

$$= \exp\left(\frac{1.62 - 1.42}{0.0259}\right) = \exp\left(\frac{0.2}{0.0259}\right) = \exp(7.722) = 2257$$

β_0 提高了 2257 倍。

(2) $\beta_0(\text{HBT}) = \dfrac{N_E}{N_B'}\exp(7.722) = \beta_0(\text{BJT}) = \dfrac{N_E}{N_B}$

$$N_B' = N_B\exp(7.722) = 2257 \times 10^{15}\,\text{cm}^{-3} = 2.257 \times 10^{18}\,\text{cm}^{-3}$$

可见,异质结的基区浓度可增加到 2.257×10^{18},而维持相同的 β_0。

2. 频率特性

异质结注入比大既能提高 HBT 的增益又能改善 HBT 的频率特性。这是由于在异质结晶体管中发射区杂质浓度可以降低而基区的杂质浓度增加,减少了发射结电容 $C_E(C_E \propto (N_E)^{1/2})$ 和基区电阻 R_b;还可以将晶体管的基区做成组分渐变的形式,相当于存在一个等效电场,进一步缩短了基区渡越时间。高频晶体管的最高振荡频率为

$$\omega_{\max} = \frac{1}{4\pi}(\omega_T\omega_e)^{\frac{1}{2}} \tag{7.2.10}$$

式中,ω_T 是共射极电流增益为 1 时的角频率,与延迟时间 τ_{ec} 成反比,即

$$\omega_T \propto \frac{1}{\tau_{ec}} = \frac{1}{\tau_e + \tau_b + \tau_d + \tau_c} \tag{7.2.11}$$

式中,τ_b、τ_e、τ_d 和 τ_c 分别为基区少子渡越时间、发射结电容的充电时间、集电极耗尽层渡越时间和集电结电容充电时间。可见,发射结电容 C_E 减小可使 τ_e 减小,进而可提高 ω_T。同时,有

$$\omega_c = \frac{1}{R_b C_c} \tag{7.2.12}$$

式(7.2.12)表明,R_b 减小可使 ω_c 增加。因而,晶体管的最高振荡频率也增加。

晶体管的开关时间为

$$\tau_s = \frac{5}{2}R_b C_c + \frac{R_b}{R_L}\tau_b + (3C_c + C_L)R_L \tag{7.2.13}$$

式中,C_c 为集电极电容;R_L 和 C_L 是线路的负载电阻和电容。

一般情况下,GaAs/AlGaAs 开关晶体管的开关速度比锗晶体管的高 5 倍,比硅晶体管的高 8 倍。

7.3 几种常用的异质结双极型晶体管

7.3.1 硅基 HBT

$Si_{1-x}Ge_x$ HBT 是硅基 HBT 的代表,其能带结构上具有显著特点。①锗组分使 SiGe 合金的禁带宽度比硅的窄。SiGe 合金的晶格常数与硅不同,这导致在界面上出现晶格失配;当 SiGe 外延层厚度小于临界厚度时,这种晶格失配可以通过弹性应变来补偿,而没有失配位错的形成(赝晶生长);在应变的情况下,简并的能谷分裂,使 SiGe 合金的禁带宽度进一步减小。②电子优先填充的能谷在输运方向上的电子有效质量特别低,比无应变时减小了 60%,这进一步降低了基区电阻,减小了基区渡越时间。

生长 SiGe 合金的技术包括分子束外延(MBE)、限制反应工艺(LPR)和超高真空化学

气相淀积(UHV/CVD)等方法。设计器件,要注重充分利用 SiGe 的优点,要通过基区组分渐变引起的带隙缓变来减小基区渡越时间。图 7.14 为缓变基区 SiGe BHT 的组分渐变图。从基区靠近发射极的一边到靠近集电极的一边,锗的含量从 0% 变化到 8%,形成 14kV/cm 的自建电场,加速电子漂移。因而,这种结构可以获得非常高的工作速度。

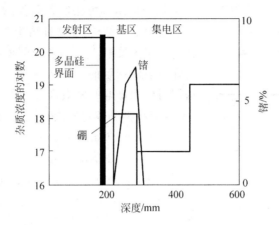

图 7.14　缓变基区的 SiGe HBT 的杂质浓度和 Ge 含量分布

SiGe HBT 晶体管的制备与硅同质双极型晶体管的制备工艺相似。基区宽度变窄会使 I_C-V_{BE} 曲线朝着降低开启电压的方向变化。在基区杂质浓度一定时,HBT 的基极电流显著下降。基区宽度 W_b 低于 300nm 时,理想因子接近 1,基极电流与 W_b 无关,这是由发射区注入效率限制电流增益引起的。当 W_b 大于 30nm 时,理想因子和基极电流的增加是由失配位错引起的。实验结果证实,与全硅晶体管相比,SiGe HBT 有许多优点,其中包括如下几点。

(1) ω_T 较高,特别是在基区锗组分缓变的情况下,使 ω_T=772rad/GHz;

(2) 对于给定的电流增益,HBT 的基区杂质浓度较高,可减少基区电阻浓度,从而提高 ω_{max},降低噪声、减小电流集边效应;

(3) 厄尔利电压较高;

(4) 基区穿通电压较高。

7.3.2　AlGaAs/GaAs HBT

典型 AlGaAs/CaAs HBT 器件截面图和层结构如图 7.15 所示。

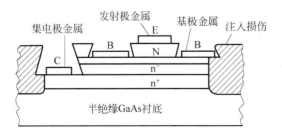

图 7.15　AlGaAs/CaAs HBT 器件截面图和层结构

发射区由 $Al_xGa_{1-x}As$ 组成,其中 Al 的摩尔组分 $x=0.25$,发射区带隙比基区带隙宽 0.3eV,使注入效率大大增加。带隙差主要来源于导带能量差(0.2eV)。基区厚度通常为 $0.05\sim0.1\mu m$,杂质浓度为 $5\times10^{18}\sim5\times10^{20}cm^{-3}$。相应的基区电阻在 $100\sim500\Omega/\square$。基区组分渐变,铝含量在基区的变化可高达 10%,如果基区很薄,则基区赝晶生长。外延层通常用 MBE 或 MOCVD 工艺制备,然后采用台面结等方法制备器件。工艺发展的主要方向

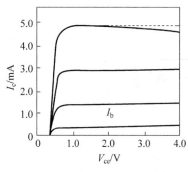

图 7.16 AlGaAs/CaAs HBT
的伏安特性

是制备自对准结构,在这种结构中,发射区边缘、发射区接触和基区接触用同一套光刻模板加工。制备的核心是在发射区接触的边缘采用侧墙隔层,以及当有 InAs 盖层时使用难熔的发射区接触等。单异质结 AlGaAs/GaAs 双极型晶体管的伏安特性,如图 7.16 所示。一般而言,AlGaAs/GaAs 双极型晶体管的伏安特性曲线显示器件有高的正输出电阻,或负微分输出电阻。厄尔利电压高达 $100\sim500V$,这是由于基区的杂质浓度很高。器件的 ω_T 约为 314rad/GHz,ω_{max} 约为 1099rad/GHz。测量的 ω_T 值对应于从发射极到集电极的延迟时间 τ_{ec},其值低至 $1\sim2ps$。

7.3.3 InGaAs/InP HBT

InP 的带隙为 1.34eV, $In_{0.53}Ga_{0.47}As$ 的带隙为 0.75eV,二者组成如图 7.17 所示的能带排列。图 7.17 表明,InP 用作宽带隙的发射区,InGaAs 用作基区。这种器件具有很高的电子迁移率,比 GaAs 器件的迁移率要高 1.6 倍。而且 InGaAs 的表面复合速度比 GaAs 低得多,InP 衬底的导热率也比 CaAs 高。InCaAs HBT 的特征角频率 ω_T 可以高于 1256rad/GHz,在双极型晶体管中属最高。超高速和尺寸缩小等优点将使这种器件在未来的数字电路和微波电路中成为强有力的潜在竞争者。

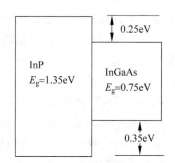

图 7.17 InGaAs 和 InP 之间
的能带对准

7.4 GaAs MESFET

7.4.1 器件结构

GaAs 金属-半导体场效应晶体管(MESFET)与 MOSFET 不同之处:金属栅极和半导体衬底之间没有绝缘介质层,而直接将金属栅极和半导体衬底之间通过肖特基接触结合在一起,如图 7.18 所示。GaAs MESFET 的基本结构通常包括半绝缘衬底或 p 型掺杂衬底、衬底上薄 n 型导电 GaAs 层和三个电极。三个电极中,源极和漏极为欧姆接触,栅极为肖特基接触。源漏之间的导电层构成器件的导电沟道,沟道电阻由栅极电压调制。金属-半导体肖特基接触在器件沟道中产生了一个耗尽区,其厚度受到栅源电压 V_{GS} 调制。在栅源偏压

$V_{GS}=0$ 时,沟道开启,如图 7.18(a)所示。当栅极加负电压时,栅极下面的耗尽区厚度增加,到栅极负电压达到某一个值时,沟道会被完全耗尽,此时的栅源电压称为阈值电压,源漏之间的电流会变得很小,接近于零,如图 7.18(b)所示。

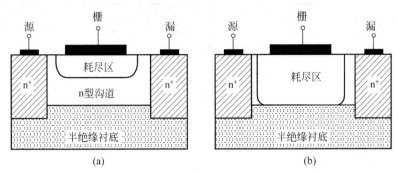

图 7.18   MESFET 的基本结构

(a) $V_{GS}=0$；(b) $V_{GS}<0$

栅源电压大于阈值电压时,单位面积耗尽层电荷的增量正比于栅源电压的变化,即

$$\Delta Q_{d} = C \Delta V_{gs} \tag{7.4.1}$$

式中,$C=\varepsilon_{s}/h$ 是单位面积沟道微分电容；ε_{s} 为半导体的介电常数,h 为耗尽层厚度。栅源电压的变化导致耗尽层厚度变化,从而沟道电阻也随之变化。

7.4.2   工作原理

假设有源区均匀掺杂,则最大沟道电导为

$$g_{0max} = \frac{q N_{D} \mu_{n} W a}{L} \tag{7.4.2}$$

式中,N_{D} 为电离施主浓度；μ_{n} 为低场迁移率；a 为沟道厚度；W 和 L 分别为沟道宽度和长度。

实际的沟道电导 g_{ds} 比 g_{0max} 小,这是由于肖特基金属栅和半导体的界面耗尽层存在,使栅下实际导电沟道厚度 b 比 a 减小 h。其依赖于自建电势 V_{D} 和外加栅压 V_{GS},即

$$b = a - h = a - \sqrt{\frac{2\varepsilon_{s}(V_{D}-V_{gs})}{qN_{D}}} \tag{7.4.3}$$

图 7.19(a)为 GaAs MESFET 耗尽层示意图。在理想情况下,沟道电导在 $b=a$ 时降为零,相应的栅极偏压为阈值电压。阈值电压为

$$V_{T} = V_{D} - V_{p} \tag{7.4.4}$$

式中,V_{p} 为夹断电压,即

$$V_{p} = \frac{qN_{D}a^{2}}{2\varepsilon_{s}} \tag{7.4.5}$$

在加栅压的同时再加上漏源电压,如图 7.19(b)所示。

在导电沟道中,不同的点相对于栅极有不同的电位,设 $V(x)$ 是沟道中某一点 x 相对于源极的电位,当漏极偏压较小时,耗尽区宽度随位置 x 的变化关系为

$$h(x) = \sqrt{\frac{2\varepsilon_{s}[V_{D}-V_{gs}+V(x)]}{qN_{D}}} \tag{7.4.6}$$

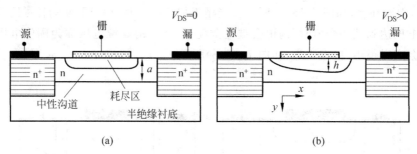

图 7.19　GaAs MESFET 沟道变化

(a) $V_{DS}=0$；(b) $V_{DS}\neq0$

7.4.3　理论模型

在对沟道电荷统一描述的基础上，建立一个分析 MESFET 的电流-电压特性模型。当源漏电压远低于饱和电压时，漏极电流可写为

$$I_{ds} \approx g_{chi}V_{DS} \approx g_{chn}V_{ds} \qquad (7.4.7)$$

式中，g_{chi} 和 g_{chn} 分别是本征沟道和非本征沟道的电导；V_{DS} 和 V_{ds} 分别是本征沟道和非本征沟道的源漏电压，且

$$V_{ds} = V_{DS} + I_{ds}(R_s + R_d)$$

式中，R_s 和 R_d 分别是源、漏串联电阻。在纳米级器件中，源、漏串联电阻将变得与本征沟道电阻可比拟，不能忽略。同时，非本征栅源电压 V_{gs} 与本征栅源电压 V_{GS} 的关系为

$$V_{gs} = V_{GS} + I_{DS}R_s$$

另有

$$V_{gd} = V_{gs} - V_{ds}$$

漏极偏压较小时，可以近似为 $V_{ds} \approx V_{DS}$，$V_{gs} \approx V_{GS}$。

线性区非本征电导和相应的本征电导的关系为

$$g_{chn} = \frac{g_{chi}}{1 + g_{chi}(R_s + R_d)} \qquad (7.4.8)$$

式中，g_{chi} 为线性区本征电导，$g_{chi} = qn_sW\mu_n/L$，n_s 为沟道电子面密度，阈值电压之上且源漏电压较小时，电子面密度为

$$n_{sa} = N_D a \sqrt{1 - \frac{V_{gt}}{V_P}} \qquad (7.4.9)$$

式中，N_D 是施主杂质浓度；a 是沟道层厚度；V_P 是沟道夹断电压；$V_{gt} \approx V_{GT} \equiv V_{GS} - V_T$。

阈值电压之下，电子面密度为

$$n_{sb} = n_0 e^{\left(\frac{V_{gt}}{\eta V_T}\right)} \qquad (7.4.10)$$

式中，η 是阈值之下的理想因子；$V_T = kT/q$ 是热电压；n_0 为阈值处的电子面密度，即

$$n_0 = \frac{\varepsilon_s \eta V_T}{qa} \qquad (7.4.11)$$

在统一的电荷模型中，将阈值之上和阈值之下的电子面密度用统一公式表示为

$$n_s = \frac{n_{sa} n_{sb}}{n_{sa} + n_{sb}} \tag{7.4.12}$$

式(7.4.9)和式(7.4.10)中的V_{gt}可看作栅压摆幅,在模型中用有效栅压摆幅V_{gte}来代替,即

$$V_{gte} = \frac{V_T}{2} \left[1 + \frac{V_{gt}}{V_T} + \sqrt{\delta^2 + \left(\frac{V_{gt}}{V_T} - 1 \right)^2} \right] \tag{7.4.13}$$

式中,δ为经验参数,取决于过渡区的宽度。

在阈值之下,V_{gte}逼近于V_T;在阈值之上,V_{gte}逼近于V_{gt}。

同时考虑阈值之上和阈值之下,得到统一的电流表达式为

$$I_{ds} = \frac{g_{chn} V_{ds} (1 + \lambda V_{ds})}{1 + g_{chn} V_{ds} / I_{sat}} \tag{7.4.14}$$

式中,λ为经验因子。

统一的饱和区电流I_{sat}为

$$I_{sat} = \frac{I_{sata} I_{satb}}{I_{sata} + I_{satb}} \tag{7.4.15}$$

而阈值之上的饱和电流为

$$I_{sat} = \frac{2\beta V_{gte}^2}{1 + 2\beta R_s V_{gte} + \sqrt{1 + 4\beta R_s V_{gte}}} \tag{7.4.16}$$

式中,β为跨导参数,可作为拟合参数。

阈值之下的饱和电流为

$$I_{satb} = \frac{q n_0 W \mu_n \eta V_T}{L} e^{\left(\frac{V_{gt}}{\eta V_T} \right)} \tag{7.4.17}$$

室温下 GaAs MESFET 电流-电压关系模拟结果(实践),并和测量值(点线)进行比较,如图 7.20 所示。在具体使用该模型时,需要加入一些机制,如源漏串联电阻对偏压的依赖关系、体电荷效应、平均低场迁移率对偏压的依赖关系、模型参数对温度的依赖关系、栅极漏电流等。

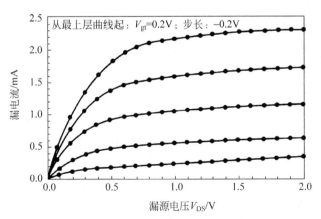

图 7.20　室温下 GaAs MESFET 电流-电压关系

7.5　高电子迁移率晶体管

随着频率、功率容量以及低噪声容限的需求，GaAs MESFET 已经达到了其设计的极限。因此，需要具有更短的沟道长度、更大的饱和电流和更大跨导的短沟道 FET，这可以通过增加栅极下面的沟道杂质浓度来满足。在所讨论的器件中，沟道区是对体材料掺杂而形成的，多数载流子与电离的杂质共同存在。多数载流子受电离杂质散射，从而使载流子迁移率减小，器件性能降低。迁移率减小量和 GaAs 中的峰值电压值取决于杂质浓度的增加量，这种情况可以通过从电离的杂质中分离出多数载流子来实现。导带与价带之间的突变不连续的异质结构可以实现这种分离。一个 N-AlGaAs 本征 GaAs 异质结在热平衡时的导带相对于费米能级的能带图，如图 7.21 所示。当电子从宽带隙的 AlGaAs 中流入 GaAs 中并被势阱束缚时就实现了热平衡。然而，电子沿平行于异质结表面的运动是自由的。在这种结构中，由于势阱中的多数载流子电子与AlGaAs 中的杂质掺杂原子分离，因此，杂质散射的趋势减弱了。

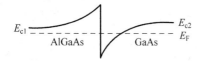

图 7.21　N-AlGaAs 本征 GaAs 突变异质结能带图

用这种异质结构制成的 FET 有几种名称，这里用的是高电子迁移率晶体管（High Electron Mobility Transistor，HEMT）。其他的名称包括掺杂调制场效应晶体管（MODFET）、选择性掺杂异质结场效应晶体管（SDHT）以及二维电子气场效应晶体管（TEGFET）。与传统的硅基 MOSFET 相比，AlGaAs/GaAs HEMT 有以下优点：① 即使不对沟道层掺杂，仍可在 AlGaAs/GaAs 异质界面势阱处获得较高浓度的二维电子气；② 由于沟道载流子与其母体施主杂质在空间上分离，降低了电离杂质的散射，载流子有较高的迁移率；③ 由于 AlAs 与 GaAs 的失配率非常小，再加上先进的材料生长技术，界面平整且位错密度很低，减小了界面表面粗糙引起的散射。与 GaAs MESFET 相比，AlGaAs/GaAs HEMT 的迁移率是 GaAs MESFET 的 5 倍，跨导是 GaAs MESFET 的 3 倍，性能远好于 GaAs MESFET。

7.5.1　量子阱结构

N-AlGaAs 本征 GaAs 异质结的导带能级图如图 7.22 所示。在未掺杂的 GaAs 的薄势阱（约 80Å）中形成了电子的一个二维表面沟道层，可获得 $10^{12}\,\mathrm{cm}^{-2}$ 数量级的电子载流子密度。由于杂质散射效应降低，载流子在低场中平行于异质结运动的迁移率会得到提高，温度为 300K 时的迁移率可达 $8500\sim9000\,\mathrm{cm}^2/(\mathrm{V}\cdot\mathrm{s})$；反之，杂质浓度 $N_\mathrm{D}=10^{17}\,\mathrm{cm}^{-3}$ 的 GaAs MESFET 的低场迁移率低于 $5000\,\mathrm{cm}^2/(\mathrm{V}\cdot\mathrm{s})$。可见，异质结中的电子迁移率是由晶格或声子散射决定。因此，随着温度的降低，迁移率迅速增加。

通过更多的分离电子与电离了的施主杂质，可以使杂质散射效应进一步降低。图 7.22 显示了突变异质结势阱中电子与施主原子的分离，但由于距离太近，还会受到库仑引力的作用。一个未掺杂的 AlGaAs 的薄间隔层可以置于掺杂的 AlGaAs 与未掺杂的 GaAs 之间，如图 7.22 所示。增大载流子与电离施主的分离程度，可使它们之间的库仑引力更小，从而可以进一步增大电子迁移率。这种异质结的一个不足是势阱中的电子密度比突变结中的小。

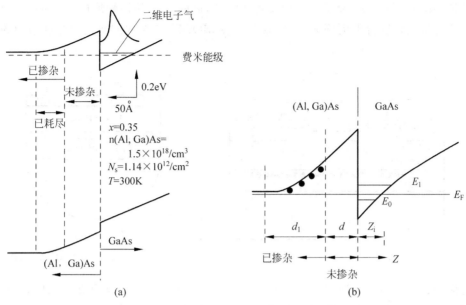

图 7.22 N-AlGaAs 本征 GaAs 异质结的导带能级图

(a)（Al,Ga）As 与 GaAs 结；(b) 导带能级图

　　分子束外延技术可以通过特定掺杂,生长一层很薄的特殊半导体材料,尤其是可以形成多层掺杂异质结构,如图 7.23 所示,可以平行形成几个表面沟道电子层。这种结构可以有效地增加沟道电子密度,进而增强 FET 的负载能力。

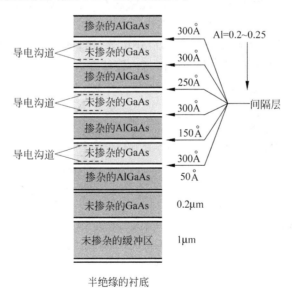

图 7.23　多层结构异质结

7.5.2　器件结构与工作原理

　　典型的 HEMT 结构如图 7.24 所示。N-AlGaAs 与未掺杂的 GaAs 之间被一个未掺杂的 AlGaAs 间隔层隔开。N-AlGaAs 通过肖特基接触形成栅极。这种结构是标准的

MODFET 结构。图 7.25 显示了一个反转的结构,此时肖特基接触形成于未掺杂的 GaAs 层。由于标准结构能得出更好的结果,故对反转 MODFET 结构的研究比标准结构的研究要少。

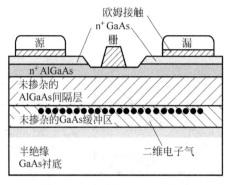

图 7.24　典型的 HEMT 结构

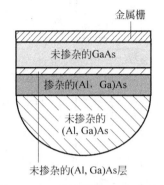

图 7.25　一个反转的 HEMT 结构

势阱里的二维电子气层中的电子密度受控于栅极电压,当栅极电压足够大时,肖特基栅极中的电场使势阱中的二维电子气层耗尽。图 7.26 显示了金属-AlGaAs-GaAs 结构零偏以及在栅极加反偏电压时的能带图。零偏时,GaAs 的导带边缘低于费米能级,这表明二维电子气的密度很大;在栅极加负电压时,GaAs 的导带边缘高于费米能级,这意味着二维电子气的密度较小,并且 FET 的电流几乎为零。

肖特基势垒使 AlGaAs 层在表面耗尽,异质结使 AlGaAs 层在异质结表面耗尽。理想情况下,设计器件时应使两个耗尽区交叠,以避免电子通过 AlGaAs 层导电。对于耗尽型器件,肖特基栅极中的耗尽层将只会向异质结中的耗尽层中扩展;对于增强型器件,掺杂的 AlGaAs 层厚度较小,而且肖特基栅极中的内建电势差将使 AlGaAs 层和二维电子气沟道完全耗尽。在增强型器件的栅极上加正电压将使器件开启。

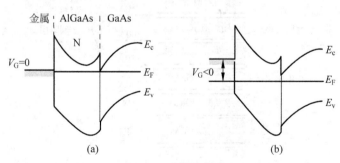

图 7.26　金属-AlGaAs-GaAs 结构能带图
(a) 零偏;(b) 反偏

7.5.3　理论模型

在标准结构中,二维电子气的密度可以用一个电荷控制模型来描述,即

$$n_S = \frac{\varepsilon_N}{q(d + \Delta d)}(V_G - V_{off}) \tag{7.5.1}$$

式中,ε_N 是 N-AlGaAs 的介电常数;$d = d_d + d_1$ 是掺杂以及未掺杂 AlGaAs 层厚度;Δd 是

修正因子,且

$$\Delta d = \frac{\varepsilon_N a}{q} \approx 80 \text{Å} \qquad (7.5.2)$$

阈值电压 V_{off} 为

$$V_{off} = \phi_B - \frac{\Delta E_c}{q} - V_{P2} \qquad (7.5.3)$$

式中,ϕ_B 是肖特基势垒高度,V_{P2} 为

$$V_{P2} = \frac{q N_D d_d^2}{2\varepsilon_N} \qquad (7.5.4)$$

负栅极电压将使二维电子气的浓度降低。如果加正偏电压,则二维电子气的密度将增加。增加栅极电压将使二维电子气的密度增加,直到 AlGaAs 的导带与电子气的费米能级交叠。图 7.27 给出了这种效应。此时,栅极失去了对电子气的控制,因为 AlGaAs 中形成了一个平行的导电通道。

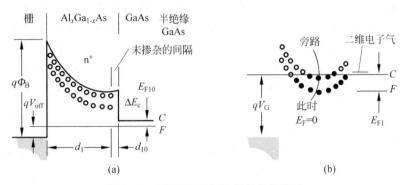

图 7.27 增强型 HEMT 器件的能带图
(a) 很小的正偏栅压;(b) 足以在 AlGaAs 中产生传导沟道的大正偏栅压

【例 7.5】 计算 N-AlGaAs-本征 GaAs 异质结的二维电子浓度。已知杂质浓度为 10^{18}cm^{-3} 的 N-$\text{Al}_{0.3}\text{Ga}_{0.7}\text{As}$ 厚度为 500Å;假定有一个厚度为 20Å 的未掺杂间隔,设 $\phi_B = 0.85\text{V}$,$\Delta E_c/q = 0.22\text{V}$;$\text{Al}_{0.3}\text{Ga}_{0.7}\text{As}$ 的相对介电常数是 $\varepsilon_{rN} = 12.2$。

解:参数 V_{P2} 为

$$V_{P2} = \frac{q N_D d_d^2}{2\varepsilon_N} = \frac{(1.6 \times 10^{-19})(10^{18})(500 \times 10^{-8})^2}{2(12.2)(8.85 \times 10^{-14})} = 1.85\text{V}$$

阈值电压为

$$V_{off} = \phi_B - \frac{\Delta E_c}{q} - V_{p2} = 0.85 - 0.22 - 1.85 = -1.22\text{V}$$

由式(7.5.1)得,$V_G = 0$ 时的沟道电子浓度为

$$n_s = \frac{(12.2)(8.85 \times 10^{-14})}{(1.6 \times 10^{-19})(500 + 20 + 80) \times 10^{-8}}[-(-1.22)] = 1.37 \times 10^{12}\text{cm}^{-2}$$

结论表明,当阈值电压 V_{off} 的值为负,使器件成为一个耗尽型 MODFET;加一个负栅压会使器件截止。$n_s \approx 10^{12}\text{cm}^{-2}$ 是标准沟道浓度值。

MODFET 的 I-V 关系可以通过电荷控制模型和逐级沟道近似得到,沟道载流子浓

度为

$$n_s(x) = \frac{\varepsilon_N}{q(d+\Delta d)}[V_G - V_{off} - V(x)] \tag{7.5.5}$$

式中,$V(x)$是沿着沟道方向的电势,其值取决于漏源电压。漏极电流为

$$I_D = qn_s v(E)W \tag{7.5.6}$$

式中,$v(E)$是载流子漂移速度;W是沟道宽度。

如果迁移率为常数,那么对于低V_{DS},有

$$I_D = \frac{\varepsilon_N \mu W}{2L(d+\Delta d)}[2(V_G - V_{off})V_{DS} - V_{DS}^2] \tag{7.5.7}$$

如果V_{DS}增加,使载流子达到饱和加速度,那么

$$I_{Dsat} = \frac{\varepsilon_N W}{d+\Delta d}(V_G - V_{off} - V_0)v_{sat} \tag{7.5.8}$$

式中,v_{sat}是饱和速度,$V_0 = E_s L$,E_s是使载流子达到饱和速度时沟道中的电场强度。

不同的速度对应着不同的电场强度,可以得到不同的伏安表达式。然而,式(7.5.7)和式(7.5.8)在大多数情况下会产生令人满意的结果。图7.28给出了由试验得出的I-V值与理论计算得出的I-V值比较图,由图可知,这些异质结器件中的电流可以达到很大。MODFET在$T=300\text{K}$时,跨导为250mS/mm左右,比PN JFET和MESFET的跨导大。

HEMT也可以制成多层异质结,如图7.29所示。对AlGaAs-GaAs表面的异质结,其最大二维电子层密度能达$1\times10^{12}\text{cm}^{-2}$的数量级。通过在同一个外延层上生长两层或者更多的AlGaAs-GaAs表面,可以提高最大二维电子层密度,这时,器件的电流将增大,负载能力也增强。多层沟道的HEMT受栅电压调制的作用,与多个单层沟道平行接触形成的HEMT受栅电压调制的作用基本相同,但阈值电压有微小的差别。最大跨导不能直接用沟道的数量来衡量,因为沟道的阈值电压随沟道的不同而变化。此外,有效沟道长度会随栅极与沟道之间的距离增加而增加。

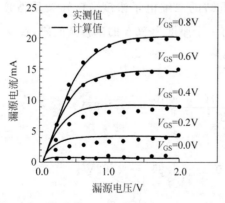

图7.28　增强型HEMT器件的电流-电压曲线

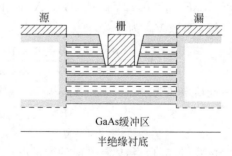

图7.29　多层结构HEMT器件

HEMT可以应用于高速逻辑电路中,在$T=300\text{K}$时,它们被用于时钟频率为5.5GHz的触发电路中;低温时,时钟频率可以增加。也可用于小信号、高频放大器。HEMT在以频率35GHz运行时,会出现低噪声、高增益;最大频率随沟道长度减小而增加。沟道长度为$0.25\mu\text{m}$时,截止频率为100GHz的量级。

HEMT 高运行速度、低能量损耗以及低噪声等固有优势使得高速 FET 器件用未掺杂的 GaAs 作为沟道层。一种在未掺杂的沟道中形成合适的载流子浓度方法是,使载流子在半导体异质结表面堆积,HEMT 的缺点在于制作异质结的工艺过于复杂。

习题 7

7.1　以 p-GaAs 和 N-Al$_x$Ga$_{1-x}$As 异质结为例,说明热平衡态异质结能带图的画法。

7.2　试述异质结与同质结不同的地方,并说明异质结的用途。

7.3　GaAs 和 GaP 的晶格常数分别为 5.6531×10^{-10} m 和 5.4505×10^{-10} m,试计算这两种材料的晶格失配因子。

7.4　试用连续方程和扩散模型推导突变反型异质结负反向势垒的电流-电压关系。

7.5　用分子束外延技术制成的一种多层晶体,是由一层 GaAlAs 交叠而成,每层晶体只有 50 多个原子层厚度。以硅作施主杂质,掺入 GaAlAs 中央部位。由于 GaAlAs 的禁带宽度比 GaAs 的大,结果室温下 GaAs 中的载流子迁移率提高了一倍(与具有同样电子浓度的 N-GaAs 比较),试问:

(1) GaAs 半导体的导电类型如何?

(2) 试解释 GaAs 中载流子迁移率提高的原因。

7.6　A、B 两种半导体材料形成理想异质结,A 为 p-Ge,B 为 n-GaAs,它们的基本常数为

$E_{gA} = 0.67eV$,$E_{gB} = 1.43eV$,$\chi_A = 4.13eV$,$\chi_B = 4.06eV$,$\delta_A = (E_c - E_F)_A = 0.53eV$,

$\delta_B = (E_c - E_F)_B = 0.1eV$

求:(1) 此异质结结构界面处的导带不连续量 ΔE_c 及价带的不连续量 ΔE_v 分别为多少?

(2) 画出异质结的能带简图(画出带边变化趋势,表明 ΔE_c 及 ΔE_v,并标明 E_F)。

7.7　试画出 n-AlGaAs 与 P-GaAs 两种材料的异质结能带图。n-AlGaAs 的禁带宽度大于 P-GaAs 的禁带宽度。

7.8　GaN 的电子亲和能为 4.2eV,禁带宽度为 3.4eV,AlN 的电子亲和能为 2.05eV,禁带宽度为 6.1eV。假设三元合金 Al$_x$Ga$_{1-x}$N 的禁带宽度和电子亲和势都随组分线性变换。试根据 Anderson 定则求出 n-GaN/N-Al$_{0.2}$Ga$_{0.8}$N 异质结的 ΔE_c 和 ΔE_v 并画出能带图。

7.9　在 Pnp 型异质结晶体管中,发射极对基极加正偏电压时,发射极注入基区的空穴流和基极注入发射区的电子流相比哪个大? 大多少? 对晶体管有什么好处?

7.10　设计一个 GaAs MESFET,使其最大跨导为 200mS/mm,栅源偏压为零时的漏极饱和电流为 200mA/mm。

附录
APPENDIX

附录 A　主要符号表

类型	符号	意　义	类型	符号	意　义
结面积	A	PN 结面积	电容	C_{Dn}	电子扩散区扩散电容
	A_E	发射结面积		C_{OX}	栅氧化层电容
	A_C	集电结面积		C_{gs}	栅源电容
击穿电压	BV_{EBO}	发射极-基极击穿电压（集电极开路）		C_{gd}	栅漏电容
	BV_{CBO}	集电极-基极击穿电压（集电极开路）		C_{ds}	漏源电容
	BV_{CEO}	集电极-发射极击穿电压（集电极开路）		C_{FB}	平带电容
	BV_{CES}	集电极-发射极击穿电压（输入端短路）		C'_{gs}	栅源寄生电容
	BV_{CER}	集电极-发射极击穿电压（基射间接电阻）		C'_{gd}	栅漏寄生电容
	BV_{CER}	集电极-发射极击穿电压（基射间接电阻）		C'_{ds}	漏源寄生电容
	BV_{CEZ}	集电极-发射极击穿电压（基射间接电阻与正向电源）	扩散系数	D	漏极、杂质扩散系数
	BV_{DS}	漏源击穿电压		D_n	电子扩散系数
	BV_{GS}	栅源击穿电压		D_p	空穴扩散系数
	V_B	雪崩击穿电压		D_{ne}	电子在发射区扩散系数
	V_{SUS}	二次击穿电压		D_{pb}	空穴在基区扩散系数
电容	C	电容		D_{nc}	电子在集电区扩散系数
	C_s	半导体表面电容			
	C_T	PN 结势垒电容		D_{pe}	空穴在发射区扩散系数
	C_D	PN 结扩散电容		D_{nb}	电子在基区扩散系数
	C_{Dp}	空穴扩散区扩散电容		D_{pc}	空穴在集电区扩散系数

续表

类型	符号	意　义	类型	符号	意　义
电场	E	电场强度	频率	f	频率
	E_M	PN 结最大电场强度		f_α	α 截止频率
	E_C	临界电场强度		f_β	β 截止频率
	E_b	自建电场强度		f_M	最高振荡频率
				f_T	双极型晶体管的特征频率或 MOS 管截止频率
能级	E	能级		ω	角频率
	E_A	受主能级		ω_α	α 截止角频率
	E_C	导带底能级		ω_β	β 截止角频率
	E_D	施主能级		ω_M	最高振荡角频率
	E_F	费米能级		ω_T	双极型晶体管的特征角频率或 MOS 管截止角频率
	E_{Fn}	电子准费米能级	跨导与电导	g_d	漏源电导
	E_{Fp}	空穴准费米能级		g_{dl}	线性区漏源电导
	E_{FN}	N 型半导体的费米能级		g_{dl}^*	线性区有效漏源电导
	E_{FP}	P 型半导体的费米能级		g_{ds}	饱和区漏源电导
	E_{Fi}	本征费米能级		g_m	跨导
	E_v	价带顶能级		g_{mb}	衬底跨导
	E_g	禁带宽度		g_{ml}	线性区跨导
	E_{mid}	禁带中央		g_{ms}	饱和区跨导
	E_t	复合中心		g_{mv}	最大跨导
				g_m^*	有效跨导
				g_{ms}^*	饱和区有效跨导
电流	I	电流强度	电流密度	J	电流密度
	I_n	电子电流		J_n	电子电流密度
	I_p	空穴电流		J_p	空穴电流密度
	I_R	反向电流		J_R	反向电流密度
	I_E	发射极电流		J_E	发射极电流密度
	I_B	基极电流		J_B	基极电流密度
	I_C	集电极电流		J_C	集电极电流密度
	I_{rb}	基区复合电流		J_{rb}	基区复合电流密度
	I_{RS}	双极型晶体管临界饱和电流		J_{RS}	双极型晶体管临界饱和电流密度
	I_{CBO}	集电极-基极反向电流(发射极开路)		J_{CBO}	集电极-基极反向电流密度(发射极开路)
	I_{CEO}	集电极-发射极反向电流(基极开路)		J_{CEO}	集电极-发射极反向电流密度(基极开路)
	I_{EBO}	发射极-基极反向电流(集电极开路)		J_{EBO}	发射极-基极反向电流密度(集电极开路)
	I_{CM}	集电极最大电流		J_{CM}	集电极最大电流密度
	I_{DS}	漏源电流		J_{DS}	漏源电流密度
	I_{Dsat}	饱和漏源电流		J_{Dsat}	饱和漏源电流密度
	I_{rg}	势垒产生电流		J_{rg}	势垒产生电流密度
	I_{rd}	反向扩散电流		J_{rd}	反向扩散电流密度
	I_S	表面漏电流		J_S	表面漏电流密度
	I_{CS}	集电极饱和电流		J_{CS}	集电极饱和电流密度
	I_{BS}	临界饱和基极电流		J_{BS}	临界饱和基极电流密度
	I_{BX}	过驱动基极电流		J_{BX}	过驱动基极电流密度
	I_{sb}	基区表面复合电流		J_{sb}	基区表面复合电流密度
	I_{re}	发射区复合电流		J_{re}	发射区复合电流密度

续表

类型	符号	意　义	类型	符号	意　义
交流电流	i_e	发射极交流小信号电流	浓度	n_p	P 区少子(电子)浓度
	i_b	基极交流小信号电流		n_{n0}	N 区平衡多子浓度
	i_c	集电极交流小信号电流		n_{p0}	P 区平衡少子浓度
	i_{ds}	漏源交流小信号电流		Δn	非平衡电子浓度
流密度	j_n	电子流密度		n_t	复合中心上电子浓度
	j_p	空穴流密度		n_{th}	热发射电子式发射的电子浓度
增益与放大倍数	G_P	功率增益		n_{t0}	平衡态复合中心电子浓度
	G_v	电压增益		P	P 区、P 型半导体
	α	共基极交流电流放大系数(电流增益)		p	空穴浓度
	α_0	共基极直流(低频)电流放大系数		p_p	P 区多子(空穴)浓度
	β	共发射极交流电流放大系数		p_{p0}	P 区平衡多子浓度
	β_0	共射极直流(低频)电流放大系数		p_{n0}	N 区平衡少子浓度
				p_n	N 区少子(空穴)浓度
长度与条宽	L	扩散长度、沟道长度		Δp	非平衡空穴浓度
	L_n	电子扩散长度	电荷	Q	电荷
	L_p	空穴扩散长度		Q_B	基区非平衡少子单位面积电荷或 MOS 单位面积耗尽区电荷
	S_{eff}	发射极条有效半宽度		Q_{BM}	半导体中每单位面积空间电荷
	L_{eff}	有效沟道长度或发射极条有效长度		Q_E	发射区积累电荷
	L_e	发射极条长度		Q_{DE}	发射极扩散区电荷
	L_D	德拜长度		Q_G	金属栅电荷
	S_e	发射条宽		Q_m	金属的单位面积电荷
	S_{eb}	发射条与基极条间距		Q_n	表面反型层电子电荷
	S_b	基极条宽		Q_{OX}	栅绝缘层电荷
质量	m_n	自由电子静止质量		Q_p	表面反型层空穴电荷
	m_n^*	电子有效质量		Q_s	半导体单位面积电荷
	m_p^*	空穴有效质量		q	电子电荷
浓度	N	杂质浓度、N 区、N 型半导体	电阻	R	电阻
	N_A	受主杂质浓度		R_L	负载电阻
	N_D	施主杂质浓度		R_W	方块电阻
	N_B	基片杂质浓度		R_S	表面薄层电阻
	N_0	衬底(低区)杂质浓度		R_T	热阻
	N_s	表面杂质浓度		r_e	发射结电阻
	n	导带电子浓度		r_b	基极电阻
	n_i	本征载流子浓度		r_c	集电结电阻
	n_0	热平衡电子浓度		r_{es}	发射极体电阻
	n_n	N 区多子(电子)浓度		r_{cs}	集电极体电阻
	N_c	导带有效态密度		r_s	源极串联电阻
	N_V	价带有效态密度			

续表

类型	符号	意　义	类型	符号	意　义
电阻	r_g	栅极串联电阻	电压	V_D	内建电势或接触电势差
	r_d	漏极串联电阻		V_D	发射结电压
	R_M	小发射条电阻		V_{CE}	集电极-发射极电压
	$R_{\square M}$	金属膜的薄膜电阻		V_{PT}	穿通电压
	R_{on}	导通电阻		V_{CES}	饱和压降
温度	T	热力学温度		V_{GS}	栅源电压
	T_a	环境温度		V_{DS}	漏源电压
	T_j	结温		V_{BS}	衬源电压
	T_{jM}	最高结温		V_T	阈值(开启)电压
开关时间	t_d	延迟时间		V_{Dsat}	饱和漏源电压
	t_r	上升时间		V_s	半导体表面上的电压降
	t_s	储存时间		V_{FB}	平带电压
	t_f	下降时间		V_{on}	导通电压
	t_{on}	开启时间		V_j	结压降
	t_{off}	关断时间		V_H	霍尔电压
电压	V	电压		V_{EA}	厄尔利电压
	V_{BES}	基极发射极正向饱和压降		V_{TN}	N 沟阈值电压
	V_C	集电结电压		V_{TP}	P 沟阈值电压
	V_P	夹断电压		V_{OX}	栅氧化层电压
结深与结宽	W	沟道宽度	介电常数	ε_0	真空介电常数
	W_{b0}	冶金基区宽度		ε_s	半导体介电常数
	W_b	有效基区宽度		ε_{OX}	二氧化硅介电常数
	W_e	中性发射区宽度	迁移率	μ	迁移率
	W_c	中性集电区宽度		μ_n	电子迁移率
	W_m	半导体表面耗尽区最大宽度		μ_p	空穴迁移率
	W_{cib}	感应基区宽度		μ_I	杂质散射迁移率
	x_m	PN 结空间电荷区宽度		μ_L	晶格散射迁移率
	x_{mb}	外延层厚度	电阻率与电导率	ρ	电阻率
	x_{me}	发射结空间电荷区宽度		ρ_e	发射区电阻
	x_{mc}	发射结空间电荷区宽度		ρ_b	基区电阻率
	x_j	结深		ρ_c	集电区电阻率
	x_{je}	发射结结深		σ	电导率
	x_{jc}	集电结结深		σ_0	半导体平衡电导率
	x_n	基区与集电结的边界		$\Delta\sigma$	非平衡附加电导率
	x_n'	集电结与集电区的边界	少子寿命	τ	非平衡载流子寿命(平均自由时间)
	x_p	基区与发射结的边界		τ_e	电子寿命
	x_p'	发射结与发射区的边界		τ_p	空穴寿命
				τ_{nb}	基区少子寿命时间

续表

类型	符号	意　义	类型	符号	意　义
速度	v_{sl}	极限或饱和漂移速度	延迟时间	τ_e	发射区渡越时间
	v_e	电子漂移速度		τ_b	基区渡越时间
				τ_d	集电结空间电荷区渡越时间
	v_p	空穴漂移速度		τ_c	集电极延迟时间
				τ_{ec}	发射极与集电极间总延时
时间常数	τ_C	集电极时间常数	其他	B	基极
	τ_E	发射极时间常数		C	集电极
	τ_B	基极时间常数		E	发射极
势与功函数	ϕ	静电势		h	普朗克常数
	ϕ_F	费米势		G	产生率
	ϕ_s	表面势		R	复合率
	ϕ_m	金属功函数		S	表面复合速度,饱和深度
	ϕ_{ms}	金属半导体功函数差		ε_r	相对介电常数
	ϕ_{sb}	肖特基势垒接触电势差		γ	发射效率或体效应系数
	χ	亲和势			

附录 B　物理常数表

名　称	符　号	数　值
电子电荷	q	1.6×10^{-19} C
电子静止质量	m_n	9.1×10^{-31} kg
玻耳兹曼常数	k	1.38×10^{-23} J/K
300K 热能	kT	0.026eV
300K 热电压	kT/q	0.026V
普朗克常数	h	6.625×10^{-34} J·s
真空介电常数	ε_0	8.854×10^{-14} F/cm
电子伏特	eV	1.602×10^{-19} J
绝对零度	0K	-273.16℃

附录 C　300K 时锗、硅、砷化镓主要物理性质表

性质	Ge	Si	GaAs
晶型结构	金刚石	金刚石	闪锌矿
晶格常数/nm	0.566	0.543	0.565
原子或分子数/cm³	4.42×10^{22}	5.0×10^{22}	2.21×10^{22}
密度/(g/cm³)	5.32	2.33	5.32
禁带宽度/eV(300K)	0.67	1.12	1.42

续表

性质	Ge	Si	GaAs
相对介电常数	16.2	11.9	10.9
熔点/℃	940	1420	1240
击穿电场强度/(V/cm)	10^5 量级	3×10^5 量级	4×10^5 量级
本征载流子浓度/cm^{-3}	2.4×10^{13}	1.5×10^{10}	2.25×10^6
电子迁移率/(cm^2/(V·s))	3900	1450	9000
空穴迁移率/(cm^2/(V·s))	1900	600	400
导带中有效态密度/cm^{-3}	1.04×10^{19}	2.8×10^{19}	4.7×10^{17}
价带中有效态密度/cm^{-3}	6.1×10^{18}	1.1×10^{19}	7.0×10^{18}
功函数/eV	4.4	4.8	4.7
电子亲和能/eV	4.13	4.05	4.07

附录 D 单位制、单位换算和通用常数

表 D.1 国际单位制

量	单位	符号	量纲
长度	米	m	
质量	千克	kg	
时间	秒	s	
温度	开尔文	K	
电流	安培	A	
频率	赫兹	Hz	1/s
力	牛顿	N	kg·m/s^2
压强	帕斯卡	Pa	N/m^2
能量	焦耳	J	N·m
功率	瓦特	W	J/s
电荷	库伦	C	A·s
电势	伏特	V	J/C
电导	西门子	S	A/V
电阻	欧姆	Ω	V/A
电容	法拉	F	C/V
磁通量	韦伯	Wb	V·s
磁感应强度	特斯拉	T	Wb/m^2
电感	亨利	H	Wb/A

在半导体物理中,厘米是常用的长度单位,而电子伏特则是能量的常用单位(参见附录D)。然而,焦耳和米有时在很多公式中需要使用。

表 D.2 单位换算

量 级			
$1\overset{\circ}{A}$(埃)$=10^{-8}$cm$=10^{-10}$m	10^{-15}	femto-	$=$f
1μm(微米)$=10^{-4}$cm	10^{-12}	pieo-	$=$p
1mil$=10^{-3}$in$=25.4\mu$m	10^{-9}	nano-	$=$n
2.54cm$=1$in	10^{-6}	miero-	$=\mu$
1eV$=1.6\times10^{-18}$J	10^{-3}	milli-	$=$m
1J$=10^7$erg	10^3	kilo-	$=$k
	10^6	mega-	$=$M
	10^9	giga-	$=$G
	10^{12}	tera-	$=$T

附录 E   元素周期表

周期	Ⅰ族 a	b	Ⅱ族 a	b	Ⅲ族 a	b	Ⅳ族 a	b	Ⅴ族 a	b	Ⅵ族 a	b	Ⅶ族 a	b	Ⅷ族 a	b
Ⅰ	1H 1.0079															2He 4.003
Ⅱ	3Li 6.94		4Be 9.02		5B 10.82		6C 12.01		7N 14.01		8O 16.00		9F 19.00			10Ne 20.18
Ⅲ	11Na 22.99		12Mg 24.32		13Al 26.97		14Si 28.06		15P 30.98		16S 32.06		17CI 35.45			18Ar 39.94
Ⅳ	19K 39.09	29Cu 63.54	20Ca 40.08	30Zn 65.38	21Sc 44.96	31Ga 69.72	22Ti 47.90	32Ge 72.60	23V 50.95	33As 74.91	24Cr 52.01	34Se 78.96	25Mn 54.93	35Br 79.91	26Fe 27Co 28Ni 55.85 58.94 58.69	36Kr 83.7
Ⅴ	37Rb 85.48	47Ag 107.88	38Sr 87.63	48Cd 112.41	39Y 88.92	49In 114.76	40Zr 91.22	50Sn 118.70	41Nb 92.91	51Sb 121.76	42Mo 95.95	52Te 127.61	43Tc 99	53.1 126.92	44Ru 45Rh 46Pd 101.7 102.91 106.4	54Xe 131.3
Ⅵ	55Cs 132.91	79Au 197.2	56Ba 137.36	80Hg 200.61	57-71 Rare earths	81T1 204.39	72Hf 178.6	82Pb 207.21	73Ta 180.88	83Bi 209.00	74W 183.92	84Po 210	75Re 186.31	85At 211	76Os 77Ir 28Pt 190.2 193.1 195.2	86Rn 222
Ⅶ	87Fr 223		88Ra 226.05		89Ac 227		90Th 232.12		91Pa 231		92U 93Np 94Pu 95Am 96Cm 97Bk 98Ct 99Es 100Pm 101Md 238.07 237 239 241 242 246 249 254 256 256					

稀土元素														
VI 57-71	57La 138.92	58Ce 140.13	59Pr 140.92	60Nd 144.27	61Pm 147	62Sm 150.43	63Eu 152.0	64Gd 156.9	65Tb 159.2	66Dy 162.46	67Ho 164.90	68Er 167.2	69Tm 169.4	70Yb 173.04	71Lu 174.99

元素符号前面的数字是原子数,而元素符号下面的数字是原子量。

参 考 文 献

[1] 陈星弼,陈勇,刘继芝,等. 微电子器件[M]. 北京:电子工业出版社,2018.

[2] 曾云,杨红官. 微电子器件[M]. 北京:机械工业出版社,2016.

[3] 张怀武. 现代印制电路原理与工艺[M]. 北京:机械工业出版社,2015.

[4] Neamen D A. 半导体物理导论[M]. 谢生,译. 北京:电子工业出版社,2015.

[5] 刘诺,任敏,钟志亲,等. 半导体物理与器件实验教程[M]. 北京:科学出版社,2015.

[6] Neamen D A. 半导体物理与器件[M]. 赵毅强,姚素英,史再峰,等译. 4 版. 北京:电子工业出版社,2013.

[7] 孟庆巨,孙彦峰. 半导体器件物理学习与考研指导[M]. 北京:科学出版社,2010.

[8] 裴素华,黄萍,刘爱华,等. 半导体物理与器件[M]. 北京:机械工业出版社,2008.

[9] 孟庆巨,刘海波,孟庆辉,等. 半导体器件物理[M]. 北京:科学出版社,2005.

[10] 傅兴华,丁召,陈军宁. 半导体器件原理简明教程[M]. 北京:科学出版社,2010.

[11] 孟庆巨,刘海波,孟庆辉,等. 半导体器件物理[M]. 2 版. 北京:科学出版社,2009.

[12] 刘刚,雷鑑铭,高俊雄,等. 微电子器件与 IC 设计基础[M]. 2 版. 北京:科学出版社,2009.

[13] 田敬民. 半导体物理问题与习题[M]. 2 版. 北京:国防工业出版社,2007.

[14] 曾树荣. 半导体器件物理基础[M]. 2 版. 北京:北京大学出版社,2007.

[15] 刘刚,何笑明,陈涛. 微电子器件与 IC 设计基础[M]. 北京:科学出版社,2005.

[16] 刘树林,张华曹,柴常春. 半导体器件物理[M]. 北京:电子工业出版社,2005.

[17] Neamen D A. Semiconductor Devices:Basic Principles. 3rd ed. New York:McGraw-Hill,2003.

[18] 曾树荣. 半导体器件物理基础[M]. 北京:北京大学出版社,2002.

[19] Singh J. Semiconductor Devices:Basic Principles [M]. New York:Wiley,2001.

[20] 施敏. 半导体器件物理与工艺[M]. 赵鹤鸣,钱敏,黄秋萍,译. 苏州:苏州大学出版社,2002.

[21] Dimitrijev S. Understanding Semiconductor Devices [M]. New York:Oxford University Press,2000.

[22] Nicollian E H,Brews J R. MOS Physics and Technology[M]. New York:Wiley,1982.

图 书 资 源 支 持

感谢您一直以来对清华大学出版社图书的支持和爱护。为了配合本书的使用，本书提供配套的资源，有需求的读者请扫描下方的"书圈"微信公众号二维码，在图书专区下载，也可以拨打电话或发送电子邮件咨询。

如果您在使用本书的过程中遇到了什么问题，或者有相关图书出版计划，也请您发邮件告诉我们，以便我们更好地为您服务。

我们的联系方式：

地　　址：北京市海淀区双清路学研大厦 A 座 701

邮　　编：100084

电　　话：010-83470236　　010-83470237

资源下载：http://www.tup.com.cn

客服邮箱：tupjsj@vip.163.com

QQ：2301891038（请写明您的单位和姓名）

用微信扫一扫右边的二维码，即可关注清华大学出版社公众号。

科技传播·新书资讯

电子电气科技荟

资料下载·样书申请

书圈